普通高等学校计算机类教材

Visual FoxPro 6.0 数据库案例教程

（第二版）

主　编　李殿奎　闫瑞峰　王　锐

副主编　薛佳楣　张竞达　郜学礼

编　者　赵佳彬　张立铭

主　审　陈玉林

中国人口出版社

东北大学出版社

© 李殿奎　闫瑞峰　王　锐　2022

图书在版编目（CIP）数据

Visual Foxpro 6.0 数据库案例教程/ 李殿奎，闫瑞峰，王锐主编. —2 版. — 沈阳：东北大学出版社，2022.1（2025.1 重印）
ISBN 978-7-5517-2919-2

Ⅰ. ①V… Ⅱ. ①李… ②闫… ③王… Ⅲ. ①关系数据库系统—程序设计—教材　Ⅳ. ①TP311.138

中国版本图书馆 CIP 数据核字(2022)第 002333 号

出 版 者：中国人口出版社　　东北大学出版社
北京市西城区广安门南街 80 号　　沈阳市和平区文化路三号巷 11 号
010－83519392，83519401　　024－83683655，83687331
印 刷 者：三河市万龙印装有限公司
发 行 者：中国人口出版社　东北大学出版社
幅面尺寸：787 mm×1092 mm　1/16
印　　张：21.5
字　　数：710 千字
出版时间：2017 年 7 月第 1 版
2022 年 1 月第 2 版
印刷时间：2025 年 1 月第 3 次印刷
责任编辑：文　韬
责任校对：叶　子
封面设计：潘正一
责任出版：唐敏志

ISBN 978-7-5517-2919-2　　定　价：48.00 元

前 言

Visual FoxPro6．0数据库程序设计，是高等学校计算机基础教育课程体系中的重要课程之一。本书是面向综合性大学各类专业开设Visual FoxPro6．0数据库程序设计课程的教材。本书依据教育部指导性教学大纲基本要求进行编写，充分考虑了社会上对大学生计算机应用能力的最新要求，同时参考了全国计算机基础教育研究会关于计算机基础课程教学改革方案和全国计算机等级考试大纲的基本要求。

本教材突出层次教学内容和案例教学方法，旨在使学生掌握Visual FoxPro6．0掌握数据库和软件设计基本方法，并且拓展讲解目前软件开发主流数据库MS SQL2008 Server数据库管理系统常用技术，以进一步增强学生利用数据库技术的创新应用能力、更好地适应就业社会需要。

全书共分为12章，主要包括：数据库操作、基本程序设计和面向对象程序设计、Visual Foxpro典型案例解读和主流的MS SQL 2008Server数据库主要技术简明讲解等。具体包括：案例概述、Visual FoxPro基础、Visual FoxPro结构化程序设计、数据库基本操作、关系数据库标准语言SQL、查询与视图、面向对象程序设计基础、菜单设计与应用、报表设计与应用、应用程序的开发与生成、小型系统开发案例和MS SQL2008 Server数据库基本操作和典型案例等内容。

本教材由李殿奎、闫瑞峰和王锐担任主编，薛佳楣、张竞达、郃学礼担任副主编，赵佳彬、张立铭担任编委。本书由陈玉林主审。郃学礼编写绪论、第7章和第10章，张立铭编写第1章和第8章，闫瑞峰编写第2章，薛佳楣编写第3章，张竞达编写第4章和第9章，赵佳彬编写第5章，王锐编写第6章，李殿奎编写第11章。

本书第 9、10、11 章采取电子稿方式展示和学习，读者可以在电脑端输入网址：http://sfjd2020.cn/default.htm。

由于时间仓促和编者水平所限，本教材中难免有不足之处。诚恳期望广大读者批评指正、提出建议，以供再版时参考，使本书能日臻完善。

（作者电子邮件地址：datutu2002@sina.com；

QQ：2357755458）

编　者

2021 年 12 月

目　录

第3章 Visual FoxPro 数据库及其操作 95

第 8 章 报表设计与应用 292

第 9 章 应用程序的开发与生成 332

第 10 章 小型系统开发案例 352

第 11 章 SQL Server 2008R2 数据库技术与应用 369

绪　论

 0.1　案例介绍

Visual FoxPro 6.0 程序设计是一门理论与实践相结合的课程，尤其实践环节。学生在学习这门课程时，要十分重视实验环节。将“大学生成绩管理系统”作为实验主线，将“大学生成绩管理系统”中的各知识点分解到各个实验点中，通过各个实验的操作和设计，最终完成“大学生成绩管理系统”的软件开发。

 0.2　案例效果

要求本案例设计保存在“大学生成绩管理系统”文件夹中，其中包括一个数据库文件——学生数据库（xscj.dbc），六个数据库表——教师表（js.dbf）、教师任课表（jsrk.dbf）、课程表（kc.dbf）、学生表（xs.dbf）、学生选课表（xk.dbf）和专业表（zy.dbf），以及表单、报表、主菜单和主程序等。

双击“大学生成绩管理系统.app”应用程序文件，进入登录界面5秒后，系统自动进入系统主界面。“大学生成绩管理系统”登录界面和“大学生成绩管理系统”主界面分别如图0.1和图0.2所示。

图0.1　“大学生成绩管理系统”登录界面

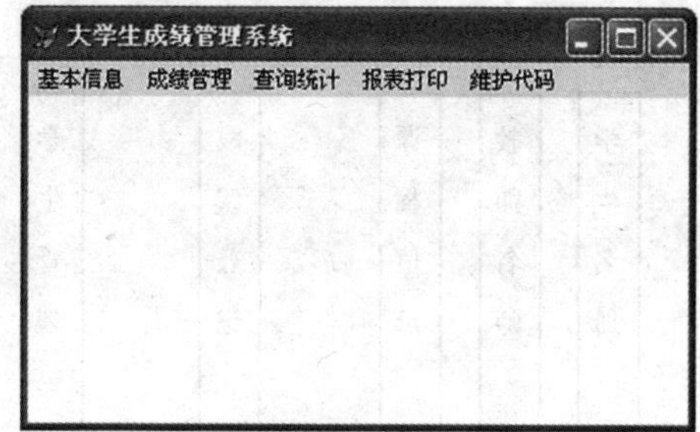

图0.2　“大学生成绩管理系统”主界面

 0.3 案例设计分析

学生成绩管理是学校教学管理部门的一项重要任务。学生成绩管理包括对学生信息、教师信息、课程以及学习成绩等的管理。设计该系统的目的就是利用计算机的快速查询和运算功能替代管理人员对数据的手工处理。通过后期各案例项目的操作，使读者初步掌握 Visual FoxPro 数据库的应用技能。下面建立的大学生成绩管理系统就是一个基于 Visual FoxPro 开发的小型数据库应用系统，能够实现对教师、学生基本信息以及学习成绩的输入、查询、维护和输出等功能。

 0.4 案例设计要求

以下建立的学生成绩管理系统包含了六个有相互关系的表，并设置了各个表中某些字段的属性；通过建立不同类型的视图，实现了对数据的浏览、统计和添加等操作；通过建立一个主菜单实现各种功能，用创建的不同类型的表单实现与用户进行交互操作的友好界面；通过建立报表，实现了对成绩等数据的分析整理与输出；最后通过建立主程序和项目的连编，形成一个可执行的学生成绩管理系统，达到了快速完成选课、查分、统计等操作的效果。

在开始程序设计前，应先将程序的总体结构以层次图的形式表示出来，以便于对程序分层编程和实现，如图 0.3 所示。

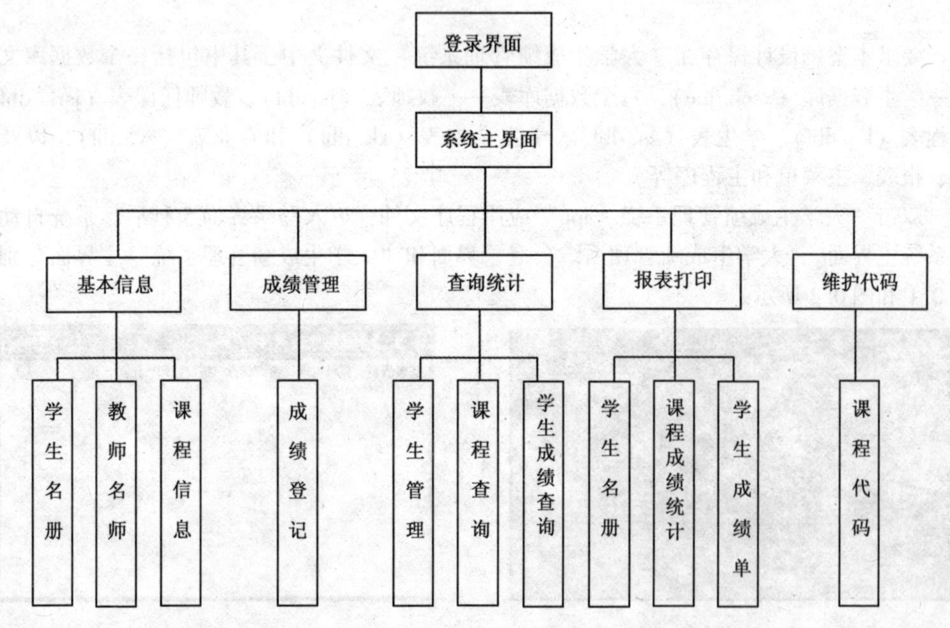

图 0.3 系统功能结构

图0.1的第一层和第二层为系统层，通常对应主程序；第三层为子系统层，一般起划分系统功能的作用，通常对应主菜单；第四层为功能层，对应菜单项，一般通过表单的调用实现某些特定的功能。

0.5 案例设计过程

0.5.1 数据库及表的建立

本例根据分析确定系统要设置学生成绩管理数据库，其中包含如下六个表：

① 学生表。字段包括学号、姓名、性别、出生日期、是否团员、照片、入学时间、入学成绩、专业编号、简历。学号为主索引，为专业编号建立索引，通过该索引和专业表建立关联。

② 教师表。字段包括教师编号、教师姓名、性别、职称、工资、政府津贴。教师编号为主索引。

③ 课程表。字段包括课程编号、课程名称、课程性质、学时、学分、备注。课程编号为主索引。

④ 学生选课表。字段包括学号、课程编号、开课时间、成绩。学号、课程编号和开课时间共同做主索引，分别为学号、课程编号、开课时间、成绩建立索引，通过学号和学生表建立关联，通过课程编号和课程表建立关联，开课时间和成绩索引用于进行统计计算。

⑤ 教师任课表。字段包括教师编号、课程编号。分别为教师编号和课程编号建立索引，通过教师编号和教师表建立关联，通过课程编号和课程表建立关联。

⑥ 专业表。字段包括专业编号、专业名称、所属系、备注。为专业编号建立索引，通过专业编号和学生表建立关联。

相关表的基本结构见表0.1～表0.6。

表0.1 教师表

字段名	类型	宽度	小数位数	索引
教师编号	字符型	4	—	主索引
教师姓名	字符型	8	—	—
性别	字符型	2	—	—
职称	字符型	8	—	—
毕业学校	字符型	20	—	—
工资	数值型	8	2	—
政府津贴	逻辑型	1	—	—

表 0.2　教师任课表

字 段 名	类 型	宽 度	小数位数	索 引
课程编号	字符型	4	—	普通索引
教师编号	字符型	6	—	普通索引

表 0.3　课程表

字 段 名	类 型	宽 度	小数位数	索 引
课程编号	字符型	4	—	主索引
课程名称	字符型	20	—	—
学时	数值型	3	0	—
学分	数值型	2	0	—
课程性质	字符型	8	—	—
备注	备注型	4	—	—

表 0.4　学生表

字 段 名	类 型	宽 度	小数位数	索 引
学号	字符型	12	—	主索引
姓名	字符型	8	—	—
专业编号	字符型	4	—	—
性别	字符型	2	—	—
入学时间	日期	8	—	—
入学成绩	数值型	5	1	—
出生日期	日期型	8	—	—
团员否	逻辑型	1	—	—
照片	通用型	4	—	—
简历	备注型	4	—	—

表 0.5　学生选课表

字 段 名	类 型	宽 度	小数位数	索 引
学号	字符型	12	—	普通索引
课程编号	字符型	4	—	普通索引
开课时间	日期型	8	—	普通索引
成绩	数值型	3	0	普通索引

表 0.6　专业表

字 段 名	类 型	宽 度	小数位数	索 引
专业编号	字符型	4	—	主索引
专业名称	字符型	12	—	—
所属系	字符型	12	—	—
备注	备注型	4	—	—

0.5.2　录入查询表单设计

主菜单下的大部分功能都是通过表单来实现的。除了系统的登录界面，表单还包括学生基本情况.SCX、教师名册.SCX、课程信息.SCX、成绩登录.SCX、按课程查询.SCX、按学生查询.SCX及专业代码维护.SCX等表单。部分表单如图0.4、图0.5所示。

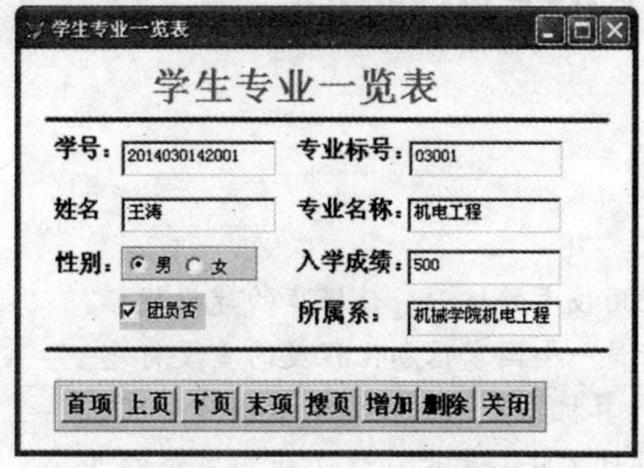

图0.4　“学生专业一览表”表单

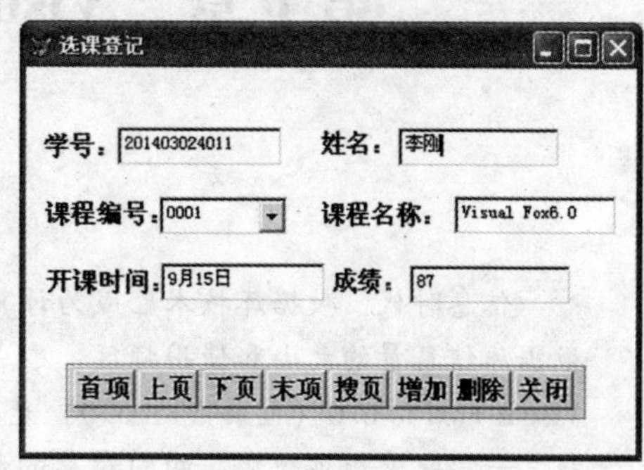

图0.5　“选课登记”表单

0.5.3　报表设计

主菜单中的“报表打印”下有三个报表：学生登记表、学生成绩单、课程成绩统计表。其中学生成绩单和课程成绩统计表报表浏览结果如图0.6和图0.7所示。

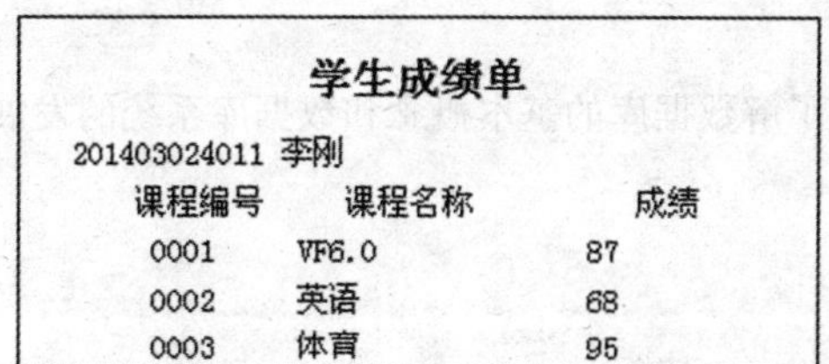

图0.6　“学生成绩单”报表

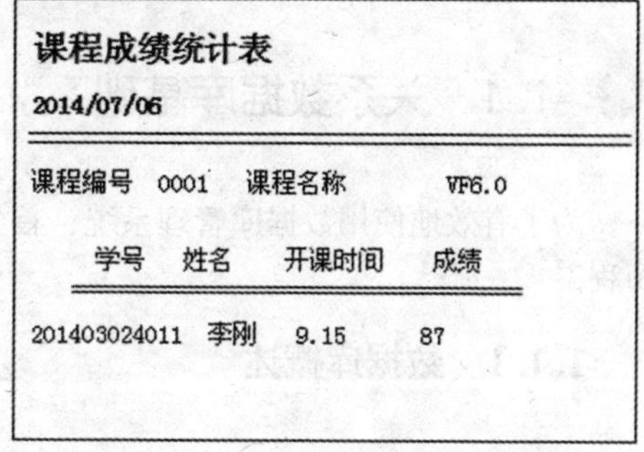

图0.7　“课程成绩统计表”报表

0.5.4　设置主文件

当用户运行应用程序时，Visual FoxPro 6.0将启动主文件，然后主文件再依次调用所需应用程序的其他组件。一般最好的方法是为应用程序建立一个主程序；但是使用一个表单作为主程序，可以将主程序的功能和初始界面集成在一起。

要求学生独立上机操作，独立编写程序，独立调试程序，独立完成该小型系统程序的开发与设计。

第 1 章　Visual FoxPro 基础

信息时代，数据库技术已成为计算机应用技术的核心，数据库的建设规模、数据库信息量的大小和使用频度，已成为衡量一个国家信息化程度的重要标志。Visual FoxPro 6.0（简称 VFP 6.0）是目前计算机上实用性较强的数据库管理系统之一，它采用可视化、面向对象的程序设计方法，大大简化了应用系统的开发过程，提高了系统的模块化和紧凑性。VFP 6.0 数据库管理系统以其开发成本低、简单易学、用户操作方便等优点得到了迅速推广。

本章首先介绍关系数据库的基础知识、窗口组成，然后介绍项目管理器的使用，并通过具体案例使学习者熟悉项目的创建过程。掌握本章基本知识是学好、用好 VFP 6.0 的必要前提条件。

1.1　关系数据库基础

为了有效地使用数据库管理系统，首先需要了解数据库的基本概念和数据库系统的发展历程。

1.1.1　数据库概述

1.1.1.1　基本概念

（1）数据（Data）

数据是描述现实世界事物的符号记录，是用物理符号记录的、可以鉴别的信息。数据不仅包括数字、字母、文字和其他特殊字符组成的文本形式的数据，而且包括图形、图像、声音、动画、影像等多媒体数据。数据的各种表现形式都可以通过数字化后存入计算机。

（2）数据处理（Data Process）

数据处理是将数据转换成信息的过程，它包括对数据的采集、整理、存储、分类、排序、检索、维护、加工、统计和传输等一系列操作过程。数据处理的目的是从大量的、原始的数据中获得所需要的资料并提取有用的数据成分，这些数据成分对于数据接收者来说是有意义的。

例如，一个人的“出生日期”属于原始数据，而“年龄”则是通过对出生日期的计算而得到的二次数据。根据某人年龄再结合性别、职称、离退休年龄的规定等信息，可以判断此人何时可以办理离退休手续。

(3) 数据库 (DataBase, DB)

数据库是长期存储在计算机内的、有组织的、可共享的数据集合。在通俗意义上讲，数据库不妨理解为存储数据的仓库。它不仅包括描述事物的数据本身，而且包括相关事物之间的联系。

数据库具有以下特点：

① 数据的结构化。在同一数据库中的数据文件是有联系的，且在整体上服从一定的结构形式。

② 数据共享。共享是数据库系统的目的，也是它的重要特点。一个库中的数据不仅可为同一企业或机构之内的各个部门所共享，也可为不同单位、地域甚至不同国家的用户所共享。而在文件系统中，数据一般是由特定的用户专用的。

③ 数据的独立性。数据库系统力求减小数据结构和应用程序的相互依赖，实现数据的独立性。目前还未能完全做到这一点，但已大有改善。

④ 可控冗余度。数据专用时，每个用户拥有并使用自己的数据，难免有许多数据相互重复，这就是冗余。实现共享后，不必要的重复将全部消除，但为了提高查询效率，有时也保留少量重复数据，其冗余度可由设计人员控制。

(4) 数据库管理系统 (DataBase Managment System, DBMS)

数据库管理系统是操纵和管理数据库的软件。它是专门为数据库的建立、使用和维护而配置的软件。其主要具有四个功能：数据定义功能、数据操作功能、控制和管理功能、建立和维护功能。VFP 6.0 就是一个可以在计算机和服务器上运行的数据库管理系统。

① 数据定义功能。DBMS 能向用户提供“数据定义语言”（Data Definition Language, DDL），用于描述数据库的结构。DDL 可供用户建立、修改或删除关系数据库的二维表结构，或者定义或删除数据库表的索引。

② 数据操作功能。对数据进行检索和查询，是数据库的主要应用。为此，DBMS 向用户提供“数据操作语言”（Data ManiPulation Language, DML），支持用户对数据库中的数据进行查询、更新（包括增加、删除、修改）等操作。

③ 控制和管理功能。除 DDL 和 DML 两类语句外，DBMS 还具有必要的控制和管理功能，其中包括：在多用户使用时对数据进行的“并发控制”；对用户权限实施监督的“安全性检查”；数据的备份、恢复和转储功能；对数据库运行情况的监控和报告等。通常数据库系统的规模越大，这类功能也就越强，所以大型机 DBMS 的管理功能一般比 PC 机 DBMS 更强。

(5) 数据库应用系统 (DataBase Application Systems, DBAS)

数据库应用系统专指基于数据库的应用系统，是系统开发人员利用数据库系统资源开发出来的、面向某一类实际应用的应用软件系统。它一般是指帮助用户建立、使用和管理数库的软件系统。例如，以数据库为基础的财务管理系统、人事管理系统、图书管理系统、教学管理系统、生产管理系统等等，一个 DBAS 通常由数据库和应用程序两部分组成，开发 DBAS 中的应用程序，可采用功能分析→总体设计→模块设计→编码调试的开发步骤。

(6) 数据库系统 (DataBase System, DBS)

数据库系统是指引进数据库技术后的计算机系统，能实现有组织地、动态地存储大量相关数据，提供数据处理和信息资源共享的便利手段。数据库系统由 5 部分组成：硬件系统、数据库集合、数据库管理系统及数据库应用系统、数据库管理员和用户，如图 1.1 所示。在数据库系统中，各层次软件之间的相互关系如图 1.2 所示，其中数据库管理系统是数据库系统的核心。

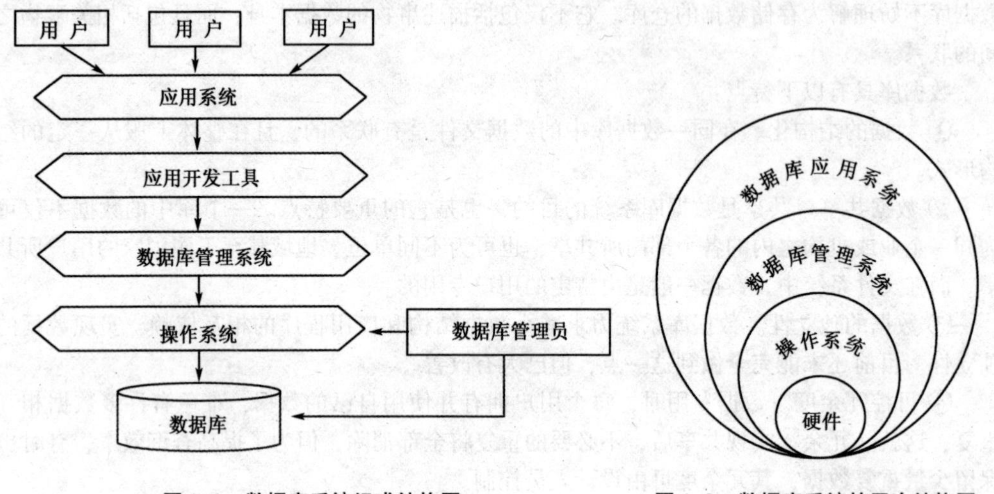

图 1.1　数据库系统组成结构图　　图 1.2　数据库系统的层次结构图

1.1.1.2　数据库系统的产生和发展

数据库系统的产生和发展与数据库技术的发展是相辅相成的。数据库技术就是数据管理技术，是对数据的分类、组织、编码、存储、检索和维护的技术。数据库系统的产生和发展是与计算机技术及其应用的发展联系在一起的。

数据库系统的产生主要经历了三个基本阶段：

（1）人工管理阶段

这一阶段是指 20 世纪 50 年代中期以前，计算机主要用于科学计算。外存只有磁带、卡片、纸带，没有磁盘等直接存取的存储设备，并且没有操作系统，没有管理数据的软件，数据处理方式是批处理。这一阶段的基本特点是：数据不保存、数据无专门软件进行管理、数据不共享（冗余度大）、数据不具有独立性（完全依赖于程序）、数据无结构。

（2）文件系统阶段

这一阶段从 20 世纪 50 年代后期至 20 世纪 60 年代中期，计算机硬件和软件都有了一定的发展。计算机不仅用于科学计算，还大量用于管理。这时硬件方面已经有了磁盘、磁鼓等直接存取的存储设备。在软件方面，操作系统中已经有了数据管理软件，一般称为文件系统。处理方式上不仅有了文件批处理，而且能够联机实时处理。这一阶段的基本特点是：数据可以长期保存、由文件系统管理数据、程序与数据有一定的独立性、数据共享性差（冗余度大）、数据独立性差、记录内部有结构（但整体无结构）。

（3）数据库系统阶段

这一阶段从 20 世纪 60 年代中期至今。随着计算机硬件和软件技术的飞速发展，计算机用于管理的规模更为庞大，应用越来越广泛，数据量急剧增长，数据的共享要求越来越高，数据库技术应运而生。

1.1.1.3 数据库系统的特点

与文件系统相比，数据库系统具有以下特点：

① 向用户提供高级接口。在文件系统中，用户要访问数据，必须了解文件的存储格式、记录的结构等。而在数据库系统中，系统为用户处理了这些具体的细节，向用户提供非过程化的数据库语言（即通常所说的 SQL 语言），用户只要提出需要什么数据，而不必关心如何获得这些数据。对数据的管理完全由数据库管理系统（DBMS）来实现。

② 查询的处理和优化。查询通常指用户向数据库系统提交的一些对数据操作的请求。由于数据库系统向用户提供了非过程化的数据操纵语言，因此对于用户的查询请求就由 DBMS 来完成，查询的优化处理成为 DBMS 的重要任务。

③ 并发控制。文件系统一般不支持并发操作，这样大大地限制了系统资源的有效利用。现代的数据库系统都有很强的并发操作机制，多个用户可以同时访问数据库，甚至可以同时访问同一个表中的不同记录。这样极大地提高了计算机系统资源的使用效率。

④ 数据的完整性约束。凡是数据都要遵守一定的约束，最简单的一个例子就是数据类型，例如定义成整型的数据就不能是浮点数。由于数据库中的数据是持久的和共享的，因此，对于使用这些数据的单位来说，数据的正确性显得非常重要。

1.1.2 数据模型

数据模型是对客观事物及其联系的数据描述，反映的是实体内部和实体之间的联系。数据库管理系统不仅管理数据本身，而且要使用数据模型表示出数据之间的联系。数据模型是数据库系统的核心，其好坏直接影响数据库的性能。

任何一个数据库管理系统都是基于某种数据模型的。数据库管理系统所支持的数据模型分为三种：层次模型、网状模型、关系模型。因此，使用支持某种特定数据模型的数据库管理系统开发出来的应用系统相应地称为层次数据库系统、网状数据库系统、关系数据库系统。

1.1.2.1 实体的描述

现实世界存在各种事物，事物与事物之间存在着联系。这种联系是客观存在的，是由事物本身的性质所决定的。例如，图书馆中有图书和读者，读者借阅图书；学校的教学系统中有教师、学生、课程，教师为学生授课，学生选修课程并取得成绩。

（1）实体

客观存在并且可以相互区别的事物称为实体。它可以指人，如一个教师、一个学生等；也可以指物，如一本书、一张桌子等；还可以指抽象的事件，如一次借书、一次奖励等。实体还可以指事物与事物之间的联系，如学生选课、客户订货等。

（2）实体的属性

描述实体的特性称为属性。例如，教师实体用教师编号、姓名、性别、出生日期、职称、基本工资、研究方向等若干个属性来描述，图书实体用总编号、分类号、书名、作者、单价等多个属性来描述。

（3）域

属性值的变化范围称作属性值的域。例如：性别这个属性的域为（男，女），职称的域为（助教，讲师，副教授，教授），等等。

（4）实体集和实体型

属性值的集合表示一个具体的实体，相应的这些属性的集合表示一种实体的类型，称为实体型。同类型的实体的集合称为实体集。例如：（教师编号、姓名、性别、出生日期、职称、基本工资、研究方向）表征“教师”这样一种实体的实体型。在 VFP 6.0 中，用“表”来表示同一类实体，即实体集；用“记录”来表示一个具体的实体；用“字段”来表示实体的属性。相应于实体型，则代表了表的结构。

1.1.2.2 实体间的联系

实体之间的对应关系称为联系，它反映了现实世界事物之间的相互关联。例如，图书和出版社之间的关联关系为：一个出版社可出版多种书，同一种书只能在一个出版社出版。实体间的联系是指一个实体集中可能出现的每一个实体与另一实体集中多少个具体实体存在联系。实体之间有各种各样的联系，归纳起来有以下 3 种类型。

（1）一对一联系（1∶1）

如果对于实体集 A 中的每一个实体，实体集 B 中有且只有一个实体与之联系，反之亦然，则称实体集 A 与实体集 B 具有一对一联系，如图 1.3 所示。

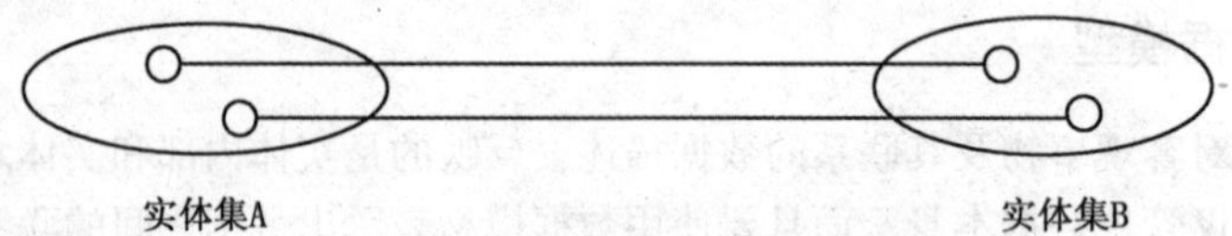

图 1.3　两个实体集之间的 1∶1 关系

考查系和系主任两个实体型，如果一个系只有一个系主任，一个系主任不能同时在其他系任系主任，在这种情况下系和系主任之间存在一对一的联系。

在 Visual FoxPro 中，一对一的联系表现为主表中的每一条记录只与相关表中的一条记录相关联。例如，某单位劳资部门的职工表和财务部门使用的工资表之间就存在一对一的联系。

（2）一对多联系（1∶n）

如果对于实体集 A 中的每一个实体，实体集 B 中有多个实体与之联系，反之，对于实体集 B 中的每一个实体，实体集 A 中至多只有一个实体与之联系，则称实体集 A 与实体集 B 有一对多的联系，如图 1.4 所示。

考查学生和系两个实体型，一个学生只能在一个系里注册，而一个系有很多个学生，系和学生即是一对多的联系。

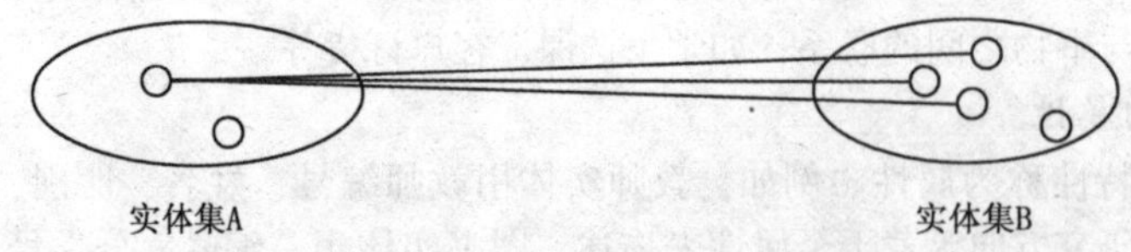

图 1.4　两个实体集之间的 1∶n 关系

在 VFP 6.0 中，一对多的联系表现为主表中的每一条记录与相关表中的多条记录相关联。即表 A 的一个记录在表 B 中可以有多个记录与之对应，但表 B 中的一个记录在表 A 中最多只能有一个记录与之对应。

一对多联系是最普遍的联系。也可以把一对一联系看作一对多联系的特殊情况。

(3) 多对多联系 (m: n)

如果对于实体集 A 中的每一个实体，实体集 B 中有多个实体与之联系，而对于实体集 B 中的每一个实体，实体集 A 中也有多个实体与之联系，则称实体集 A 与实体集 B 之间有多对多的联系，如图 1.5 所示。

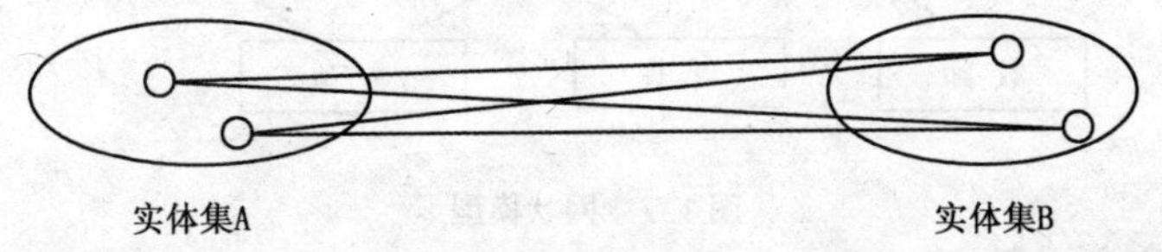

图 1.5　两个实体集之间的 m: n 关系

考查学生和课程两个实体型，一个学生可以选修多门课程，一门课程可以由多个学生选修。因此，学生和课程间存在多对多的联系。

在 VFP 6.0 中，多对多的联系表现为一个表中的多个记录在相关表中同样有多个记录与其匹配。即表 A 的一条记录在表 B 中可以对应多条记录，而表 B 的一条记录在表 A 中也可以对应多条记录。

1.1.2.3　数据模型

(1) 层次模型

用树形结构来表示实体及其之间的联系。在这种模型中，数据被组织成由“根”开始的“树”，每个实体由根开始沿着不同的分支放在不同的层次上。树中的每一个结点代表实体型，连线则表示它们之间的关系。建立数据的层次模型需要满足两个条件：一是有一个结点没有父结点，这个结点即根结点；二是其他结点有且仅有一个父结点。图 1.6 给出了一个层次模型的例子。

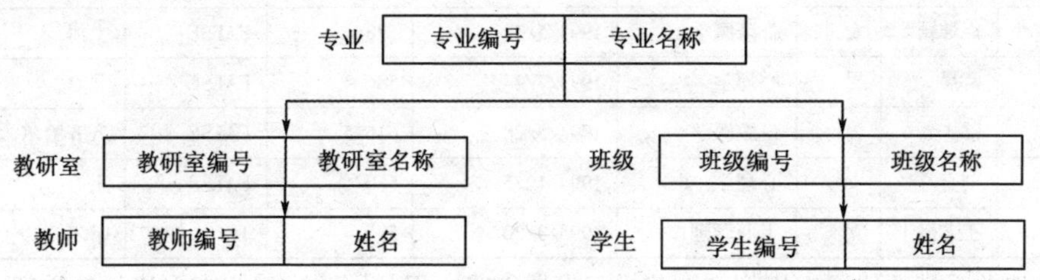

图 1.6　层次模型

支持层次数据模型的 DBMS 称为层次数据库管理系统，在这种系统中建立的数据库为层次数据库。层次模型具有层次清晰、构造简单、易于实现等优点。它可以比较方便地表示出一对一和一对多的实体联系，但不能直接表示出多对多的实体联系。因而，对于复杂的数据关系，实现起来较为麻烦，这就是层次模型的局限性。

(2) 网状模型

用网状结构表示实体及其之间联系的模型称为网状模型。网中的每一个结点代表一个实体型。网状模型突破了层次模型的两点限制：允许结点有多于一个的父结点；可以有一个以上结点没有父结点。因此，网状模型可以方便地表示各种类型的联系。图 1.7 给出了一个网状模型的例子。

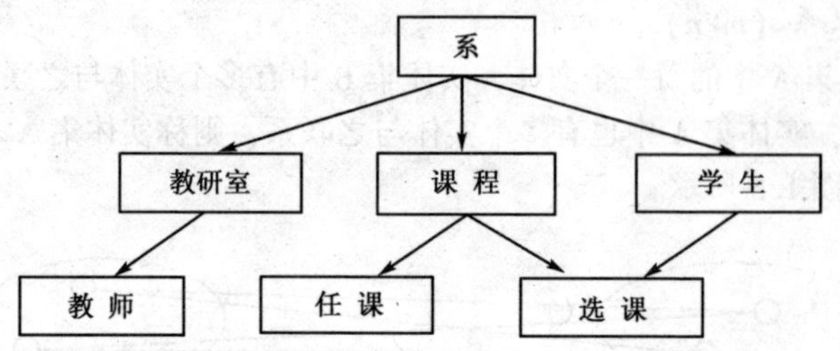

图 1.7　网状模型

支持网状数据模型的 DBMS 称为网状数据库管理系统，在这种系统中建立的数据库为网状数据库。

在以上两种数据模型中，各实体之间的联系是用指针实现的，其优点是查询速度高。但是当实体集和实体集中实体的数目都较多时（这对数据库系统来说是理所当然的），众多的指针使得管理工作相当复杂，对用户来说使用也比较麻烦。

(3) 关系模型

关系模型与层次模型和网状模型相比有着本质的差别，它是用二维表来表示实体及其相互之间的联系的模型。在关系模型中，把实体集看成一个二维表，每一个二维表称为一个关系，无论实体本身还是实体间的联系均用称作“关系”的二维表来表示。

表 1.1　学生表

学号	姓名	性别	专业	出生日期	入学成绩	代培否	籍贯
130701	徐进	男	临床医学	1992/10/16	582	FALSE	齐齐哈尔
130601	滕秋露	女	药学	1993/9/12	583	FALSE	北京
130204	华淑瑞	女	口腔医学	1994/2/13	601	FALSE	哈尔滨
130503	任德刚	男	工商管理	1993/1/26	612	TRUE	佳木斯
130708	卢坤颖	女	临床医学	1993/5/11	578	FALSE	上海
130302	常晨	男	心理学	1993/7/24	586.5	FALSE	北京
130209	郝志新	男	口腔医学	1994/5/28	616.5	FALSE	齐齐哈尔
130306	刘金月	女	心理学	1994/12/5	580	FALSE	上海
130501	王艺潼	女	工商管理	1995/3/20	595	TRUE	哈尔滨

虽然关系模型比层次模型和网状模型发展得晚，但是因为它建立在严格的数学理论基础上，所以是目前比较流行的一种数据模型。自 20 世纪 80 年代以来，新推出的数据库管理系统几乎都支持关系模型，本书讨论的 VFP 6.0 就是一种关系数据库管理系统。

1.1.3　关系模型

关系模型就是用二维表作为基本的数据结构，以此来表示实体及其相互之间的联系。二维表由表结构与若干个记录组成，每个记录由若干个字段构成，字段对应关系模式的属性，字段的数据类型和取值范围对应属性的域，表中一个记录对应一个元组。通过公共的关键字段来实现不同二维表之间（或“关系”之间）的数据联系。

1.1.3.1 关系模型的基本概念

(1) 关系

一个关系就是一张二维表，通常将一个没有重复行、重复列的二维表看成一个关系，每个关系都有一个关系名，如图 1.8 所示。在 VFP 6.0 中，一个关系存储为一个表文件，其扩展名为. dbf。

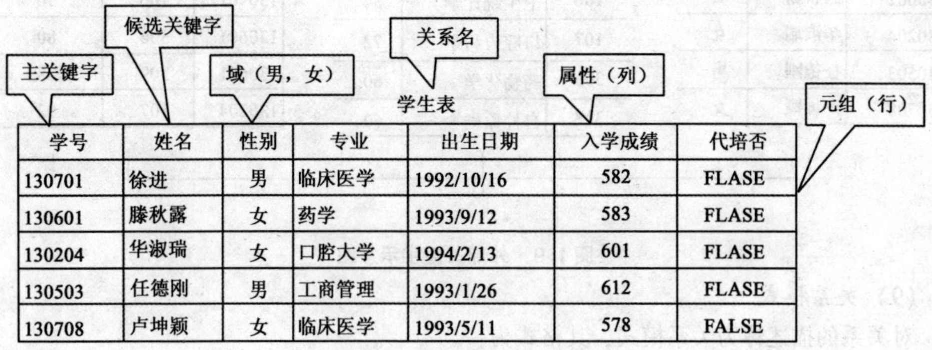

学号	姓名	性别	专业	出生日期	入学成绩	代培否
130701	徐进	男	临床医学	1992/10/16	582	FLASE
130601	滕秋露	女	药学	1993/9/12	583	FLASE
130204	华淑瑞	女	口腔大学	1994/2/13	601	FLASE
130503	任德刚	男	工商管理	1993/1/26	612	FLASE
130708	卢坤颖	女	临床医学	1993/5/11	578	FALSE

图 1.8　关系模型概念示意图

(2) 元组

二维表的每一行在关系中称为元组。一个元组对应表中一个记录。

(3) 属性

二维表的每一列在关系中称为属性，每个属性都有一个属性名，属性值则是各个元组属性的取值。一个属性对应表中一个字段，属性名对应字段名，属性值对应于各个记录的字段值。

(4) 域

属性的取值范围称为域。域作为属性值的集合，其类型与范围具体由属性的性质及其所表示的意义确定。同一属性只能在相同域中取值。

(5) 关键字

关系中能唯一标识一个元组的属性或属性组合，称为该关系的一个关键字。单个属性组成的关键字称为单关键字，多个属性组合的关键字称为组合关键字。需要强调的是，关键字的属性值不能取“空值”，所谓空值就是“不知道”或“不确定”的值，因而无法唯一地区分、确定一个元组。

(6) 候选关键字

关系中能够成为关键字的属性或属性组合可能不是唯一的。凡在关系中能够唯一区分、确定不同元组的属性或属性组合，称为候选关键字。

(7) 主关键字

在候选关键字中选定一个作为关键字，称为该关系的主关键字。关系中主关键字是唯一的。

(8) 外部关键字

关系中某个属性或属性组合不是本关系的关键字，但却是另一个关系的主关键字，称此属性或属性组合为本关系的外部关键字。外部关键字用来实现表与表之间的关联。如图

1.9 所示，选课表中的学号和课程号就是外部关键字。

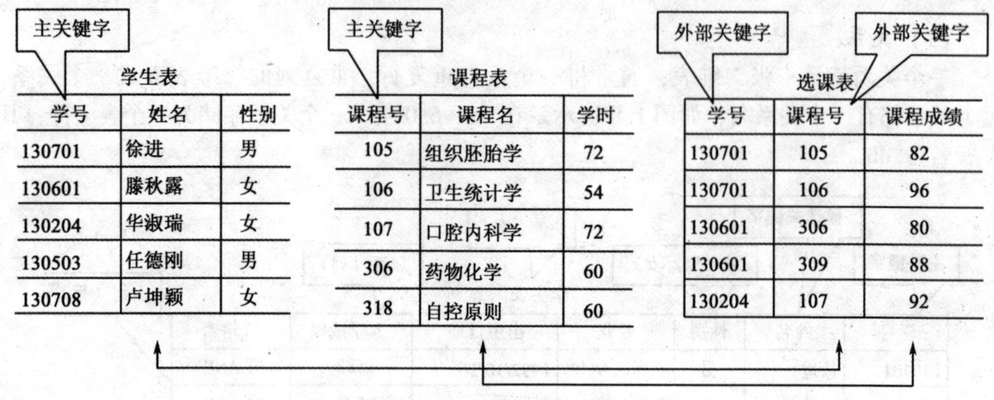

学生表

学号	姓名	性别
130701	徐进	男
130601	滕秋露	女
130204	华淑瑞	女
130503	任德刚	男
130708	卢坤颖	女

课程表

课程号	课程名	学时
105	组织胚胎学	72
106	卫生统计学	54
107	口腔内科学	72
306	药物化学	60
318	自控原则	60

选课表

学号	课程号	课程成绩
130701	105	82
130701	106	96
130601	306	80
130601	309	88
130204	107	92

图 1.9　外部关键字示意图

（9）关系模式

对关系的描述称为关系模式，其格式为：

关系名（属性名 1，属性名 2，…，属性名 n）

关系既可以用二维表描述，也可以用数学形式的关系模式来描述。一个关系模式对应一个关系的结构。

1.1.3.2　关系的基本特点

在关系模型中，关系具有以下基本特点：

① 关系必须规范化，属性不可再分割。规范化是指关系模型中每个关系模式都必须满足一定的要求，最基本的要求是关系必须是一张二维表，每个属性值必须是不可分割的最小数据单元，即表中不能再包含表。

② 在同一关系中不允许出现相同的属性名。VFP 6.0 不允许同一个表中有相同的字段名。

③ 关系中不允许有完全相同的元组，即冗余。

④ 在同一关系中元组的次序无关紧要。也就是说，任意交换两行的位置并不影响数据的实际含义。

⑤ 在同一关系中属性的次序无关紧要。任意交换两列的位置也并不影响数据的实际含义，不会改变关系模式。

以上是关系的基本性质，也是衡量一个二维表是否构成关系的基本要素。在这些基本要素中，有一点是关键，即属性不可再分割，也即表中不能套表。

1.1.3.3　关系模型的优点

① 数据结构单一。关系模型中，不管是实体还是实体之间的联系，都用关系来表示，而关系都对应一张二维数据表，数据结构简单、清晰。

② 关系规范化，并建立在严格的理论基础上。关系中每个属性不可再分割，构成关系的基本规范。同时关系是建立在严格的数学概念基础上，具有坚实的理论基础。

③ 概念简单，操作方便。关系模型最大的优点就是简单，用户容易理解和掌握，一个关系就是一张二维表，用户只需用简单的查询语言就能对数据库进行操作。

1.1.4 关系运算

关系数据库在进行查询时，需要对关系进行一系列的关系运算。关系的基本运算有两类：一类是传统的集合运算（并、差、交等），另一类是专门的关系运算（选择、投影、连接）。有些查询需要几个基本运算的组合。

1.1.4.1 传统的关系运算

进行并、差、交集合运算的两个关系必须具有相同的关系模式，即结构相同。

（1）并

关系 R 和关系 S 的并，是由属于 R 或属于 S 的元组组成的集合。

（2）差

关系 R 和关系 S 的差，是由属于 R 但不属于 S 的元组组成的集合。

（3）交

关系 R 和关系 S 的交，是由既属于 R 又属于 S 的元组组成的集合。

1.1.4.2 专门的关系运算

（1）选择

选择运算是从关系中查找符合指定条件元组的操作。以逻辑表达式指定选择条件，选择运算将选取使逻辑表达式为真的所有元组。

选择是从行的角度进行的运算，即从水平方向抽取记录。经过选择运算得到的结果可以形成新关系，其关系模式不变，但其中的元组是原关系的一个子集。

例如，要从学生表中查询口腔医学专业的学生，所进行的查询操作就属于选择运算。可以通过命令子句 FOR <逻辑表达式>、WHILE <逻辑表达式>和设置记录过滤器实现选择运算。

（2）投影

投影运算是从关系中选取若干个属性列的操作。

投影是从列的角度进行的运算。经过投影运算可以得到新关系，其关系模式所包含的属性个数往往比原关系少，或者属性的排列顺序不同。投影运算体现出关系中列的次序无关紧要这一特点。

例如，要从学生表中查询学生的学号、姓名、代培否，所进行的查询操作属于投影运算。通过命令子句 FILEDS <字段表>和设置字段过滤器，可以实现投影运算。

（3）连接

连接运算是将两个关系模式的若干属性拼接成一个新的关系模式的操作，对应的新关系中，包含满足连接条件的所有元组。连接过程是通过连接条件来控制的，连接条件中将出现两个关系中的公共属性名，或者具有相同语义、可比的属性，连接结果是满足条件的所有记录。

连接运算是通过 JOIN 命令和 SELECT - SQL 命令来实现的。

1.1.4.3 关系的完整性约束

对关系进行一系列的关系运算时，为保证数据库中数据的正确性和相容性，对关系模型提出的某种约束条件或规则，这就是关系的完整性。完整性通常包括实体完整性、参照完整性和用户定义完整性（又称域完整性），其中实体完整性和参照完整性是关系模型必须满足的完整性约束条件。

(1) 实体完整性

实体完整性是指关系的主关键字不能取“空值”。

一个关系对应现实世界中一个实体集。现实世界中的实体是可以相互区分、识别的，即它们应具有某种唯一性标识。在关系模式中，以主关键字作唯一性标识，而主关键字中的属性（称为主属性）不能取空值，否则，表明关系模式中存在着不可标识的实体，这与现实世界的实际情况相矛盾，这样的实体就不是一个完整实体。按实体完整性规则要求，如主关键字是多个属性的组合，所有主属性均不得取空值。

例如，“选课表”关系中的“学号，课程编号”为主关键字，则学号和课程编号均为主属性，所以二者都不可以取空值。

(2) 参照完整性

参照完整性规则就是外部关键字与主关键字之间的引用规则：若某属性（或属性组）是一个关系R（称为目标关系）的主关键字，同时又是另一关系K（称为参照关系）的外部关键字，则参照关系K中外部关键字的取值，或者等于被目标关系R中某元组主关键字的值，或者取空值。

如果参照关系K的外部关键字也是其主属性，根据实体完整性要求，主属性不得取空值，因此，参照关系K外部关键字的取值实际上只能取相应被参照关系K中已经存在的主关键字的值。例如，课程编号是“选课表”关系中的外部关键字，同时又是“课程表”关系中的主关键字，“选课表”关系中的课程编号的值或者取空值，或者取“课程表”关系中已存在的课程编号的值。但由于课程编号是“选课表”关系中的主属性，按照实体完整性规则，它不能取空值，所以“选课表”关系中的课程编号的值只能取“课程表”关系中已存在的课程编号的值。

(3) 用户自定义完整性

用户自定义完整性是指根据应用环境的要求和实际的需要，对某一具体应用所涉及的数据提出约束性条件。例如，性别取值只能是“男”或“女”。

1.2 Visual FoxPro 6.0 的窗口组成

运行VFP 6.0之后，可以看到VFP 6.0系统的主窗口。在主窗口中可以看到标题栏、菜单栏、工具栏、命令窗口、状态栏和“项目管理器”对话框，如图1.10所示。

1.2.1 标题栏

标题栏位于主窗口的顶部，包含主窗口的控制菜单图标、应用程序名，以及右边的“最小化”按钮、“最大化”按钮或“还原”按钮、“关闭”按钮。使用标题栏可对主窗口

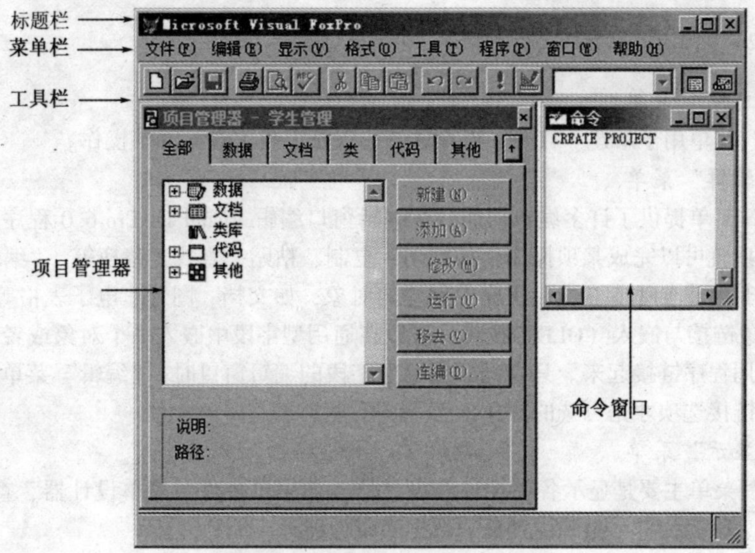

图 1.10　Visual FoxPro 6.0 主窗口

进行移动、最大化、最小化以及关闭操作。

1.2.2　菜单栏

1.2.2.1　菜单的约定

(1) 带“省略号”的菜单选项

如果在菜单选项右方紧跟一个省略号（…），表示选择该项后将弹出一个对话框，等待用户继续选择。

(2) 带向右箭头的菜单选项

有些菜单选项后面带有一个向右箭头，表示选择该项会打开一个子菜单。

(3) 有“对号”的菜单选项

如果菜单选项被选择后在其左方出现一个“对号”（√），表示该项在当前有效。若要使它失效，只须再将它选择一次，使“对号”消失即可。

(4) 灰色菜单选项

当菜单选项以灰色显示时，表示该项在当前条件下不能使用。例如，如果现在未打开任何文件，则文件菜单项下的“保存”“另存为”将呈现灰色，因为此时无文件需要保存。

(5) 热键和快捷键

热键和快捷键均用于键盘操作。前者指菜单项中带下划线的字母，菜单项名称中带下划线的英文字母，也称该菜单项的访问键，例如“文件”菜单项中的 F、“格式”菜单项中的 O 等。后者常出现在菜单项名称的右方，一般采用组合键的形式，例如，“文件”菜单项下的“新建”为“Ctrl + N”，“打开”为“Ctrl + O”等。如果用户记住了这些键，可直接用它们来选择菜单项，比逐级选择更省时间。

1.2.2.2 菜单项的功能

(1) "文件"菜单

"文件"菜单用于新建、打开、保存和打印以及退出 VFP 6.0 等操作。

(2) "编辑"菜单

"编辑"菜单提供了许多编辑功能。在编辑窗口编辑 Visual FoxPro 6.0 程序文件时，选取某个菜单项就可以完成某项操作，如剪切、复制、粘贴、查找、替换等。"编辑"菜单还允许插入在其他非 VFP 6.0 应用程序中创建的对象，如文档、图形、电子表格等。使用 Microsoft 的对象链接与嵌入（OLE）技术，可以在通用型字段中嵌入一个对象或者将该对象与创建它的应用程序链接起来。只有处于通用型字段的编辑窗口时，"编辑"菜单中的插入对象、对象、链接选项才是可选的。

(3) "显示"菜单

"显示"菜单主要是显示各种控件和设计器，如表单控件、表单设计器、查询设计器、视图设计器、报表控件、报表设计器、数据库设计器等。

(4) "格式"菜单

"格式"菜单提供一些排版方面的功能，允许用户在显示正文时选择字体和行间距，检查在正文编辑窗口中的拼写错误，确定缩进和不缩进段落等。

(5) "工具"菜单

"工具"菜单提供了表、查询、表单、报表、标签等项目的向导模块，并提供了 VFP 6.0 系统环境的设置。

(6) "程序"菜单

"程序"菜单用于程序运行控制、程序调试等。

(7) "窗口"菜单

"窗口"菜单用于 VFP 6.0 窗口的控制。单击窗口菜单中的"命令窗口"（也可以直接按 Ctrl + F2），可打开"命令窗口"进入命令编辑方式。

(8) "帮助"菜单

在菜单栏的最右边是"帮助"菜单，该菜单可为用户提供帮助信息。

1.2.2.3 菜单的种类

VFP 6.0 主要使用两类菜单：下拉式菜单和弹出式菜单。

系统菜单为下拉式菜单。它平时只显示菜单栏中的若干选项。如果有某个选项被选中，该选项下方就会拉伸出一个子菜单。这也是下拉式菜单名称的由来。

弹出式菜单平时不在屏幕上显示，仅当使用时弹出。VFP 6.0 有许多设计器，这些设计器窗口中提供的"快捷菜单"，都是弹出式菜单的实例。它们所包含的菜单项，常能在用户需要的时候向它们提供及时的帮助。

需要强调指出，菜单的内容并非一成不变。它具有对数据环境的敏感性，故有时也称之为敏感菜单。VFP 6.0 菜单的敏感性主要表现在：一是子菜单的内容可变。以"显示"（view）子菜单为例，在没有打开任何文件的情况下，它只有"工具栏"（toolbars）一个菜单项；如果已打开了某个表，子菜单将进一步改变内容。二是菜单项的颜色可变。菜单项可有深、浅两种显示颜色，随当时的数据环境而变化。如果某一菜单项当前为灰色，表示它暂时不能使用。

1.2.2.4 设置系统菜单

系统菜单是一个典型的菜单系统，其主菜单是一个条形菜单。选择条形菜单中的每一个菜单项都会激活一个弹出式菜单。每一个条形菜单都有一个内部名字和一组菜单选项，每个菜单选项都有一个名称（标题）和内部名字。例如，主菜单的内部名字为_MSYSMENU，条形菜单项“文件”、“编辑”和“窗口”的内部名字分别为_MSM_FILE，_MSM_EDIT，_MSM_WINDOW。每一个弹出式菜单也有一个内部名字和一组菜单选项，每个菜单选项则有一个名称（标题）和选项序号。例如，_MFILE，_MEDIT，_MWINDOW 分别为弹出式菜单项“文件”、“编辑”和“窗口”的内部名。菜单项的名称用于在屏幕上显示菜单系统，而内部名字或选项序号则用于在程序代码中引用。

通过 SET SYSMENU 命令可以允许或禁止在程序执行时访问系统菜单，也可以重新设置系统菜单。

命令格式是：

SET SYSMENU ON | OFF | AUTOMATIC | TO [<弹出式菜单名表>] | TO [<条形菜单项名表>] | TO [DEFAULT] | SAVE | NOSAVE

其中：ON 允许程序执行时访问系统菜单；OFF 禁止程序执行时访问系统菜单；AUTOMATIC 可使系统菜单显示出来，可以访问系统菜单。TO 子句用于重新设置系统菜单。“TO [<弹出式菜单名表>]”以菜单项内部名字列出可用的弹出式菜单。例如，命令 SET SYSMENU TO _MFILE，_MEDIT，将使系统菜单只保留“文件”和“编辑”两个子菜单。“TO [<条形菜单项名表>]”以条形菜单项内部名字列出可用的子菜单。例如，上面的系统菜单设置命令也可以写成 SET SYSMENU TO _MSM_FILE，_MSM_EDIT。“TO [DEFAULT]”将系统菜单恢复为缺省配置。SAVE 将当前系统菜单配置指定为缺省配置，NOSAVE 将缺省设置恢复成系统的标准配置。要将系统菜单恢复成标准设置，可先执行 SET SYSMENU NOSAVE 命令，然后执行 SET SYSMENU TO DEFAULT 命令。不带参数的 SET SYSMENU TO 命令将屏蔽系统菜单，使系统菜单不可用。

1.2.3 工具栏

工具栏由若干工具按钮组成。每个按钮对应于一项特定的功能。VFP 6.0 可提供十几个工具栏，它们或为条形，或为窗形。用户通过菜单栏中的“显示”选项，可决定哪些工具栏需要在程序窗中显示。VFP 6.0 初启时，一般仅在菜单栏的下方显示一个条形的“常用”工具栏，其余的工具栏（条形或窗形）由用户来决定是否显示。注意命令、菜单和工具栏的异同。VFP 6.0 有近 500 条命令，其中仅有一部分常用的命令列为菜单命令，所以菜单命令的数量远小于 500。工具按钮中，也有相当一部分与菜单命令具有相同的功能，但工具栏的操作往往比菜单栏的操作更为简便，所以 VFP 6.0 仅将最常用的命令放入工具栏。需要指出，工具按钮和菜单命令的功能并不总是某些命令功能的重复，其中也包含了对 VFP 6.0 命令功能的扩充。在多数情况下，菜单命令对应于常用命令，工具按钮对应于最常用命令，但并非总是这样。

VFP 6.0 提供了 10 个其他工具栏，请参见表 1.2。

表 1.2　　VFP 6.0 的工具栏

工具栏名称	工具栏名称
报表控件	查询设计器
报表设计器	打印预览
表单控件	视图设计器
表单设计器	数据库设计器
布局	调色板

1.2.3.1　显示或隐藏工具栏

若需要显示或隐藏某一个工具栏，可以单击“显示”菜单项，再选择“工具栏”选项，此时出现工具栏对话框，选择或清除相应的工具栏，然后单击“确定”按钮，便可以显示或隐藏选定的工具栏（见图 1.11）。

在工具栏对话框的下面是“显示”选项，其中有 3 个复选框。选中“彩色按钮”选项，表示系统中的工具栏按钮将变为彩色按钮，否则所有的工具栏按钮都将为黑白的，系统默认为彩色按钮。选中“大按钮”选项，则系统中的工具栏按钮将放大一倍，不选中时恢复原样，即为小按钮，系统默认为小按钮。选中“工具提示”选项，表示每个工具栏中的按钮都有文本提示功能，即把鼠标指针停留在某个按钮图标时，系统将自动显示出该按钮图标的名称，否则，不显示名称，系统默认为显示工具提示。

也可以用鼠标右键在任何一个工具栏的空白处单击，打开工具栏的快捷菜单（见图 1.12），从中也可以选择要打开或关闭的工具栏，或者打开工具栏对话框。

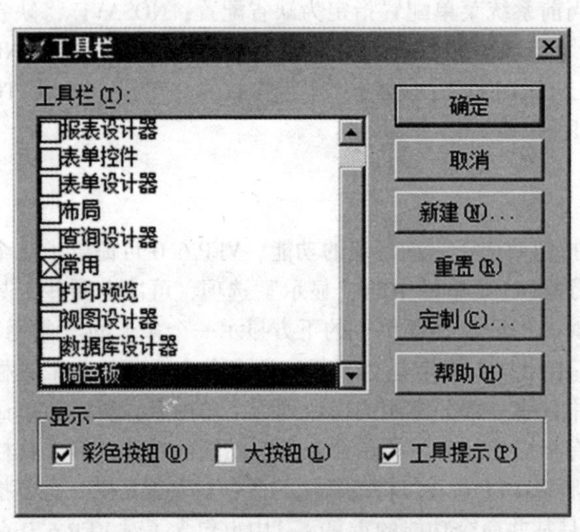

图 1.11　“工具栏”对话框

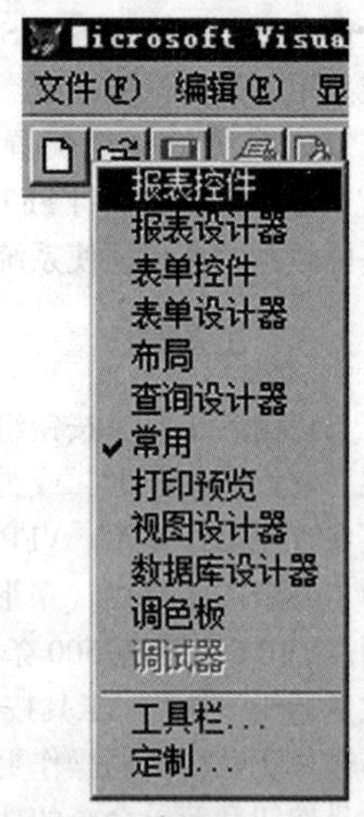

图 1.12　“工具栏”快捷菜单

1.2.3.2　定制工具栏

除上述系统提供的工具栏外，在操作过程中，用户还可以随时创建一个适合于自己工作需要的新工具栏。例如，在开发学生管理系统过程中，可以把常用的工具集中在一起，建立一个“学生管理”工具栏，用户所创建的工具栏的使用方法与其他工具栏相同。

定制“学生管理”工具栏的操作步骤如下：

① 单击“显示”菜单项，选择“工具栏”选项，在“工具栏”对话框下单击“新建”按钮，出现如图 1.13 所示的“新工具栏”对话框。

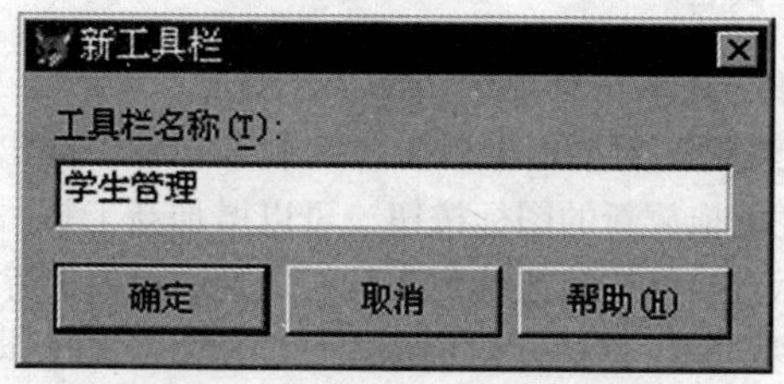

图 1.13　“新工具栏”对话框

② 输入新工具栏名称，本例中输入“学生管理”，并单击“确定”按钮，出现如图 1.14 所示的“定制工具栏”对话框。与此同时，在屏幕窗口上也出现了“学生管理”工具栏。

③ 在“定制工具栏”对话框的最左边是“分类”列表框，选择该列表框中的任何一类，其右侧便显示该类的所有按钮。

④ 用户可根据需要选择分类中的某一类，并在该分类中选择按钮。当选中了某一个按钮后，用鼠标器将其拖动到“学生管理”工具栏下即可。

⑤ 所创建的学生管理工具栏如图 1.15 所示。生成该工具栏后，其打开和使用方法与其他工具栏相同。

最后关闭定制工具栏对话框。

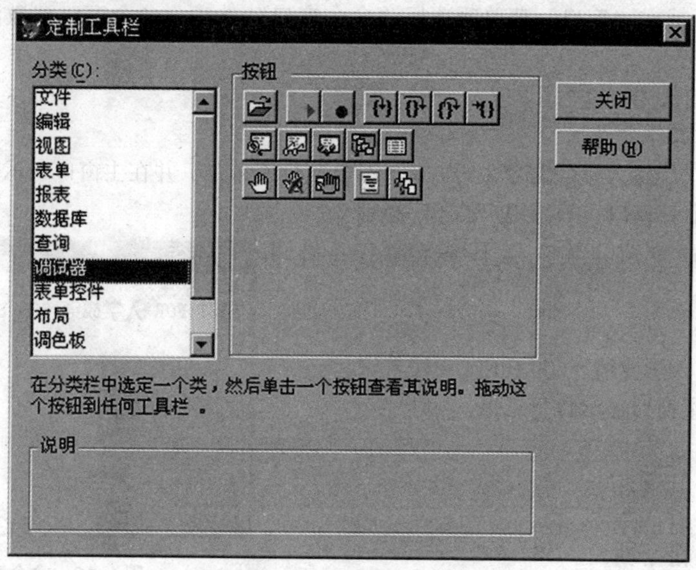

图 1.14　“定制工具栏”对话框

图 1.15　定制的“学生管理工具栏”

1.2.3.3　修改现有工具栏

① 单击“显示”菜单，从下拉菜单中选择“工具栏”，弹出“工具栏”对话框，显示要修改的工具栏。在“工具栏”对话框上单击“定制”按钮，弹出“定制工具栏”对话框。

② 向要修改的工具栏上拖放新的图标按钮，可以增加新工具。

③ 从工具栏上用鼠标直接将按钮拖动到工具栏之外，可以删除该工具。

④ 修改完毕，单击“定制工具栏”对话框上的“关闭”按钮即可。

在“工具栏”对话框中，当选中系统定义的工具栏时，右侧有“重置”按钮。单击该按钮则可以将用户定制过的工具栏恢复到系统默认构成。当选中用户创建的工具栏时，右侧出现“删除”按钮，单击该按钮并确认，便可以删除用户创建的工具栏。

1.2.4　命令窗口

从图 1.16 中可以看到，命令窗口是桌面上的一个重要部件，在该窗口中可以直接键入 VFP 6.0 的各条命令，回车之后便立即执行该命令。尽管从菜单中可以访问大多数命令，但熟悉一些常用命令可以提高操作速度，为今后编写程序提供很大帮助。

命令窗口可以隐藏与激活。VFP 6.0 启动后，命令窗口被自动设置为活动窗口，在窗口左上角出现插入光标，等待用户键入命令。若要把处于活动状态的命令窗口隐藏起来，使之在屏幕上不可见，可以选择“窗口”菜单项中的“隐藏”选项。命令窗口被隐藏后，按快捷键 Ctrl + F2，或在“窗口”菜单项选择“命令窗口”选项，命令窗口被激活，再出现在主窗口。

命令窗口的使用有以下几种。

(1) 命令工作方式

在命令窗口中输入一条命令，VFP 6.0 即可执行该命令，并在主窗口显示命令的执行结果，然后返回命令窗口，等待用户的下一条命令。

例如，在命令窗口输入以下两条命令（见图 1.16）：

USE 学生

LIST FOR 入学成绩 > 600 FIELDS 姓名

将立即在主窗口显示执行结果：

记录号	姓名
3	华淑瑞
4	任德刚
7	郝志新
10	郑岩松

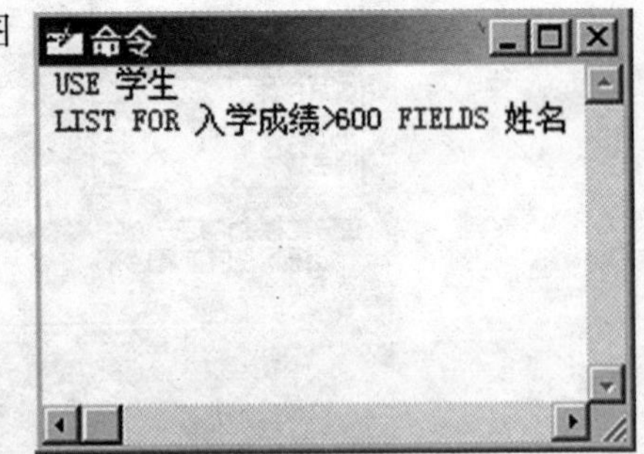

图 1.16　命令窗口

(2) 命令窗口的自动响应菜单操作功能

当在菜单中选择某个菜单选项时，VFP 6.0 会把与该操作等价的命令自动显示在命令窗口。对于初学者来说，这也是学习 VFP 6.0 命令的一种好方法。

(3) 命令窗口有记忆功能

VFP 6.0 在内存设置了一个缓冲区，用于存储已执行过的命令。通过使用命令窗口右侧的滚动条，或用键盘上、下光标移动键能把光标移至曾执行过的某个命令上，可以对命令进行修改、删除、剪切、复制、粘贴等操作。这不仅可用于命令的查看、重复执行，而且对于纠正错误、调试程序是非常有用的。由此可见，无论用户采用哪一种交互操作方式，凡是用过的命令总会在命令窗显示和保存下来，供用户备查或以后再用。

1.2.5　状态栏

(1) 菜单选项的功能

当选择了某一菜单选项时，就会在状态栏显示该选项的功能，使用户能及时了解所选命令的作用。例如在“文件”菜单中选择“打开”命令时，状态栏将显示“打开已有文件”，选择“退出”命令时将显示“退出 Visual FoxPro 6.0”等。

(2) 系统对用户的反馈信息

VFP 6.0 命令执行后，系统会在状态栏向用户反馈有关执行情况。

(3) 当前操作状态

状态栏右边有 3 个方格。左格表示当前是否处于插入方式，若是为空白，否则显示 OVR，由 Insert 键控制。中格表示小键盘是否处于数字方式，若是显示 Num，否则为空白，由 Num Lock 键控制。右格表示键盘是否处于大写字母方式，若是显示 Caps，否则为空白，由 Caps Lock 键控制。

1.3　项目管理器

所谓项目是指文件、数据、文档和对象的集合。项目管理器是 VFP 6.0 中处理数据和对象的主要组织工具。项目管理器一方面通过项目文件（扩展名为.pjx）对项目中的数据和对象进行集中的管理，另一方面则借助界面十分友好的集成环境，使用户能够方便地访问 VFP 6.0 提供的工具栏、快捷菜单和各种辅助设计工具。有人把项目管理器称为 VFP 6.0 的“控制中心”，足见其地位之重要。如果说辅助设计工具能从技术上加快项目的开发，则项目管理器将从管理上对项目的开发与维护给予有效的支持。项目管理器窗口如图 1.17 所示。

1.3.1　项目管理器窗口的组成

1.3.1.1　项目管理器的选项卡

项目管理器有 6 个选项卡，它们分别是“全部”“数据”“文档”“类”“代码”“其他”，每个选项卡用于管理某一类型文件。

(1)“数据”选项卡

该选项卡包含一个项目中的所有数据：数据库、自由表、查询和视图。

(2)“文档”选项卡

该选项卡中包含处理数据时所用的全部文档，即输入和查看数据所用的表单，以及打

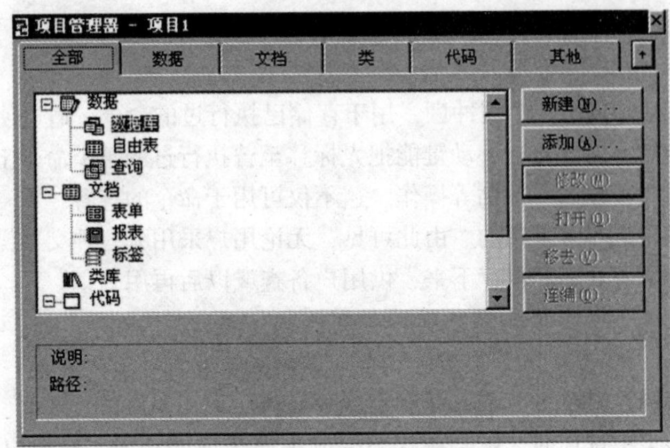

图 1.17 项目管理器窗口

印表和查询结果所用的报表及标签。

(3)“类”选项卡

该选项卡显示和管理由类设计器建立的类库文件。

(4)“代码”选项卡

该选项卡包含用户的所有代码程序文件：程序文件、API 库文件、应用程序等

(5)“其他”选项卡

该选项卡显示和管理下列文件：菜单文件、文本文件、由 OLE 等工具建立的其他文件（如图形、图像文件）。

(6)“全部”选项卡

该选项卡显示和管理以上所有类型的文件。

1.3.1.2 项目管理器的命令按钮

项目管理器中有许多命令按钮，并且命令按钮是动态的，选择不同的对象会出现不同的命令按钮。下面介绍常用命令按钮的功能。

(1)“新建”按钮

创建一个新文件或对象，新文件或对象的类型与当前所选定的类型相同。此按钮与“项目”菜单中的“新建文件”命令的作用相同。注意：“文件”菜单中的“新建”命令可以新建一个文件，但不会自动包含在项目中。而使用项目管理器中的“新建”命令按钮，或“项目”菜单中的“新建文件”命令建立的文件会自动包含在项目中。

(2)“添加”按钮

把已有的文件添加到项目中。此按钮与“项目”菜单中的“添加文件”命令的作用相同。

(3)“修改”按钮

在相应的设计器中打开选定项进行修改，例如可以在数据库设计器中打开一个数据库进行修改。此按钮与“项目”菜单中的“修改文件”命令的作用相同。

(4)“浏览”按钮

在“浏览”窗口中打开一个表，以便浏览表中内容。此按钮与“项目”菜单中的“浏览文件”命令的作用相同。

(5)“运行”按钮

运行选定的查询、表单或程序。此按钮与“项目”菜单中的“运行文件”命令的作用相同。

(6)“移去”按钮

从项目中移去选定的文件或对象。VFP 6.0将询问是仅从项目中移去此文件，还是同时将其从磁盘中删除。此按钮与“项目”菜单中的“移去文件”命令的作用相同。

(7)“打开”按钮

打开选定的数据库文件。当选定的数据库文件打开后，此按钮变为“关闭”。此按钮与“项目”菜单中的“打开文件”命令的作用相同。

(8)“关闭”按钮

关闭选定的数据库文件。当选定的数据库文件关闭后，此按钮变为“打开”。此按钮与“项目”菜单中的“关闭文件”命令的作用相同。

(9)“预览”按钮

在打印预览方式下显示选定的报表或标签文件内容。此按钮与“项目”菜单中的“预览文件”命令的作用相同。

(10)“连编”按钮

连编一个项目或应用程序，还可以连编一个可执行文件。此按钮与“项目”菜单中的“连编”命令的作用相同。

1.3.2 建立项目文件

项目管理器将一个应用程序的所有文件集合成一个有机的整体，形成一个扩展名为.PJX的文件。用户可以根据需要创建项目。

1.3.2.1 创建项目步骤

建立项目文件同建立其他类型的文件一样，其操作步骤如下：

① 单击“文件”菜单项中的“新建”命令，在“新建”对话框中，选定“文件类型”为“项目”，然后单击“新建文件”按钮，将弹出“创建”对话框。

② 在“创建”对话框中，输入项目文件名并确定项目文件的存放路径，单击“保存”按钮。此时“创建”对话框关闭，打开项目管理器窗口。

要打开已有的项目文件，单击“文件”菜单中的“打开”命令，在“打开”对话框中，选择或直接输入项目文件路径和项目文件名，单击“确定”按钮。此时也将出现如图1.17所示的项目管理器窗口。

1.3.2.2 打开与关闭项目管理器

打开项目管理器较常用的方法有两种：一是使用Modify Project命令打开；二是借助Windows的资源管理器打开。

(1)使用Modify Project命令打开

Modify Project <项目名> 或Modify Project [?]

用于修改（若项目文件已经存在）或创建（若项目文件不存在）指定项目名的项目文件。

命令中的“?”为可选项。不论带不带“?”，命令执行时系统都将显示一个“打开”对话框，请用户从中选定一个已有的项目文件，或输入新的待创建的项目文件名。

(2) 借助 Windows 的资源管理器打开

先打开资源管理器，找到需要的项目文件；然后用鼠标左键双击这一文件，即可同时打开 VFP 6.0（如果原来尚未打开）和包含该项目文件的项目管理器。

借助菜单操作也可以打开项目管理器，但不及以上的方法简便，此处不再细述。

关闭项目管理器十分简单，只须左键单击其窗口右上角的关闭按钮即可。

1.3.3 使用“项目管理器”管理项目文件

在项目管理器中，各个项目都是以树状分层结构来组织和管理的。项目管理器按大类列出包含在项目文件中的文件。在每一类文件的左边都有一个图标形象地表明该种文件的类型，用户可以扩展或压缩某一类型文件的图标。在项目管理器中，还可以在该项目中新建文件，对项目中的文件进行修改、运行、预览等操作，同时还可以向该项目中添加文件，把文件从项目中移去。

1.3.3.1 选择选项卡

先选好所需的选项卡，然后用鼠标单击它的标题即可。

1.3.3.2 展开/折叠目录树

项目管理器中的目录树使用“+”“-”号来表示各级目录的当前状态（见图 1.17）。处于折叠状态的目录在其图标左方有一“+”号，单击这一“+”号可将它展开，显示出该目录所包含的子目录，同时将当前状态的图标从“+”号改为“-”号。单击目标左方的“-”号可使它恢复折叠状态。

1.3.3.3 项目管理器的快捷菜单

项目管理器可提供多种快捷菜单，其内容取决于菜单弹出时鼠标的位置。例如，当鼠标指针移至项目管理器窗内选项卡之外的位置时，单击鼠标右键可出现一种快捷菜单。若将鼠标指针移到选项卡之内的任何位置上，单击鼠标右键出现的快捷菜单会显示不同的内容。当选项卡处于分离状态时，右键单击选项卡也会弹出一个快捷菜单，但其内容又与前两种不同。

1.3.3.4 折叠和展开项目管理器

项目管理器右上角的向上箭头按钮用于折叠或展开项目管理器窗口。该按钮正常时显示为向上箭头，单击时，项目管理器缩小为仅显示选项卡，同时该按钮变为向下箭头，称为还原按钮。在折叠状态，选择其中一个选项卡将显示一个较小窗口。小窗口不显示命令按钮，但是在选项卡中单击鼠标右键，弹出的快捷菜单增加了“项目”菜单中各命令按钮功能的选项。如果要恢复包括命令按钮的正常界面，单击“还原”按钮即可。

1.3.3.5 拆分项目管理器

折叠项目管理器窗口后，可以进一步拆分项目管理器，使其中的选项卡成为独立、浮动的窗口，还可以根据需要重新安排它们的位置。

首先单击向上箭头按钮折叠项目管理器，然后选定一个选项卡，将它拖离项目管理器。当选项卡处于浮动状态时，在选项卡中单击鼠标右键，弹出的快捷菜单增加了“项目”菜单中的选项。对于从项目管理器窗口中拆分出的选项卡，单击选项卡上的图钉图标，可以钉住该选项卡，将其设置为始终显示在屏幕的最顶层，不会被其他窗口遮挡。再次单击图钉图标便取消其“顶层显示”设置。若要还原拆分的选项卡，可以单击选项卡上的“关闭”按钮，也可以用鼠标将拆分的选项卡拖曳回项目管理器窗口中。

1.3.3.6 停放项目管理器

将项目管理器拖到主窗口的顶部，就可以使它像工具栏一样显示在主窗口的顶部。停放后的项目管理器变成了窗口工具栏区域的一部分，不能将其整个展开，但是可以单击每个选项卡来进行相应的操作。对于停放的项目管理器，同样可以从中拖开选项卡。

1.3.3.7 在项目管理器中新建文件

首先选定要创建的文件类型（如数据库、数据库表、查询等），然后选择“新建”按钮，将显示与所选文件类型相应的设计工具。对于某些项目，还可以选择利用向导来创建文件。

以用项目管理器新建表为例，操作步骤为：打开已建立的项目文件，出现项目管理器窗口，选择“数据”选项卡中的“数据库”下的表，然后单击“新建”按钮，出现“新建表”对话框，选择“新建表”出现“创建”对话框，确定需要建立表的路径和表名，按“保存”按钮后，出现表设计器窗口。

1.3.3.8 在项目中修改文件

若要在项目中修改文件，只需要选定要修改的文件名，再单击“修改”按钮。例如，要修改一个表，先选定表名，然后选择“修改”按钮，该表便显示在表设计器中。

1.3.3.9 向项目中添加和移去文件

（1）向项目中添加文件

要在项目中加入已经建立好的文件，首先选定要添加文件的文件类型，如单击“数据”选项卡中的“数据库”选项。再单击“添加”按钮，在“打开”对话框中，选择要添加的文件名，然后单击“确定”按钮。

（2）从项目中移去文件

在项目管理器中，选择要移去的文件，如单击“数据”选项卡中“数据库”选项下的数据库文件。单击“移去”按钮，此时将打开一个提示对话框，询问“把数据库从项目中移去还是从磁盘上删除?”。如想把文件从项目中移去，单击“移去”按钮；如想把文件从项目中移去，并从磁盘上删除，单击“删除”按钮。

1.3.3.10 项目文件的连编与运行

连编是将项目中所有的文件连接编译在一起，这是大多数系统开发都要做的工作。这里先介绍两个重要概念。

（1）主文件

主文件是项目管理器的主控程序，是整个应用程序的起点。在 VFP 6.0 中必须指定一个主文件，作为程序执行的起始点。它应当是一个可执行的程序，这样的程序可以调用相应的程序，最后一般应回到主文件中。

（2）“包含”和“排除”

“包含”是指应用程序的运行过程中不需要更新的项目，也就是一般不会再变动的项目。它们主要有程序、图形、窗体、菜单、报表、查询等。

“排除”是指已添加在项目管理器中，但又在使用状态上被排除的项目。通常允许在程序运行过程中随意地更新它们，如数据库表。对于在程序运行过程中可以更新和修改的文件，应将它们修改成“排除”状态。

指定项目的“包含”与“排除”状态的方法是：打开项目管理器，选择菜单栏的“项目”命令中的“包含/排除”命令项；或者通过单击鼠标右键，在弹出的快捷菜单中，选择“包含/排除”命令项。

在使用连编之前，要确定以下几个问题：

① 在“项目管理器”加进所有参加连编的项目，如程序、窗体、菜单、数据库、报表、其他文本文件等。

② 指定主文件。

③ 对有关数据文件设置“包含/排除”状态。

④ 确定程序（包括窗体、菜单、程序、报表）之间的明确的调用关系。

⑤ 确定程序在连编完成之后的执行路径和文件名。

在上述问题确定后，即可对该项目文件进行编译。

通过设置“连编选项”对话框的“选项”，可以重新连编项目中的所有文件，并对每个源文件创建其对象文件。同时在连编完成之后，可指定是否显示编译时的错误信息，也可指定连编应用程序之后，是否立即运行它。

1.3.4 定制项目管理器

用户可以改变项目管理器窗口的外观。例如，可以移动项目管理器的位置，改变它的大小，也可以折叠或拆分项目管理器窗口，以及使项目管理器中的选项卡永远浮在其他窗口之上。

（1）项目管理器的折叠

项目管理器的右上角有一个带向上箭头的折叠按钮↑。单击这一按钮可隐去全部选项卡，只剩下项目管理器和选项卡的标题，如图 1.18 所示。与此同时，折叠按钮上的向上箭头也改为向下，变成了恢复按钮。

图 1.18　折叠后的项目管理器

（2）项目管理器的分离

项目管理器处于折叠状态时，用鼠标拖动任何一个选项卡的标题，都可使该选项卡与项目管理器分离，如图 1.19 所示。分离后的选项卡可以像一个独立的窗口在 VFP 6.0 主窗口中移动。单击分离选项卡的关闭按钮，即可使该卡恢复原位。

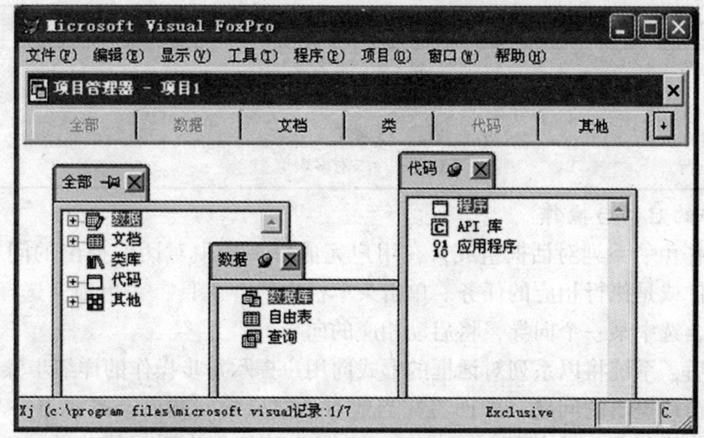

图 1.19　从项目管理器分离的选项卡

(3) 移动和缩放项目管理器

项目管理器窗口和其他 Windows 窗口一样，可以随时改变窗口的大小以及移动窗口的显示位置。将鼠标放置在窗口的标题栏上并拖曳鼠标，即可移动项目管理器。将鼠标指针指向项目管理器窗口的顶端、底端、两边或角上，拖动鼠标边可以扩大或缩小它的尺寸。

1.3.5　Visual FoxPro 6.0 的辅助设计工具

VFP 6.0 提供了 3 类支持可视化设计的辅助工具，即向导、设计器和生成器，以便加快 VFP 6.0 应用程序的开发，减轻用户的程序设计工作量。

1.3.5.1　VFP 6.0 向导

向导是一种快捷设计工具。通过向导一组对话框依次与用户对话，引导用户分步完成 VFP 6.0 的某项任务，例如创建一个新表、建立一项查询，或设置一个报表的格式等。

(1) 向导的种类

VFP 6.0 有 20 余种向导工具。表 1.3 列出了系统提供的常用的向导的名称及其简要用途。从创建表、视图、查询等数据文件，到建立报表、标签、图表、表单等文档，均可使用相应的向导工具来完成。

表 1.3　　VFP 6.0 向导一览表

向导名称	用　途
表向导	创建一个表
查询向导	创建查询
本地视图向导	创建一个视图
远程视图向导	创建远程视图
交叉表向导	创建一个交叉表查询
文档向导	格式化项目和程序文件中的代码并从中生成文本文件
图表向导	创建一个图表
报表向导	创建报表
分组/总计报表向导	创建具有分组和总计功能的报表

续表 1.3

向导名称	用　途
一对多报表向导	创建一个一对多报表
标签向导	创建邮件标签
表单向导	创建一个表单
一对多表单向导	创建一个一对多表单

（2）向导的启动与操作

向导的操作由一系列对话框组成，在用户完成每一步中对话框提出的问题后，向导将创建相应的文件或是执行相应的任务。单击菜单栏中的“工具”菜单项，选择“向导”，出现向导对话框，选中某一个向导，将启动相应的向导。

启动向导后，系统将以系列对话框的形式向用户提示每步操作的详细步骤。用户要依次回答每一对话窗口提出的问题，即回答完当前对话窗口的问题后，按“下一步”按钮转到下一个步骤。如果操作中有错误，可选择“上一步”按钮查看或修改前一对话框的内容。到达最后一屏时，选择“完成”按钮，退出向导。

图 1.20 显示了运行表向导所显示的 4 个对话框，读者从中可见一斑。向导工具的最大特点是“快”，不仅操作简捷，得出结果也很迅速。因向导工具强调要快，其完成的任务也相对比较简单。所以通常的做法是先用向导创建一个较简单的框架，然后再用相应的设计器进一步对它进行修改。

例如若需创建一个新表，可先用表向导来创建，然后再用表设计器进行修改。

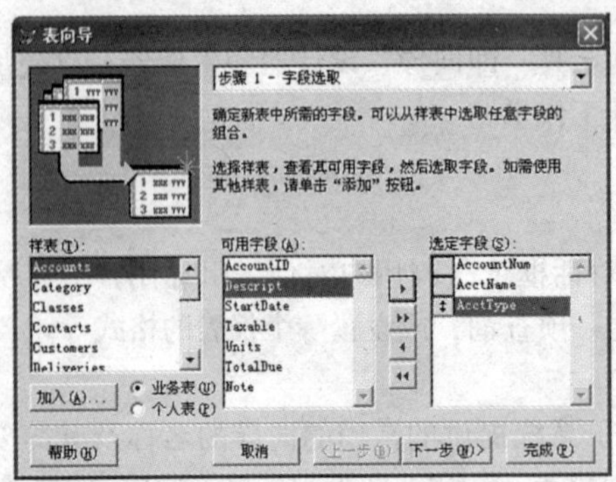

（a）字段选取

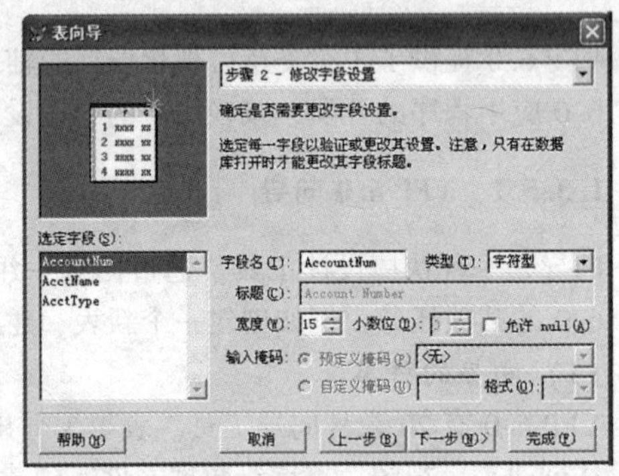

（b）修改字段设置

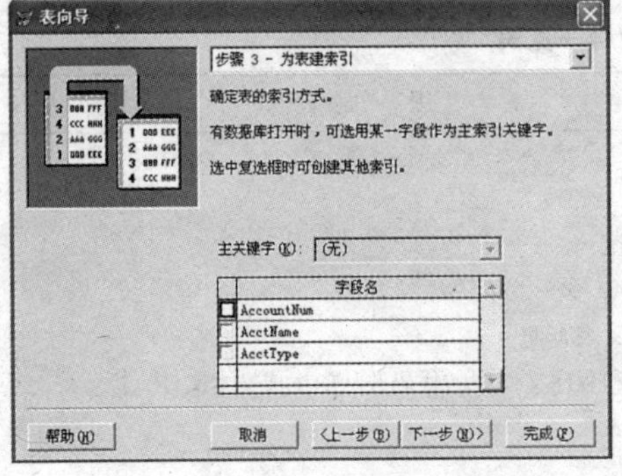

（c）为表建索引

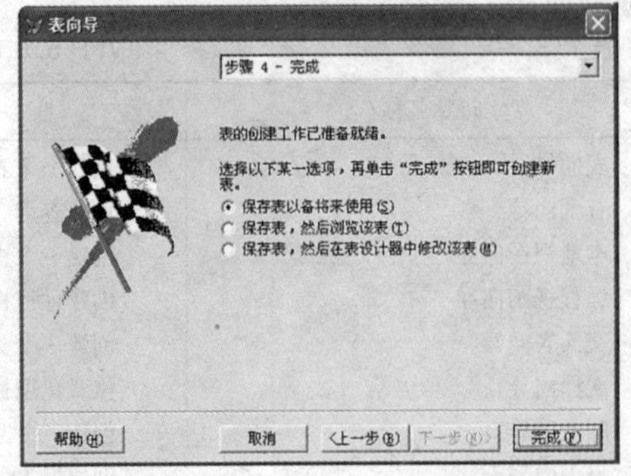

（d）完成

图 1.20　表向导的系列对话框

1.3.5.2 VFP 6.0 设计器

设计器一般比向导具有更强的功能，可用来创建或者修改 VFP 6.0 应用程序所需要的构件。例如使用表设计器来定义表、使用表单设计器来定义表单等。

表 1.4 列出了 VFP 6.0 九种设计器的用途一览表。与向导相似，设计的对象也包括数据文件与 VFP 6.0 文档两大类。

表 1.4 VFP 6.0 的设计器用途一览表

设计器	用 途
表设计器	创建表并在其上建索引
查询设计器	运行本地表查询
视图设计器	运行远程数据源查询；创建可更新的查询
表单设计器	创建表单，用以查看并编辑表中数据
报表设计器	创建报表，显示及打印数据
标签设计器	创建标签布局以打印标签
数据库设计器	设置数据库；查看并创建表间的关系
连接设计器	为远程视图创建连接
菜单设计器	创建菜单或快捷菜单

图 1.21 显示了视图设计器的程序窗口，由上下两部分组成。上半部分为窗口工作区，在设计视图时用于显示视图的结构；下半部分为选项卡区，供用户在设计视图时与系统进行交互。本例图共有 7 张叠置的选项卡，分别使用“字段名”“联接”“筛选”等作为选项卡的标题。单击任一标题，一张与之相应的选项卡即被激活，并浮动到顶上来显示。选项卡越多，设计时可供用户设置和选择的内容也越丰富。

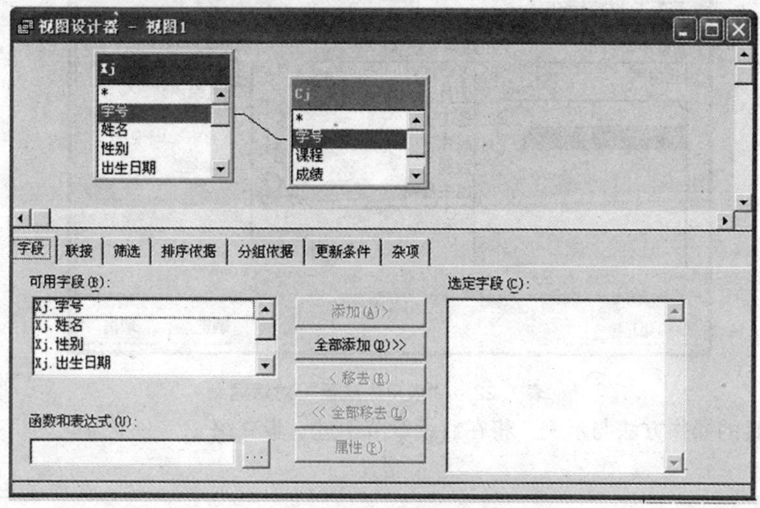

图 1.21 “视图设计器”的程序窗口

1.3.5.3 VFP 6.0 生成器

生成器也可译为构造器，均来源英文 builder 一词。它的主要功能是在 VPF 应用程序的构件中生成并加入某类控件，例如生成一个组合框或生成一个列表框等。表 1.5 显示了由

VFP 6.0 提供的 10 种生成器。

表 1.5　　VFP 6.0 的生成器一览表

生成器	功　能
组合框生成器	生成组合框
命令组生成器	生成命令组
编辑框生成器	生成编辑框
表单生成器	生成表单
表格生成器	生成表格
列表生成器	生成列表框
选项组生成器	生成选项组
文本框生成	生成文本框
自动格式生成器	格式化控件组
参照完整性生成器	数据库表间创建参照完整性

作为示例，图 1.22 显示了“表单生成器”的对话框。从外观上看，它其实是一个选项卡对话框。通常每个生成器都包括一折叠选项卡，可供用户设置所选定对象的属性。

以上 3 类辅助工具全部使用图形交互界面。通过直观、简单的人－机交互操作，就可使用户轻松地完成应用程序的界面设计任务。不仅如此，所有上述工具的设计结果，都能自动生成 VFP 6.0 的代码，使用户可以摆脱面向对象程序设计烦琐的编码任务，轻松地建立起自己的 VFP 6.0 应用程序来。

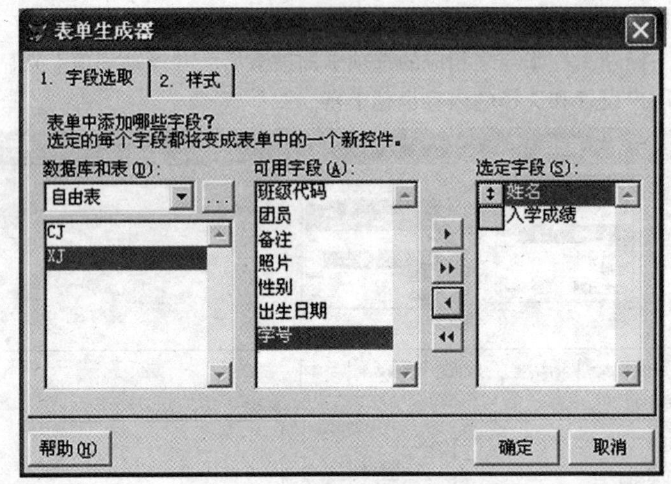

表 1.22　“表单生成器”对话框

上述工具的操作方法与示例，将在后续章节中进一步介绍。

案例 1　学生成绩管理系统项目的建立

一、案例知识点

1. 了解数据库的基本概念和基本结构。

2. 了解 VFP 6.0 系统的安装。

3. 掌握 VFP 6.0 的启动和退出，并熟悉 VFP 6.0 的用户界面。

4. 掌握如何创建一个新项目。

二、案例内容

（一）Visual FoxPro 6.0 系统的启动

1. 安装 Visual FoxPro 6.0

插入 Visual FoxPro 6.0 光盘，光盘上的程序自动运行，根据中文提示逐步安装。系统会自动建立一个文件夹 Visual FoxPro，并且把所有系统文件装入其中。安装完成后，重新启动 Windows，系统完成有关参数设置后即可启动 Visual FoxPro 6.0。

2. 启动 Visual FoxPro 6.0

启动 Visual FoxPro 6.0 有两种方式：

① 直接双击桌面的 Visual FoxPro 6.0 快捷图标（狐狸图标）。

② 单击“开始”按钮，选择“程序”→“Microsoft Visual FoxPro 6.0”→“Microsoft Visual FoxPro 6.0”（狐狸图标）命令。启动后，“屏幕”出现“Microsoft Visual FoxPro 6.0”主窗口界面。

（二）自定义工具栏

① 选择“显示”→“工具栏”命令，选定所选工具栏后，单击“确定”按钮，如图 1.23 所示。

② 在工具栏的任一空白处右击，在弹出的快捷菜单中选定所需的工具，如图 1.24 所示。

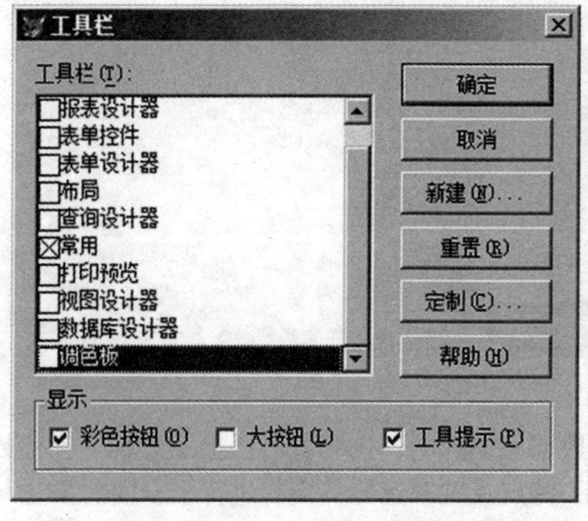

图 1.23　“工具栏”对话框

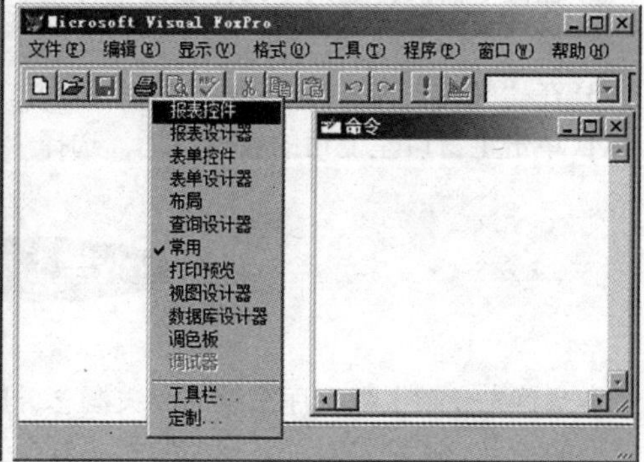

图 1.24　“工具栏”选择框

（三）创建学生成绩管理系统项目

创建“学生成绩系统”项目，具体步骤如下：

① 选择“文件”→“新建”命令，在弹出的“新建”对话框中选择文件类型为“项目”单选按钮，同时单击“新建文件”按钮，如图 1.25 所示。

② 单击“新建文件”按钮后，弹出保存文件的对话框，在“项目文件”文本框中输入“学生成绩管理系统”（默认值为“项目 1”），“保存类型”选择“项目（*.pjx）”。以上

三个参数都设置完成后，单击“保存”按钮。

③ 保存“学生成绩管理系统”项目后，弹出“项目管理器”对话框，如图 1.26 所示。这样，就创建好了“学生成绩管理系统”项目。

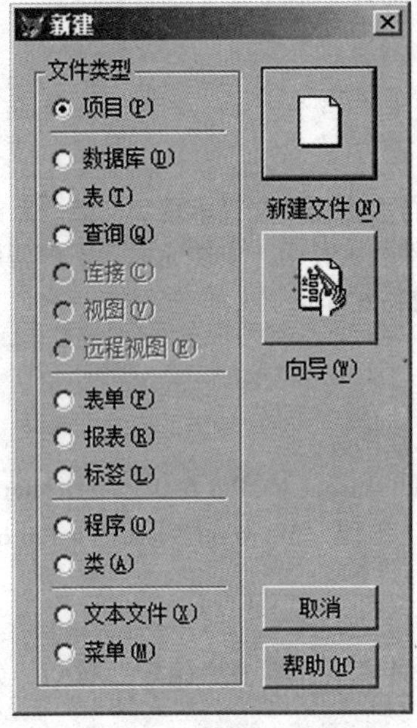

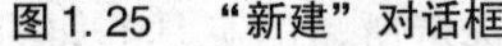
图 1.25 “新建”对话框

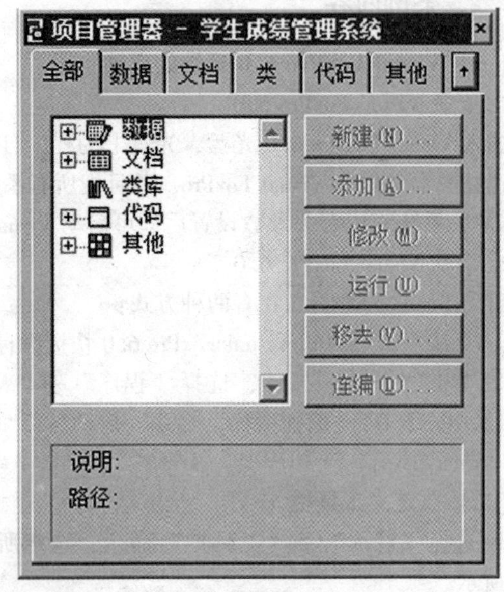

图 1.26 “项目管理器”窗口

（四）VFP 6.0 系统的退出

退出 VFP 6.0 有以下 4 种方式：

① 在命令窗口，输入 QUIT。

② 按【Alt + F4】组合键。

③ 在“文件”菜单中选择“退出”命令。

④ 单击主窗口左上角的狐狸图标，选择“关闭”命令。

小结与提高

本章首先介绍了数据库系统的有关概念、数据库系统的产生和发展；重点讲解了各种数据模型的特点，特别是对关系模型的相关概念、特点及关系运算等内容进行了全面的描述与讲解。随后介绍了 Visual FoxPro 6.0 的窗口组成、菜单栏、工具栏、命令窗口、状态栏的特点和使用；系统地介绍了 Visual FoxPro 6.0 的常用工具，包括项目管理器、向导、设计器、生成器的功能以及使用方法。最后通过创建学生成绩管理系统项目这一案例使学习者熟悉了 VFP 6.0 项目的具体创建过程。掌握本章基本知识是学好、用好 VFP 6.0 的必要前提。

习　题

一、选择题

1. Visual FoxPro 是一种________。
   A. 数据库系统　　B. 数据库管理系统
   C. 数据库　　D. 数据库应用系统
2. 数据库 DB、数据库系统 DBS、数据库管理系统 DBMS 三者之间的关系是________。
   A. DBS 就是 DB，也就是 DBMS　　B. DB 包括 DBS 和 DBMS
   C. DBMS 包括 DB 和 DBS　　D. DBS 包括 DB 和 DBMS
3. 下列有关数据库的描述，正确的是________。
   A. 数据库是一个 DBF 文件　　B. 数据库是一个关系
   C. 数据库是一个结构化的数据集合　　D. 数据库是一组文件
4. 数据库系统的核心是________。
   A. 数据库管理系统　　B. 文件
   C. 操作系统　　D. 数据库
5. 在下述关于数据库系统的叙述中，正确的是________。
   A. 数据库中只存在数据项之间的联系
   B. 数据库的数据项之间和记录之间都存在联系
   C. 数据库的数据项之间无联系，记录之间存在联系
   D. 数据库的数据项之间和记录之间都不存在联系
6. 数据库系统的构成为：数据库集合、计算机硬件系统、数据库管理员和用户与________。
   A. 操作系统　　B. 文件系统
   C. 数据集合　　D. 数据库管理系统及相关软件
7. 数据管理员的主要职责不包括________。
   A. 规划和实施数据库备份和恢复
   B. 开发数据库应用系统
   C. 规划和实施数据库系统的安全性和稳定性
   D. 参与数据库的规划、设计与建立
8. Visual FoxPro 6.0 是一种关系型数据库管理系统，所谓关系是指________。
   A. 数据模型符合满足一定条件的二维表格式
   B. 数据库中各个字段之间彼此有一定的关系
   C. 各条记录中的数据彼此有一定的关系
   D. 一个数据库文件与另一个数据库文件之间有一定的关系
9. 为了合理地组织数据，应遵从的设计原则是________。
   A. 用外部关键字保证有关联的表之间的联系
   B. “一事一地”的原则，即一个表描述一个实体或实体间的一种联系
   C. 表中的字段必须是原始数据和基本数据元素，并避免在表之间出现重复字段
   D. 以上各条原则都包括

10. 在关系模型中，每个关系模式中的关键字________。

A. 可由多个任意属性组成

B. 最多由一个属性组成

C. 可由一个或多个其值能唯一标识关系中任何元组的属性组成

D. 以上说法都不对

11. 用数据二维表来表示实体及实体之间联系的数据模型为________。

A. 实体-联系模型　　B. 网状模型

C. 关系模型　　D. 层次模型

12. 关系数据库的任何检索操作所涉及到的三种基本运算不包括________。

A. 选择　　B. 投影

C. 连接　　D. 比较

13. 显示与隐藏命令窗口的错误操作是________。

A. 通过“窗口”菜单下“命令窗口”选项来切换

B. 退出 Visual FoxPro，再重新打开

C. 单击常用工具栏上的“命令窗口”按钮

D. 分别按 Ctrl + F4 和 Ctrl + F2 组合键

14. 在 Visual FoxPro 中，通常以窗口形式出现，用以创建和修改表、表单、数据库等应用程序组件的可视化工具称为________。

A. 向导　　B. 设计器

C. 生成器　　D. 项目管理器

15. 在教师表中，如果要找出职称为“教授”的教师，所采用的关系运算是________。

A. 选择　　B. 投影

C. 连接　　D. 自然连接

16. 在超市营业过程中，每个时段要安排一个班组上岗值班，每个收款口都要配备两名收款员配合工作，共同使用一套收款设备为顾客服务。在超市数据库中，实体之间属于一对一关系的是________。

A. “顾客”和“收款口”的关系　　B. “收款员”和“收款口”的关系

C. “班组”和“收款口”的关系　　D. “设备”和“收款口”的关系

17. 下面关于工具栏的叙述错误的是________。

A. 可以创建自己的工具栏　　B. 可以修改系统提供的工具栏

C. 可以删除用户创建的工具栏　　D. 可以删除系统提供的工具栏

18. 项目管理器的“文档”选项卡用于显示和管理________。

A. 数据库、表单和查询　　B. 数据库、自由表、视图和查询

C. 数据库、自由表和查询　　D. 数据库、视图和查询

19. 项目管理器的“数据”选项卡用于显示和管理________。

A. 查询、报表和视图　　B. 表单、报表和查询

C. 表单、报表和标签　　D. 数据库、表单和报表

20. 参照完整性生成器在以下情况下显示________。

A. 选择“数据库”菜单中的“编辑参照完整性”选项

B. 在“数据库设计器”中双击两个表之间的关系线，在“编辑关系”对话框中选择

"参照完整性"按钮

C. 从"数据库设计器"快捷菜单中选择"编辑参照完整性"选项

D. 以上三种情况均显示

二、填空题

1. 数据模型不仅能表示反映事物本身的数据，而且能表示________。
2. 二维表中的行称为关系的________；二维表中的列称为关系的________。
3. 用二维表的形式来表示实体之间联系的数据模型称为________。
4. 在关系数据库的基本操作中，从表中取出满足条件元组的操作称为________；从表中抽取属性值满足条件的列的操作称为________。
5. 退出 Visual FoxPro 系统的命令是________。
6. 扩展名为. prg 的程序文件在项目管理器的"全部"和________选项卡中显示和管理，项目管理器文件的扩展名是________。
7. 要设置日期和时间的显示格式，应当选择"选项"对话框中的________选项卡。

第 2 章　Visual FoxPro 结构化程序设计

在 VFP 6.0 中，除了能够对数据表中的数据进行处理，还可以对诸如常量、内存变量数据表之外的数据进行单独处理。简单的数据处理可以通过函数、表达式和单条命令完成，复杂的数据处理则需要通过编写程序来完成。

本章主要介绍 VFP 6.0 程序设计基础，包括常量、内存变量、表达式、常用函数，程序设计中常用的基本命令、程序控制结构及多模块程序设计。最后通过具体案例使学习者了解利用编程解决实现问题的过程。

 2.1　数据类型

2.1.1　数据类型

Visual FoxPro 6.0 与其他程序设计语言类似，也提供了丰富的数据类型，可以把数据存储在各种类型的数据表、内存变量和数组中。Visual FoxPro 6.0 提供的数据类型有：字符型、数值型、货币型、日期型、日期时间型、逻辑型、备注型、通用型、二进制字符型和二进制备注型。

(1) 字符型 (Character)

字符型数据是不能进行算术运算的文字数据类型，用字母 C 表示。字符型数据包括中文字符、英文字符、数字字符和其他 ASCII 字符，其长度（即字符个数）范围是 0 ~ 254 个字符。

(2) 数值型 (Numeric)

数值型数据是表示数量并可以进行算术运算的数据类型，用字母 N 表示。数值型数据由数字、小数点和正负号组成。数值型数据在内存中占用 8 个字节，相应的字段变量长度（数据位数）最大为 20 位。

在 VFP 6.0 中，具有数值特征的数据类型还有整型（Integer）、浮点型（Float）和双精度型（Double），不过这 3 种数据类型只能用于字段变量。

(3) 货币型 (Currency)

货币型数据是为存储货币值而使用的一种数据类型，用字母 Y 表示。它默认保留 4 位小数，占据 8 个字节存储空间。

(4) 日期型 (Date)

日期型数据是表示日期的数据，用字母 D 表示。日期的默认格式是 {mm/dd/yy}，其中 mm 表示月份，dd 表示日期，yy 表示年度，年度也可以是 4 位。日期型数据的长度固定为 8 位。日期型数据的显示格式有多种，它受系统日期格式设置的影响。

(5) 日期时间型 (Date Time)

日期时间型数据是表示日期和时间的数据，用字母 T 表示。日期时间的默认格式是 {mm/dd/yyyy hh：mm：ss}，其中 mm，dd，yyyy 的意义与日期型相同，而 hh 表示小时，mm 表示分钟，ss 表示秒数。日期时间型数据也采用固定长度 8 位，取值范围是：日期为 01/01/0001—12/31/9999，时间为 00:00:00—23:59:59。如 {09/22/2014 08:25:30} 表示 2014 年 9 月 22 日 08 时 25 分 30 秒这一日期和时间。

(6) 逻辑型 (Logic)

逻辑型数据是描述客观事物真假的数据类型，表示逻辑判断的结果，用字母 L 表示。逻辑型数据只有真（.t. 或.y.）和假（.f. 或.n.）两种，长度固定为 1 位。

(7) 备注型 (Memo)

备注型数据是用于存放较多字符的数据类型，用字母 M 表示。备注型数据没有数据长度限制，仅受限于磁盘空间。它只用于表中字段类型的定义，字段长度固定为 4 个字节，实际数据存放在与表文件同名的备注文件（.fpt）中，长度根据数据内容而定。

(8) 通用型 (General)

通用型数据是存储 OLE（对象链接与嵌入）对象的数据类型，用字母 G 表示。通用型数据中的 OLE 对象可以是电子表格、文档、图形、声音等。它只用于表中字段类型的定义。通用型数据的字段长度固定为 4 位，实际数据长度仅受限于磁盘空间。

(9) 二进制字符型和二进制备注型

这两类数据是以二进制格式存储的数据类型，只能用在表中字段数据的定义。所存储的数据不受代码页改变的影响。

2.2　VFP 6.0 常量与变量

常量是固定不变的数据，它具有数值型、字符型、日期型、日期时间型、逻辑型和货币型等多种类型。在命令操作和程序运行过程中其值允许变化的量称为变量，变量包括内存变量、数组变量、字段变量和系统内存变量 4 种。

2.2.1　常量

常量是指在程序运行过程中其值始终不发生变化的数据量。在 Visual FoxPro 6.0 中定义了 6 种类型的常量。

说明：许多常量都有定界符，定界符虽然不作为常量本身的内容，但是它规定了常量的类型以及常量的起始和终止界限。

2.2.1.1　字符型常量

字符型常量也称为字符串，是用定界符括起来的一串字符。在 Visual FoxPro 6.0 中，定界符有 3 种：半角单引号、双引号和方括号。例如' The Great Wall'、"20140910"、［中国］等都是字符型常量。如果某一种定界符本身是字符型常量中的字符，就应选择另一种定界符。例如，"You're welcome!"表示字符常量：You're welcome!，含有 15 个字符。

注意：不包含任何字符的字符串（""）叫空串。空串与包含空格的字符串（" "）不同。

2.2.1.2　数值型常量

数值型常量又称为常数，用来表示一个数量的大小，由数字 0～9、小数点和正负号组成。在 Visual FoxPro 6.0 中，数值型常量有两种表示方法：小数形式和指数形式。如 87，－15.2是小数形式的数值型常量。指数形式通常用来表示那些绝对值很大或很小而有效位数不太长的一些数值，对应于日常应用中的科学记数法。数值型数据在内存中占 8 个字节。

指数形式用字母 E 来表示以 10 为底的指数，E 左边为数字部分，称为尾数，右边为指数部分，称为阶码。阶码只能是整数，尾数可以是整数，也可以是小数。尾数与阶码均可正可负。例如，常量 0.1234×10^{-6}，5.6789×10^{5} 可分别用指数形式表示为 0.1234E－6，5.6789E5。

2.2.1.3　货币型常量

货币型常量用来表示货币值，其书写格式与数值型常量类似，但要加上一个前置的 $。货币型数据在存储和计算时，采用 4 位小数。如果一个货币型常量多于 4 位小数，那么系统会自动将多余的小数位四舍五入。如：货币型常量 $3.1415926 将存储为 $3.1416。货币型常量不能采用指数形式，在内存中占 8 个字节。

2.2.1.4　日期型常量

日期型常量有严格的日期格式和传统的日期格式两种格式。其定界符都是一对花括号，花括号内包括年、月、日三部分内容，各部分内容之间用分隔符分隔。分隔符可以是"/""－"". "和空格等。

（1）严格的日期格式

严格的日期格式为：{^yyyy－mm－dd}。其中，花括号内第一个字符必须是"^"，它是严格日期格式的标志，不可缺少。严格的日期格式中年月日的顺序不能颠倒，不可缺省。如{^2015－09－15} 以严格的日期格式表示 2015 年 9 月 15 日，Visual FoxPro 6.0 默认采用严格的日期格式，并以此检测所有日期型和日期时间型数据的格式是否规范、合法。

（2）传统的日期格式

传统的日期格式中的月、日各为 2 位数字；而年份既可以用 2 位数字表示，也可以用 4 位数字表示，如：{09/08/15}，{09－08－15}，{09 08 2015}。这种格式的日期型常量要受到语句 SET DATE TO 和 SET CENTURY TO 设置的影响。

2.2.1.5　日期时间型常量

日期时间型常量也要放在一对花括号中，包含日期和时间两部分内容。日期的格式与日期型常量相同，也有传统格式和严格格式两种。时间包括时、分、秒，时分秒之间用"："分隔。日期时间型常量的默认格式是 {mm/dd/［yy］yy［,］［hh［：mm［：ss］］［a|

p]]}。其中 hh，mm，ss 的默认值分别为 12，0，0。a 和 p 分别表示 AM（上午）和 PM（下午），默认为 AM。如果指定时间大于等于 12，则自然为下午时间，例如：{^2015-08-09，11:30:00 p}。

日期值和日期时间值的输入格式与输出格式并不完全相同，特别是输出格式受系统环境设置的影响，用户可以根据应用需要进行相应的设置。

（1）日期格式中的世纪值

通常日期格式中用 2 位数表示年份，但涉及到世纪问题就不便区分。Visual FoxPro 6.0 提供设置命令对此进行相应设置。

格式：SET CENTURY ON | OFF | TO [nCentury]

功能：用于设置显示日期时是否显示世纪。其中，ON 表示日期值输出时显示年份值，即日期数据显示 10 位，年份占 4 位；OFF（默认值）表示日期值输出时不显示年份值，即日期数据显示 8 位，年份占 2 位；TO [nCentury] 指定日期数据所对应的世纪值，nCentury 是一个 1~99 的整数，代表世纪数。

（2）设置日期显示格式

用户可以调整、设置日期的显示输出格式。

格式：SET DATE [TO] AMERICAN | ANSI | BRITISH | FRENCH | GERMAN | ITLIAN | JAPAN | USA | MDY | DMY | YMD | SHORT | LONG

功能：设置日期的显示输出格式。系统默认为 AMERICAN（美国日期格式）。如果日期格式设置为 SHORT 或 LONG 格式，Visual FoxPro 6.0 将按 Windows 系统设置的短日期格式或长日期格式显示输出日期数据，而且 SET CENTURY 命令的设置被忽略。

（3）设置日期分隔符

格式：SET MARK TO [日期分隔符]

功能：设置显示日期时使用的分隔符，如“/”“-”“.”等。如没有指定任何分隔符，则恢复系统默认的斜杠分隔符。

【例 2.1】 设置日期分隔符举例。

（1）

```
SET CENTURY ON
SET MARK TO
SET DATE TO YMD
? {^2015-08-09 }
```

运行结果为：2015/08/09

（2）

```
SET CENTURY OFF
SET MARK TO "."
SET DATE TO MDY
? {^2015-08-09 }
```

运行结果为：08.09.15

(3)

```
SET MARK TO
? {^2015-08-09, 11:30 p}, {^1999-01-09,}, {^2000-10-9, 3}
```

运行结果为：

08/09/15 11:30:00 PM　01/09/99 12:00:00 AM　10/09/00 03:00:00 AM

(4) 设置日期格式检查

格式：SET STRICTDATE TO [0 | 1 | 2]

功能：用于设置是否对日期格式进行检测。

0 表示不进行严格的日期格式检测，目的是与早期的 Visual FoxPro 兼容。

1 表示进行严格的日期格式检测（默认值），要求所有日期型和日期时间型数据均按严格的日期格式，它是系统默认的设置。

2 表示进行严格的日期格式检测，并且对 CTOD 和 CTOT 函数的格式也有效。

省略各选项时，恢复系统默认值，等价于 1 的设置。

除了利用命令方式设置外，也可以用菜单方式进行设置。在“工具”菜单中选择“选项”，将打开“选项”对话框，在“区域”选项卡中可以设置日期和时间的显示格式。在“常规”选项卡中可以设置 2000 年兼容性。

【例 2.2】设置日期格式检查举例。

```
? {08-09-2015}, {09.22.01}
SET STRICTDATE TO 0
? {08-09-2015}, {09.22.01}
```

运行结果为：08/09/15　09/22/01

2.2.1.6　逻辑型常量

逻辑型常量表示逻辑判断的结果，只有“真”和“假”两种值。在 Visual FoxPro 6.0 中，逻辑真用.T.,.t. 或.Y.,.y. 表示，逻辑假用.F.,.f. 或.N.,.n. 表示。注意字母前后的圆点一定不能丢。

2.2.2　变量

在命令操作和程序运行过程中其值允许变化的量称为变量。在 Visual FoxPro 6.0 中变量分为字段变量、内存变量、数组变量和系统变量 4 类。此外，作为面向对象的程序设计语言，Visual FoxPro 6.0 在进行面向对象的程序设计中引入了对象的概念，对象实质上也是一类变量。确定一个变量，需要确定其 3 个要素：变量名、数据类型和变量值。

2.2.2.1　命名规则

① 使用字母、汉字、下划线和数字命名。

② 命名以字母或下划线开头。除自由表中字段名、索引的 TAG 标识名最多只能 10 个字符外，其他的命名可使用 1 ~ 128 个字符。

③ 为避免误解、混淆，避免使用 Visual FoxPro 6.0 的保留字。

④ 文件名的命名应遵循操作系统的约定。

2.2.2.2　字段变量

字段变量就是表中的字段名，它是表中最基本的数据单元。字段变量是一种多值变量，一个表有多少条记录，那么该表的每一字段就有多少个值，当用某一字段名做变量时，它的值就是表记录指针所指的那条记录对应字段的值。字段变量的类型可以是 Visual FoxPro 6.0 的任意数据类型。字段变量的名字、类型、长度等是在定义表结构时定义的。

2.2.2.3　内存变量

Visual FoxPro 6.0 中，除了字段变量外，还有一种变量，它独立于表，是一种独立存在于内存中的变量，称为内存变量。内存变量的类型有字符型、数值型、货币型、逻辑型、日期型和日期时间型等。定义内存变量时需为它取名并赋初值，内存变量建立后存储于内存中，可直接用内存变量名对内存变量进行访问，但若它与字段变量同名时，则应该用如下格式进行访问：

M. 内存变量名

M－>内存变量名

(1) 内存变量的赋值

格式一：<内存变量> ＝ <表达式>

格式二：STORE <表达式> TO <内存变量表>

功能：该命令先计算表达式的值，然后将表达式的值赋给一个或几个内存变量。

格式一只能给一个内存变量赋值；格式二可以同时给多个内存变量赋相同的值，各内存变量名之间用逗号分隔。

内存变量的数据类型取决于表达式值的类型。可以通过对内存变量重新赋值来改变其值和类型。

【例 2.3】 定义内存变量 A，其值为 hello；a1，a2，a3 的值均为 4＊5。

```
A = "hello"
STORE 4 * 5 TO a1, a2, a3
```

(2) 表达式值的显示

格式一：? [<表达式表>]

格式二：?? <表达式表>

功能：计算表达式表中的各表达式，并输出各表达式值。

?：先回车换行，再计算并输出表达式的值。如果不指定表达式，则直接输出一个回车换行。

??：在屏幕上当前位置，计算并输出表达式的值。

【例 2.4】 在屏幕上显示上题中各变量的值。

```
? A, a1, a2, a3
```

?? A

运行结果为：hello　20　20　20hello

(3) 内存变量的显示

可以用命令显示当前已定义的内存变量的有关信息，包括变量名、作用域、类型和取值。

格式一：DISPLAY MEMORY [LIKE <通配符>] [TO PRINTER] [TO FILE <文件名>]

格式二：LIST MEMORY [LIKE <通配符>] [TO PRINTER] [TO FILE <文件名>]

功能：显示当前已定义的内存变量的有关信息，LIKE 选项表示显示与通配符相匹配的内存变量，<通配符>包括符号“?”和“*”，“?”代表任意一个字符，“*”代表任意多个字符。TO PRINTER 或 TO FILE <文件名>选项可将内存变量的有关信息在打印机上打印出来，或者以给定的文件名存入文本文件中（扩展名为. txt）。

LIST 命令一次显示所有内存变量，如果内存变量过多，一屏显示不下，则连续向上滚动。

DISPLY 命令分屏显示所有内存变量，如果内存变量过多，显示一屏后暂停，按任意键后再继续显示下一屏。

【例 2.5】 显示变量名以 A 开头的所有内存变量。

```
LIST   MEMORY   LIKE   A*
```

(4) 内存变量文件的建立

将所定义的内存变量的各种信息全都保存到一个文件中，该文件称为内存变量文件。其默认的扩展名为 . mem。

格式：SAVE TO <内存变量文件名> [ALL [LIKE | EXCEPT <通配符>]]

功能：建立内存变量文件命令，ALL 表示将全部内存变量存入文件中。

ALL LIKE <通配符>表示内存变量中所有与通配符相匹配的内存变量都存入文件。ALL EXCEPT <通配符>表示把与通配符不匹配的全部内存变量存入文件中。

(5) 内存变量的恢复

内存变量的恢复是指将已存入内存变量文件中的内存变量从文件中读出，装入内存中。

格式：RESTORE FROM <内存变量文件名> [ADDITIVE]

功能：内存变量的恢复，若命令中含有 ADDITIVE 任选项，系统不清除内存中现有的内存变量，并追加文件中的内存变量。

(6) 内存变量的清除

格式一：CLEAR MEMORY

格式二：RELEASE [<内存变量表>] [ALL [LIKE | EXCEPT <通配符>]]

功能：清除内存变量并释放相应的内存空间。

格式一命令是清除所有的内存变量。

格式二命令是清除指定的内存变量。

2.2.2.4 数组变量

在 Visual FoxPro 6.0 中，数组变量被定义为一组变量的集合，这些变量可以具有不同的数据类型。数组由数组元素组成，每个数组元素就相当于一个内存变量，它可以用数组名后接顺序号来表示，顺序号也叫下标。

(1) 数组的定义

Visual FoxPro 6.0 规定，数组在使用之前必须用数组说明命令进行定义，即定义数组名、维数和大小。

格式一：DIMENSION <数组名>（<下标上界1> [，<下标上界2]）[，…]

格式二：DECLARE <数组名>（<下标上界1> [，<下标上界2]）[，…]

功能：两种格式的命令的功能完全相同，用于定义一维或二维数组。下标上界是一数值量，下标的下界由系统统一规定为1。

【例 2.6】 定义一个一维数组和一个二维数组。

```
DIMENSION  a(5), b(2, 3)
```

一维数组 a 中含有 5 个元素：a(1), a(2), a(3), a(4), a(5)

二维数组 b 中含有 6 个元素：b(1, 1), b(1, 2), b(1, 3), b(2, 1), b(2, 2), b(2, 3)

可见，在 Visual FoxPro 6.0 中，二维数组各元素在内存中按行的顺序存储。

(2) 数组的赋值

可以使用赋值命令给数组元素赋值，也可以给整个数组的各个元素赋以相同的值。

例如命令 b=73，是为上面定义的二维数组 b 的 6 个元素都赋以同样的值 73。在没有向数组元素赋值之前，数组元素的初值均为逻辑假（.F.）值。

使用数组和数组元素时，应注意以下问题：

① 数组一经定义，它的每个元素都可当作一个内存变量来使用，因此它具有与内存变量相同的性质。Visual FoxPro 6.0 命令行中可以使用内存变量的地方都能用数组元素代替。

② 同一个运行环境下，数组名不能与简单变量名重复。

③ 赋值语句中的表达式位置不能出现数组名。

④ 可以用一维数组的形式访问二维数组。如：数组 b 中的各元素用一维数组形式可依次表示为：b(1), b(2), b(3), b(4), b(5), b(6)。b(4) 和 b(2, 1) 是同一个元素，b(5) 和 b(2, 2), b(6) 和 b(2, 3) 同理。

【例 2.7】 数组的赋值举例。

```
CLEAR MEMORY
DIMENSION A(4)
STORE 'xxx' To A(1)
A(2) =.T.
A(3) = {^2015-07-08}
A(4) = $123.45

LIST MEMO LIKE A*
```

运行结果为：

```
A              Pub       A
(    1)                  C  "xxx"
(    2)                  L  .T.
(    3)                  D  07/08/15
(    4)                  Y  123.4500
```

2.2.2.5 系统变量

VFP 提供了一批系统内存变量，简称系统变量。它们都以下划线开头，分别用于控制外部设备（如打印机、鼠标器等）、屏幕输出格式，或处理有关计算器、日历、剪贴板等方面的信息。系统变量举例如下：

① _ DIARYDAT：存储当前日期。

② _ CLIPTEXT：接受文本并送入剪贴板。如执行命令_ CLIPTEXT = " VFP" 后，剪贴板中就存储了文本“VFP”。

 2.3 表达式

表达式是由常量、变量、函数通过特定的运算符连接起来的式子。例如表达式 2 * PI（）* R 能计算半径为 R 的圆的周长，其中：2 为常量；PI（）函数，系统默认值为 3.14；R 为变量；　为乘号运算符。表达式具有计算、判断和数据类型转换等作用，广泛用于命令、函数、对话框、控件及其属性之中。

Visual FoxPro 6.0 运算符共有 5 种，分别为数值运算符、关系运算符、逻辑运算符、字符运算符、日期与日期时间运算符。

书写 Visual FoxPro 6.0 表达式应遵循以下规则：

一是表达式中所有的字符必须写在同一水平线上，每个字符占一格；

二是表达式中常量的表示、变量的命名以及函数的引用要符合 Visual FoxPro 6.0 的规定；

三是要根据运算符运算的优先顺序，合理地加括号，以保证运算顺序的正确性。特别是分式中的分子分母有加减运算时，或分母有乘法运算，要加括号表示分子分母的起始范围。

2.3.1 数值表达式

用算术运算符将数值型数据连接起来的式子叫数值表达式，数值表达式又称算术表达式。

算术运算符及其含义和优先级如表 2.1 所示。

表 2.1　　算术运算符及其优先级

运算符及含义	优先级
()　（括号）	1
* * 或^　（乘方）	2
*（乘）、/（除）、%（求余数）	3
+（加），-（减）	4

各运算符运算的优先顺序和一般算术运算规则完全相同。同级运算按自左向右的方向进行运算。各运算符的运算规则也和一般算术运算相同，其中求余运算符% 和求余函数 MOD 的作用相同。余数的符号与除数一致。

【例 2.8】正确的算术表达式举例。

```
PI() * R * R  或 PI() * R * * 2  或 PI() * R^2
( - b + sqrt (b^2 - 4 * a * c)) / (2 * a)
```

求余运算符和取余函数 MOD() 的作用相同，结果的正负号与除数一致。如果被除数与除数同号，那么运算结果即为两数相除的余数；如果被除数与除数异号，则运算结果为两数相除的余数再加上除数的值。

【例 2.9】算术表达式举例。

```
? 17%4, 17% -4
运行结果为：1    -3
```

2.3.2　字符表达式

用字符运算符将字符型数据连接起来的式子叫字符表达式。字符运算符有连接运算符和包含运算符。

(1) 连接运算

连接运算符有完全连接运算符“+”和不完全连接运算符“-”两种。

+：将两个字符串连接起来形成一个新的字符串。

-：去掉字符串 1 尾部的空格，然后将两个字符串连接起来，并把字符串 1 末尾的空格放到结果串的末尾。

【例 2.10】连接运算举例。

```
A = "thank    "
B = "you"
? A + B
运行结果为：thank    you
? A - B
运行结果为：thankyou
```

(2) 包含运算

包含运算的结果是逻辑值。

格式：<字符串 1> $ <字符串 2>

功能：若<字符串 1>包含在<字符串 2>中，则其表达式值为.T.，否则为.F.。

【例 2.11】包含运算举例。

s = "总经理"
? "经理" $ s
运行结果为：.T.

2.3.3 日期和时间表达式

用日期与日期时间运算符将日期与日期时间型数据连接起来的式子叫日期与日期时间表达式。

(1) 一个日期型数据的“+”运算

格式：<日期型数据> + <天数>

<天数> + <日期型数据>

功能：其结果是将来的某个日期。

【例 2.12】 一个日期型数据的“+”运算举例。

SET CENTURY ON
? {^2014/12/31} +1
运行结果为：01/01/2015

(2) 一个日期型数据的“-”运算

格式：<日期型数据> - <天数>

功能：其结果是过去的某个日期。

【例 2.13】 一个日期型数据的“-”运算举例。

? {^2014/12/31} -30
运行结果为：12/01/2014

(3) 两个日期型数据的“-”运算

格式：<日期型数据 1> - <日期型数据 2>

功能：其结果是两个日期之间相差的天数。

【例 2.14】 两个日期型数据的“-”运算举例。

? {^2014/12/31} - {^2013/12/31}
运行结果为：365

(4) 两个日期时间型数据的“-”运算

格式：<日期时间型数据 1> - <日期时间型数据 2>

功能：其结果是两个日期时间之间相差的秒数。

【例 2.15】 两个日期时间型数据的“-”运算举例。

? {^2014/09/01 12：00：01 am} - {^2014/09/01 12：00：00 am}
运行结果为：1

(5) 一个日期时间型数据的“+”运算

格式：<日期时间型数据> + <秒数>

功能：其结果是日期时间型数据。

【例 2.16】一个日期时间型数据的"+"运算举例。

? {^2014/09/01 12：00：00 am} + 60

运行结果为：09/01/2014 12：01：00 AM

(6) 一个日期时间型数据的"-"运算

格式：<日期时间型数据> - <秒数>

功能：其结果是日期时间型数据。

【例 2.17】一个日期时间型数据的"-"运算举例。

? {^2014/09/01 12：00：00 am} - 60

运行结果为：08/31/2014 11：59：00 PM

2.3.4　关系表达式

关系表达式通常也称为简单逻辑表达式，它由关系运算符将两个运算对象连接起来形成，它是作用是比较两个表达式的大小或前后，其运算结果也是逻辑型数据。

(1) 关系表达式的一般形式

关系表达式的一般形式为：<表达式 1><关系运算符><表达式 2>

关系运算符有：<（小于）、< =（小于等于）、>（大于）、> =（大于等于）、=（等于）、= =（精确等于）、< >或 # 或 ! =（不等于）。它们的运算优先级相同。

<表达式 1><表达式 2>可以同为数值型表达式、字符型表达式、日期型表达式或逻辑型表达式。但 = =仅适用于字符型数据。

关系表达式表示一个条件，条件成立时值为. T.，否则为. F.。

(2) 关系表达式比较规则

各种类型数据的比较规则如下。

① 数值型和货币型数据，根据其代数值的大小进行比较。

【例 2.18】数据值数据比较举例。

? 0 > -3，70 <55

运行结果为：. T.　. F.

② 日期型和日期时间型数据进行比较时，离现在日期或时间越近的日期或时间越大。

【例 2.19】日期型数据比较举例。

? {^2014/12/31} > {^2013/12/31}

运行结果为：. T.

③ 逻辑型数据比较时，. T. 比. F. 大。

【例 2.20】逻辑型数据比较举例。

? . T. > . F.

运行结果为：. T.

④ 对于字符型数据，Visual FoxPro 6.0 可以设置字符的排序次序。

设置步骤：

在“工具”菜单中选择“选项”，打开“选项”对话框。在“数据”选项卡的“排序序列”下拉列表框中选择“Machine”、“PinYin”或“Stroke”项并确定。

若选择“Machine”，字符按照机内码顺序排序。对于西文字符而言，按其ASCII码值大小进行排列：空格在最前面，大写字母在小写字母前面，数字在字母之前。因此，空格最小，大写字母小于小写字母，数字字符小于字母。对于汉字字符，按其国标码的大小进行排列；对常用的一级汉字而言，根据它们的拼音顺序比较大小。

若选择“PinYin”，字符按照拼音次序排序。对于西文字符，空格在最前面，小写字母在前，大写字母在后。

若选择“Stroke”，字符按笔画数多少排序，因而，字符笔画数的多少就决定其大小。

(3) 关系表达式命令

用命令设置字符的排序次序。

格式：SET COLLATE TO "<排序次序名>"

功能：排序次序名可以是“Machine”、“PinYin”或“Stroke”。比较字符串时，先取两字符串的第一个字符比较，若两者不等，其大小就决定了两字符串的大小；若相等，则各取第二个字符比较。依此类推，直到最后，若每个字符都相等，则两个字符串相等。

【例2.21】在不同的字符排序次序下，比较字符串的大小。

```
SET COLLATE TO "Machine"
? "助教" > "教授","abc" > "a","" > "a","XYZ" > "a"
运行结果为:.T. .F. .F. .F.
SET COLLATE TO "PinYin"
? "助教" > "教授","abc" > "a","" > "a","XYZ" > "a"
运行结果为:.T. .F. .F. .T.
SET COLLATE TO "Stroke"
? "助教" > "教授","abc" > "a","" > "a","XYZ" > "a"
运行结果为:.F. .F. .F. .T.
```

(4) =（等于）和==（精确等于）两个关系运算符

它们主要是对字符串进行比较时有所区别。

用精确等于运算符（==）比较两个字符串时，只有在两字符串完全相同时才为真。

用等于运算符（=）比较两个字符串时，运算结果与SET EXACT ON | OFF的设置有关。

SET EXACT ON：先在较短字符串的尾部加上若干个空格，使两个字符串的长度相等，然后再进行精确比较。

SET EXACT OFF（默认值）：当“=”号右边的串与“=”号左边的串的前几个字符相同时，运算结果即为真。

【例2.22】等于（=）与精确等于（==）运算符应用举例。

```
s1 = "a "
s2 = "a"
s3 = "abc"
```

SET EXACT ON

? s1 = = s2，s1 = s2，s3 = s2

运行结果为：. F. . T. . F.

SET EXACT OFF

? s1 = = s2，s1 = s2，s3 = s2

运行结果为：. F. . T. . T.

2. 3. 5　逻辑表达式

逻辑表达式是由逻辑运算符将逻辑型数据连接起来的式子。其值仍是逻辑值。

(1) 逻辑运算符

逻辑运算符有：NOT 或. NOT. 或！（逻辑非）、AND 或. AND. （逻辑与）、OR 或. OR.（逻辑或）。

运算优先级自高至低依次为：NOT，AND，OR。

逻辑非运算符是单目运算符，只作用于后面的一个逻辑操作数。若操作数为真，则返回假，否则返回真。

逻辑与和逻辑或是双目运算符，所构成的逻辑表达式为：

L1 AND L2

L1 OR　L2

其中，L1 和 L2 均为逻辑型操作数。

对于逻辑与运算，只有两个操作数同时为真，表达式结果才为真；只要其中一个为假，则结果为假。

对于逻辑或运算，只要两个操作数中有一个为真，表达式结果即为真；只有当两个操作数均为假时，结果才为假。

逻辑运算符的运算规则见表 2. 2，其中 E1 和 E2 分别代表两个逻辑型数据。

表 2. 2　　逻辑运算规则

E1	E2	NOT　E1	E1 AND E2	E1 OR E2
. T.	. T.	. F.	. T.	. T.
. T.	. F.	. F.	. F.	. T.
. F.	. T.	. T.	. F.	. T.
. F.	. F.	. T.	. F.	. F.

(2) Visual FoxPro 6. 0 运算符的优先级顺序

当一个表达式包含多种运算时，其运算的优先级由高到低排列为：

算术运算 → 字符串运算 → 日期运算 → 关系运算 → 逻辑运算。

在对表进行各种操作时常常要表达各种条件，即对满足条件的记录进行操作，此时就要综合运用本章的知识。下面举的例子希望读者能认真领会，这些知识对以后章节的学习十分重要。

【例 2. 23】表达式混合运算举例。

? 33 >35 . AND. 56 >23

运行结果为:. F.

? 16/2 >10 . OR. "abc"#"ABC" . AND. NOT . F.

运行结果为:. T.

2.4 常用函数

Visual FoxPro 6.0 系统为用户提供了十分丰富的函数，灵活运用这些函数，不仅可以简化许多运算，而且能够加强和完善 Visual FoxPro 6.0 的许多功能。Visual FoxPro 6.0 提供了许多不同用途的标准函数帮助用户完成各种工作。

函数的一般格式：函数名(自变量表)

函数具有特定的功能，是用程序来实现一种数据运算或转换。函数有函数名、参数和函数值 3 个要素。

① 函数名起标识作用。

② 参数是自变量，一般是表达式，写在圆括号内。

③ 我们写上函数名，在随后的圆括号内写上参数，就可以根据参数的值，由该函数得到一个结果值，称为函数值。有的函数缺省参数，称为哑参，但仍有返回值。举例：函数 DATE( ) 能返回系统当前日期。

下面对 Visual FoxPro 6.0 的常用函数分别举例进行介绍。

2.4.1 数值函数

数值函数是指函数值为数值型的一类函数。它们的参数和返回值通常都是数值型数据。

(1) 求绝对值函数

格式：ABS(<数值型表达式>)

功能：返回数值型表达式的绝对值。函数值为数值型。

【例 2.24】绝对值函数举例。

```
STORE 15 TO a
? ABS(10 - a), abs(a - 10)          && 返回值 5        5
```

(2) 求平方根函数

格式：SQRT (<数值型表达式>)

功能：返回数值型表达式的算术平方根，数值型表达式的值应不小于零。函数值为数值型。

【例 2.25】平方根函数举例。

```
? SQRT(4)                           && 返回值 2.00
```

(3) 求指数函数

格式：EXP(<数值型表达式>)

功能：将数值型表达式的值作为指数 x，求出 e 的 x 次方根，函数值为数值型。

【例 2.26】指数函数举例。

? EXP（2）　　　　　　　　　&& 返回值　7.39

（4）求对数函数

格式：LOG（ <数值型表达式> ）

LOG10（ <数值型表达式> ）

功能：LOG 求数值型表达式的自然对数，LOG10 求数值型表达式的常用对数，数值型表达式的值必须大于零。函数值为数值型。

【例 2.27】求对数函数举例。

? LOG10(100)　　　　　　　　&& 返回值 2.00

（5）圆周率函数

格式：PI(　)

功能：返回圆周率 π，函数值为数值型。

【例 2.28】圆周率函数举例。

? PI( )　　　　　　　　　　　&& 返回值 3.14

（6）取整函数

格式：INT(<数值型表达式>)

CEILING(<数值型表达式>)

FLOOR(<数值型表达式>)

功能：INT(　) 返回数值型表达式的整数部分。

CEILING(　) 返回大于或等于指定表达式的最小整数。

FLOOR(　) 返回小于或等于指定表达式的最大整数。

【例 2.29】取整函数举例。

x = 56.72

? INT(x)，INT(－x)，CEILING(x)，CEILING(－x)，FLOOR(x)，FLOOR(－x)

运行结果为：56　－56　57　－56　56　－57

（7）求余数函数

格式：MOD(<数值型表达式 1>， <数值型表达式 2>)

功能：返回 <数值型表达式 1> 除以 <数值型表达式 2> 所得出的余数，所得余数的符号和表达式 2 相同。函数值为数值型。若被除数与除数同号，那么函数值即为两数相除的余数；若被除数与除数异号，则函数值为两数相除的余数再加上除数的值。

【例 2.30】求余数函数举例。

? MOD(25，7)，MOD(25，－7)，MOD(－25，7)，MOD(－25，－7)

运行结果为：4　－3　3　－4

通常用以下方式来分离出某个整数的各个数位：

```
x = 521
x1 = INT(x/100)                    && 分离出百位数
x2 = INT(MOD (x, 100) /10)         && 分离出十位数
x3 = MOD(x, 10)                    && 分离出个位数
? 100 * x1 + 10 * x2 + 1 * x3
```

运行结果为：521

(8) 四舍五入函数

格式：ROUND(<数值型表达式 1>, n)

功能：对<数值型表达式 1>求值并保留 n 位小数。若 n 大于等于 0，则保留 n 位小数，即从 n+1 位小数起进行四舍五入；若 n 小于 0，则对<数值型表达式 1>的整数部分按 n 的绝对值进行四舍五入。

【例 2.31】四舍五入函数举例。

```
? ROUND(3.1415, 3), ROUND(156.78, -1)
```

运行结果为：3.142　　160

(9) 求最大值和最小值函数

格式：MAX(<表达式 1>), <表达式 2>, …, <表达式 n>)

　　　MIN (<表达式 1>, <表达式 2>, …, <表达式 n>)

功能：MAX 求 n 个表达式中的最大值，MIN 求 n 个表达式中的最小值。表达式的类型可以是数值型、字符型、货币型、浮点型、双精度型、日期型和日期时间型，但所有表达式的类型应相同。函数值的类型与参数的类型一致。

【例 2.32】最大值和最小值函数举例。

```
? MAX ( {^2014-08-16}, {^2013-08-16}), MIN("助教","讲师","副教授","教授")
```

运行结果为：08/16/14　副教授

2.4.2 字符函数

字符函数是处理字符型数据的函数，其参数或函数值中至少有一个是字符型数据。

(1) 宏代换函数

格式：&<字符型内存变量>[. 字符表达式]

功能：代换出一个字符型内存变量的内容。若<字符型内存变量>与后面的字符之间无空格分界，应加上“.”作为分界符。

【例 2.33】宏代换函数举例。

```
i = "A"
A = "Good"
? &i
```

运行结果为：Good

```
x = "thank"
```

```
y = "you!"
m = "&x. &y"
? m
```

运行结果为：thankyou!

```
m = "200 * SQRT(4)"
? 34 + &m
```

运行结果为：434.00

(2) 求字符串长度函数

格式：LEN(字符型表达式)

功能：求字符串的长度，即所包含的字符个数。若是空串，则长度为 0。函数值为数值型。

【例 2.34】求字符串长度函数举例。

```
x = "Visual FoxPro 6.0"
? len(x)
```

运行结果为：16

(3) 求子串位置函数

格式：AT(<字符型表达式 1>，<字符型表达式 2>)
　　　ATC(<字符型表达式 1>，<字符型表达式 2>)

功能：若<字符型表达式 1>是<字符型表达式 2>的子串，则返回<字符表达式 1>在<字符型表达式 2>中的开始位置；若不存在，则返回值为 0。函数值为数值型。

ATC(　) 与 AT(　) 功能类似，但在子串比较时不区分字母大小写。

【例 2.35】求子串位置函数举例。

```
x = "This is Visual FoxPro 6.0"
? AT("fox", x), ATC("fox", x), AT("Fox", x)
```

运行结果为：0　　16　　16

(4) 取子串函数

格式：LEFT(<字符型表达式>，<数值型表达式>)
　　　RIGHT(<字符型表达式>，<数值型表达式>)
　　　SUBSTR(<字符型表达式>，<数值型表达式 1>［，<数值型表达式 2>］)

功能：LEFT 函数从字符型表达式左边的第一个字符开始取指定长度的子串。

RIGHT 函数从字符型表达式右边的第一个字符开始取指定长度的子串。若数值型表达式的值大于 0，且小于等于字符串的长度，则所取子串的长度与数值型表达式的值相同；若数值型表达式的值大于字符串的长度，则给出整个字符串；若数值型表达式小于或等于 0，则给出一个空字符串。

SUBSTR 函数从字符型表达式的指定位置开始取指定长度的子串。起始位置所取字符个数分别由数值型表达式 1 和数值型表达式 2 决定。若字符个数省略，或字符个数多于从起始位置到原字符串尾部的字符个数，则取从起始位置起，一直到字符串尾的字符串作为函数值。若起始位置或字符个数为0，则函数值为空串。显然，SUBSTR 函数可以代替 LEFT 函数和 RIGHT 函数的功能。

【例 2.36】求子串函数举例。

```
x = "This is Visual FoxPro 6.0"
? LEFT(x, 4), RIGHT(x, 9), SUBSTR(x, 6, 2)
```

运行结果为：This FoxPro 6.0 is

（5）删除字符串前后空格函数

格式：LTRIM(<字符型表达式>)

RTRIM（ <字符型表达式> ）

ALLTRIM（ <字符型表达式> ）

功能：LTRIM(　) 删除字符串的前导空格。

RTRIM(　) 删除字符串的尾部空格。RTRIM 亦可写成 TRIM。

ALLTRIM(　) 删除字符串中的前导和尾部空格。ALLTRIM 函数兼有 LTRIM 和 RTRIM 函数的功能。

【例 2.37】删除字符串前后空格函数举例。

```
s1 = "    You"
s2 = "    are       "
s3 = "Lucky!          "
? LTRIM(s1), ALLTRIM(s2), RTRIM(s3)
```

运行结果为：You are Lucky!

（6）生成空格函数

格式：SPACE(<数值型表达式>)

功能：生成若干个空格，空格的个数由数值型表达式的值决定。

【例 2.38】生成空格函数举例。

```
?"Visual", space(5),"FoxPro 6.0"
```

运行结果为：Visual   FoxPro 6.0

（7）字符串替换函数

格式：STUFF(<字符型表达式 1>， <起始位置>， <长度>， <字符型表达式 2>)

功能：用 <字符型表达式 2> 去替换 <字符型表达式 1> 中由 <起始位置> 开始指定 <长度> 的子串。若 <长度> 值是0，则相当于在 <字符型表达式 1> 中由 <起始位置> 指定的字符前面插入 <字符型表达式 2>。若字符型表达式 2 的值是空串，则相当于在 <字符型表达式 1> 中删除由起始位置开始指定 <长度> 的字符。

【例 2.39】字符串替换函数举例。

```
STORE "Good Bye" TO s1
STORE "Morning" TO s2
? STUFF(s1, 6, 3, s2)
```

运行结果为：Good Morning

? STUFF(s1, 1, 0, s2)

运行结果为：MorningGood Bye

? STUFF(s1, 3, 6,"")

运行结果为：Go

(8) 产生重复字符函数

格式：REPLICATE(<字符型表达式>, <数值型表达式>)

功能：重复给定字符型表达式若干次，次数由数值型表达式给定。

【例 2.40】产生重复字符函数举例。

? REPLICATE(" * ", 6)

运行结果为：* * * * * *

(9) 大小写字母转换函数

格式：LOWER(<字符型表达式>)

UPPER(<字符型表达式>)

功能：LOWER( ) 将字符串中的大写字母转换成小写。

UPPER( ) 将字符串中的小写字母转换成大写。

【例 2.41】大小写字母转换函数举例。

s = "Hello"

? UPPER(s), LOWER(s)

运行结果为：HELLO hello

2.4.3 日期和时间函数

日期时间函数是处理日期型或日期时间型数据的函数。

(1) 系统日期和时间函数

格式：DATE( )

TIME( )

DATETIME( )

功能：DATE 函数给出当前的系统日期，函数值为日期型。TIME 函数给出当前的系统时间，形式为 hh：mm：ss，函数值为字符型。DATETIME 函数给出当前的系统日期和时间，函数值为日期时间型。

【例 2.42】系统日期和时间函数举例。

? DATE( ), TIME( ), DATETIME( )

(2) 求年份、月份和天数函数

格式：YEAR(<日期型表达式> | <日期时间型表达式>)

MONTH(<日期型表达式> | <日期时间型表达式>)

DAY(<日期型表达式> | <日期时间型表达式>)

功能：YEAR 函数返回日期型表达式或日期时间型表达式所对应的年份值。

MONTH 函数返回日期型表达式或日期时间型表达式所对应的月份，月份以数值 1～12 来表示。

DAY 函数返回日期型表达式或日期时间型表达式所对应月份里面的天数。

【例 2.43】求年份、月份和天数函数举例。

```
day = {^2014-09-10}
? YEAR(day), MONTH(day), DAY(day)
```

运行结果为：2014　9　10

（3）求时、分和秒函数

格式：HOUR（<日期时间型表达式>）

MINUTE（<日期时间型表达式>）

SEC（<日期时间型表达式>）

功能：HOUR 函数返回日期时间型表达式所对应的小时部分（按 24 小时制）。

MINUTE 函数返回日期时间型表达式所对应的分钟部分。

SEC 函数返回日期时间型表达式所对应的秒数部分。

【例 2.44】求时、分和秒函数举例。

```
time = {^2014-12-25, 11:50:56 P}
? HOUR(time), MINUTE(time), SEC(time)
```

运行结果为：23　50　56

2.4.4　数据类型转换函数

数据类型转换函数的功能是将某一种类型的数据转换成另一种类型的数据。

（1）将字符转换成 ASCII 码的函数

格式：ASC（<字符型表达式>）

功能：给出指定字符串最左边的一个字符的 ASCII 码值。函数值为数值型。

【例 2.45】将字符转换成 ASCII 码的函数举例。

```
? ASC("ABC")
```

运行结果为：65

（2）将 ASCII 值转换成相应字符函数

格式：CHR（<数值型表达式>）

功能：将数值型表达式的值作为 ASCII 码，给出所对应的字符。

【例 2.46】将 ASCII 值转换成相应字符函数举例。

```
ch1 = "M"
ch2 = CHR(ASC(ch1) + ASC("a") - ASC("A"))
? ch2
```

运行结果为：m

若 ch1 的值为某个大写字母，则利用求 ch2 的表达式可求出对应的小写字母。

注意：在 ASCII 表中，字母是连续排列的，任何一个字母其大小写 ASCII 码值之差是相等的。

(3) 将字符串转换成日期或日期时间函数

格式：CTOD(<字符型表达式>)

　　　CTOT(<字符型表达式>)

功能：CTOD 函数将指定的字符串转换成日期型数据。

　　　CTOT 函数将指定的字符串转换成日期时间型数据。

字符型表达式中的日期部分格式要与系统设置的日期显示格式一致，其中的年份可以用 4 位，也可以用 2 位，由 SET CENTURY ON | OFF 命令指定。

【例 2.47】将字符串转换成日期或日期时间函数举例。

```
SET CENTURY ON                    && 显示日期或日期时间时，用 4 位数显示年份
? CTOD("09/10/2014")
```

运行结果为：09/10/2014

```
SET CENTURY OFF                   && 显示日期或日期时间时，用 2 位数显示年份
? CTOT("09/10/2014 11:50:56")
```

运行结果为：09/10/14 11:50:56 AM

(4) 将日期或日期时间转换成字符串函数

格式：DTOC(<日期表达式> | <日期时间表达式> [,1])

　　　TTOC(<日期时间表达式> [,1])

功能：DTOC 函数将日期数据或日期时间数据的日期部分转换为字符型。

　　　TTOC 函数将日期时间数据转换为字符型。

字符串中日期和时间的格式受系统设置的影响。对 DTOC 来说，若选用 1，结果为 yyyymmdd 格式。对 TTOC 来说，若选用 1，结果为 yyyymmddhhmmss 格式。

【例 2.48】将日期或日期时间转换成字符串函数举例。

```
STORE DATEIME( ) TO  t
? t
? DTOC(t), DTOC(t, 1), TTOC(t), TTOC(t, 1)
```

运行结果为：01/29/15 06：17：56 AM

　　　　　　01/29/15　20150129　01/29/15 06:17:56 AM　20150129061756

(5) 将数值转换成字符串函数

格式：STR(<数值型表达式 1> [, <数值型表达式 2> [, <数值型表达式 3>]])

功能：将数值型表达式 1 的值转换成字符串。转换后字符串的长度由数值型表达式 2 决定，保留的小数位数由数值表达式 3 决定。省略数值型表达式 3 时，转换后将无小数部分。省略数值型表达式 2 和数值表达式 3 时，字符串长度为 10，无小数部分。如果指定的长度大于小数点左边的位数，则在字符串的前面加上空格；如果指定的长度小于小数点左边的位数，则返回指定长度个星号 *，表示出错。

【例 2.49】将数值转换成字符串函数举例。

```
x = 1234.587
? STR(x, 10, 2), STR(x, 10, 4), STR(x, 7, 2), STR(x, 7), STR(x, 3), STR
```

（x）

运行结果为：

□□□1234.59□□1234.5870□1234.59□□□□1235□＊＊＊□□□□□□□□1235

其中的□代表空格。

（6）将字符串转换成数值函数

格式：VAL（<字符型表达式>）

功能：将由数字、正负号、小数点组成的字符串转换为数值，转换遇上非上述字符停止。若串的第一个字符即非上述字符，函数值为0，但忽略前导空格。

【例2.50】 将字符串转换成数值函数举例。

？VAL（"123"＋"45"）

运行结果为：12345.00

？VAL（"123AB"），VAL（"AB123"），VAL（"CBD"）

运行结果为：123.00　　0.00　0.00

2.4.5 测试函数

在数据处理过程中，有时用户需要了解操作对象的状态。如：要使用的文件是否存在、操作对象的数据类型、数据库的当前记录号、是否到达了文件尾、某工作区中记录指针所指的当前记录是否有删除标记、检索是否成功等信息。尤其是在运行应用程序过程中，常常需要根据测试结果来决定下一步的处理方法或程序走向。

（1）数据类型测试函数

格式：VARTYPE（<表达式>，［<逻辑表达式>］）

功能：测试表达式的数据类型，返回用字母代表的数据类型，函数值为字符型。若表达式是一个数组，则根据第一个数组元素的类型返回字符串。若表达式的运算结果是NULL值，则根据函数中逻辑表达式的值决定是否返回表达式的类型。具体规则是：如果逻辑表达式为.T.，则返回表达式的原数据类型；如果逻辑表达式为.F.或省略，则返回X，表明表达式的运算结果是NULL值。

表2.3　　用VARTYPE（　）测试得到的数据类型

返回的字母	数据类型	返回的字母	数据类型
N	数值型	L	逻辑型
C	字符型或备注型	O	对象型
Y	货币型	G	通用型
D	日期型	X	Null值
T	日期时间型	U	未定义

【例2.51】 数据类型测试函数举例。

```
a＝DATE（  ）
a＝NULL
？VARTYPE（3.46），VARTYPE（＄385），VARTYPE（［FoxPro］），VARTYPE（a，.T.），
```

VARTYPE(a)

运行结果为：N Y C D X

（2）表头测试函数

格式：BOF([<工作区号>]) | <别名>])

功能：测试指定或当前工作区的记录指针是否超过了第一个逻辑记录，即是否指向表头。若是，函数值为. T. ；否则为. F. 。<工作区号>用于指定工作区，<别名>为工作区的别名或在该工作区上打开的表的别名。当<工作区号>和<别名>都缺省不写时，默认为当前工作区。

（3）表尾测试函数

格式：EOF([<工作区号>| <别名>])

功能：测试指定或当前工作区中记录指针是否超过了最后一个逻辑记录，即是否指向表的末尾。若是，函数值为. T. ；否则为. F. 。自变量含义同 BOF 函数，缺省时默认为当前工作区。

【例 2.52】表尾测试函数举例。

```
USE AA
GO BOTTOM
? EOF()
.F.
SKIP
? EOF(), EOF(2)                    && 假定 2 号工作区没有打开表
.T.    .F.
```

（4）记录号测试函数

格式：RECNO([<工作区号>| <别名>])

功能：返回指定或当前工作区中当前记录的记录号，函数值为数值型。省略参数时，默认为当前工作区。如果记录指针在最后一个记录之后，即 EOF()为. T. ，RECNO() 返回比记录总数大 1 的值。如果记录指针在第一个记录之前或者无记录，即 BOF( ) 为. T. ，RECONO() 返回 1。

（5）记录个数测试函数

格式：RECCOUNT([<工作区号 | 别名>])

功能：返回当前或指定表中记录的个数。如果在指定的工作区中没有表被打开，则函数值为 0。如果省略参数，则默认为当前工作区。RECCOUNT() 返回的值不受 SET DELETED 和 SET FILTER 的影响，总是返回包括加有删除标记在内的全部记录数。

（6）查找是否成功测试函数

格式：FOUND([<工作区号 | 别名>])

功能：在当前或指定表中，检测是否找到所需的数据。如果省略参数，则默认为当前工作区。数据搜索由 FIND，SEEK，LOCATE 或 CONTINUE 命令实现。如果这些命令搜索到所

需的数据记录，函数值为.T.，否则函数值为.F.。如果指定的工作区中没有表被打开，则FOUND( ) 返回.F.。如果用非搜索命令如GO移动记录指针，则函数值为.F.。

(7) 文件是否存在测试函数

格式：FILE(<文件名>)

功能：检测指定的文件是否存在。如果文件存在，则函数值为.T.，否则函数值为.F.。文件名必须是全称，包括盘符、路径和扩展名，且<文件名>是字符型表达式。

【例2.53】 文件是否存在测试函数举例。

? FILE("XJ. DBF")　　　&& 返回值为.T. 时文件存在；返回值为.F. 时文件不存在

(8) 判断值介于两个值之间的函数

格式：BETWEEN(<被测试表达式>，<下限表达式>，<上限表达式>)

功能：判断表达式的值是否介于相同数据类型的两个表达式的值之间。BETWEEN ( ) 首先计算表达式的值。如果一个字符、数值、日期、表达式的值介于两个相同类型表达式的值之间，即被测表达式的值大于或等于下限表达式的值，小于或者等于上限表达式的值，BETWEEN( ) 将返回一个真.T. 值，否则返回.F.。

【例2.54】 判断值介于两个值之间的函数举例。

a = 375

? BETWEEN(a，260，650)，BETWEEN(350，a，a + 100)

运行结果为：.T.　　.F.

(9) 条件函数IIF

格式：IIF(<逻辑型表达式>，<表达式1>，<表达式2>)

功能：若逻辑型表达式的值为.T.，函数值为<表达式1>的值，否则为<表达式2>的值。

【例2.55】 条件函数举例。

x = 100

? IIF(x > 90,"优秀","良好")，IIF(x > 100，100 + 20，100 - 20)

运行结果为：优秀　80

2.5 程序与程序文件

除了使用菜单操作或在命令窗口中输入命令执行Visual FoxPro的命令以外，还可以把命令组织在一起，放在一个文件中，通过发出调用该文件的命令，自动执行文件中的命令，这就是Visual FoxPro的程序工作方式。本节主要介绍程序与程序文件的概念、程序文件的建立、执行以及主要用于程序中的若干命令。

2.5.1 程序的概念

程序是能够完成一定任务的命令序列的组合。这组命令被存放在称为程序文件或命令文件的文本文件中。当运行程序时，系统会按照一定的次序自动执行包含在程序文件中的命令。

调用 Visual FoxPro 功能的方式有两种：交互方式和程序方式。所谓交互方式，是指在命令窗口中逐条输入命令或通过选择菜单选项来调用功能。这种方式适合于解决一些相对简单的问题。如果问题较为复杂或任务比较大，就可能需要执行很多的命令，而且这些命令可能不是以顺序方式执行的。这时采用交互式方式就会显得力不从心，程序方式是必然的选择。

所谓程序方式，就是先根据任务的要求确定能完成该任务的命令序列，即编写程序；然后在磁盘上建立包含程序代码的程序文件；最后通过运行程序，让系统自动执行程序代码。与交互方式相比，程序方式具有以下特点：

① 可以利用编辑器方便地输入、修改和保存程序。编辑器可以是 Visual FoxPro 系统内置的文本编辑器，也可以是其他系统的文本编辑器。

② 程序文件一旦建立，就可以被多次运行，而且一个程序在运行过程中还可以调用另一个程序。

③ 在程序中可以出现在命令窗口中无法使用的命令和语句。这些语句和命令往往反映了程序方式特有的功能。例如，流程控制语句（IF 语句、DO 语句等）用于控制程序中命令的执行流程，使程序具有选择、循环等结构，从而能够处理更为复杂的问题。又如参数接收命令，用于接收从调用者那里传递来的参数，使程序每次运行时可以接收不同的参数，从而进行不同的处理。

【例 2.56】 编写程序，计算圆的周长和面积。

```
CLEAR                          && 清除 Visual FoxPro 主窗口或当前用户自定义窗
                                  口里的全部内容
*设置半径
R = 5
*依次计算周长和面积
P = 2 * PI( ) * R              && 函数 PI( ) 返回圆周率
S = PI( ) * R^2
*输出计算结果
?"周长 = ", P
?"面积 = ", S
RETURN
```

说明：

该程序首先设置圆的半径，然后计算圆的周长和面积，最后将计算结果分两行输出。

程序中经常插入注释，以提高程序的可读性。注释为非执行代码，不会影响程序的功能。Visual FoxPro 中采用两种注释方式：

① * <注释内容>或 NOTE <注释内容>。以 * 或 NOTE 开头的代码行为注释行，一般用于对下面一段命令代码的说明。

② && <注释内容>。以 && 开头的注释放置在命令行的尾部，可作为对所在行命令的说明。

不管是哪一种注释，注释内容一般都不以分号（;）结尾，否则，下一行仍将作为注释行。

程序中每条命令都以回车键结尾，一行只能写一条命令。若命令需要分行书写，应在一行终了时键入续行符（;），再按回车键。

下面介绍如何建立和执行一个程序文件。

2.5.2 程序文件的建立与执行

2.5.2.1 程序文件的建立与修改

程序文件的建立与修改一般是通过调用系统内置的文本编辑器来进行的。在 Visual FoxPro 中，可以选择使用菜单方式或命令方式建立程序，具体如下。

(1) 菜单方式

在 Visual FoxPro 中，使用菜单方式建立程序的步骤如下：

① 打开文本编辑器。从“文件”菜单中选择“新建”命令，然后在“新建”对话框的“文件类型”中选择“程序”单选按钮，并单击“新建文件”命令按钮，这时将打开 Visual FoxPro 的文本编辑器窗口，用户可以在此窗口建立和编辑程序。

② 在文本编辑器窗口中输入程序内容。这里输入的是一条条的命令。与在命令窗口输入命令不同，这里的命令是不会被马上执行的。程序中的命令代码只有在程序运行时才会被执行。

③ 保存程序文件。从“文件”菜单中选择“保存”命令或按 Ctrl + W 键，然后在“另存为”对话框中指定程序文件的存放位置和文件名，并单击“保存”命令按钮。

程序文件的默认扩展名是.prg。如果要打开、修改程序文件，可按下列方法操作：

① 从“文件”菜单中选择“打开”命令，调出“打开”对话框。

② 在“文件类型”列表框中选择“程序”。

③ 在文件列表框中选定要修改的文件，并单击“确定”按钮。

④ 编辑修改后，从“文件”菜单中选择“保存”命令或按 Ctrl + W 键保存文件。如果要放弃本次修改，可从“文件”菜单中选择“还原”命令或按 Esc 键。

(2) 命令方式

格式：MODIFY COMMAND[<程序文件名> | ?]

MODIFY FILE[<程序文件名> | ?]

功能：打开文本编辑器窗口，建立或修改程序文件。

说明：

① <程序文件名>是用户要建立或打开的文件名。如果省略文件名，编辑窗口会打开名为“程序1”的文件。当关闭编辑窗口时会出现对话框，要求输入文件夹名。若使用 MODIFY COMMAND ?，则显示“打开”对话框。在此框中，用户既可以选择一个已存在的文件，也可以输入要建立的新文件名。

② 程序文件名默认的扩展名为.prg，如果没有给文件指定扩展名，则 MODIFY COMMAND 命令默认为.prg，而 MODIFY FILE 则默认为空，所以使用 MODIFY FILE 命令建立程序文件时文件名必须带扩展名.prg。在一般情况下，最好使用 MODIFY COMMMAND 命令来建立程序文件。

③ 关闭编辑窗口的主要方法有：按 Ctrl + W 键，可将文件立即存盘并退出编辑窗口；按 Ctrl + Q 或 Esc 键，则中止程序的编辑，并退出编辑窗口。另外，还可以用文件菜单的

“保存”“另存为”“还原”命令来关闭编辑窗口。

④ 文本编辑器窗口也可以编辑由 ASCII 字符组成的非 prg 文件。prg 文件是程序，可以运行，一般的文本文件则可读而不可运行。

(3) 利用项目管理器建立与修改程序文件

在 Visual FoxPro 6.0 中，也可以利用项目管理器来建立和修改程序文件，步骤如下：

① 打开项目管理器窗口。

② 打开“代码”选项卡，选择“程序”项，单击“新建”按钮。

③ 在出现的文本编辑器窗口中输入程序的各条命令，输入完毕后的存盘方法同命令方式相同。

④ 修改程序文件的方法：在项目管理器窗口中，选择“代码”选项卡，在“程序”中选择想要编辑的程序文件，单击“修改”按钮。

【例 2.57】 使用命令方式建立一个程序文件，文件名为 eg1.prg，程序的功能是计算 5!。

在命令窗口输入：MODIFY COMMAND eg1

打开文本编辑器窗口，在文本编辑器窗口中输入如图 2.1 的程序内容。程序输入完毕以后可以按 Ctrl + W 键存盘退出。

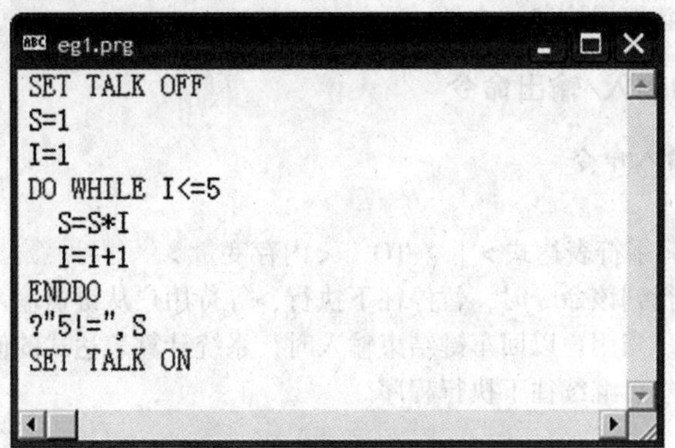

```
eg1.prg
SET TALK OFF
S=1
I=1
DO WHILE I<=5
  S=S*I
  I=I+1
ENDDO
?"5!=",S
SET TALK ON
```

图 2.1　建立程序文件窗口

2.5.2.2　执行程序文件

常用的执行程序文件的方式有两种。

(1) 菜单方式

选择“程序”菜单中的“运行”命令，打开“运行”对话框，从文件列表框中选择要运行的程序文件，并单击“运行”命令按钮。采用这种方法运行程序文件，系统会自动将默认的盘和目录设置为程序文件所在的盘和目录。

(2) 命令方式

格式：DO <文件名>

该命令不仅可以在命令窗口中使用，还可以出现在某个程序文件中，用来在一个程序执行过程中调用另一个程序。

当程序文件被执行时，文件中包含的命令将被依次执行，直到所有的命令被执行，或者执行到以下命令。

① CANCEL：终止程序运行，清除所有的私有变量，返回命令窗口。

② DO：转去执行另一个程序。

③ RETURN：结束当前程序的执行，返回到调用它的上级程序，若无上级程序则返回到命令窗口。

④ QUIT：退出 Visual FoxPro，返回到操作系统。

如果 DO 命令执行的是由 MODIFY COMMAND 命令产生的. prg 文件，命令中的 <文件名>只需指定文件的主文件名。

Visual FoxPro 程序文件通过编译、连编，可以产生不同的目标代码文件，这些文件具有不同的扩展名。当用 DO 命令执行程序文件时，如果没有指定扩展名，系统将按下列顺序寻找该程序文件的源代码或某种目标代码文件执行：. exe（Visual FoxPro 可执行版本）→. app（Visual FoxPro 应用程序文件）→. fxp（Visual FoxPro 编译版本）→. prg（Visual FoxPro 源程序文件）。

如果寻找到的是. prg 源程序文件，系统会自动对其进行编译，产生相应的. fxp 文件。随后，系统载入新产生的. fxp 文件，并运行它。

如果寻找到的是. fxp 目标文件，且 SET DEVELOPMENT 设置为 ON（默认值），那么系统会只检查是否存在着一个更新版本的. prg 源程序文件。如果存在，系统就会删除原有的. fxp 文件，然后重新编译该. fxp 文件。

2.5.3 简单的输入/输出命令

（1）任意数据输入命令

命令格式：

INPUT [<字符表达式>] TO <内存变量>

功能：当程序执行到该命令时，暂停往下执行，等待用户从键盘输入数据。用户可以输入任意合法的表达式。当用户以回车键结束输入时，系统计算表达式的值，并将计算结果存入指定的内存变量，然后继续往下执行程序。

说明：

① 如果选用<字符表达式>，那么系统会首先在屏幕上显示该表达式的值，作为输入的提示信息。

② 输入的数据既可以是常量、变量，也可以是更为一般的表达式，但不能不输入任何内容直接按回车键。

③ 不管输入的是常量、变量还是表达式，其格式都必须符合相应的语法要求。比如在输入字符型常量、逻辑型常量和日期时间型常量时，应该用相应的定界符，如：[字符型数据]，. T.，{^2014-03-11} 等。

【例 2.58】 输入“张林”到 FN 变量中。

```
INPUT "请输入姓名:" TO FN
    请输入姓名:"张林"
    ? FN
    张林
    输入逻辑值到 TYL 变量中表示婚姻状况。
    INPUT "已婚否:" TO TYL
    已婚否:. T.
```

? TYL
.T.

(2) **字符串接收命令**

命令格式:

ACCEPT　[<字符表达式>]　TO <内存变量>

当程序执行到该命令时，暂停往下执行，等待用户从键盘输入字符串。当用户以回车键结束输入时，系统将该字符串存入指定的内存变量，然后继续往下执行程序。

说明:

① 如果选用<字符表达式>，那么系统会首先在屏幕上显示该表达式的值，作为输入的提示信息。

② 该命令只能接收字符串。用户在输入字符串时，不需要加定界符；否则，系统会把定界符作为字符串本身的一部分。

③ 如果不输入任何内容而直接按回车键，系统会把空串赋给指定的内存变量。

【例 2.59】输入"赵晓钢"到 XM 变量中。

ACCEPT "请输入姓名:" TO　XM
请输入姓名: 赵晓钢
? XM
赵晓钢

(3) **单个字符接收命令**

命令格式:

WAIT [<字符表达式>] [TO <内存变量>] [WINDOW [AT <行>, <列>]] [NOWAIT] [CLEAR | NOCLEAR] [TIMEOUT <数值表达式>]

功能: 显示字符表达式的值作为提示信息，命令暂停程序的执行，等待用户按任意键或单击鼠标后继续。

说明:

① 如果没有指定<字符表达式>，则显示默认的提示信息"按任意键继续…"。如果<字符表达式>的值为空串，那么不会显示任何提示信息。

② <内存变量>用来保存用户键入的字符，其类型为字符型。若用户按的是 Enter 或单击鼠标，那么<内存变量>中保存的将是空串。如果没有指定 TO <内存变量>短语，那么输入的字符将不被保存。

③ 如果没有 WINDOW 子句，提示信息被显示在 Visual FoxPro 主窗口或当前用户自定义窗口里。如果指定了 WINDOW 子句，则会出现一个 WAIT 提示窗口，用以显示提示信息。提示窗口一般定位于主窗口的右上角，可用 AT 短语指定其在主窗口中的位置。

④ 若同时选用 NOWAIT 短语和 WINDOW 子句，系统将不等待用户按键，直接往下执行。此时，如果指定了 TO <内存变量>短语，那么<内存变量>中保存的将是空串。之后，按下任意键或者移动鼠标，提示窗口就会消失。

⑤ 若选用 NOCLEAR 短语，则不关闭提示窗口，直到用户执行下一条 WAIT WINDOW 命令或 WAIT CLEAR 命令为止。

⑥ TIMEOUT 子句用来设定等待时间（秒数）。一旦超时就不再等待用户按键，自动往下执行。

例如下面的 WAIT 命令：

WAIT "输入无效，请重新输入…" WINDOW TIMEOUT 5

命令执行时，在主窗口右上角出现一个提示窗口，其中显示提示信息“输入无效，请重新输入…”。之后，程序暂停执行。当用户按任意键或超过 5 秒钟，提示窗口关闭，程序继续执行。

【例 2.60】将字符“A”输入到 B 变量中。

```
WAIT "请输入字符:" TO B
请输入字符：A
? B
A
```

【例 2.61】在命令窗口中输入下列命令：

```
WAIT "输入有误，请重新输入…"WINDOW TIMEOUT 6
```

该命令执行时，在主窗口右上角出现一个提示窗口，显示“输入有误，请重新输入”，此时，程序暂停执行。当用户按任意键或超过 6 秒，提示窗口自动关闭，程序继续执行。

可见，这个命令在没有指定存储数据的变量时，往往起到程序暂停运行的作用。一般用于程序的调试过程中。

2.6 程序的基本结构

程序的结构是指程序中命令或语句执行的流程结构。顺序结构、选择结构和循环结构是程序的三种基本结构。

2.6.1 顺序结构

顺序结构是最简单的程序结构，它按命令在程序中出现的先后次序依次执行。例 2.62 所写的程序就是一个顺序结构的例子。

【例 2.62】已知一个三角形底边（A = 4）和高（H = 3），求它的面积。

```
SET TALK OFF
CLEAR
A =4
H =3
S = A * H/2
? S
SET TALK ON
```

2.6.2 选择结构

绝大多数问题仅用顺序结构是无法解决的，在实际问题中，经常需要根据约定的条件进行逻辑判断，然后根据具体情况做出相应的处理。解决此类问题必须利用选择结构程序。计算机最重要的特点之一就是具有逻辑判断能力，选择结构的程序能够根据条件是否成立来执行不同的操作，这些不同的方向就构成了选择结构。支持选择结构的语句包括条件语句（IF

-ENDIF）和分支语句（DO CASE-ENDCASE）。

(1) 一般形式的条件语句

格式：

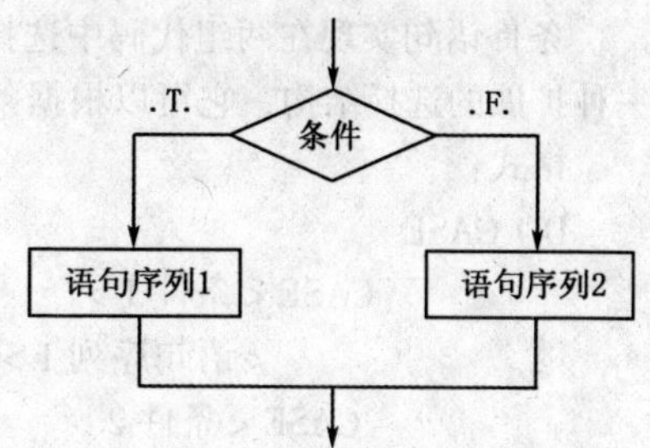

图 2.2　条件语句

```
IF   <条件>
          <语句序列 1>
     [ELSE
          <语句序列 2>]
ENDIF
```

功能：如果没有 ELSE 子句，语句执行时，首先计算 <条件> 表达式的值。如果 <条件> 成立（值为.T.），则执行 <语句序列 1>，然后转向 ENDIF 后面的语句；否则直接执行 ENDIF 后面的语句。

【例 2.63】编写程序，其功能是：先从键盘输入一个数 x，如果 x 能被 3 整除，则输出 x 的平方值。

```
SET TALK OFF
CLEAR ALL
INPUT  "输入一个数:" TO  x
IF INT (x/3)  =x/3
      ? x * x
ENDIF
```

如果存在 ELSE 子句，语句执行时，首先计算 <条件> 表达式的值。如果 <条件> 成立（值为.T.），则执行 <语句序列 1>；否则执行 <语句序列 2>，然后执行 ENDIF 后面的语句，如图 2.2 所示。

【例 2.64】有如下命令序列，其功能是根据输入的考试成绩显示相应的成绩等级。

```
CLEAR
INPUT  "请输入考试成绩:"  TO  CHJ
IF CHJ <60
   DJ  = "不合格"
ELSE
   IF CHJ  <90
      DJ  = "通过"
   ELSE
      DJ = "优秀"
   ENDIF
ENDIF
?"成绩等级:" + DJ
RETURN
```

在使用条件语句时，应该注意以下两点：

① IF 和 ENDIF 必须成对出现，IF 是本结构的入口，ENDIF 是本结构的出口。

② 条件语句可以嵌套，但不能出现交叉。在嵌套时，为了使程序清晰，易于阅读，可按缩进格式书写。

（2）多分支语句

条件语句实现在两组代码中选择一组执行，是一种标准的选择结构。多分支语句实现一种扩展的选择结构，它可以根据条件从多组代码中选择一组执行。

格式：

```
DO CASE
        CASE <条件 1 >
              <语句序列 1 >
        CASE <条件 2 >
              <语句序列 2 >
              ...
        CASE <条件 n >
              <语句序列 n >
        [OTHERWISE
              <语句序列 >]
   ENDCASE
```

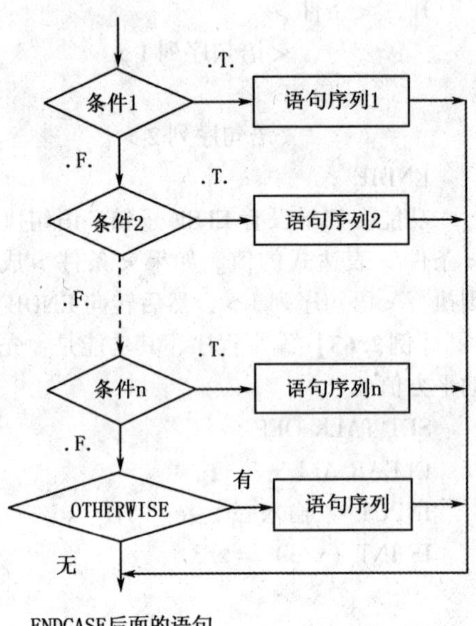

图 2.3　多分支选择

功能：系统执行 DO CASE 语句时，将逐个判断条件表达式是否为真。若某个逻辑表达式的值为真，就执行其后面的语句序列，语句序列执行完毕后，跳到 ENDCASE 后面的语句。如果所有的 CASE 后面的条件表达式都为假时，则执行 OTHERWISE 后面的语句序列；如果没有 OTHERWISE 语句，则直接转去执行 ENDCASE 后面的语句。多分支选择结构语句的执行过程如图 2.3 所示。

说明：

① DO CASE，CASE，OTHERWISE，ENDCASE 语句必须各占一行。每一个 DO CASE 都必须有一个 ENDCASE 与之对应。

② 为使程序清晰易读，对于分支、循环等结构，最好把程序写成矩齿状。

③ CASE 后面的条件可以是关系表达式、逻辑表达式或其他逻辑量。

④ DO CASE 与第一个 CASE 之间不要写任何语句，因为它们之间的语句永远都不会被执行。

⑤ OTHERWISE 语句是可选项，程序设计时可根据具体情况确定是否加此项。

⑥ 在嵌套的分支结构程序设计中，要注意 IF－ENDIF 语句的个数及它所在的位置。系统默认 ENDIF 与最近的 IF 配对，外层的 IF－ENDIF 一定包含内层的 IF－ENDIF，外层和内层不能交叉。

【例 2.65】 根据输入 x 的值，计算并显示 y 的值。

$$y=\begin{cases}2x & x<0\\ x^2 & x<2\\ 1-x & 2\leqslant x\leqslant 5\\ x(x+5) & x\geqslant 6\end{cases}$$

程序如下：

```
SET TALK OFF
INPUT "x = " TO x
DO CASE
   CASE x <0
         y =2 * x
   CASE x <2
         y =x^2
   CASE x > =2 AND x < =5
         y =1 - x
   OTHERWISE
         y =x * (x +5)
ENDCASE
? "y =", y
SET TALK ON
```

2.6.3　循环结构

前面我们学习了顺序结构和选择结构，并列举了一些简单而典型易懂的例题。然而在处理实际问题的过程中，有时需要重复执行某些相同的步骤，即对一段程序进行重复操作。实现重复操作的程序被称为循环结构程序。在实际信息处理中，需用循环结构程序的比重在70%以上。

Visual FoxPro 6.0 提供了三种循环结构：即条件循环（DO WHILE…ENDDO）、计数循环（FOR …ENDFOR）和对数据库的循环（SCAN…ENDSCAN）。下面分别加以讨论。

（1）条件循环（DO WHILE…ENDDO）语句

格式：

```
DO WHILE <条件表达式>
            <语句序列>
   ENDDO
```

功能：执行该语句时，先判断 DO WHILE 处的循环条件是否成立，如果条件为真，则执行 DO WHILE 与 ENDDO 之间的 <语句序列>（循环体）。当执行到 ENDDO 时，返回到 DO WHILE，再次判断循环条件是否为真，以确定是否再次执行循环体。若条件为假，则结束该循环语句，执行 ENDDO 后面的语句。循环语句执行过程如图 2.4 所示。

【例 2.66】 计算 S = 1 +2 +3 + … +100。

该程序要使用循环结构，解题的思路归纳为两点：

① 引进变量 S 和 I。S 用来保存累加的结果，初值为 0；I 既作为被累加的数据，也作为控制循环是否成立的变量，初值为 1。

② 重复执行命令 S = S +I 和 I = I +1，直至 I 的值超过 100。每一次执行，S 的值增加 I，I 的值增加到 1。

```
CLEAR
S =0
```

```
I = 1
DO WHILE I < = 100
  S = S + I
  I = I + 1
ENDDO
? "S = ", S
RETURN
```

图 2.4　循环结构

在循环语句的循环体中还可以出现两条特殊的命令：LOOP 和 EXIT。

格式：

```
DO WHILE <条件表达式>
        <语句序列 1>
    [LOOP]
        <语句序列 2>
    [EXIT]
        <语句序列 3>
ENDDO
```

这两条命令会影响循环语句的正常执行流程。在 DO WHILE…ENDDO 语句中，LOOP 语句的功能是直接转到 DO WHILE 子句，而不执行 LOOP 和 ENDDO 之间的语句序列。LOOP 只能在循环结构中使用，又称循环短路语句。EXIT 的功能是直接跳转到循环体之外，执行 ENDDO 后面的语句。EXIT 也只能用在循环结构中，又称为无条件结束循环语句。循环语句的执行过程如图 2.5 所示。

条件循环语句的执行过程：

① 程序执行到循环起始语句 DO WHILE 时，计算 <条件表达式>的值；

② 若 <条件表达式>的值为“假”时，结束循环，然后执行 ENDDO 后面的语句；

③ 若 <条件表达式>的值为“真”时，则执行 DO WHILE 后面的循环体；

④ 当遇到 LOOP 或 ENDDO 时，返回到 DO WHILE 语句，重复步骤①～③；

⑤ 当遇到 EXIT 时，则结束循环，转到 ENDDO 后面的语句去执行。

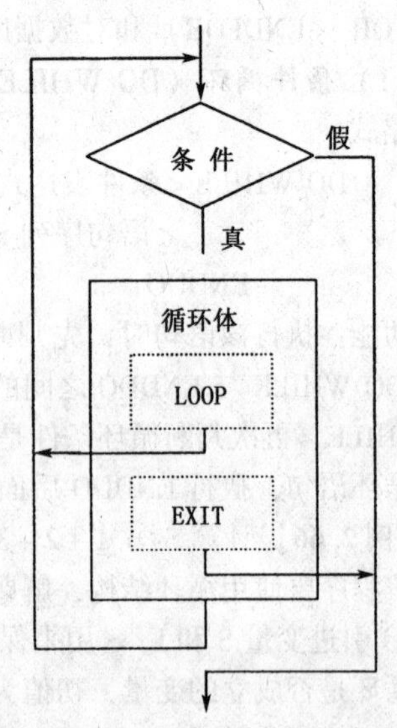

图 2.5　含有 LOOP 或 EXIT 的循环

说明：

① DO WHILE 和 ENDDO 必须各占一行，且它们必须成对出现。为了避免出现交叉及程序阅读的方便，在书写循环体中的语句时，一般采用向右缩进的方式书写。

② 为使程序能最终跳出循环体，在程序循环过程中必须要有修改循环条件的语句，否则程序将永远跳不出循环，造成死循环。在程序设计中要避免出现死循环。

③ EXIT 短语用于控制程序从循环体内跳出，转去执行 ENDDO 后的下一条命令。程序设计时可把 EXIT 放在循环体的任何地方，因此，EXIT 称为无条件结束循环命令，只能用于循环结构。

④ LOOP 短语控制程序直接返回到 DO WHILE 语句，而不执行 LOOP 和 ENDDO 之间的命令，因此，LOOP 称为无条件循环命令，只能用于循环结构。

【例 2.67】计算 S = 1 +2 +3 + … +100。

```
CLEAR
S =0
I =1
DO WHILE  I < =100
  S =S +I
  I =I +1
ENDDO
?"S =", S
RETURN
```

【例 2.68】求 1 ~100 之间全部奇数之和，要求在程序中使用 LOOP 语句。

```
SET TALK OFF
CLEAR
S =1
N =1
DO WHILE N <100
  N =N +1
  IF INT (N/2) =N/2                  && 判断 N 是否整除
    LOOP
  ENDIF
  S =S +N                            && 累加求和
ENDDO                                && 结束循环体
?"1 -100 之间全部奇数和:", S
SET TALK ON
```

此程序中，循环嵌套一个分支结构，循环变量 N 为被判断的数，每次执行循环 N 自身增 1，分支结构判断 N 能否被 2 整除，如果 INT(N/2) = N/2，N 为偶数，则结束循环，转向 DO WHILE 语句继续判断循环条件，否则 N 为奇数，累加到 S 中。循环结束后，即求出满足范围内的奇数之和 S。

【例 2.69】将“2014 中国青奥”显示为“青奥中国 2014”。

```
SET TALK OFF
T ="2014 中国青奥"
I =9
DO WHILE I > =1
  ?? SUBSTR (T, I, 4)
  I =I -4
```

```
ENDDO
SET TALK ON
RETURN
```

（2）计数循环（FOR…ENDFOR）

在已经知道循环次数的情况下可以使用该语句。

格式：FOR <循环变量> = <初值> TO <终值> ［STEP <步长>］

<循环体>

ENDFOR | NEXT

功能：执行 FOR 循环时，系统将循环初值赋给指定的循环控制变量，若循环控制变量的值大于终值，则跳过 FOR 与 ENDFOR 之间的语句序列，退出循环，执行 ENDFOR 后面的语句；若循环控制变量的值小于或等于终值，则执行 FOR 下面的语句序列，即执行循环体语句，执行到 ENDFOR 时，控制变量按步长递增或递减，控制返回到 FOR 语句。

说明：

① FOR，ENDFOR | NEXT 必须各占一行，且它们必须成对出现。

② 循环变量可以是一个内存变量或数组元素。如果在 FOR…ENDFOR 之间改变循环变量的值，将影响循环执行的次数。

③ 如果省略 STEP 子句，则默认步长值是 1。

④ 退出循环后，循环变量的值等于最后一次循环时的值加上步长值。

注意：计数循环语句与条件循环语句一样，在循环中也可以使用 LOOP，EXIT 这两个子句，使用的方法和功能与条件循环语句的使用方法一样。

【例 2.70】用 FOR－ENDFOR 循环求 1～100 之间的奇数之和。

```
S=0
FOR N=1 TO 100 STEP 2
S=S+N
ENDFOR
?"1~100之间全部奇数和:", S
```

【例 2.71】所谓水仙花数，是指一个三位数，其各位数字的立方和等于该数本身（如：$153 = 1^3 + 5^3 + 3^3$）。编程显示所有的水仙花数。

解此题的关键是要知道如何分离出一个三位数中的各位数字。其中 M 代表这个三位数，A，B 和 C 分别代表该三位数在百位、十位和个位上的三个数字。

A=INT(M/100)。如 A=INT(153/100) 等于 1。

B=INT(MOD(M，100) /10)。如 B=INT(MOD(153，100) /10) 等于 5。

C=M%10。如 C=153%10 等于 3。

程序如下：

```
SET TALK OFF
FOR M=100 TO 999
    A=INT (M/100)
    B=INT (MOD (M, 100) /10)
```

```
        C = M%10
        IF M = A^3 + B^3 + C^3
            ? M
        ENDIF
    ENDFOR
    SET TALK ON
```

(3) 数据库循环 (SCAN…ENDSCAN)

格式：SCAN [<范围>] [FOR <条件表达式> | WHILE <条件表达式>]
<语句序列>
ENDSCAN

功能：该语句执行时，在指定范围中，对当前表文件依次寻找满足 FOR 条件或 WHILE 条件的记录，并对找到的记录执行 <语句序列>。这是 Visual FoxPro 6.0 系统专门用于数据处理的循环命令，在这种循环中，也可以使用 LOOP 和 EXIT 语句，使用方法在此不再赘述。

说明：

① SCAN，ENDSCAN 必须各占一行，且它们必须成对出现。

② SCAN 语句自动指针移向下一个符合指定条件的记录，并执行同样的命令序列。

(4) 循环嵌套

以上介绍的三种循环结构的例子都是单重循环，有时根据解决问题的需要，用到两重或多重循环结构，即在一个循环中又包含另一个循环，这种结构称为循环嵌套。在多重循环结构程序设计过程中，要注意以下几点：

① 循环开始语句和结束语句必须成对出现；

② 循环结构只能嵌套，不能交叉，即内层循环必须完全包含在外层循环之内；

③ 各层次的循环控制变量不要重名，以免混淆。

【例 2.72】 用计数循环编制“九九乘法表”。

```
SET TALK OFF
FOR B =1 TO 9
  FOR A =1 TO 9
    ?? str (A, 1) +" ×" +str (B, 1) +" =" +str (B*A, 2) +"  "
  ENDFOR
ENDFOR
```

【例 2.73】 输出如下图形，第一个“*”的输出坐标为（1，30）。

```
    *
   ***
  *****
 *******
*********
```

```
  SET TALK OFF
CLEAR
I =1
Q =" * "
DO WHILE I < =5
   J =1
```

```
    DO WHILE J < = 2 * I - 1
        @ I, 30 - I + J SAY Q
        J = J + 1
    ENDDO
    I = I + 1
ENDDO
SET TALK ON
```

说明：

此程序利用循环嵌套控制输出图形的行数和每行星号数目，其中外层循环执行5次，输出5行，内层循环变量J随着外层循环变量I的变化而变化。例如：当I=1时，J=1，输出1个“*”；当I=2时，J=3，输出3个“*”；当I=3时，J=5，输出5个“*”。依此类推。@ I，30－I＋J SAY Q语句控制每行第一个“*”起始位置。

【例2.74】下面程序显示3～100之间的所有素数。

除了1和它本身之外，不能被任何一个整数所整除的自然数叫质数。除去2之外，其他质数都是奇数的称为素数。

```
SET TALK OFF
FOR M = 3 TO 100
I = 2
DO WHILE I < = M - 1
  IF M/I = INT (M/I)
     EXIT
  ELSE
     I = I + 1
     LOOP
ENDIF
ENDDO
IF I = M
  ? M,"是素数"
ENDIF
M = M + 1
ENDFOR
SET TALK ON
```

此程序外层循环变量M为被判断的数；内层DO…WHILE循环用来判断当前的M是否为素数，即让M除2，3，4，…，M－1，如果都不能整除，则M为素数。分支结构条件如果成立，即如果I ＝ M，则DO…WHILE循环是正常结束，说明I变化到M－1，即M为素数。

案例 2 程序设计基础

一、案例知识点

（1）了解顺序结构程序设计的概念及流程。

（2）掌握分支结构程序设计方法。

（3）掌握循环结构程序设计方法。

二、案例内容

（一）顺序程序设计

编程 PG1，求梯形面积：

```
SET TALK OFF
CLEAR
A =4
B =5
H =3
S = ( A + B) * H/2
? S
SET TALK ON
```

（二）选择程序设计

（1）编程 PG2，某商品一次购买 100 件以上时，可享受 8/100 的优惠。试编程依据输入的单价和数量计算应付金额：

```
SET TALK OFF
CLEAR
INPUT  "数量:"   TO   SL
INPUT  "单价:"   TO   DJ
JE = DJ * SL
IF   SL > =100
  JE = JE * 0.8
ENDIF
?"应付金额:" + STR（JE，6，2）
SET TALK ON
```

（2）编程 PG3，判断公历某年是否为闰年。我们知道，不能被 4 整除的年份肯定不是闰年，能被 4 和 100 整除但不能被 400 整除的也不是闰年，其余皆是闰年。程序如下：

```
SET   TALK   OFF
CLEAR
INPUT "所查年份?" TO   NF
```

```
IF MOD (NF, 4) =0
IF MOD (NF, 100) =0
    IF MOD (NF, 400) =0
      ? NF,"是闰年"
    ELSE
      ? NF,"不是闰年"
    ENDIF
  ELSE
   ? NF,"是闰年"
ENDIF
ELSE
   ? NF,"不是闰年"
ENDIF
SET TALK ON
```

(3) 编程 PG4，计算整存整取应得利息：

```
SET TALK OFF
CLEAR
INPUT  "本金 (元):" TO  BJ
INPUT  "存期 (年):"  TO CQ
DO CASE
   CASE CQ > =BJ
     LL =8.4
   CASE CQ > =5
     LL =7.5
   CASE CQ > =3
     LL =6.9
   CASE CQ > =2
     LL =6.6
   CASE CQ > =1
     LL =6.3
   CASE CQ > =0.5
     LL =4.5
   OTHERWISE
     LL =1.7
ENDCASE
?'应得利息:', BJ * CQ * LL/1000
SET TALK ON
```

(三) 循环程序设计

(1) 编程 PG5：用 DO…WHILE 语句计算 1～50 之间的奇数的平方和。

```
SET TALK OFF
```

```
CLEAR
S = 0
X = 1
DO WHILE X < 50
   S = S + X^2
   X = X + 2
ENDDO
? S
SET TALK ON
```

(2) 缩程 PG6，计算九九乘法表。显示运行结果如下：

```
1 * 1 = 1
2 * 1 = 2   2 * 2 = 4
3 * 1 = 3   3 * 2 = 6    3 * 3 = 9
4 * 1 = 4   4 * 2 = 8    4 * 3 = 12   4 * 4 = 16
5 * 1 = 5   5 * 2 = 10   5 * 3 = 15   5 * 4 = 20   5 * 5 = 25
6 * 1 = 6   6 * 2 = 12   6 * 3 = 18   6 * 4 = 24   6 * 5 = 30   6 * 6 = 36
7 * 1 = 7   7 * 2 = 14   7 * 3 = 21   7 * 4 = 28   7 * 5 = 35   7 * 6 = 42   7 * 7 = 49
8 * 1 = 8   8 * 2 = 16   8 * 3 = 24   8 * 4 = 32   8 * 5 = 40   8 * 6 = 48   8 * 7 = 56   8 * 8 = 64
9 * 1 = 9   9 * 2 = 18   9 * 3 = 27   9 * 4 = 36   9 * 5 = 45   9 * 6 = 54   9 * 7 = 63   9 * 8 = 72   9 * 9 = 81
```

```
SET TALK   OFF
CLEA
I = 1
DO WHILE I < =9
   J = 1
   DO WHILE J < =9
IF   J < = I
?? STR (I, 1)  + ' * ' + STR (J, 1)  + ' = + STR (I * J, 2),"
ENDIF
J = J + 1
ENDDO
?
I = I + 1
ENDDO
SET TALK ON
```

2.7　多模块程序设计

在用 Visual FoxPro 6.0 开发应用程序时，一般都采用模块化程序设计。模块是一个相对独立的程序段，它既可以被其他模块所调用，也可以去调用其他模块。通常把被其他模块调用的模块称为子程序，把调用其他模块而没有被其他模块调用的模块称为主程序。将一个应用程序划分成一个个功能相对单一的模块程序，不仅便于程序的开发，也利于程序的阅读和维护。

2.7.1 模块的定义和调用

(1) 模块及其定义

模块可以是命令文件，也可以是过程。下面介绍过程的定义。

过程的定义格式如下：

PROCEDURE | FUNCTION <过程名>

<命令序列>

[RETURN [<表达式>]]

[ENDPROC | ENDFUNC]

过程定义说明：

① 过程的头。PROCEDURE | FUNCTION 命令表示一个过程的开始，并命名过程名。过程名必须以字母或下划线开头，可包含字母、数字和下划线。

② 过程的尾。ENDPROC | ENDFUNC 命令表示一个过程的结束。如果缺省 ENDPROC | ENDFUNC 命令，则过程结束于下一条 PROCEDURE | FUNCTION 命令或文件的结尾处。

③ 过程返回。当过程执行到 RETURN 命令时，控制将转回到调用程序（或命令窗口），并返回表达式的值。如果缺省 RETURN 命令，则在过程结束处自动执行一条隐含的 RETURN 命令。若 RETURN 命令不带<表达式>，则返回逻辑真（.T.）。

一般情况下，过程保存在称为过程文件的单独文件里。过程文件包含的过程数量不限。过程文件的建立仍使用 MODIFY COMMAND 命令，文件的默认扩展名还是.prg。

过程也可以保存在命令文件里，但必须放置在命令文件正常代码的后面。这样，一个命令文件中就可能包含许多模块。其中，放置在前部的正常代码是一个模块，它的名字就是命令文件的文件名，而其他模块的名字就是它们各自的 PROCEDURE | FUNCTION 命令指定的过程名。

(2) 模块的调用

模块的调用格式有以下两种。

格式1：使用 DO 命令

DO <文件名> | <过程名>

格式2：在名字后加一对小括号

<文件名> | <过程名>( )

在上面格式中，若模块是程序文件的正常代码，用<文件名>；否则用<过程名>。

格式2既可以作为命令使用（返回值被忽略），也可以作为函数出现在表达式里。该格式中文件名不应该包含扩展名。要调用过程文件中的过程，首先要打开过程文件。打开过程文件的命令格式为：

SET PROCEDURE TO [<过程文件1> [，过程文件2>，…]] [ADDITIVE]

此命令格式可以打开一个或者多个过程文件。过程文件被打开后，该过程文件中的所有过程都可以被调用。如果选用 ADDITIVE，那么在打开过程文件时并不关闭原先已经打开的过程文件。

一般情况下，存放在命令文件里的过程主要被命令文件中的正常代码所调用，但也可以被其他程序所调用。当命令文件处于执行（打开）状态时，包含在其中的过程就可以被直接调用；如果命令文件不处于打开状态，需要用 SET PROCEDURE 命令先打开此命令文件，然后才能调用其中的过程。

当一个过程文件中的过程不再需要被调用时，应该及时关闭过程文件，释放其所占用的内存空间，关闭过程文件命令如下。

格式 1：SET PROCEDURE TO

该命令后面不带参数，可以关闭所有已经打开的过程。

格式 2：RELEASE PROCEDURE [<过程文件 1> [，过程文件 2>，…]

该命令可以关闭指定的过程文件。

【例 2.75】 下面程序是一个包含模块定义及调用的示例。包括三个文件：含有主程序的文件 f1. prg，其中还包含一个过程 p1；程序文件 f2. prg，作为子程序被主程序调用；过程文件 f3. prg，包含两个过程 p2 和 p3。

```
 * 主程序：f1. prg
?'主程序开始'
SET PROCEDURE TO f3
f2()
DO p1
?'主程序结束'
 * 过程 p1
PROCEDURE p1
?'过程 p1 开始'
?'调用 p3()'
?'返回值：', p3()
?'过程 p1 结束'
ENDPROC

 * 子程序：f2. prg
?'过程 p2 开始'
?'调用 p2()'
x = p2()
?'返回值为：', x
?'子程序 f2 结束'
RETURN
 * 过程文件：f3. prg
PROCEDURE p2
RETURN
PROCEDURE P3
RETURN 100
```

2.7.2 参数传递

有时在调用子程序时，经常要向子程序传递参数，这种调用称为带参调用。模块程序可以接收调用程序传递过来的参数，并能够根据接收到的参数控制程序流程或对接收到的参数进行处理，从而大大提高模块程序功能设计的灵活性。

如果是带参调用，除在主程序中使用 DO 命令，子程序中也要设置相应的参数接收语句即 PARAMETERS 语句。该语句的一般格式为：

PARAMETERS <参数表>

功能：指定内存变量以接收 DO 命令发送的参数值，返回主程序时把内存变量值回送给主程序中相应的内存变量。

说明：

① PARAMETERS 必须放在子程序的第一条语句。

②子程序中的参数称为形参，主程序中的参数称为实参，实参与形参的个数和类型必须一致。形参的数目不能少于实参的数目，否则系统会产生运行时错误。如果形参的数目多于实参的数目，那么多余的形参取初值逻辑假（.F.）。

③ 实参可以是常量、变量，也可以是一般形式的表达式。如果实参是常量或一般形式的表达式，系统会自动计算出实参的值，并把它们赋给相应的形参变量。这种参数传递方式称为按值传递。如果实参是变量，那么传递的将不是变量的值，而是变量的地址。这时形参和实参实际上是同一个变量（尽管它们的名字可能不同），在模块程序中对形参变量值的改变，同样是对实参量值的改变，这种情形称为按地址传递。

【例 2.76】 主程序 EG2. prg 和子程序 EG2 SUB. prg 的内容如下，分析运行主程序 EG2. prg 时的程序显示结果。

```
*主程序 EG2. prg
SET TALK OFF
X =20
Y =15
DO EG2SUB WITH X, Y
? X, Y
*子程序 EG2SUB. prg
PARAMETERS A, B
A = A * B
B = A/B
RETURN
```

程序中实参是变量 X 和 Y 而不是常量，故程序运行时是按引用传递的。运行主程序 EG2. prg 时，程序将实参 X 和 Y 的值分别传递给形参 A 和 B。在子程序中分别计算 A 和 B 的值，当子程序执行结束时返回到主程序，此时又将 A 和 B 的地址传递给主程序中的 X 和 Y 变量，故主程序显示结果是：

300　　20.0000

2.7.3　变量的作用域

程序设计离不开变量，一个变量除了类型和取值之外，还有一个重要的属性就是它的作用域。变量的作用域指的是变量在什么范围内是有效的或能够被访问的。在 Visual FoxPro 中，若以变量作用域来划分，可分为全局变量、私有变量和局部变量三种。

（1）**全局变量**

全局变量是指在任何模块中都可以使用的变量，也称为公共变量。全局变量要先建立后使用，全局变量可用 PUBLIC 命令建立：

PUBLIC　<内存变量表>

该命令的功能是建立全局内存变量，变量的初值为逻辑假（.F.）。

全局变量一旦建立就一直有效，即使程序运行结束也不会消失。只能在执行过 CLEAR MEMORY，RELEASE，QUIT 等命令后，全局变量才会释放。

（2）**私有变量**

程序中直接使用（没有被 PUBLIC 和 LOCAL 声明）而由系统自动隐含建立的变量都是私有变量。作用域是建立它的模块及其下属的各层模块。一旦建立它的模块程序运行结束，这些变量将自动清除。

（3）**局部变量**

局部变量只能在建立它的模块中使用，不能在上层或下层模块中使用。当建立它的模块程序运行结束时，局部变量自动释放。局部变量用 LOCAL 命令建立：

LOCAL　<内存变量表>

该命令建立指定的局部内存变量，并为它们赋初值逻辑假（.F.）。由于 LOCAL 与 LOCATE 的前四个字母相同，所以这条命令不缩写。局部变量也要先建立后使用。

【例 2.77】全局变量和局部变量的使用示例。

```
 * 主程序 MAIN.prg
   SET TALK OFF
SET PROCEDURE TO SUB
PUBLIC C, D
C=16
D=5
E=2
 F=1
DO  A1
  ? C, D
  ? E, F
  SET  TALK  OFF
  CLOSE PROCEDURE
  RETURN
        * 过程文件 SUB.prg
      PROCDURE  A1
      PRIVATE  D
```

```
    C = SQRT(C)
    D = C + 3
    ? C, D
    E = E * D
    F = 2 * F - 1
    ? E, F
  RETURN
```

运行主程序的结果是：

```
4.007.00
14.00    1
    4.005
    14.001
```

【例 2.78】 全局变量和局部变量的使用示例。

```
* 主程序 MAIN.prg
SET TALK OFF
STORE "ABC" TO M1, M2
DO EG32SUB
? M1 + M2
RETURN
 * 子程序 EG32SUB.prg
PRIVATE M1
M1 = M2 + " * * * "
? M1 + M2
RETURN
```

运行主程序的结果是：

```
    ABC * * * ABC
    ABCABC
```

综上所述，内存变量可隐蔽的特点使得在开发大型应用程序时，在不同层次的程序中可以使用同名内存变量而不致发生混乱。当多个程序员共同开发一个大型程序时，这种使用同名内存变量的情况是经常发生的。这时，就可以利用 PRIVATE 命令，把本程序用到的某些变量定义成局部变量。如果其中有与上级程序同名的变量，则自动隐蔽起来，然后再对子程序中的内存变量进行数据操作。当程序返回到上级程序时，原来定义的变量内容保持不变。

案例 3 过程调用及自定义函数

一、案例知识点

了解过程的概念、定义与调用操作。

掌握过程结构程序设计方法。

二、案例内容

(1) 编程用主、子程序调用的方法，编写一个求 100 之内所有素数的程序 PG7. prg。

参考步骤：

① 在命令窗口中执行"MODIFY COMMAND PG7"命令。

② 在打开的程序编辑窗口中，输入主程序的源代码如下：

```
* * 主程序 PG7. prg
SET  TALK  OFF
FOR  M = 3  TO  100 STEP 2
  N = INT(SQRT(M))
  DO SUB1
ENDFOR
SET TALK ON
```

③ 选择“文件”下面的“保存”命令，将 PG7. prg 程序存盘，然后关闭该编辑窗口。

④ 在 Visual FoxPro 命令窗口中执行"MODIFY COMMAND SUB1"命令。

⑤ 在打开的程序编辑窗口中，输入子程序的源代码如下：

```
* * 子程序 SUB1. PRG
FOR I = 3 TO N STEP 2
  IF MOD(M, I) = 0
    RETURN
  ENDIF
ENDFOR
?? M
RETURN
```

⑥ 选择“文件”下面的“保存”命令，将 SUB1. prg 程序存盘，然后关闭该编辑窗口。

⑦ 在命令窗口中执行"DO PG7"命令执行主程序。

(2) 用主、子程序调用的方法，编写一个可以求解 $S = (X \cdot Y)! - X! - Y!$ 的程序 PG8. prg。参考步骤：

① 在命令窗口中执行"MODIFY COMMAND PG8"命令。

② 在打开的程序编辑窗口中，输入主程序的源代码如下：

```
* 主程序 PG8. prg
SET TALK OFF
CLEAR
INPUT  "X = "  TO X
INPUT  "Y = "  TO Y
Z = X * Y
DO SUB2 WITH X
DO SUB2 WITH Y
DO SUB2 WITH Z
?"S = " + STR(Z - X - Y, 8)
```

```
SET TALK ON
RETURN
```

③ 选择“文件”→“保存”命令，将 PG8. prg 程序存盘。

④ 在命令窗口中执行"MODIFY COMMAND SUB2"命令。

⑤ 在打开的程序编辑窗口中，设置于程序的源代码如下：

```
* * 子程序 SUB2. prg 求 N1
PARAMETERS   N
I = N - 1
DO WHILE I > O
N = N * I
I = I - 1
ENDDO
RETURN
```

⑥ 选择“文件”→“保存”命令，将 SUB2. prg 程序存盘

⑦ 在命令窗口中执行"DO PG8"命令执行主程序。

(3) 自定义函数的定义和使用

编写一个自定义函数程序 PG9. PRC。利用自定义函数，求 X！ + Y!。

参考步骤：

① 在命令窗口中执行"MODIFY COMMAND PG9"命令。

② 在打开的程序编辑窗口中，输入如下主程序：

```
* * PG9. prg
SET TALK OFF
CLEAR
INPUT  "输入 X 的值："  TO X
U = JC(X)                              && 调用函数 JC
INPUT  "输入 Y 的值：" TO Y
V = JC(Y)
? "SUM = ", U + V
FUNCTION JC
PARAMETERS N
S = 1
IF N > -1
FOR I - I TO N
S = S * I
NEXT
ENDIF
RETURN(S)
ENDFUNC
SET TALK ON
```

③ 将以上函数程序存盘为 PC9. prg 文件后，即可被其他程序调用或在命令窗口中直接调用。

小结与提高

Visual FoxPro 既是一种数据库管理系统，也是一种程序设计语言。要采用 Visual FoxPro 开发一定规模的数据库应用软件，必须掌握程序设计的方法和技术。本章首先介绍了程序设计语言的一些基本知识，比如常量、变量、函数与表达式，同时也介绍了相关的一些命令。后面介绍了 Visual FoxPro 程序设计的基本内容，包括程序的概念、程序文件的建立、程序的基本结构、多模块程序设计等。

通过本章的学习，应该掌握以下的内容：了解数据库系统的有关概念；掌握数据类型和数据存储的方法；掌握各种类型数据运算的操作符、表达式；掌握常用系统函数的用法；掌握结构化程序设计的基本要点及顺序结构、分支结构和循环结构的编程方法。进一步了解子程序、过程文件、参数传递及自定义函数的概念和基本操作方法。

本章的内容是学习后面章节和进一步开发数据库应用系统的基础，必须熟练掌握。

习题

一、选择题

1. 在下列函数中，函数返回值为数值的是________。
   A. BOF()　　　　B. CTOD('12/01/14')
   C. AT('人民','中华人民共和国')　　　　D. SUBSTR(DTOC(DATE()),7)
2. 下列表达式中结果不是日期型的是________。
   A. CTOD("2000/10/01")　　　　B. {^99/10/01} +365
   C. VAL("2000/10/01")　　　　D. DATE()
3. 要想将日期型或日期时间型数据中的年份用 4 位数学显示，应当使用设置命令________。
   A. SET CENTURY ON　　　　B. SET CENTURY OFF
   C. SET CENTURY TO 4　　　　D. SET CENTURY OF 4
4. 在 Visual FoxPro 中，宏替换可以从变量中替换出________。
   A. 字符串　　　　B. 数值
   C. 命令　　　　D. 以上三种都有可能
5. 进行字符串比较时，使用命令?"我们大家" = "我们"的结果为逻辑假的设置是________。
   A. SET COLLATE TO"STROKE"　　　　B. SET COLLATE TO"MACHINE"
   C. SET EXACT ON　　　　D. SET EXACT OFF
6. 在 Visual FoxPro 中，下面 4 个关于日期或日期时间的表达式中，错误的是________。
   A. {^2002.09.01 11:10:10AM} - {^2001.09.01 11:10:10AM}
   B. {01/01/2002} +20
   C. {^2002.02.01} + {^2001.02.01}
   D. {^2002/02/01} - {^2001/02/01}
7. 在下面的 Visual FoxPro 表达式中，不正确的是________。

A. {^2015 - 09 - 01 11:10:10AM} - 10

B. {^2015 - 09 - 01} + 1000

C. {^2015 - 09 - 01} - DATE()

D. {^2015 - 09 - 01} + DATE()

8. Visual FoxPro 内存变量的数据类型不包括________。

A. 数值型　　B. 货币型

C. 备注型　　D. 逻辑型

9. 在 Visual FoxPro 中，有如下内存变量赋值语句：

X = {^2015. 09. 01 11:10:10 PM}

Y = . T.

M = $789. 45

N = 789. 45

Z = "789. 24"

执行上述赋值语句之后，内存变量 X，Y，M，N，Z 的数据类型分别是________。

A. T，L，M，N，C　　B. T，L，Y，N，C

C. D，L，Y，N，C　　D. D，L，M，N，C

10. 如果内存变量和字段变量均有变量名“姓名”，那么引用内存变量的正确方法是________。

A. 姓名　　B. M - >姓名

C. M. 姓名　　D. B 和 C 都可以

11. 执行如下命令序列后，最后一条命令的显示结果是________。

DIMENSION M(2，2)

M(1，1) = 10

M(1，2) = 20

M(2，1) = 30

M(2，2) = 40

? M(2)

A. 变量未定义的提示　　B. 10

C. 20　　D. F.

12. 设 D = 5 > 6，命令 ? VARTYPE(D) 的输出值是________。

A. N　　B. L

C. C　　D. D

13. 连续执行以下命令之后，最后一条命令的输出结果是________。

SET EXACT OFF

X = "A"

? IIF(X = "A"，X - "BCD"，X + "BCD")

A. A　　B. BCD

C. ABCD　　D. A　BCD

14. 有如下赋值语句：A = "你好"，B = "大家"，结果为"大家好"的表达式是________。

A. B + AT(A，1)　　B. B + RIGHT(A，1)

C. B + LEFT(A, 3, 4)　　D. B + RIGHT(A, 2)

15. 表达式 VAL(SUBS("平安365", 5, 1)) * LEN("Visual FoxPro") 的结果为________。

A. 78.00　　B. 65.00

C. 39.00　　D. 13.00

16. Visual FoxPro 关系数据库管理系统能够实现的三种基本关系运算是________。

A. 选择、投影、连接　　B. 索引、排序、查找

C. 选择、索引、联系　　D. 差、交、并

17. Visual FoxPro 是一种关系数据库管理系统，所谓关系是指________。

A. 数据模型符合满足一定条件的二维表格式

B. 表中的各个记录之间有联系

C. 表中的各个字段之间有联系

D. 数据库中的一个表与另一个表有联系

18. 在 Visual FoxPro 中，________的定义属于域完整性的范畴。

A. 数据类型　　B. 数据模型　　C. 关系类型　　D. 关系模式

19. 在 Visual FoxPro 中，数据库完整性一般包括________。

A. 实体完整性、域完整性

B. 实体完整性、域完整性、参照完整性

C. 实体完整性、域完整性、数据库完整性

D. 实体完整性、域完整性、数据表完整性

20. 二维表中的列称为关系的________；二维表中的行称为关系的________。

A. 元维，属性　B. 列，行　　C. 行，列　　D. 属性，元维

21. 在 VFP 中，"项目管理器" 窗口上的选项卡依次为________。

A. 全部、数据、文档、表单、代码、其他

B. 全部、数据、文档、类、代码、其他

C. 全都、数据、区域、表单、代码、其他

D. 全部、数据、文档、类、代码、区域

22. 设 N = "123", M = "456", K = M + ' ' + N, 表达式 1 + &K 的值是________。

A. 580　　B. I + M + N　　C. 数据类型不匹配　D. 1233457

23. 表达式 VAl(SUBS("数据库 6.0", 7, 3)) + LEN("Visual FoxPro") 的结果是________。

A. 13.00　　B. 16.00　　C. 18.00　　D. 19.00

24. Visual FoxPro 的应用程序由三种基本结构组合而成，它们分别是________。

A. 顺序结构、选择结构和循环结构　B. 顺序结构、循环结构和模块结构

C. 逻辑结构、物理结构和程序结构　D. 分支结构、重复结构和子程序结构

25. 在非嵌套程序结构中，可以使用 LOOP 和 EXIT 语句的基本程序结构是________。

A. TEXT – ENDTEXT

B. IF – ENDIF

C. DO WHILE…ENDDO

D. DO CASE…ENDCASE

26. INPUT, ACCEPT, WAIT 三条命令中，可以接受字符的命令是________。

A. 只有 ACCEPT　　B. ACCEPT 和 WAIT

C. 只有 WAIT　　D. 三者均可

27. Visual FoxPro 6.0 中的 DO CASE …ENDCASE 语句属于________。

A. 顺序结构　　B. 循环结构　　C. 分支结构　　D. 模块结构

28. 在 Visual FoxPro 6.0 中，用于建立过程文件 PROG1 的命令是________。

A. CREATE PROG1　　B. MODIFY COMMAND PROG1

C. MODIFY PROG1　　D. EDIT PROG1

29. 在某个程序模块中用 PRIVATE 语句定义的内存变量________。

A. 可以在该程序的所有模块中使用

B. 只能在定义该变量的模块中使用

C. 只能在定义该变量的模块及其下属模块中使用

D. 只能在定义该变量的模块及其下属模块中，与相关数据表一起使用

30. 在 Visual FoxPro 6.0 程序中使用的内存变量可以分为两大类，它们是________。

A. 字符变量和数组变量　　B. 简单变量和数组变量

C. 全局变量和局部变量　　D. 一般变量和下标变量

31. 在 Visual FoxPro 6.0 中，命令文件的扩展名是________。

A. TXT　　B. PRG　　C. DBF　　D. FMT

32. 在永真条件 DO WHILE. T. 的循环中，为退出循环可以使用________。

A. LOOP　　B. EXIT　　C. CLOSE　　D. BREAK

33. 表文件 SSS. dbf 中有 20 条记录，顺序执行如下命令序列：

```
USE SSS
SET DELE ON
DELETE NEXT 5
INDEX ON 职工号 TO ZGH
```

ZGH. IDX 中被索引的记录个数为________。

A. 5　　B. 15　　C. 20　　D. 10

34. 在 Visual FoxPro 6.0 中，结构化程序设计的三种基本结构是________。

A. 循环结构、分支结构和链表结构

B. 顺序结构、循环结构和分支结构

C. 顺序结构、分支结构和子程序结构

D. 循环结构、分支结构和自定义结构

35. 设学生数据表当前记录中“英语”字段的值是 88，执行下面程序段之后的屏幕输出是________。

```
DO CASE
    CASE 英语 <60
        ?"英语成绩是:" + "不及格"
    CASE 英语 > =60
        ?"英语成绩是:" + "及格"
    CASE 英语 > =70
        ?"英语成绩是:" + "中"
```

```
        CASE 英语 > =80
            ?"英语成绩是:" + "良"
        CASE 英语 > =90
            ?"英语成绩是:" + "优"
    ENDCASE
```

A. 英语成绩是：不及格　　B. 英语成绩是：及格

C. 英语成绩是：良　　D. 英语成绩是：优

二、填空题

1. 表达式 LEFT("123456789", LEN("HELLO")) 的计算结果是________。
2. 在 Visual FoxPro 中，常量 $123.10 的数据类型是________，常量 {^2015－05－01，10:00:00} 的数据类型是________。
3. 表达式 VAL(SUBSTR("2014", 3) + RIGHT（STR(YEAR(DATE())), 2)) + 17 的值是________（设系统日期为 2015 年 1 月 22 日）。
4. 要显示名字以 MY 开头的所有内存变量，应当使用命令 LIST MEMORY________。
5. 表达式工资 >1000 AND（职称 = "教授" OR 职称 = "副教授"）的值是________（设工资 =1200，职称 = "教授"）。
6. 函数 TIME() 返回值的数据类型是________；命令? ROUND(337.2015, 3) 的执行结果是________；命令? LEN(SPACE(3) - SPACE(2)) 的执行结果是________。
7. X = "2014"

```
        Y = " + "
        M = "&X. &Y. 1"
        ? &M
```

   顺序执行以上操作后，屏幕显示的结果是________。
8. 命令? AT（"大学","北京语言文化学院"）的结果是________。
9. 表达式 {^2015/05/01} +31 的值应为________。
10. ROUND(337.2007, 3) 的执行结果是________。
    表达式 {^2015/05/01 10:00:00} - {^2015/02/01 10:00:00} 的数据类型是________。
11. 函数 BETWEEN(40, 34, 50) 的运算结果是________。
12. 表达式 LEN(SPACE(1 +2)) 的运算结果是________。
13. 顺序执行下列操作后，屏幕最后显示的结果是________和________。

```
    Y = DATE()
    H = DTOC(Y)
    ? VARTYPE(Y), VARTYPE(H)
```

三、写出下列程序的运行结果

1. SET TALK OFF

```
        X = 1
    DO WHILE X < =80
        ? X
        X = 3 * X
        ENDDO
```

```
SET TALK ON
```

2. A = "ABCDEFGHIJ"

```
P = 1
DO WHILE P < 10
   ? SUBSTR(A, 10 - P, 1)
   P = P + 3
ENDDO
SET TALK ON
```

3. SET TALK OFF

```
X = . T.
  S = 0
  DO WHILE X
     S = S + 1
     IF S/5 = INT(S/5)
        ? S
     ELSE
        LOOP
     ENDIF
     IF S > 15
        X = . F.
     ENDIF
  ENDDO
  SET TALK ON
```

4. SET TALK OFF

```
CLEA
USE xs
GO BOTTOM
M = RECNO()
N = 3
DO WHILE N < M NOT EOF()
   N = N + 3
GO N
   DISPLAY 姓名，性别，专业 OFF
ENDDO
USE
SET TALK ON
```

5.
```
SET TALK OFF
   CLEAR
   STORE 1 TO X
   STORE 20 TO Y
   DO WHILE X < = Y
      IF INT(X/2)  < >X/2
         X = 1 + X^2
         Y = Y + 1
      ELSE
         X = X + 1
      ENDIF
   ENDDO
   ? X, Y
   SET TALK ON
```

6.
```
SET TALK OFF
CLEA
FOR I = 10 TO 20
      FOR J = 2 TO I
         IF INT(I/J)  = I/J
            EXIT
         ENDIF
      ENDFOR
IF J = I
        ? I,"是素数"
ENDIF
ENDFOR
```

7.
```
SET TALK OFF
N = 345
DO WHILE N >0
     A = N% 10
      ?? STR(INT(A), 2)
      N = N - A
      N = N/10
ENDDO
SET TALK ON
```

8.
```
SET TALK OFF
USE xs
```

```
STORE 0 TO S
LOCATE FOR 专业 = "英语"
DO WHILE NOT EOF( )
     S = S + 1
  CONTINUE
ENDDO
?"英语专业的学生共有:" + STR(S, 3) + "名"
USE
SET TALK ON
```

9.
```
SET TALK OFF
CLEA ALL
PUBLIC A
A = 1
C = 5
DO SUB
?"主程序中的 A, B, C 的值:", A, B, C
   RETURN
```

```
* SUB. PRG
PRIVATE C
A = A + 1
PUBLIC B
B = 2
C = 3
? "子程序中的 A, B, C 的值:", A, B, C
RETURN
```

10.
```
SET TALK OFF
X = 10
Y = -3
FOR N = 29 + X TO X STEP Y
ENDFOR
? N
```

四、思考题

1. 传统的集合运算与专门的关系运算的特点是什么?
2. 实体间联系的种类有哪些?
3. 层次模型、网络模型和关系模型的区别是什么?
4. 以“学生”为文件名建立一个项目文件的步骤是什么?
5. 简述在“项目管理器”中新建、修改文件的步骤。
6. 表达式的组成是什么?
7. 常用系统函数与表达式的区别?
8. 在 Visual FoxPro 6.0 中，循环语句有哪几种? 分别是什么?
9. 结构化程序设计的结构有几种? 各自的特点是什么?
10. 何为过程?

第 3 章　Visual FoxPro 数据库及其操作

数据库是一个容器，里面存放很多关系表。本章介绍 Visual FoxPro 数据库的建立和操作等内容，包括建立和管理数据库、建立和使用表，以及索引和数据完整性等方面的内容。

3.1　数据库的建立

3.1.1　数据库的概念

在 Visual FoxPro 中数据库可以说是一个逻辑上的概念和手段，它通过一组系统文件将相互关联的数据库表及其相关的数据库对象统一组织和管理。

在建立 Visual FoxPro 数据库时，相应的数据库名称实际是扩展名为. dbc 的文件名，与之相关的还会自动建立一个扩展名为. dct 的数据库备注（memo）文件和一个扩展名为. dcx 的数据库索引文件。即建立数据库后，用户可以在磁盘上看到文件名相同但扩展名分别为. dbc,. dct 和. dcx 的三个文件。

这时建立的数据库只是一个空的数据库，它还没有数据，也不能直接输入数据，接着还需建立数据库表和其他数据库对象，而后才能输入数据和实施其他数据库操作。

3.1.2　数据库的基本操作

在 Visual FoxPro 中，数据库包含数据库表、本地视图、远程视图、连接和存储过程。在创建数据库表、本地视图、远程视图等对象之前必须先创建一个数据库。

3.1.2.1　创建数据库

(1) 在项目管理器中创建数据库

在项目管理器中，选择“数据”选项卡中的“数据库”选项，然后单击“新建”按钮，如图 3.1 所示。

在弹出的“创建”对话框中输入数据库名“学生管理”，单击“保存”按钮，如图 3.2 所示。一个学生管理数据库已经建立，由于当前数据库中未包含任何数据对象，所以该数据库是一个空的数据库，如图 3.3 所示。但此时项目管理器中已经出现了“学生管理”数据库文件，同时打开了数据库设计器。

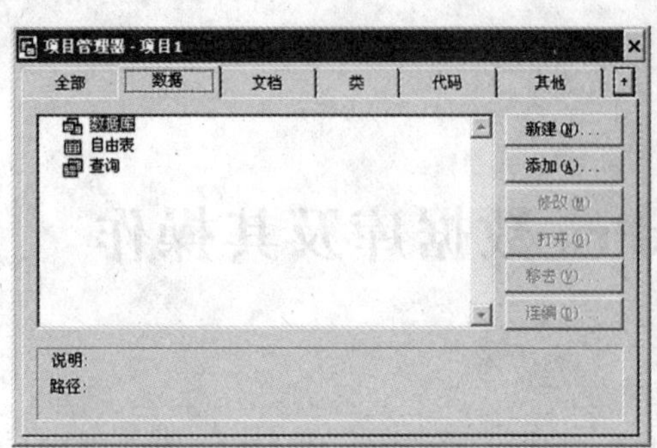

图 3.1　在“项目管理器”中创建数据库

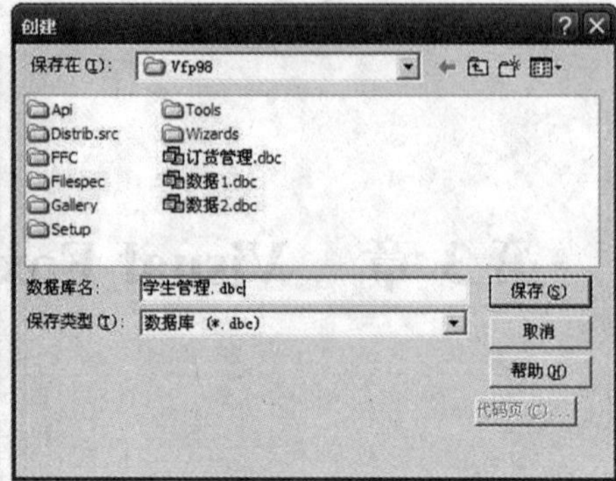

图 3.2　在“创建”对话框中输入数据库名“学生管理”

(2) 用命令交互建立数据库

建立数据库的命令是：

CREATE DATABSE [<数据库文件名> | ?]

其中<数据库文件名>指定生成的数据库文件，若省略扩展名，则默认为.dbc。如果未指定数据库文件名或用“?”代替数据库文件名，Visual Foxpro 会弹出“创建”对话框，以便用户选择数据库存放的位置和输入数据库名。保存后该数据库文件被建立，并且自动以独占方式打开该数据库。使用该命令建立数据库后并不打开数据库设计器，只是建立一个新的数据库文件并打开此数据库。

3.1.2.2 在数据库中添加表

在 Visual FoxPro 中，每个表可以有两种存在状态：自由表和数据库表。使用自由表还是数据库表来保存要管理的数据，取决于管理的数据之间是否存在关系以及关系的复杂程度。用户要保存的数据关系比较简单，使用自由表就够了。如果要保存的数据需要多个表，表之间又存在相互关系，这时就必须建立一个数据库，把这些表添加进数据库，此时可以认为这个数据库拥有添加进来的表，但用户数据仍然存储在数据库表中。数据库表文件与自由表一样，其扩展名仍然为.dbf。

图 3.3　空的学生管理数据库

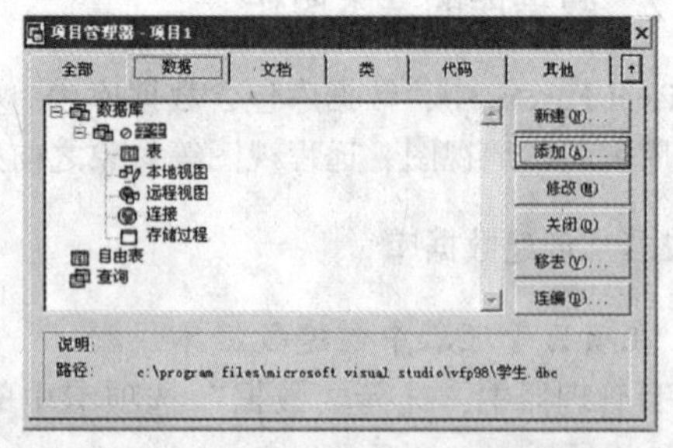

图 3.4　在“项目管理器”中添加表

有了数据库文件，就可以向数据库添加表了。通常，表只能属于一个数据库文件，如果想将一个数据库中的表移到其他数据库，必须先从数据库中移去该数据库表使之变成自由表，然后才能将其添加到另一个数据库中。向数据库添加表的方法是：

① 在项目管理器中选择“数据”选项卡中的“数据库”，展开左边的“+”，选择其下方的“表”，然后单击“添加”按钮，在弹出的“打开”对话框中，选择要添加表文件所在的文件夹、类型及表文件，然后单击“确定”按钮，这个表便被添加到数据库中，如图 3.4 所示。

② 在数据库设计器中，单击右键，在弹出的快捷菜单中选择“添加表”命令，如图 3.5 所示，或单击“数据库设计器”工具栏上的“添加表”按钮。也可以将要添加的表文件添加到数据库中，如图 3.6 所示。选择“移去”命令，可以移去或删除数据库中的表。

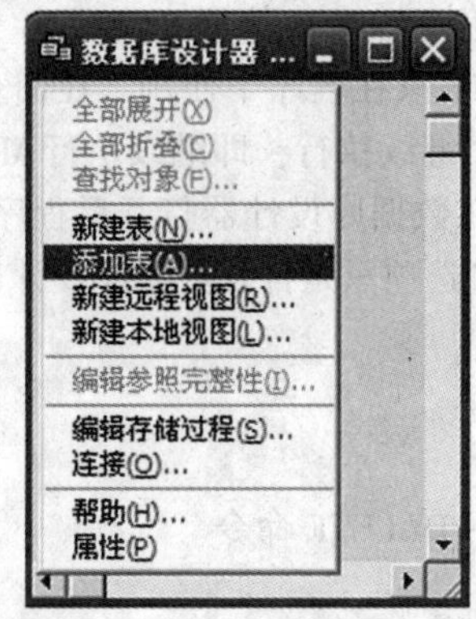

图 3.5　在数据库设计器中添加表

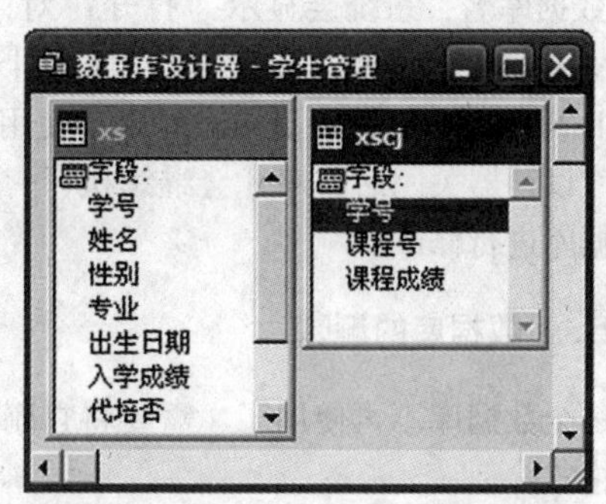

图 3.6　将表文件添加到数据库中

3.1.2.3　数据库的打开与关闭

(1) 数据库的打开

在数据库中建立表或使用数据库中的表时，都必须先打开数据库。具体操作方法是：

选择“文件”菜单下的“打开”命令，出现“打开”对话框。在该对话框中选择所要打开的数据库文件名，单击“确定”按钮打开数据库。

也可以采用命令操作方式打开数据库。命令格式是：

OPEN　DATABASE [<数据库文件名> | ?] [NOUPDATE] [EXCLUSIVE | SHARED]

其中，<数据库文件名>指定要打开的数据库名。如果用户省略<数据库文件名>或用“?”代替数据库名，系统会显示“打开”对话框。NOUPDATE 指定以只读方式打开数据库；EXCLUSIVE 指定以独占方式打开数据库；SHARED 指定以共享方式打开数据库。

打开一个数据库文件时，同名的.dct 数据库备注文件与.dcx 索引文件也一起被打开。

数据库打开后，在“常用”工具栏中可以看见当前正在使用的数据库名，同时当数据库设计为当前窗口时，系统菜单上出现“数据库”菜单项。

在数据库被打开的情况下，它所包含的所有表都可以使用；但这些表并没有被自动打开，使用时仍需要用 USE 命令打开。

(2) 数据库的关闭

数据库文件操作完成后，必须将其关闭，以确保数据的安全性。要关闭当前打开的数据库，可以使用 CLOSE 命令，其格式是：

CLOSE [ALL | DATABASE]

其中，ALL 用于关闭所有对象，如数据库、表、索引等；DATABASE 用于关闭当前数据库和数据库表。

3.1.2.4 数据库的修改

在 Visual FoxPro 中，修改数据库实际是打开数据库设计器，在其中完成各种数据库对象的建立、修改和删除等操作。Visual FoxPro 提供了 MODIFY DATABASE。

命令格式：

MODIFY DATABASE [<数据库文件名> | ?] [NOWAIT] [NOEDIT]

其中，<数据库文件名>指定要修改的数据库名。如果用户省略<数据库文件名>或用“?”代替数据库名，系统会显示“打开”对话框。NOWAIT 只在程序中使用，在命令窗口下无效。NOWAIT 选项的作用是在数据库设计器打开后程序继续执行，即继续执行 MODIFY DATABASE NOWAIT 之后的语句。如果不使用该选项，则在数据库设计器打开后程序暂停，直到数据库设计器关闭后程序才会继续执行。使用 NOEDIT 选项只是打开数据库设计器，而禁止对数据库进行修改。

3.1.2.5 数据库的删除

如果一个数据库不再使用了，需要将它删除，可以采用 DELETE 命令。

命令格式：

DELETE DATABASE [<数据库文件名 | ? >] [DELETETABLES] [RECYCLE]

其中，<数据库文件名>指定要删除的数据库名，此时要删除的数据库必须处于关闭状态，删除的数据库中的表成为自由表。如果省略<数据库文件名>或用“?”代替数据库名，系统会显示“打开”对话框，可从其中选择要删除的数据库文件名。

Visual FoxPro 的数据库文件并不真正含有数据库表或其他数据库对象，只是在数据库文件中登录了相关的条目信息，数据库表或其他数据库对象是独立存放在磁盘上的。在一般情况下，删除数据库文件并不删除数据库中的表等对象。要在删除数据库文件的同时从磁盘上删除该数据库所含的表，可以在命令中选择 DELETETABLES 选项。

选择 RECYCLE 选项，则将删除的数据库文件和表文件等放入 Windows 的回收站中，需要时还可以还原它们。

案例 4 创建数据库

一、案例知识点

1. 掌握数据库的建立。
2. 掌握数据库中的表的添加、删除等操作。

二、案例内容

用菜单方式建立一个名为“学生管理”的数据库文件。

操作步骤如下：

① 选择“文件”→“新建”命令。

② 打开的“新建”对话框中选择“数据库”文件类型，然后单击“新建文件”按钮。此时系统会打开“创建”对话框。

③ 在“创建”对话框中选取好保存位置和保存类型（数据库），在数据库名文本框中输入建立的数据库名称“学生管理”，并单击“保存”按钮。此时系统会显示数据库设计器。

这时建立的数据库里面没有任何内容，是一个空的数据库。在保存数据库的文件夹下可以浏览到三个文件：学生管理.dbc、学生管理.dct、学生管理.dcx（图像文档）。

④ 在数据库设计器中，单击鼠标右键，在弹出的快捷菜单中选择“添加表”，添加所需要的表。

3.2 建立数据表

在 Visual FoxPro 中，一个关系的逻辑结构就是一个二维表。将一个二维表以文件形式存入计算机中就是一扩展名为.dbf 的表文件，简称为表（Table）。

3.2.1 数据表的基本概念

(1) 数据表

Visual FoxPro 中，数据表分为数据库表和自由表两种。未加入某个数据库的表称为自由表，表之间没有必要的关联。将一个自由表添加到某个数据库中或在“数据库设计器”中创建的为数据库表。两种表绝大多数的操作相同，并且两种类型的表可以相互转换。虽然数据库表和自由表都能存储数据，但数据库表的功能更强大。

(2) 数据表的命名

前面已经知道数据表的扩展名为.dbf，创建表时还应指定一个对应于.dbf 文件的文件名。Visual FoxPro 中表名可由字母、汉字、数字和下划线组成，但表名的第一个字符必须是字母或下划线。表可以是长文件名（字符数≤128 个）。表命名时应注意：表名中不应包含空格，表名应简明易记。

3.2.2 数据表结构的建立

创建数据表就是建立一个新的表文件，创建数据表之前，需要对表进行分析，弄清楚准备在表中存储哪些数据。

3.2.2.1 设计表的结构

数据表的创建可分为两步进行：首先，创建数据表的结构，即确定数据表的字段个数、字段名、字段类型、字段宽度及小数位数等特征；其次，根据字段特征输入相应的记录。表 3.1 所示的学生清单是一个二维表。

表 3.1　　学生表

学号	姓名	性别	专业	出生日期	入学成绩	代培否	籍贯	备注	照片
130701	徐进	男	临床医学	1992-10-16	582	FALSE	齐齐哈尔		
130601	滕秋露	女	药学	1993-9-12	583	FALSE	北京		
130204	华淑瑞	女	口腔医学	1994-2-13	601	FALSE	哈尔滨		
130503	任德刚	男	工商管理	1993-1-26	612	TRUE	佳木斯		
130708	卢坤颖	女	临床医学	1993-5-11	578	FALSE	上海		
130302	常晨	男	心理学	1993-7-24	586.5	FALSE	北京		
130209	郝志新	男	口腔医学	1994-5-28	616.5	FALSE	齐齐哈尔		
130306	刘金月	女	心理学	1994-12-5	580	FALSE	上海		
130501	王艺潼	女	工商管理	1995-3-20	595	TRUE	哈尔滨		
130605	郑岩松	女	药学	1994-9-22	609	FALSE	佳木斯		

建表时，二维表标题栏的列标题将成为表的字段（相当于关系中的属性）。标题栏下方的内容输入到表中成为表的数据，每一行数据（各字段所对应的值）称为表的一个记录（相当于关系中的元组）。记录和字段是对表操作的最终具体对象。假定已根据学生清单建立了表 xs.dbf，该表的数据共包括 10 个记录，其中每个记录含有 10 个字段值。例如学生清单中的数据“常晨”便是第 6 个记录“姓名”字段所对应的值。

建立表结构就是定义各个字段的属性，基本的字段属性包括字段名、字段类型、字段宽度和小数位数等。

(1) 字段名

字段名是表中每个字段的名字，它必须以汉字、字母或下划线开头，由汉字、字母、数字或下划线组成。自由表中的字段名最多为 10 个字符，数据库表中的字段名最多为 128 个字符。当数据库表转化为自由表时截去超长部分的字符。

(2) 字段类型

字段类型、宽度属性都用来描述字段值。字段类型表示该字段中存放数据（即字段值）的类型。

与其他程序设计语言相比，Visual FoxPro 提供了更多的数据类型。字段的数据类型主要有以下 13 种，如图 3.7 所示。下面来介绍这些字段类型。

① 字符型：由英文字母、汉字、数字、空格和各种符号组成的字符串。需要指出的是，字符型中的数字是指在应用程序中不能进行计算的数字。比如电话号码 01086453268 输入到数值型的字段中，结果是 1086453268，与正确结果相比少了 1 位。在不需要对数字进行计算的地方尽量使用字符数字。字符型字段的长度不得超过 254 个字节。例如书名、人名、地名等均是字符型。

② 货币型：主要用来存储货币量。具有 8 字节的固定长度，在货币型字段中，能自动对多于 4 个小数位的数进行四舍五入。

③ 数值型：数值型的数据包含正负号、数字及小数点。数值型数据的最大长度为 20 位（包括小数点和正负号所占的位数）。例如数学、电路考试成绩均为数值型。

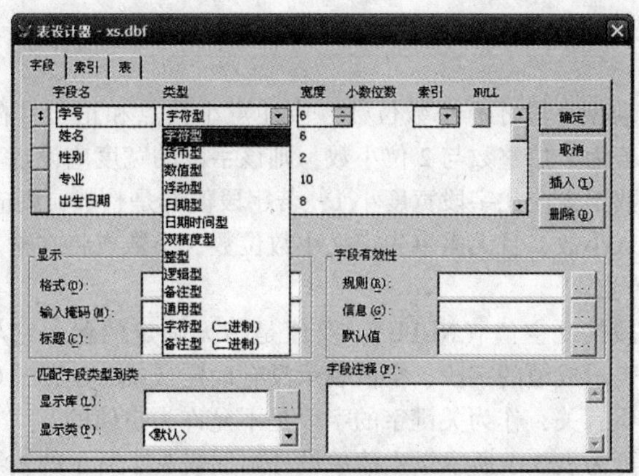

图 3.7　字段的数据类型

④ 浮动型：浮动型数据与数值型数据完全等价，是为了兼容 dBase 的数据类型而设立的。

⑤ 日期型：日期型字段包括年、月、日。使用日期格式时一般采用美国的日期格式 mm/dd/yy（月/日/年），可以在命令窗口中用命令 SET DATE 改变日期显示格式。日期型字段的长度固定为 8 位。

⑥ 日期时间型：这种数据类型包括日期和时间。其长度固定为 8 位，前 4 位存放日期，后 4 位存放时间。在这个数据类型中，既可以只有日期，也可以仅有时间。如果没有日期系统会自动加上默认日期，同样没有时间也会加上默认时间。

⑦ 双精度型：这种数据类型有更高的精确度，所表示的数值范围也最大。双精度型字段的长度固定为 8 位。

⑧ 整型：整型数据是没有小数位数的数字。用来存放编号、年龄等信息，它具有 4 字节的固定长度。

⑨ 逻辑型：它的值只有真（.T.）和假（.F.）两种。其长度为 1 字节。

⑩ 备注型：这种数据型可容纳数量不限的字符数据，如文档。备注型字段本身是指向与表同名的扩展名为. fpt 的备注文件的指针，在打开它之前其长度为 4 字节（即只显示 memo）。

⑪ 通用型：通用型字段用来存储 OLE 对象，如扩展名为. doc 的文档或位图文件等。通用型字段本身也是指向与表同名的扩展名为. fpt 的备注文件的指针，在打开它之前其长度为 4 字节（即只显示 gen）。

⑫ 字符型（二进制）：这种类型与上述的“字符型”相同，只是当更改代码页时字符值不会改变。该类型字段用于在表中保存用户密码。

⑬ 备注型（二进制）：这种类型与上述的“备注型”相同，但是当更改代码时备注内容不变，可用于存储不同国家（地区）的登录脚本。

(3) 字段宽度

字段宽度用以表明允许字段存储的最大字节数。对于字段宽度不固定的字段，字符型、数值型、浮动型这 3 种字段在建立表结构时，应根据要存储的数据的实际需要设定合适的宽度。其他类型字段的宽度均由系统统一规定，它们是：货币型、日期型、日期时间型、双精度型字段宽度均为 8 个字节；逻辑型字段宽度为 1 字节；整型、备注型字段和通用型字段宽度均为 4 个字节。

(4) 小数位数

只有数值型与浮动型字段才有小数位数。应注意小数点和正负号在字段宽度中都占一位，例如，职工工资若为 4 位整数与 2 位小数，则该字段的宽度应设定 7 位。由此可知，对于纯小数，其小数位数至少应比字段宽度小 1；若字段值都是整数，则应定义小数位数为 0。双精度型字段允许输入小数，且无需事先定义小数位数，小数点将在输入数据时键入。

(5) 是否允许为空

表示是否允许字段接受空值（NULL）。空值是指无确定的值，它与空字符串、数值 0 等是不同的。例如，表示成绩的字段，空值表示没有确定成绩，0 表示 0 分。一个字段是否允许空值与字段的性质有关，作为关键字的字段是不允许为空值的。

根据上述规定，可为表 3.1 所示学生清单设计出如表 3.2 所示的表结构。假定此表取名为 xs，其表结构可表示如下：学号（C，6），姓名（C，6），性别（C，2），专业（C，10），出生日期（D），入学成绩（N，6，1），代培否（L），籍贯（C，10），备注（M），照片（G）。

表 3.2 学生表的表结构

字段名	类型	宽度	小数位数
学号	字符型	6	
姓名	字符型	6	
性别	字符型	2	
专业	字符型	10	
出生日期	日期型	8	
入学成绩	数值型	6	1
代培否	逻辑型	1	
籍贯	字符型	10	
照片	通用型	4	
简历	备注型	4	

3.2.2.2 建立表的结构

在设计好表的结构之后，就可以建立表文件了。具体可以采用菜单和命令两种操作方式。

(1) 菜单操作方式

在 Visual FoxPro 中，要建立文件可选择“文件”菜单项中的“新建”命令，或选择“项目管理器”→“数据”→“自由表”→“新建”。系统提供一系列的窗口与对话框，用户只要根据屏幕的提示，就可以完成有关操作。

① 选择“文件”菜单项中的“新建”命令，将出现如图 3.8 所示的“新建”对话框。在这个对话框中用户可以选择所要新建文件的类型。在实际操作中，可能要建立各种类型的文件，“新建”对话框中的文件类型框中列出了可供选择的文件类型。

② 在这里是建立表文件，所以需要选择“表”文件类型，然后可以选择“新建文件”或“向导”按钮去建立新的文件。向导是一个交互式程序，由一系列对话框组成，利用向

导可以引导用户完成一系列操作。“表向导”是众多 Visual FoxPro 向导中的一种，在有样表可供利用的条件下，可以使用表向导来定义表结构，但操作比较烦琐。这里不介绍利用向导建立表，而是直接建立新表。从“新建”对话框中选择“新建文件”按钮，此时首先出现图 3.9 所示的“创建”对话框，在其中可以输入表名，选择保存表的位置，然后单击“保存”按钮，此时便出现图 3.10 所示的表设计器窗口。在窗口中，有字段、索引和表 3 个选项卡，利用“字段”选项卡可以建立表结构。

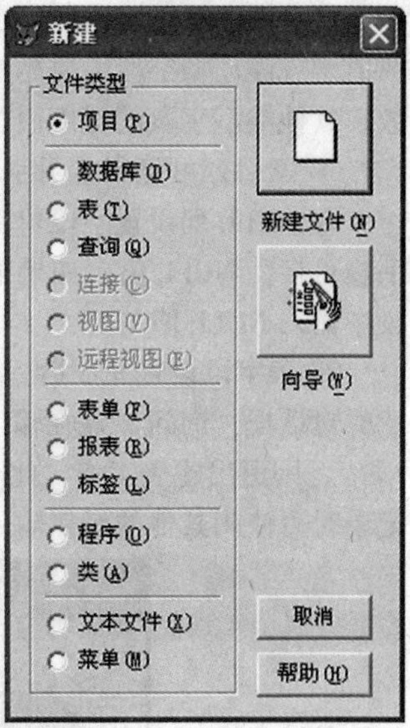

③ 在表设计器窗口中，现在可按表 3.2 设定各字段的属性值：

在“字段名”下面的文本编辑区输入字段名。按 Tab 键或单击“类型”，选择类型列，其中列出所有的 Visual FoxPro 字段类型，可以单击类型列右边的向下箭头或按空格键进行选择。

图 3.8　“新建”对话框

按 Tab 键或单击“宽度”进入宽度列，可直接输入所需的

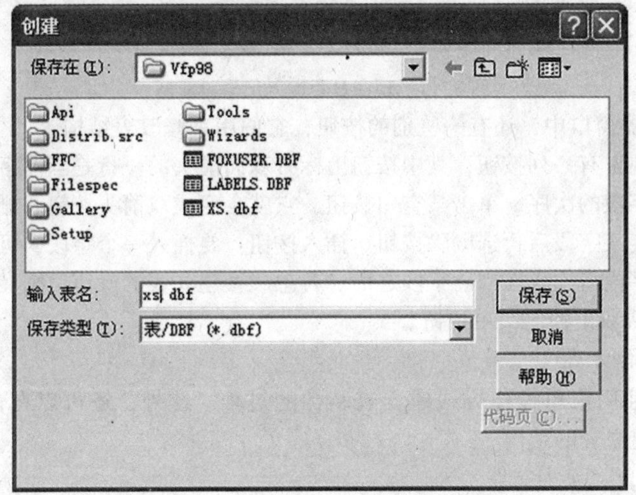

图 3.9　“创建”对话框

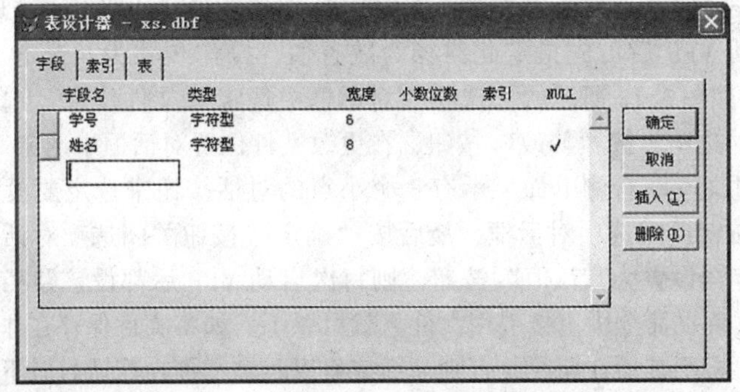

图 3.10　“自由表”表设计器窗口

字段宽度或连续单击右侧的上下箭头，使数字变化到所需的大小。前面已提到，仅字符型、数值型或浮动型字段需要用户设定宽度，如果类型是数值型或浮动型，还需要设置小数点位数。其他类型字段的宽度由 VFP 规定，操作时光标将跳过该列。

④ 索引列可确定索引字段及索引方式（升序、降序或无索引）。

⑤ NULL 列设置字段可否接受 NUIL 值。选中此项（其面板上会显示"√"号）意味该字段可接受 NULL 值。如果某字段允许接受 NULL 值，就可以使用【Ctrl + O】组合键向字段中输入 NULL 值。

⑥ 表字段设置完成后，选择"确定"按钮，结束表结构的建立。这时将弹出图 3. 11 所示的对话框，询问"现在输入数据记录吗?"，若选择"是"，则可以立即输入数据；选择"否"，则退出建表工作，此时创建的表是只有表结构而没有表记录的空表。以后需要添加记录时可使用其他的操作输入数据。

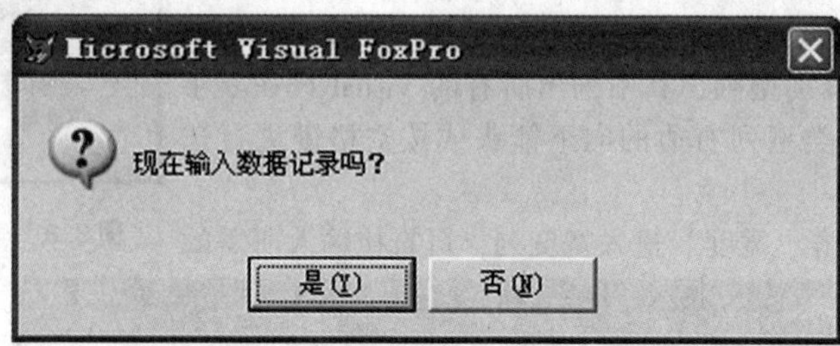

图 3. 11　现在是否输入记录对话框

⑦ 在表设计器窗口中，还有一些别的按钮，它们用来修改表结构。

在字段名列左方有一列按钮，其中按钮上标有双向箭头的一行是当前字段行，将按钮上下拖动可以改变字段的次序。单击某空白按钮，它就会变成双箭头按钮。删除按钮：要删除一个字段，可选定某字段后再选删除按钮。插入按钮：要插入一个字段，可选定某字段后再选插入按钮。新字段将插入在当前字段之前。若想放弃建立表的操作，则在表设计器窗口中择"取消"按钮或双击控制菜单按钮。

(2) 命令操作方式

以上介绍了利用菜单操作方式建立表结构的过程。此外，还可以在命令窗口中使用 CREATE 命令来建立表的结构。

格式：CREATE [<表文件名> | ?]

在命令中使用"?"或省略参数时，会打开"创建"对话框，提示用户输入要创建的表名并选择保存该表的位置。为使用方便，文件一般都保存在默认路径下，即 VFP 应用程序所在目录下。启动 VFP 后可先指定此路径为缺省值，操作步骤为：选定"工具"菜单的"选项"命令，在如图 3. 12 所示的"选项"对话框中选定"文件位置"选项卡，在列表中选定"默认目录"选项，按"修改"按钮，在更改文件位置对话框中选定"使用默认目录"复选框，然后通过文本框右侧上面显示有 3 个小点的对话按钮来选定要设为默认目录的路径，按"确定"按钮返回选项对话框，最后按"确定"按钮关闭选项对话框。若在关闭选项对话框前还选定"设置为默认值"按钮，则每次启动 VFP 后都设该路径为缺省值。保存在默认路径下的文件在命令中直接引用文件名就可以了。如将文件保存在非默认目录下，则在命令中使用时要指明其所在路径，否则，系统将提示该文件在默认目录下不存在。

CREATE 命令执行后，屏幕上弹出表设计器窗口，以后的操作与菜单操作相同。

这里顺便对命令窗口再次进行说明。VFP 的功能，既可以通过菜单操作，也可以在命令窗口键入命令来实现。VFP 启动后，其主窗口中会出现一个标题为“命令”的窗口，光标在窗内左上角闪烁。用户若在其中键入 VFP 命令，按回车键后该命令即被执行。

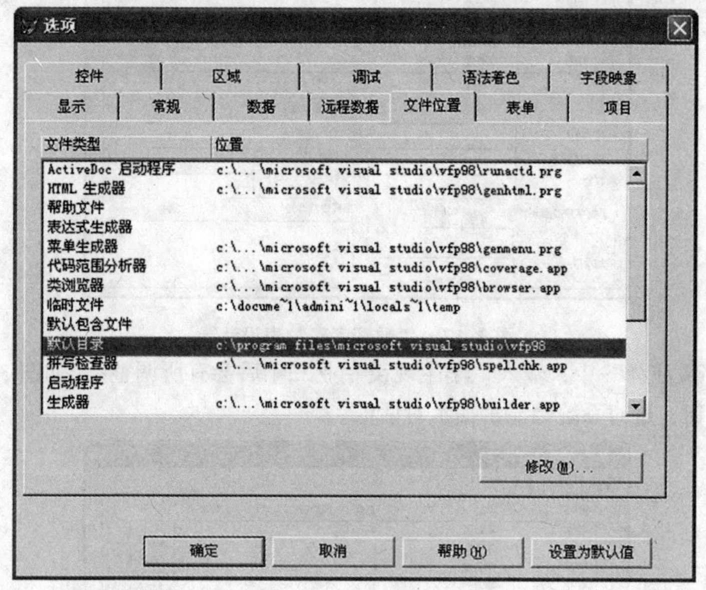

图 3.12　设置默认目录

VFP 命令窗口具有以下两个特点：

① 进行实现某功能的菜单操作步骤后，在命令窗口内会自动显示相应的命令，这有利于用户对照学习 VFP 命令。

② 执行过的命令会按执行顺序保留在命令窗口中，可供用户修改、重用或剪贴，有效地减少了命令的重复输入。

若要使命令窗口不显示，可在窗口菜单中选定隐藏命令，而要使它再出现，可选择“窗口”菜单的“命令窗口”命令，或按快捷键 Ctrl + F2。

以上是创建自由表的方法，创建数据库表的方法与自由表的方法一样，但前提是需要打开表所在的数据库。创建数据库表设计器与创建自由表的表设计器有所不同，如图 3.13 所示。前面已经介绍过，数据库表和自由表都能存储数据，但数据库表的功能更强大。数据表隶属于数据库成为数据库表后，该数据库表就可以使用长文件名和长字段名（≤128 个字符）。表中的字段可以有标题和注释，可设置字段级规则和记录级规则，设置触发器和永久关系等。

3.2.2.3　设置表中字段

(1) 为字段加注释

在 Visual FoxPro 中，可以为数据库表中的字段加注释，以便更详细地描述一个字段所代表的含义。下面以“xs”表为例，简述为字段添加注释的步骤。

① 在“项目管理器”中，选择“xs 表”，单击“修改”按钮，打开表设计器。

② 在表设计器窗口（图 3.13），单击要添加注释的字段，如“专业”字段。

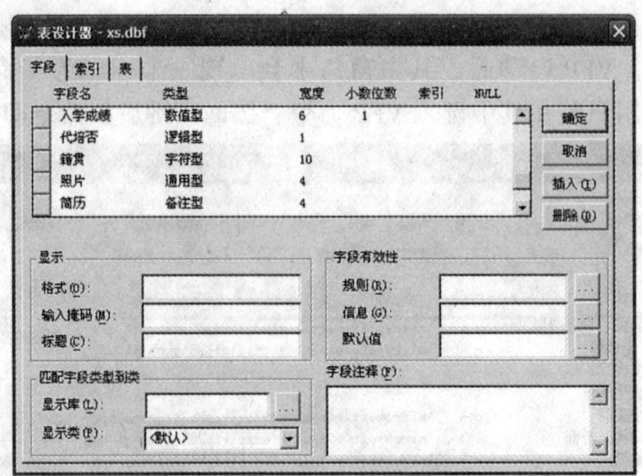

图 3. 13 “数据库表”表设计器

③ 在“字段注释”中，输入“学生现设专业二年后会有所调整”，如图 3. 14 所示，单击“确定”按钮，这时系统会显示提示对话框。

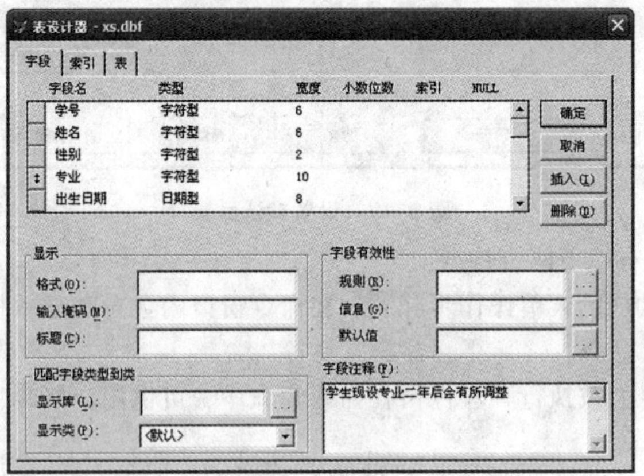

图 3. 14 为字段加注释

④ 在提示对话框中再单击“是”按钮，关闭表设计器窗口。此时，系统已将添加的注释永久性地保存到表结构中了。

（2）设置字段标题

Visual FoxPro 允许为数据库表中的字段设置字段标题，以便更好地理解字段的含义，增强字段的可读性。在“浏览”窗口，字段标题将代替原字段名。下面以“xs 表”为例，简述设置字段标题的步骤。

① 在“项目管理器”中，选择“xs 表”，单击“修改”按钮，打开表设计器。

② 在表设计器窗口，单击要添加标题的字段，如“学号”字段。

③ 在下方“显示”栏的“标题”文本框中，输入“学生学号”，如图 3. 15 所示。然后单击“确定”按钮，这时系统会显示提示对话框。

④ 在提示对话框中再单击“是”按钮，关闭表设计器窗口。此时，系统已将添加的标题永久性地保存到表结构中了。

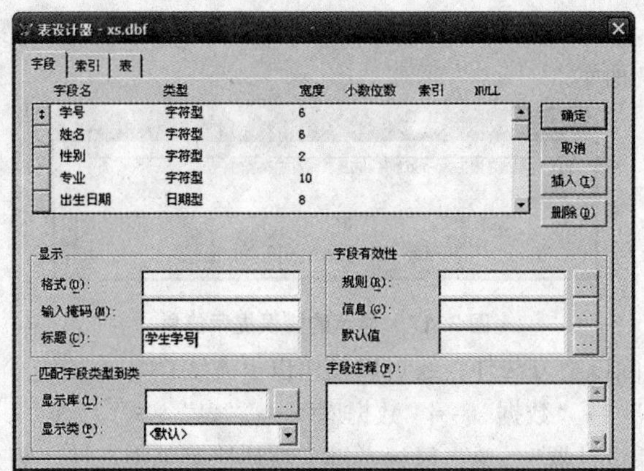

图 3.15　设置字段标题

(3) 设置字段有效性规则

为字段输入数据时，经常会遇到输入数据错误的情况。在 Visual FoxPro 中，提供了为数据的字段设置有效性规则的功能，利用此规则可判断输入的数据是否符合此字段的实际意义。

在 xs. dbf 中，输入“入学成绩”字段值时，其值应在 550 ~ 750 之间，如果所输入的数据超出了这个范围，说明此数据是无效的。操作步骤如下：

① 在“项目管理器”中，选择 xs. dbf，单击“修改”按钮，打开表设计器。

② 在表设计器窗口，单击要建立规则的字段，如“入学成绩”字段。

③ 单击下方“字段有效性”栏的“规则”文本框右侧的“浏览”按钮，打开“表达式生成器”对话框。在“有效性规则”文本框中输入“（入学成绩 > =550 and 入学成绩 < =750）”，如图 3.16 所示。然后单击“确定”按钮，关闭“表达式生成器”，返回到表设计器窗口。

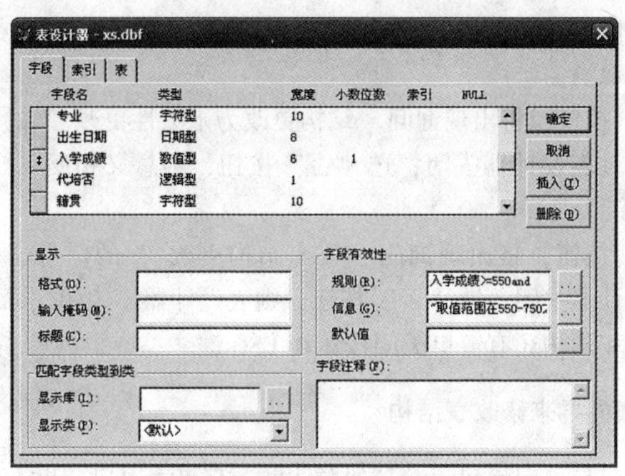

图 3.16　设置字段有效性规

④ 在“信息”文本框中输入：“取值范围在 550 ~ 750 之间，请重新输入正确的数据”。然后单击“确定”按钮，这时系统会显示提示对话框。

在提示对话框中再单击“是”按钮，关闭表设计器窗口。此时，系统已将设置的字段规则永久性地保存到表结构中了。当“入学成绩”输入的数据不符合要求时，屏幕会显示出错信息，如图 3. 17 所示。

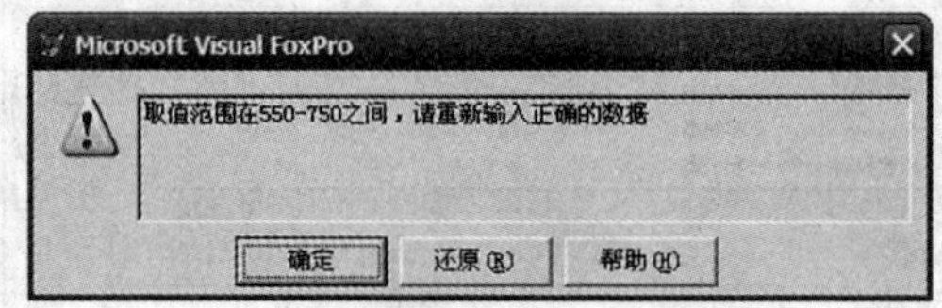

图 3. 17　显示的错误提示信息

建立数据库表，除以上方法外，还可以使用以下方法：

①“项目管理器”→“数据”→“数据库”→“表”→“新建”。

② 打开“数据库设计器”，单击鼠标右键，在快捷菜单中选择“新建表”。

3. 2. 3　数据表结构的操作

3. 2. 3. 1　打开表设计器来修改表结构

(1) 菜单方式

表处于打开状态时，“显示”菜单中就会包含表设计器命令，选定该命令即出现表设计器，这和建立表时的屏幕画面是一样的，显示出原来的表结构，此时可以根据需要修改结构。“插入”按钮用来在光标所在字段之前插入新的字段。“删除”按钮用来删除光标处字段。用鼠标拖动每个字段最左侧的小方块，可以调整字段的排列顺序。如果要修改原有字段的属性，可先将光标移到需要修改的位置，然后进行修改。

(2) 命令方式

格式：MODIFY STRUCTURE

使用此命令也会打开表设计器，其前提也是表须先打开。

在表设计器窗口修改过表结构后，可选择窗口内的“确定”按钮或“取消”按钮对作出的修改进行确认或取消。

① 若选“确定”按钮，将出现询问“结构更改为永久性更改?”的信息窗口。选“是”按钮，表示修改有效且表设计器关闭；选“否”按钮，则意义相反。与“确定”按钮作用相同的还有 Ctrl + W 键。

② 若选“取消”按钮，将出现询问“放弃结构更改?”的信息窗口。选“是”按钮，表示修改无效且表设计器关闭；选“否”按钮，则表设计器不关闭，可继续修改。

与取消按钮作用相同的还有窗口关闭按钮和 ESC 键。

3. 2. 3. 2　利用表向导来修改表结构

VFP 提供了多种向导。向导包括一系列对话框，它提示用户一步一步操作直至完成，省去了用户记忆操作步骤的麻烦。

用表向导来修改表结构或建立新表的结构，都必须利用已有的表来实现。用户通过打开表向导对话框开始操作分字段选取、修改字段设置、表索引、完成 4 个步骤，每一步显示一个设置窗口。

打开表向导对话框的方法：

方法一：选定“文件”菜单的“新建”命令，选定如图 3.8 所示新建对话框的“表”选项按钮，选定“向导”按钮，便打开表向导对话框，如图 3.18 所示。

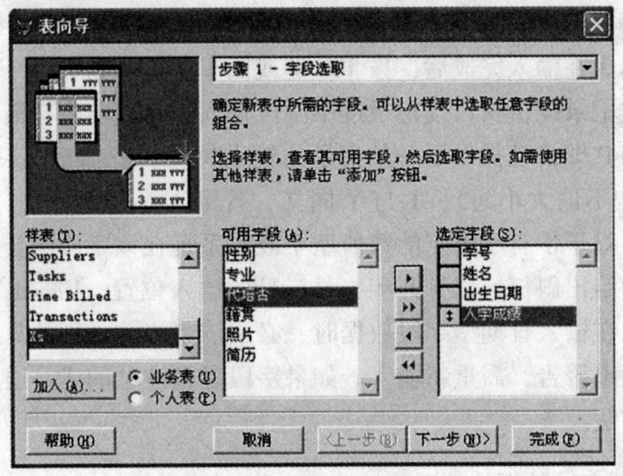

图 3.18　表向导窗口

方法二：选定“工具”菜单，选定“向导”命令的子命令“表”，即出现表向导对话框。

3.2.4　输入数据

在把刚建立好的表结构存盘以后，若要立即输入记录，此时，屏幕显示如图 3.19 所示的记录输入窗口，用户可通过它输入记录。

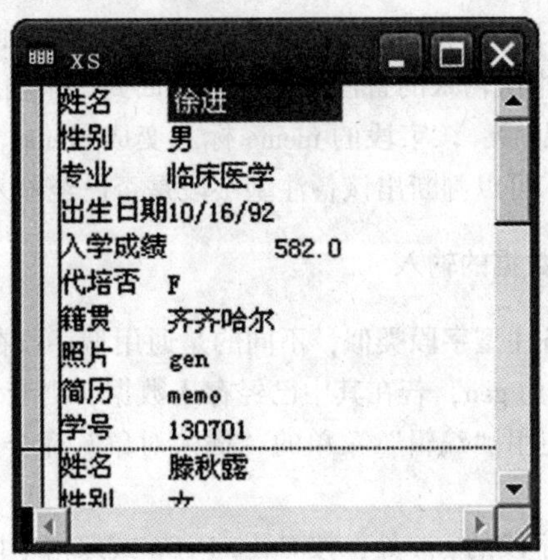

图 3.19　记录编辑输入窗口

3.2.4.1　记录输入窗口

在记录输入窗口的标题栏上给出了表的名称，窗口左上角有控制菜单按钮，通过它可关闭该窗口，窗口的右上角有最小化、最大化和关闭按钮，窗口的右边和下边各为纵向和横向滚动条。如果已经输了很多数据记录，可以使用纵向滚动条，使记录内容上下移动。如果某个字段定义得很宽，它的输入内容被隐蔽在窗口的后面，这里可以使用横向滚动条，使窗口内容左右推移。

窗口内左侧纵向列出该表的所有字段名称，以供输入记录，记录和记录之间有一条横线分隔。字段名右边文本区示意出每个字段的宽度，控制着输入的字符个数。输入到定义的宽度时机器会发出“蜂鸣”声以示警告，并立即自动进到下一字段去。如果字段中输入的内容比给定宽度小，那么在输入完成后，按Tab键或回车键可进到下一个字段去。

表的数据可通过记录编辑窗口按记录逐个字段输入。在当前窗口最后一个记录的任何位置上输入数据时，VFP即自动提供下一条记录的输入位置。逻辑型字段只能接受T，Y，F，N这4个字母之一（不论大小写），T与Y同义，若键入Y也显示T；同样，F与N同义，若键入N也显示F。对于带有小数点的数值型字段，系统在该字段中会自动给出小数点。日期型字段，系统自动给出斜杠，以分开年、月、日的输入位置。Visual FoxPro中，日期的显示格式有多种，因此在输入日期型字段数据时，必须清楚当前采用的日期格式，并按此格式输入，否则系统会发出警告，需重新输入。如果字段是备注型的或是通用型的，输入它们的数据时需采用其他方法。

3.2.4.2 备注型字段数据的输入

在记录输入窗口中，备注型字段显示“memo”标志，其值通过一个专门的编辑窗口输入。具体的操作方法是：

① 将光标移到备注型字段的memo处，按Ctrl + PgDn或双击字段的memo标志，进入备注型字段编辑窗口。

② 在该窗口，Visual FoxPro提供了一个字处理环境，可以像任何字处理软件那样输入编辑文本。

③ 编辑完成后，按Ctrl + W将数据存入相应的备注文件中，并返回到记录输入窗口。如按Ctrl + Q或Esc，放弃本次输入的备注数据，并返回到记录输入窗口。

在备注型字段输入数据后，该字段的memo标志变成Memo。通过字段中memo里的第一个字母是大写还是小写，可以判断出该备注型字段是否已经输入了内容。

3.2.4.3 通用型字段数据的输入

通用型字段的显示与备注型字段类似，不同的是通用型字段在编辑窗口中的标识是Gen或gen。其中该字段为空时为gen，若在其中已经存入数据，则变为Gen。

通用型字段的输入可使用“编辑”菜单的“插入对象”命令，或通过“剪贴板”粘贴。具体的操作方法是：

① 将光标移到通用型字段的gen处，按Ctrl + PgDn或双击字段的gen标志，进入通用型字段编辑窗口。

② 选择“编辑”菜单中的“插入对象”命令，出现“插入对象”对话框。若插入的对象是新建的，则单击“新建”单选按钮，然后从“对象类型”列表框中选择要创建的对象类型。若插入对象已经存在，则单击“由文件创建”单选按钮，在“文件”文本框中直接输入文件的路径及文件名，也可按下“浏览”按钮进行浏览查找。若不是将已存在的文件实际插入表中，而是建立一种链接的关系，则需单击“链接”复选框。若需要将插入的对象显示为一个图标，则单击“显示图标”复选框。

经过上述操作后，单击“确认”按钮，所选定的对象将自动插入到表中。

上述过程也可以通过剪贴板来完成。先用图形编辑程序（如 Windows 的画图程序）将图形复制至剪贴板，再回到通用型字段编辑窗口，选择“编辑”菜单中的“粘贴”命令，剪贴板中的图形就送至该窗口。

③ 关闭通用型字段编辑窗口。

3.2.4.4 通用型字段数据的删除

若要删除已存入的图形，可先打开通用型字段窗口，然后选择“编辑”菜单的“清除”命令。通用型字段数据被删除的标志是该字段显示的 Gen 恢复为 gen。

案例 5 数据表的创建

一、案例知识点

1. 掌握利用表设计器建立表结构。
2. 掌握表中数据的输入。

二、案例内容

在创建表时，可以在一个打开的数据库中创建，也可以先建立一个自由表，然后再把它添加到数据库中。

1. 创建 xscj 表

① 在创建表之前，先打开需要建立表的数据库“学生管理”，选择“文件”→“打开”命令，选择 d 盘“学生成绩系统”文件夹下的“数据库”，文件类型为. dbc，单击“确定”按钮。

② 创建表结构。先启动表设计器。选择“文件”→“新建”命令，弹出“新建”对话框。选择“表”文件类型，单击“新建文件”按钮，弹出“创建”对话框，在“输入表名”文本框中，输入建立的数据库表名称“xscj”，单击“保存”按钮，弹出表设计器。按表 3. 3 的要求输入相关字段。

表 3. 3　　xscj 表结构

字段名	类　型	宽　度	小数位数
学号	字符型	6	
课程号	字符型	3	
课程成绩	数值型	6	1

③ 输入记录。按如图 3. 20 所示的表要求输入相应的记录。

2. 创建 kc 表

① 表名：kc。

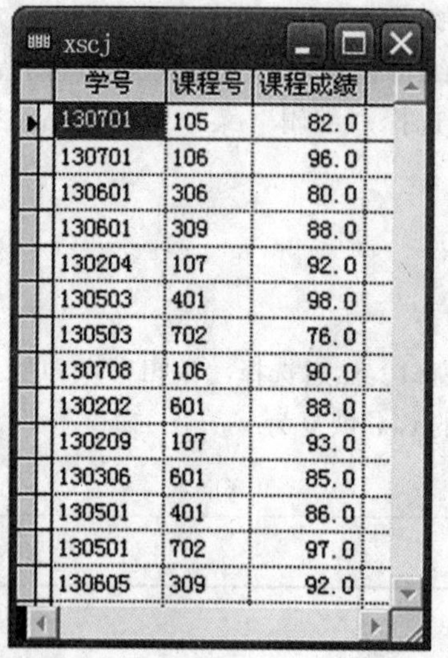

学号	课程号	课程成绩
130701	105	82.0
130701	106	96.0
130601	306	80.0
130601	309	88.0
130204	107	92.0
130503	401	98.0
130503	702	76.0
130708	106	90.0
130202	601	88.0
130209	107	93.0
130306	601	85.0
130501	401	86.0
130501	702	97.0
130605	309	92.0

图 3.20　xscj 表记录

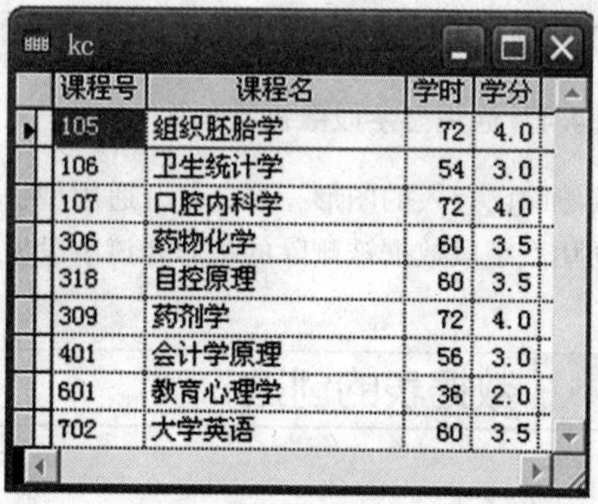

课程号	课程名	学时	学分
105	组织胚胎学	72	4.0
106	卫生统计学	54	3.0
107	口腔内科学	72	4.0
306	药物化学	60	3.5
318	自控原理	60	3.5
309	药剂学	72	4.0
401	会计学原理	56	3.0
601	教育心理学	36	2.0
702	大学英语	60	3.5

图 3.21　kc 表记录

表 3.4　　kc 表结构

字段名	类　型	宽　度	小数位数
课程号	字符型	3	
课程名	字符型	14	
学时	数值型	3	0
学分	数值型	3	1

② 表结构：表结构如表 3.4 所示。

③ 记录：表记录如图 3.21 所示。

3.3　表的基本操作

3.3.1　表的打开和关闭

3.3.1.1　表的打开

建立了表以后，需要对表进行维护，包括表的修改、记录的增加与删除、表的复制等操作。通过这些操作可以保证表的合理性和正确性。对表进行操作，首先要打开表。

（1）菜单方式

① 选择“文件”菜单下的“打开”命令，出现“打开”对话框，如图 3.22 所示。在该对话框中先将文件类型设置为“表”文件类型后再选择要打开的表，或在“文件名”文本框中直接输入表文件名，然后按“确定”按钮将其打开。

在“打开”对话框中还有“以只读方式打开”和“独占”两个复选框可供选择。如果选择“以只读方式打开”复选框，则不允许对表进行修改；如果未选择“以只读方式打

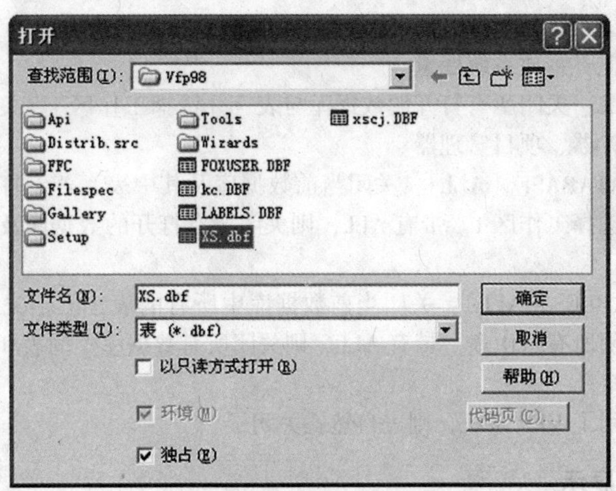

图 3.22　“打开”对话框

开”，则默认的打开方式是读/写方式，即可修改。如果选择“独占”复选框，则不允许其他用户在同一时刻也使用该表；如果不选择“独占”复选框，则允许其他用户在同一时刻也使用该表，也就是以“共享”方式打开表。默认的打开方式由 SET EXCLUSIVE　ON | OFF 的设置值确定，系统默认设置为 ON。

② 选择“窗口”菜单中的“数据工作期”命令，弹出数据工作期窗口，在数据工作期窗口中选择“打开”按钮，也会出现图 3.22 所示的“打开”对话框。

(2) 命令方式

格式：USE <表文件名> [NOUPDATE] EXCLUSIVE | SHARED] [ALIAS <别名>] [IN <工作区号>]

功能：在选定工作区中打开表，并可以同时给表起别名。

命令中各子句的含义是：

① <表文件名>表示被打开的表的名字。其中 NOUPDATE 指定以只读方式打开表，EXCLUSIVE 指定以独占方式打开表，SHARED 指定以共享方式打开表。

② 表打开时，若该表有备注型或通用型字段，则自动打开同名的.fpt 文件。如备注文件丢失，则表打不开。

注意：在 VFP 环境下所创建的文件一般默认保存在默认目录下，即 VFP 程序所安装的路径下。如需改变默认目录，方法为：“工具”→“选项”→“文件位置”→“默认目录”。

3.3.1.2　表的关闭

对表操作完毕后，应及时关闭，以保证更新后的内容能写入相应的表中。

(1) 菜单方式

选择“窗口”菜单中的“数据工作期”命令，弹出数据工作期窗口，在数据工作区窗口中选择“关闭”按钮关闭表。

(2) 命令方式

① 在命令窗口中使用不带文件名的 USE 命令，可关闭当前工作区中打开的表。

② CLEAR ALL：关闭所有的表，并选择工作区 1。从内存释放所有内存变量及用户定义的菜单和窗口，但不释放系统变量。

③ CLOSE ALL：关闭所有打开的数据库与表，并选择工作区 1。关闭表单设计器、查询设计器、报表设计器、项目管理器。

④ CLOSE DATABASE [ALL]：关闭当前数据库及其中表，若无打开的数据库，则关闭所有自由表，并选择工作区 1。带有 ALL，则关闭所有打开的数据库及其中的表和所有打开的自由表。

⑤ CLOSE TABLES [ALL]：关闭当前数据库中所有的表，但不关闭数据库。若无打开的数据库，则关闭所有自由表。带有 ALL，则关闭所有数据库中的表和所有自由表，但不关闭数据库。

当然，如果关闭了 VFP 系统，则表自然就关闭了。

3.3.2 表的显示

执行打开表的命令时，并不能看到表的内容。查看表的内容需要使用另外的命令。表的内容由表结构和表记录两部分组成，因此表的显示也可以分为两种情况：显示表结构和表记录。

3.3.2.1 表结构的显示

显示指定表的结构，各字段的名称、类型、宽度和小数位数等内容。

(1) 菜单方式

表文件打开后，选择“显示”菜单中的“表设计器”。

(2) 命令方式

格式：LIST | DISPLAY STRUCTURE [TO PRINTER [PROMPT] | TO FILE <文件名>]

功能：显示当前表的结构。

除显示各字段的名称、类型、宽度和小数位数，还包括文件更新日期、记录个数、记录长度。LIST 和 DISPLAY 两个命令的作用基本相同，区别仅在于：LIST 是连续显示，当显示的内容超过一屏时，自动向上滚动，直到显示完成为止；DISPLAY 则是分屏显示，显示满一屏时暂停，待用户按任意键后继续显示后面的内容。

命令中各子句的含义是：

① 若选择 TO PRINTER 子句，则一边显示一边打印。若包括 PROMPT 命令，则在打印前显示一个对话框，用于设置打印机，包括打印份数、打印的页码等。

② 若选择 TO FILE <文件名>，则在显示的同时将表结构输出到指定的文本文件中。

【例 3.1】 显示 xs.dbf 表的结构。

LIST STRUCTURE

3.3.2.2 表记录的显示

(1) 菜单方式

选择“显示”菜单中的“浏览”命令，即可打开浏览窗口。

浏览窗口显示表记录的格式分为编辑和浏览两种，前者如图 3.19 所示，一个字段占一行，记录按字段竖直排列；后者如图 3.23 所示，一个记录占一行。

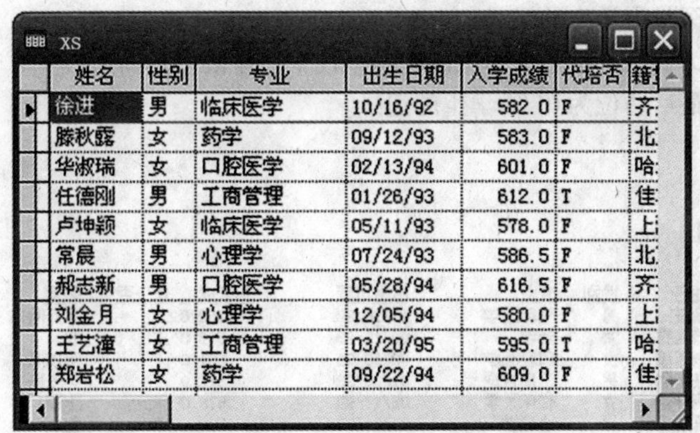

图 3.23 浏览窗口

打开任一个表后，显示菜单中就会自动增加一个浏览命令。此时上述两种显示格式可通过“显示”菜单来切换。若当前正按编辑格式显示，只要选定显示菜单的浏览命令，就会换成浏览格式；反之，若当前正按浏览格式显示，只要选定显示菜单的编辑命令，就会变为编辑格式。

（2）命令方式

格式：LIST | DISPLAY [[FIELDS] <表达式表>] [<范围>] [FOR <条件> | WHILE <条件>]

[TO PRINTER [PROMPT] | TO FILE <文件名>] [OFF]

功能：显示当前表中的记录或指定的表达式的值。

命令中各子句的含义是：

① FIELDS <表达式表>指定要显示的表达式。表达式可直接使用字段名，也可以是含有字段名的表达式，甚至是不含字段名的任何表达式。

如果省略 FIELDS 命令，则显示表中所有字段的值，但不显示备注型和通用型字段的内容，除非备注型和通用型字段明确地包括在表达式表中。

② 若选定 FOR 子句，则显示满足所给条件的所有记录。若选定 WHILE 子句，显示到条件不成立时为止，这时后面即使还有满足条件的记录也不再显示。FOR 子句和 WHILE 子句可以同时使用，同时使用时 WHILE 子句优先。

③ <范围>、FOR <条件>、WHILE <条件>用于决定对哪些记录进行操作。如果有 FOR 子句，缺省的范围为 ALL；有 WHILE 子句，缺省的范围为 REST。

如果 FOR 子句或 WHILE 子句以及范围全省略，对于 LIST 默认显示所有记录，对于 DISPLAY 则默认显示当前记录。即 LIST 命令相当于 DISPLAY ALL 命令。此外，对于 DISPLAY 命令是分屏输出，对于 LIST 是连续输出。

④ 选用 OFF 时，表示只显示记录内容而不显示记录号。若省略该项，则同时显示记录和记录内容。

【例 3.2】 就 xs 表，写出进行如下操作的命令。

① 显示表的全部记录；

② 显示前 5 条记录；

③ 显示记录号为奇数的记录；

④ 显示临床医学男学生的记录；

⑤ 显示籍贯为北京或哈尔滨学生的姓名、性别、年龄以及简历；

⑥ 显示学号最后两位为01 的学生的记录。

操作1：

USE xs

DISPLAY ALL

记录号	学号	姓名	性别	专业	出生日期	入学成绩	代培否	籍贯	照片	简历
1	130701	徐进	男	临床医学	10/16/92	582.0	.F.	齐齐哈尔	gen	memo
2	130601	滕秋露	女	药学	09/12/93	583.0	.F.	北京	gen	memo
3	130204	华淑瑞	女	口腔医学	02/13/94	601.0	.F.	哈尔滨	gen	memo
4	130503	任德刚	男	工商管理	01/26/93	612.0	.T.	佳木斯	gen	memo
5	130708	卢坤颖	女	临床医学	05/11/93	578.0	.F.	上海	gen	memo
6	130302	常晨	男	心理学	07/24/93	586.5	.F.	北京	gen	memo
7	130209	郝志新	男	口腔医学	05/28/94	616.5	.F.	齐齐哈尔	gen	memo
8	130306	刘金月	女	心理学	12/05/94	580.0	.F.	上海	gen	memo
9	130501	王艺潼	女	工商管理	03/20/95	595.0	.T.	哈尔滨	gen	memo
10	130605	郑岩松	女	药学	09/22/94	609.0	.F.	佳木斯	gen	memo

操作2：

USE xs

LIST NEXT 5

记录号	学号	姓名	性别	专业	出生日期	入学成绩	代培否	籍贯	照片	简历
1	130701	徐进	男	临床医学	10/16/92	582.0	.F.	齐齐哈尔	gen	memo
2	130601	滕秋露	女	药学	09/12/93	583.0	.F.	北京	gen	memo
3	130204	华淑瑞	女	口腔医学	02/13/94	601.0	.F.	哈尔滨	gen	memo
4	130503	任德刚	男	工商管理	01/26/93	612.0	.T.	佳木斯	gen	memo
5	130708	卢坤颖	女	临床医学	05/11/93	578.0	.F.	上海	gen	memo

操作3：

LIST FOR MOD(RECNO( )，2) =1 或

LIST FOR RECNO( )/2 < > INT(RECNO( )/2) 或

LIST FOR RECNO( )%2 =1

记录号	学号	姓名	性别	专业	出生日期	入学成绩	代培否	籍贯	照片	简历
1	130701	徐进	男	临床医学	10/16/92	582.0	.F.	齐齐哈尔	gen	memo
3	130204	华淑瑞	女	口腔医学	02/13/94	601.0	.F.	哈尔滨	gen	memo
5	130708	卢坤颖	女	临床医学	05/11/93	578.0	.F.	上海	gen	memo
7	130209	郝志新	男	口腔医学	05/28/94	616.5	.F.	齐齐哈尔	gen	memo
9	130501	王艺潼	女	工商管理	03/20/95	595.0	.T.	哈尔滨	gen	memo

操作4：

LIST FOR 专业 = "临床医学" AND 性别 = "男"

记录号	学号	姓名	性别	专业	出生日期	入学成绩	代培否	籍贯	照片	简历
1	130701	徐进	男	临床医学	10/16/92	582.0	.F.	齐齐哈尔	gen	memo

操作5：

LIST 姓名，性别，YEAR(DATE( )) - YEAR(出生日期)，简历 FOR 籍贯 = "北京"；

OR 籍贯 = "哈尔滨"

结果如下：

记录号	姓名	性别	YEAR(DATE()-YEAR(出生日期)	简历
2	滕秋露	女	22	
3	华淑瑞	女	21	
6	常晨	男	22	
9	王艺潼	女	20	

操作 6：

DISPLAY ALL　FOR RIGHT(学号，2) ="01"

记录号	学号	姓名	性别	专业	出生日期	入学成绩	代培否	籍贯	照片	简历
1	130701	徐进	男	临床医学	10/16/92	582.0	.F.	齐齐哈尔	gen	memo
2	130601	滕秋露	女	药学	09/12/93	583.0	.F.	北京	gen	memo
9	130501	王艺潼	女	工商管理	03/20/95	595.0	.T.	哈尔滨	gen	memo

3.3.3　查询定位记录

在表中，系统给每个记录提供一个记录号。对打开的表都自动设置一个指针，用以指示当前被操作的记录，即当前记录。表刚打开时，记录指针自动指向第一个记录，以后随着命令的执行，指针指向的记录也随之改变，但也有些命令不影响记录指针的移动。所谓表记录指针的定位，就是根据操作需要来移动表的记录指针。

3.3.3.1　绝对定位

绝对定位是将记录指针直接定位到指定记录。

格式：GO [TO] <数值表达式> | TOP | BOTTOM

命令中各子句的含义是：

①“GO TOP”将记录指针指向表的首记录。

②“GO BOTTOM”将记录指针指向表的尾记录。

③“GO <数值表达式>”将记录指针指向表的某记录，<数值表达式>指出该记录的记录号。命令中记录号的取值范围是 1 至当前表中的最大记录个数，即函数 RECCOUNT() 的值，否则出错。

【例 3.3】记录定位。

```
USE xs          && 当前记录为第 1 个记录
? RECNO()       && 显示：1
GO BOTTOM       && 记录指针指向第 10 个记录，当前记录为第 10 个记录
? RECNO()       && 显示：10
GO 4            && 当前记录为第 4 个记录
? RECNO()       && 显示：4
USE
```

3.3.3.2　相对定位

格式：SKIP　[<数值表达式>]

从当前记录开始移动记录指针，<数值表达式>表示移位记录的个数。如果<数值表达式>的值为正数，则记录指针往表尾方向移动；若为负数，则往表头方向移动。若省略此项，则记录指针移到下一个记录。如果记录指针指向末记录而执行 SKIP，则 RECNO() 返回一个比表记录数大 1 的数，且 EOF() 返回.T.。如果记录指针指向首记录后再执行 SKIP -1，则 RECNO() 返回 1，且 BOF() 返回.T.。利用 BOF() 和 EOF() 这两个函数可以掌握有关记录指针移动的情况。当 BOF() 和 EOF() 这两个函数的值已经为.T. 时，如仍向

各自相同方向再移动记录指针，就会出现相应的已到文件头和已到文件尾的越界提示信息。

【例3.4】记录定位。

```
USE xs
? RECNO(), BOF()         && 显示：1 .F.
SKIP -1                  && 记录指针向文件头方向移位1个记录
? BOF(), RECNO()         && 显示：.T. 1（应注意，记录号仍为1）
SKIP  9                  && 记录指针从第1个记录开始向文件尾移位9个记录
? RECNO(), EOF()         && 显示：10 .F.
SKIP
? RECNO(), EOF()         && 显示：11 .T.
```

3.3.3.3 查询定位

查询定位命令是把指针移到要找的某一记录上，以便做其他操作。而对找到的记录再执行何种操作，则由别的命令来实现。

查询定位分顺序查询和索引查询。顺序查询是指按表中记录的物理顺序逐个查询符合条件的记录，并将记录指针定位在符合条件的第一条记录上，如果没有满足条件的记录，则记录指针定位在文件结束位置。索引查询是利用索引文件，按照索引表达式的值找到对应的记录。由于索引查询采用了先进的查询算法，其查询速度非常快。

这里先介绍顺序查询，索引查询在后面介绍表的索引时再介绍。

顺序查询的命令格式是：

LOCATE [<范围>] FOR <条件> | WHILE <条件>

功能：搜索满足<条件>的第一个记录。若找到，记录指针就指向该记录；若表中无此记录，搜索后 VFP 主屏幕的状态栏中将显示“已到定位范围末尾”，表示记录指针指向文件结束处。

如果指定<范围>，则按指定<范围）查找；省略<范围>时默认为 ALL。找到后，记录指针指向该记录，函数 FOUND( ) 值为.T.；否则，记录指针指向<范围>的最末一个记录上。省略<范围>，则指向文件尾，函数 FOUND( ) 值为.F.。查到记录后，要继续往下查找满足<条件>的记录必须用 CONTINUE 命令。

【例3.5】在 xs 表中查询不是代培男生的姓名、入学成绩和年龄。

```
USE xs
LOCATE FOR  NOT 代培否 AND 性别 = "男"
DISPLAY 姓名, 入学成绩, YEAR(DATE()) - YEAR(出生日期) 显示结果如下：
```

记录号	姓名	入学成绩	YEAR(DATE())-YEAR(出生日期)
1	徐进	582.0	22

```
CONTINUE
? RECNO(), 姓名, 入学成绩, YEAR(DATE()) - YEAR(出生日期) 显示结果如下：
```

6 常晨　586.5　21

3.3.4 增加记录

3.3.4.1 插入记录

格式：INSERT [BLANK] [BEFORE]

功能：该命令在当前表的指定位置上插入一个新记录。

若给出 BLANK 选项，则插入一条空白记录；若不给出此项，则进入全屏幕数据记录输入窗口。若给出 BEFORE 选项，则在当前记录之前插入一个新记录，即插入的新记录成为当前记录，而原来的当前记录及其后面记录的记录号均加 1；若不给出该选项，则在当前记录的后面插入一个新记录。

【例 3.6】为 xs 表增加 6 号和 7 号记录。

```
USE xs
GO 6
INSERT BEFORE          && 此时新增加的 6 号记录变成当前记录
INSERT                 && 在 6 号记录之后插入一条新记录，即第 7 号记录
```

3.3.4.2 追加记录

(1) 命令方式

① 追加单条记录。

格式：APPEND [BLANK]

功能：该命令在当前表的末尾追加一个新记录。

若选用 BLANK 选项，则追加一个空记录到表的末尾。APPEND 命令是在当前表的末尾增加新记录，而 INSERT 命令是在指定位置上增加新记录。两条命令的屏幕操作方式是相同的。

【例 3.7】在 xs 表末记录后增加一个记录。

```
USE xs
APPEND
```

显然，APPEND 命令与下面两条命令等价：

```
GO BOTTOM
INSERT
```

② 追加成批记录。

格式：APPEND FROM <文件名> [FIELDS <字段名表>] [FOR <条件>] [[TYPE] [DELIMITED [WITH <定界符> | WITH BLANK | WITH TAB | SDF | XLS]]

功能：该命令将指定文件（源文件）中的数据添加到当前表的尾部。

命令中各子句的含义是：

• 源文件的类型可以是表，也可以是系统数据格式、定界格式等文本文件，或是 Microsoft Excel 文件。

不含 TYPE 子句时，源文件的类型是表。若源文件是 Excel 文件，TYPE 子句中必须取

XLS。若源文件是文本文件，TYPE 子句中必须取 SDF 或 DELIMITED。

• 若给出 FIELDS <字段名表>选项，则数据只添加到在<字段名表>中说明的字段。FOR <条件>或 WHILE <条件>是对源文件记录的限制。

• 要注意源文件中的数据与当前表的字段类型、顺序和长度要匹配，否则追加没有意义。

• 执行该命令时源文件无需打开。

(2) 菜单方式

①“显示”菜单下追加记录。

在“浏览”或“编辑”窗口，选择系统菜单中的“显示”，在“显示”菜单下的追加记录下拉菜单中的“追加方式”选项。系统会在表的末尾添加一条空记录，并显示一输入框。当输入完一条记录后，系统会自动追加下一条记录。如想解除追加方式，可按【Ctrl + W】组合键保存修改，或按【Ctrl + Q】组合键放弃修改来关闭浏览窗口。

②“表”菜单下追加记录。

在“浏览”或“编辑”窗口中，选择“表”下拉菜单下的“追加新记录”命令，系统会在表的末尾添加一条空记录，并显示一个输入框。这种方式只允许添加一条记录，也就是说，输入完一条记录后，系统不会自动追加下一条记录，若想再添加一条记录，必须再选择一次“追加新记录”命令。

③ 追加符合条件的一组记录。

在“浏览”或“编辑”窗口，选择“表”下拉菜单下的“追加记录”命令，系统会显示“追加来源”对话框，如图 3.24 所示。

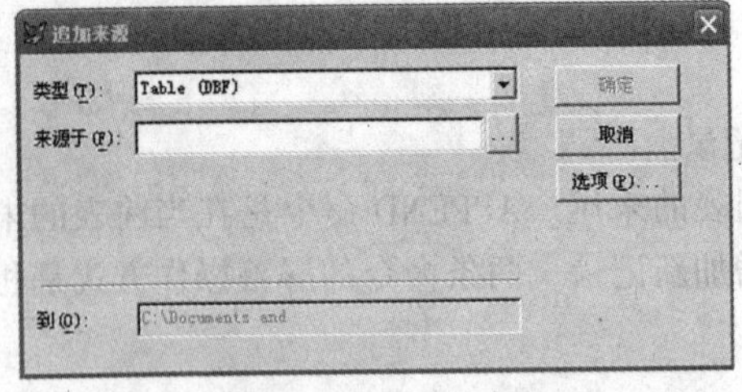

图 3.24 “追加来源”对话框

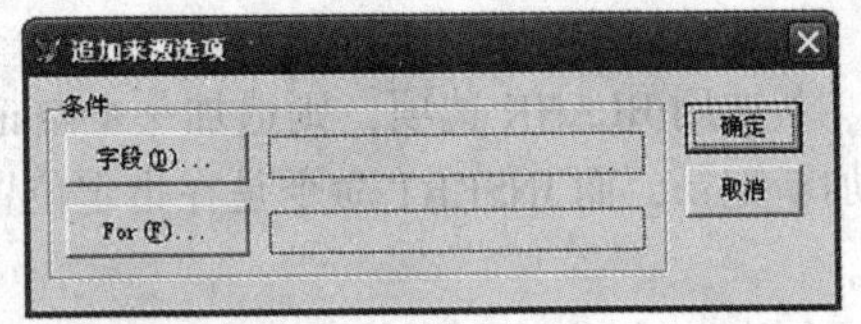

图 3.25 “追加来源选项”对话框

其中各选项的含义如下：

• 类型：用于选择来源的数据类型。

• 来源于：用于指定数据来源。

• 选项：用于选择符合条件的数据。

选择表（Table）类型后，单击“来源于”右侧的按钮▭打开“打开”对话框，在此选择需要的数据所在的表，然后单击“确定”按钮。如果不需要选定表中的所有数据，可单击“选项”按钮，打开“追加来源选项”对话框，如图 3.25 所示。单击“字段”按钮，可打开“字段选择器”对话框，用于选择所需字段。用户可直接输入筛选表达式，也可单击“For”右侧的按钮，在打开的“表达式生成器”窗口生成一表达式。确定好类型、来源和选项后，单击“确定”按钮，系统会自动把选定的表中符合条件的记录添加到当前所在表的末尾。这种方式可从选定文件中向当前所在的表中一次添加多条记录。

3.3.5 修改记录

VFP 允许表数据在窗口中显示、查看和修改，并为此提供了 BROWSE、CHANGE、EDIT 等多种命令。本书主要介绍 BROWSE 命令和它的浏览窗口。

3.3.5.1 浏览窗口的操作

在 Visual FoxPro 中，浏览窗口可以显示表中的记录数据，同时还可以在全屏幕编辑方式下对数据进行修改。所谓全屏幕编辑修改，是指对显示在屏幕上的记录数据，通过移动光标对光标处的字段进行修改。

（1）打开浏览窗口

① 菜单操作方式。

打开要浏览的表，然后选择“显示”菜单的“浏览”命令。

② 命令方式。

打开要浏览的表，在命令窗口输入 BROWSE 命令。

（2）滚动查看

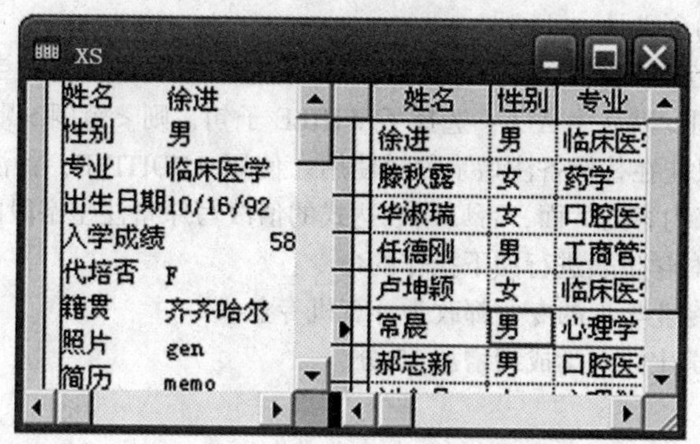

图 3.26 具有两个分区的浏览窗口

当记录或字段较多，窗口内不能全部显示出来时，浏览窗口就会自动出现水平或垂直滚动条。查看数据时，可单击滚动条两端的箭头或拖曳其中的滑块，使表数据在窗口中滚动。也可用 PgUp 或 PgDn 来上下翻页查看。

若要修改记录，还须在打开表时设置独占方式，即在打开对话框中选定“独占”复选框。修改时只要单击字段的某位置，就可以根据光标指示进行修改。

（3）一窗两区

浏览窗口左下角有一黑色小方块，称为窗口分割器。将分割器向右拖动，便可将窗口分为两个分区（如图 3.26）。两个分区显示同一表的数据，显示格式可以相同也可以不同。光标所在的分区称为活动分区，活动分区的数据修改后，另一分区的数据也会随之变化。单击某分区就可以使它成为活动分区。此外，表菜单的切换分区命令也可以用于改变活动分区。

设置两个分区后，可通过“表”菜单的“链接分区”命令使两个区链接或解除链接，该命令前显示对号（√）时表示分区处于链接状态。

分区链接后，若在一个分区选定某记录，另一分区中也会显示该记录。若将一个分区设置为记录浏览格式，另一分区设置为编辑格式，则当在一个分区选择记录时，另一分区中就可以看到该记录的全貌。解除链接后，记录的选定与另一分区的显示状况无关，两个分区就能显示不同的记录，可用于对比不同记录的数据。

在记录浏览窗口，单击记录左侧的矩形域，该矩形域就变黑，这一黑色矩形域就是删除标记；再次单击它，黑色矩形域会变白，这称为恢复记录。“表”菜单中也包含删除记录与恢复记录命令。

若已有多个记录打上删除标记，选定“表”菜单的“彻底删除”命令，就能将所有具有删除标记的记录从磁盘上删除。

3.3.5.2 替换修改

有时对记录数据的修改是有规律的，对这种数据的修改如果仍用 BROWSE 等命令修改就很麻烦，而使用替换修改的方法就非常方便。

格式：REPLACE <字段1> WITH <表达式1> [ADDITIVE] [<字段2>WITH<表达式2> [ADDITIVE]] [，…] [<范围>] [FOR<条件>] [WHILE<条件>]

功能：该命令用一个表达式的值替换当前表中一个字段的值。

命令中各子句的含义是：

① 若不选择<范围>和 FOR 子句或 WHILE 子句，则默认为替换当前记录。如果选择 FOR 子句，则<范围>默认为 ALL；选择了 WHILE 子句，则<范围>默认为 REST。

② ADDITIVE 只能在替换备注型字段时使用。使用 ADDITIVE，备注型字段的内容将附加到备注型字段原来内容的后面，否则用表达式的值改写原备注型字段的内容。

【例 3.8】 写出对学生表进行如下操作的命令：

① 将工商管理专业学生的专业都改为计算机专业；

② 将不是代培学生的入学成绩增加 20 分。

操作1：

```
USE xs
REPLACE 专业 WITH "计算机" FOR 专业 = "工商管理"
```

操作2：

```
USE xs
REPLACE 入学成绩 WITH 入学成绩 +20 FOR 代培否
```

3.3.6 删除记录

Visual FoxPro 对部分记录的删除分两步进行：首先对想要删除的记录加上“*”（删除标记），这时被标记的记录并没有真正被删除，需要时仍可以恢复，称为记录的逻辑删除；然后把加了删除标记的记录真正地从表中删除掉，称为物理删除。

3.3.6.1 记录的逻辑删除

格式：DELETE [<范围>] [FOR<条件>] [WHILE<条件>]

功能：对当前表在指定<范围>内满足<条件>的记录加上删除标记。若可选项都缺省，则只对当前记录加删除标记。

加了删除标记的记录是否参加下面的操作，可以通过 SET DELETED ON | OFF 命令来设

置。ON 状态不参加下面的操作，OFF 状态则参加下面的操作。默认状态为 OFF 状态。当然也有的操作不受此命令的控制。

【例 3.9】删除 xs 表中女学生的记录。

USE xs

DELELE FOR 性别 = "女"

LIST

记录号	学号	姓名	性别	专业	出生日期	入学成绩	代培否	籍贯	照片	简历
1	130701	徐进	男	临床医学	10/16/92	582.0	.F.	齐齐哈尔	gen	memo
2	*130601	滕秋露	女	药学	09/12/93	583.0	.F.	北京	gen	memo
3	*130204	华淑瑞	女	口腔医学	02/13/94	601.0	.F.	哈尔滨	gen	memo
4	130503	任德刚	男	工商管理	01/26/93	612.0	.T.	佳木斯	gen	memo
5	*130708	卢坤颖	女	临床医学	05/11/93	578.0	.F.	上海	gen	memo
6	130302	常晨	男	心理学	07/24/93	586.5	.F.	北京	gen	memo
7	130209	郝志新	男	口腔医学	05/28/94	616.5	.F.	齐齐哈尔	gen	memo
8	*130306	刘金月	女	心理学	12/05/94	580.0	.F.	上海	gen	memo
9	*130501	王艺潼	女	工商管理	03/20/95	595.0	.T.	哈尔滨	gen	memo
10	*130605	郑岩松	女	药学	09/22/94	609.0	.F.	佳木斯	gen	memo

显示结果如下：

SET DELETED ON

LIST

显示结果如下：

记录号	学号	姓名	性别	专业	出生日期	入学成绩	代培否	籍贯	照片	简历
1	130701	徐进	男	临床医学	10/16/92	582.0	.F.	齐齐哈尔	gen	memo
4	130503	任德刚	男	工商管理	01/26/93	612.0	.T.	佳木斯	gen	memo
6	130302	常晨	男	心理学	07/24/93	586.5	.F.	北京	gen	memo
7	130209	郝志新	男	口腔医学	05/28/94	616.5	.F.	齐齐哈尔	gen	memo

3.3.6.2　记录的恢复

记录的恢复是指去掉删除标记，但已被物理删除的记录是不可恢复的。

格式：RECALL [<范围>] [FOR <条件>] [WHILE <条件>]

功能：对当前表在指定 <范围> 内满足 <条件> 的记录去掉删除标记。若可选项都缺省，只恢复当前记录。

【例 3.10】恢复 xs 表中第 4 条记录。

```
USE xs
DELETE FOR 入学成绩 < =650 AND 入学成绩 > =600
LIST                  && 带有 * 号的记录即为已逻辑删除的记录。
GO 4
RECALL                && 去掉 4 号记录的删除标记。
LIST                  && 第 4 条记录左侧的删除标记 * 号已去掉。
```

3.3.6.3　记录的物理删除

格式：PACK

功能：从物理上删除，亦即真正删除带有删除标记的记录。

【例 3.11】删除 xs 表中第 5 至第 10 条之间的记录。

```
USE xs
GO 5
DELETE NEXT 6
PACK
LIST
```

3.3.6.4 记录清除命令

格式：ZAP

功能：物理删除当前表中的所有记录，只留下表结构。

执行 ZAP 相当于执行 DELETE ALL 和 PACK 两条命令。

在一般情况下，表中的记录是按其输入的先后顺序存放的，在对数据记录进行操作时，将按照这种顺序进行处理。但有时希望按别的顺序将数据记录重新组织。例如，对 xs 表，希望数据记录按入学成绩由高到低排列、按出生日期的先后顺序排列等。要完成这种操作有两种方法：排序和索引。排序是生成一个新的表，而索引是建立一种对应关系，两者都能达到重新组织数据记录的目的。

3.3.7 表的复制

表的复制是指在已经建立的表的基础上，根据需要产生原表的副本以及产生各种新的表或表结构。

3.3.7.1 复制表的结构

格式：COPY STRUCTURE TO <文件名> [FIELDS <字段名表>]

功能：该命令将当前表的结构复制到指定的表中。仅复制当前表的结构，不复制其记录数据。

命令中各子句的含义是：

① <文件名>是复制后产生的表名，复制后只有结构而无任何记录。

② 若给出了 FIELDS <字段名表>选项，则生成的空表文件中只含有<字段名表>中给出的字段；若省略此项，则复制的空表文件的结构与当前表相同。

【例 3.12】复制 xs 表中的学号、姓名、入学成绩、备注四个字段的表结构到表 xj2 中。

```
USE xs
COPY STRUCTURE TO xj2 FIELDS 学号，姓名，入学成绩，备注
USE xj2
BROWSE
```

3.3.7.2 复制表

格式：COPY TO <文件名> [FIELDS] <字段名表> [<范围>] [FOR <条件>] [WHILE <条件>] [[TYPE] SDF | DELIMITED | XLS] [WITH <定界符> | BLANK]

功能：该命令将当前表中的数据与结构同时复制到指定的表中，即复制了一个新的表。此命令还可以将当前表复制生成一个其他格式的数据文件。

命令中各子句的含义是：

① <文件名>表示复制后产生的新的文件名。

② 若选择了 FIELDS <字段名表>，则将<字段名表>中给出的部分字段的数据复制到指定的文件中；省略此项，则等价于当前表的全部字段。字段名表中还可包含有其他工作区表的字段。

③ <范围>和 FOR <条件>、WHILE <条件>决定了对哪些记录进行复制。省略这些子句时，则复制当前表的所有记录。

④ 复制含有备注型字段的表时，如果指定要复制该备注型字段，则在复制表的同时，复制相应的备注文件。

⑤ 若选择了 SDF 或 DELIMITED，则将当前表复制成指定的文本文件，默认扩展名为 . TXT。其格式由 SDF 和 DELIMITED 决定。

SDF 为标准格式，记录定长，不用分隔符和定界符，每个记录均从头开始存放，均以回车符结束。

DELIMITED 为通用格式，记录不等长，每个记录均以回车符结束。若选用 BLANK，字段值之间用一个空格分隔，否则用一个逗号分隔。若选用<定界符>，字符型数据用指定的<定界符>括起来，否则用双引号括起来。

若选择了 XLS，则得到一个 Excel 文件，该文件只能在 Excel 中打开。

【例 3.13】 对 xs 表进行复制操作。

① 将入学成绩大于 600 分的记录复制到 xs2. dbf 中；

② 分别生成标准格式和通用格式的文本文件 newl. txt 和 new2. txt。

操作 1：

```
USE xs
COPY TO xs2 FOR 入学成绩 >600
USE xs2                              && 打开并查看新表的记录
LIST
```

操作 2：

```
USE xs
COPY TO new1 SDF
TYPE new1. txt                       && 查看新文本文件的内容
COPY TO new2 DELIMITED
TYPE new2. txt
```

3.3.7.3 复制任何类型文件

格式：COPY FILE <文件名 1> TO <文件名 2>

功能：从<文件名 1>文件复制得<文件名 2>文件。

命令中各子句的含义是：

① 若对表进行复制，该表必须处于关闭状态。

② <文件名 1>和<文件名 2>都可以使用通配符“*”和“?”。

【例 3.14】 复制表 xs 生成新表 xs3。

```
USE                                  && 若 xs. dbf 是打开的，则须关闭它
COPY FILE xs. dbf TO xs3. dbf        && 复制得 xs3. dbf
```

COPY FILE xs. fpt TO xs3. fpt && 复制得 xs3. fpt

VFP 除了能复制各类文件外，还提供了文件改名、删除、显示等功能。有关命令见表 3. 5。

表 3. 5 文件改名、删除、显示命令

命令格式	功能
RENAME <原文件名>TO<新文件名>	文件改名
ERASE | DELETE FILE <文件名>	删除文件
DIR ［<驱动器>］［<通配符>］［TO PRINT］	显示文件目录
TYPE <文件名>［TO PRINT］	显示文本文件的内容

3. 3. 8 统计命令

表的统计与计算是指对表记录进行统计计算，以及对表的数值型字段进行求和、求平均值等操作。Visual FoxPro 共提供 4 种命令实现表的统计功能。

3. 3. 8. 1 统计记录个数

命令格式：

COUNT ［<范围>］［FOR <条件>］［WHILE <条件>］［TO <内存变量>］

功能：该命令统计当前表中在指定范围内满足指定条件的记录个数。

命令中各子句的含义：

① <范围>选择项的缺省值为 ALL。使用 TO <内存变量>选择项，将统计记录个数的结果存入指定的内存变量中。

② 若设置了 SET TALK OFF，则不显示统计的结果。若设置了 SET DELETED ON 命令，则做了删除标记的记录不被计数。

③ 不带任何选项的 COUNT 命令与 RECCOUNT( ) 函数作用相同，都可以获得一个表的记录数。但 RECCOUNT( ) 函数忽略 DELETED 设置，它总是把做了删除标记的记录也计入总数中。要想忽略已删除的记录或只计数那些符合某些条件的记录，就必须使用 COUNT 命令。

【例 3. 15】 对 xs 表，先统计所有学生的人数，然后分别统计男女生的人数。

```
USE  xs
COUNT TO S1
COUNT FOR 性别 ="女" TO S2
COUNT FOR 性别 ="男" TO S3
? S1, S2, S3
```

3. 3. 8. 2 纵向求和与求平均值

格式：SUM | AVERAGE ［<表达式表>］［<范围>］［FOR <条件>］［WHILE <条件>］［TO <内存变量表> | ARRAY <数组>］

功能：该命令在当前表中求指定表达式之和或平均值。

命令中各子句的含义：

① 两条命令的格式相同，SUM 命令求指定表达式之和，而 AVERAGE 命令求指定表达式的平均值。

② <范围>选择项的缺省值为 ALL。

③ <表达式表>中的表达式可以包括字段名，也可以不包括字段名。若省略<表达式表>，则对全部数值型字段求和或求平均值。计算结果存放在由<内存变量表>指定的内存变量中或<数组>指定的数组元素中。这里需要注意的是，给出的内存变量个数一定要与要进行计算的值的个数一致。

【例 3.16】对 xs 表进行以下操作：

① 求全体学生入学成绩的总和。

② 求女同学入学成绩的平均值。

③ 求全体学生的平均年龄。

操作 1：

```
SUM 入学成绩 TO S1
? S1
```

结果如下：

```
入学成绩
 5943.00
```

操作 2：

```
AVERAGE 入学成绩 TO S2  FOR 性别 = "女"
? S2
```

结果如下：

```
入学成绩
  591.00
```

操作 3：

```
AVERAGE YEAR(DATE()) - YEAR(出生日期) TO S3
? S3
```

结果如下：

```
YEAR(DATE())-YEAR(出生日期)
                      21.50
```

3.3.8.3　统计函数的计算

格式：CALCULATE <表达式表>［<范围>］［FOR <条件>］［WHILE（条件>］［TO <内存变量表>｜ARRAY <数组>］

功能：该命令在当前表中对指定表达式进行统计函数计算。

命令中各子句的含义是：

① 若没有选择<范围>、FOR <条件>或 WHILE <条件>选项，则统计计算表的全部记录，否则只统计计算指定范围内满足条件的记录。

② <表达式表>中的表达式至少应包含一种统计函数。Visual FoxPro 共提供以下 8 种统计函数：

AVG(<数值表达式>)：求数值表达式的平均值。

CNT( )：统计表中指定范围内满足条件的记录个数。

MAX(<表达式>)：求表达式的最大值，表达式可以是数值型、日期型或字符型。

MIN(（表达式））：求表达式的最小值，表达式可以是数值型、日期型或字符型。

SUM(<数值表达式>)：求表达式之和。

NPV(<数值表达式1>，<数值表达式2> [，<数值表达式3>])：求数值表达式的净现值。

STD(<数值表达式>)：求数值表达式的标准偏差。

VAR(<数值表达式>)：求数值表达式的均方差。

【例3.17】对xs表进行如下操作：

① 求入学成绩的均方差。

② 求最年轻学生的出生日期。

```
USE xs
CALCULATE VAR(入学成绩) TO X2
CALCULATE MAX(出生日期) TO X3
```

由此可见，使用COUNT，SUM和AVERAGE命令时，每个命令只能完成一种功能，而CALCULATE命令则具有多种功能，可以代替计数、求和、求平均值等命令，而且还能完成其他功能。

3.3.8.4 分类汇总

格式：TOTAL ON <关键字表达式>TO<文件名> [FIELDS<数值型字段名表>] <范围>] [FOR<条件>] [WHILE<条件>]

功能：该命令对当前表的某些数值型字段，按<关键字表达式>进行分类统计，并把统计结果存放在<文件名>指定的表中。

命令中各子句的含义是：

① FIELDS<数值型字段名表>指出要汇总的字段，如果缺省则对表中所有数值型字段汇总。

② <范围>缺省值是ALL。

③ 分类汇总是把所有具有相同关键字表达式值的记录合并成一条记录，对数值字段进行求和，对其他字段则取每一类中第一条记录的值。因此，为了进行分类汇总，必须对当前表按<关键字表达式>进行排序或建立索引文件。由此也可以知道，分类汇总后结果表中所具有记录的个数就是按某关键字表达式分类的种类数。

【例3.18】对xs表按专业对入学成绩进行汇总。

```
USE xs
INDEX ON 专业 TAG ZY
TOTAL ON  专业 TO xs5
USE xs5
LIST
```

显示结果如下：

记录号	学号	姓名	性别	专业	出生日期	入学成绩	代培否	籍贯	照片
1	130503	任德刚	男	工商管理	01/26/93	1207.0	.T.	佳木斯	gen
2	130209	郝志新	男	口腔医学	05/28/94	1217.5	.F.	齐齐哈尔	gen
3	130701	徐进	男	临床医学	10/16/92	1160.0	.F.	齐齐哈尔	gen
4	130302	常晨	男	心理学	07/24/93	1166.5	.F.	北京	gen
5	130605	郑岩松	女	药学	09/22/94	1192.0	.F.	佳木斯	gen

案例 6 数据表的命令操作

一、案例知识点

1. 掌握记录指针的定位、移动。
2. 掌握新记录的插入与追加。
3. 掌握表记录的删除和恢复、记录的清除。
4. 掌握表数据的替换。
5. 熟练使用排序与索引命令。

二、案例内容

1. 数据表的复制

对“xs 表”按如下要求进行操作：（将 d：\ 学生成绩系统设置为默认路径）

① 复制“xs 表”的结构为“xs1”，将复制后的新表的结构显示出来。

```
USE xs. dbf
COPY STRUCTUR TO xs1. dbf
USE xs1. dbf
LIST STRUCTUR
```

② 将“xs 表”复制为表“xs2”。

```
USE xs. dbf
COPY TO xs2. dbf
```

③ 复制一个仅有学号、姓名、性别、专业四个字段的表结构“xs3. dbf”.

```
USE xs. dbf
COPY TO xs3. dbf  FIELDS 学号，姓名，性别，专业
```

④ 打开 xs 表，将从第 2 个记录到第 5 个记录中性别为女的记录复制到表“xs4”中。

```
USE xs. dbf
GO 2
COPY TO xs4. dbf FOR 专业 = "女" NEXT 4
```

2. 记录的删除、恢复和清除

对表“xs3”按如下要求进行操作。

① 打开 xs3 输入一条新记录，内容为："130702"，"张文"，"男"，"临床医学"。

```
USE xs3. dbf
```

APPEND

在打开的“xs3”的最后按要求输入:"130702","张文","男","临床医学"。

② 将 xs 表中所有性别为“女”的记录复制到 xs3 中。

```
USE xs3. dbf
APPEND FROM xs. dbf FOR 性别 = "女"
```

③ 将表中所有性别为“女”的记录加上删除标记。

```
DELETE ALL FOR 性别 = "女"
```

④ 将表中所有性别为“女”的记录加上删除标记的记录恢复。

```
RECA ALL FOR 性别 = "女"
```

⑤ 将学号为“130601”的记录彻底删除。

```
DELETE ALL FOR 学号 = "130601"
PACK
```

3. 数据的替换

打开表“xs2”，把其中所有女同学的入学成绩增加 20 分。

```
USE xs2. dbf
REPLACE ALL 入学成绩 WITH 入学成绩 + 20 FOR 性别 = "女"
```

将以上命令复制到 ml. txt 文件中，并存入“学生成绩系统”文件夹中。

将命令窗口中的内容“全选”并“复制”（或“剪切”），打开记事本，将内容“粘贴”在“文件”菜单中选择“保存”命令，输入文本文件名“ml. txt”，存入指定文件夹“学生成绩系统”中。

4. 记录的筛选

① 求出 xs. dbf 中女生入学成绩的平均值并显示。

```
USE xs. dbf
AVERAGE 入学成绩 FOR 性别 = "女" TO PJCJ
?"该班女生入学平均成绩为:", PJCJ,"分"
```

② 统计男生的人数。

```
USE xs. dbf
COUNT FOR 性别 = "男" TO NS
? "全班共有男生:", NS,"人"
```

5. 记录的排序

① 对表“xs. dbf”按照性别升序排序，如果性别相同再按入学成绩降序排列，排序后的结果放在表“xs4”中。

```
SORT TO xs4. dbf  ON 性别，入学成绩/D
```

② 用索引方式实现上题要求。

```
INDEX ON 性别 + STR( (1000 - 入学成绩), 6) TAG xbcj
```

3.4 排序与索引

3.4.1 排序

排序是根据不同的字段对当前表的记录做出不同的排列，产生一个新的表。新表与旧表的内容完全一样，只是它们的记录排列顺序不同而已。

格式：SORT TO <文件名> ON <字段1> [/A/D/C] [，<字段2> [/A/D/C] …] [FIELDS <字段名表>] [<范围>] [FOR <条件>] [WHILE <条件>]

功能：该命令对当前表中的记录按指定的字段排序，并将排序后的记录输出到一个新的表中。

命令中各子句的含义是：

① <文件名>是排序后产生的新表文件名，其扩展名默认为.dbf。

② 由<字段1>的值决定新表中记录的排列顺序。缺省时，按升序排列，不能按备注型或通用型字段排序。

可以按多个字段排序。<字段1>为首要排序字段，<字段1>的值相等的记录再按<字段2>进一步排序，依此类推。

③ 对于在排序中使用的每个字段，可以指定升序或降序的排列顺序。/A 表示升序，/D 表示降序。

缺省时，字符型字段中的字母大小写是不同的。如果在字符型字段后加上/C，则忽略大小写。可以把/C 与/A 或/D 选项结合在一起使用，例如，/AC 或/DC。

④ 由 FIELDS 指定新表中包含的字段名。如果省略 FIELDS 子句，则当前表中的所有字段都包含在新表中。

⑤ 各种类型的字段名（备注型和通用型字段除外）都可以用作排序关键字。命令执行时，根据各种类型数据的比较原则实现排序。

⑥ 若省略<范围>、FOR <条件>和 WHILE <条件>等选项，表示对所有记录排序。

【例 3.19】 对 xs.dbf 分别按以下要求排序。

① 显示入学成绩最高的 5 名学生的记录。

② 将代培学生按专业降序排序，当专业相同时则按出生日期升序排序。

操作 1：

```
USE xs
SORT ON 入学成绩/D TO xs4
USE xs4                                  && 打开排序后生成的新表文件
LIST NEXT 5
```

显示结果如下：

记录号	学号	姓名	性别	专业	出生日期	入学成绩	代培否	籍贯	照片	简历
1	130209	郝志新	男	口腔医学	05/28/94	616.5	.F.	齐齐哈尔	gen	memo
2	130503	任德刚	男	工商管理	01/26/93	612.0	.T.	佳木斯	gen	memo
3	130605	郑岩松	女	药学	09/22/94	609.0	.F.	佳木斯	gen	memo
4	130204	华淑瑞	女	口腔医学	02/13/94	601.0	.F.	哈尔滨	gen	memo
5	130501	王艺潼	女	工商管理	03/20/95	595.0	.T.	哈尔滨	gen	memo

操作 2：

```
USE xs
```

```
SORT ON 专业/D, 出生日期 TO xs5
USE xs5
LIST
```

显示结果如下：

记录号	学号	姓名	性别	专业	出生日期	入学成绩	代培否	籍贯	照片	简历
1	130601	滕秋露	女	药学	09/12/93	583.0	.F.	北京	gen	memo
2	130605	郑岩松	女	药学	09/22/94	609.0	.F.	佳木斯	gen	memo
3	130302	常晨	男	心理学	07/24/93	586.5	.F.	北京	gen	memo
4	130306	刘金月	女	心理学	12/05/94	580.0	.F.	上海	gen	memo
5	130701	徐进	男	临床医学	10/16/92	582.0	.F.	齐齐哈尔	gen	memo
6	130708	卢坤颖	女	临床医学	05/11/93	578.0	.F.	上海	gen	memo
7	130204	华淑瑞	女	口腔医学	02/13/94	601.0	.F.	哈尔滨	gen	memo
8	130209	郝志新	男	口腔医学	05/28/94	616.5	.F.	齐齐哈尔	gen	memo
9	130503	任德刚	男	工商管理	01/26/93	612.0	.T.	佳木斯	gen	memo
10	130501	王艺潼	女	工商管理	03/20/95	595.0	.T.	哈尔滨	gen	memo

3.4.2 建立索引

3.4.2.1 索引的概念

执行排序后，在新文件中形成了新的物理顺序（即其磁盘存储顺序，表现为记录的存放位置与其记录号一致）。当数据记录很多时，排序既费时间，又占用磁盘空间，为此，常用建立索引文件的方法对表的记录重新组织。索引并不是重新排列表记录的物理顺序，而是另外形成一个索引关键表达式值与记录号之间的对照表，这个对照表就是索引文件。索引文件中记录的排列顺序称为逻辑顺序。虽然排序与索引都以增加一个文件为代价，但索引文件只包括关键字和记录号，比被索引的表要小得多。索引文件发生作用后，对表进行操作时将按索引表中记录的逻辑顺序进行操作，而记录的物理顺序只反映输入记录的历史，对表的操作将不会产生任何影响。并且索引起作用后，增删或修改表的记录时索引文件都会自动更新，故索引比排序应用更广泛。

对于用户来说，索引不但可以使数据记录重新组织时节省磁盘空间，而且可以提高表的查询速度。

3.4.2.2 索引文件的类型

Visual FoxPro 提供了两种不同类型的索引文件：单索引文件和复合索引文件。

(1) 单索引文件

单索引文件是指一个索引文件中只能保存一个索引，其扩展名为.idx。采用单索引时，对于每一个索引都要对应一个文件，这势必造成索引文件的增多，特别是在更新索引时，必须打开所有的索引文件，这是很不方便的。

单索引文件有普通的和压缩的两种。压缩的索引文件可以使索引文件少占存储空间。

(2) 复合索引文件

复合索引文件可以存储多个索引，其扩展名为.cdx。复合索引文件中的每个索引用一个索引标志（Index Tag）来表示。一个复合索引文件中可包含的索引的数目亦即索引标志的数目仅受内存空间的限制。复合索引文件一定是压缩的索引文件。

有一类特殊的复合索引文件叫作结构复合索引文件，它的文件名与相应的表文件名相同，扩展名仍为.cdx。结构复合索引文件的特殊性在于无论何时打开表，该索引文件都会自动跟着打开。这就意味着，当对表的记录进行修改时，全部索引也将自动更新，所以一般情况下使用结构复合索引更为方便。

复合索引将多个索引集中到一个索引文件中，和单索引相比效率更高，使用更为方便。但单索引并非没有用处。使用单索引文件一方面可以和 FOXBASE + 等早期的数据库产品兼容；另一方面单索引文件可以作为临时性索引使用，因为如果复合索引所含的索引太多，在更新索引时速度就会很慢。

3.4.2.3 索引的类型

在 Visual FoxPro 中，索引可分为下列 4 种类型（见表 3.6）：

（1）主索引

主索引是不允许在指定字段或表达式中出现重复值的索引，这样的索引可以起到主关键字的作用。如果在任何已包含了重复数据的字段上建立主索引，Visual FoxPro 将产生错误信息。每一个表只能建立一个主索引，只有数据库表才能建立主索引。

（2）候选索引

候选索引也是一个不允许在指定字段和表达式中出现重复值的索引。数据库表和自由表都可以建立候选索引，一个表可以建立多个候选索引。

主索引和候选索引都存储在结构复合索引文件中，而不能存储在非结构复合索引文件和单索引文件中，因为主索引和候选索引都必须与表文件同时打开和同时关闭。

（3）唯一索引

系统只在索引文件中保留第一次出现的索引关键字值。这里讲的唯一索引并不是指索引字段取值的唯一性。索引字段值是可以重复的，但重复的索引字段值只有第一个值出现在索引对照表中。数据库表和自由表都可以建立唯一索引。

（4）普通索引

这是一个最简单的索引，允许索引关键字值重复出现，适合用来进行表中记录的排序和查询，也适合于一对多永久关联中“多”的一边（子表）的索引。数据库表和自由表都可建立普通索引。

普通索引和唯一索引可以存储在非结构复合索引文件和单索引文件中。

在 4 种不同类型的索引中，主索引和候选索引具有相同的功能，除具有索引排序的功外，还都具有关键字的特性，建立主索引或候选索引的字段值可以保证唯一性，它拒绝重复字段值。唯一索引和普通索引与以前版本的索引含义相同，它们只起到索引排序的作用。

表 3.6 索引功能分类表

<table>
<tr><th>索引类型</th><th>关键字重复值</th><th>说 明</th><th>创建修改命令</th><th>索引个数</th></tr>
<tr><td>主索引</td><td rowspan="2">不允许，输入重复值将禁止存盘</td><td>仅适用数据库表，可用于在永久关系中建立参照完整性</td><td rowspan="4">CREATE TABLE
AITER TABLE</td><td>仅可 1 个</td></tr>
<tr><td>候选索引</td><td>可用作主关键字，可用于在永久关系中建立参照完整性</td><td rowspan="3">允许多个</td></tr>
<tr><td>唯一索引</td><td>允许，但输出无重复值</td><td>为与以前版本兼容而设置</td></tr>
<tr><td>普通索引</td><td>允许</td><td>可作为一对多永久关系中的“多方”</td></tr>
</table>

3.4.2.4 建立索引文件

（1）命令方式

① 单索引文件。

格式：INDEX ON <索引表达式> TO <单索引文件名> [COMPACT] [ADDITIVE] [FOR <条件>] [UNIQUE]

② 结构复合索引。

格式：INDEX ON <索引表达式> TAG <索引标志名> [FOR <条件>] [ASCENDING | DESCENDING] [UNIQUE] [ADDITIVE]

③ 非结构复合索引。

格式：INDEX ON <索引表达式> TAG <索引标志名> OF <复合索引文件名> [FOR <条件>] [ASCENDING | DESCENDING] [UNIQUE] [ADDITIVE]

功能：该命令对当前表建立一个索引文件或增加索引标志。

命令中各子句的含义是：

- <索引表达式>是包含当前表中的字段名的表达式，表达式中的操作数应具有相同的数据类型。
- 若选择 FOR <条件>选项，则只有那些满足条件的记录才出现在索引文件中。
- 选用 COMPACT，则建立一个压缩的单索引文件。复合索引文件自动采用压缩方式。
- 复合索引时，系统默认或选用 ASCENDING，按索引表达式的升序建立索引；选择 DESCENDING，按降序建立索引。单索引文件只能按升序索引。
- 选用 UNIQUE，对于索引表达式值相同的记录，只有第一个记录列入索引文件。
- 选用 ADDITIVE，建立本索引文件时，以前打开的索引文件仍保持打开状态。

【例 3.20】 用建立索引的方法实现上例中的第一个操作。

```
USE xs
INDEX ON -入学成绩 TO rxcj
LIST NEXT 5
```

显示结果如下：

记录号	学号	姓名	性别	专业	出生日期	入学成绩	代培否	籍贯	照片	简历
7	130209	郝志新	男	口腔医学	05/28/94	616.5	.F.	齐齐哈尔	gen	memo
4	130503	任德刚	男	工商管理	01/26/93	612.0	.T.	佳木斯	gen	memo
10	130605	郑岩松	女	药学	09/22/94	609.0	.F.	佳木斯	gen	memo
3	130204	华淑瑞	女	口腔医学	02/13/94	601.0	.F.	哈尔滨	gen	memo
9	130501	王艺潼	女	工商管理	03/20/95	595.0	.T.	哈尔滨	gen	memo

根据表达式“-入学成绩”建立了单索引文件 rxcj.idx，该索引文件可以理解为“-入学成绩”的值和所对应的记录号之间的对照表，并且在对照表中根据“-入学成绩”的值按升序排列。显然“-入学成绩”值最小的，即是“入学成绩”值最大的，即入学成绩最高的记录排在索引文件最前面。

此例说明，用建立索引文件的方法，也能达到排序的目的。需再一次强调的是，SORT 是根据字段排序，并产生一个新的表，而 INDEX 是根据表达式索引（单个字段是表达式的特例），并产生一个索引文件，索引文件是表的辅助文件，必须依赖于表而存在。

【例 3.21】 就 xs 表建立结构复合索引文件，其中包含 2 个索引：

① 按出生日期的升序排列，不允许有出生日期相同的记录。

② 先按性别升序，性别相同再按入学成绩降序排列。

操作 1：

```
USE xs
INDEX ON 出生日期 TAG csrq UNIQUE
```

显示结果如下：

记录号	学号	姓名	性别	专业	出生日期	入学成绩	代培否	籍贯	照片	简历
1	130701	徐进	男	临床医学	10/16/92	582.0	.F.	齐齐哈尔	gen	memo
4	130503	任德刚	男	工商管理	01/26/93	612.0	.T.	佳木斯	gen	memo
5	130708	卢坤颖	女	临床医学	05/11/93	578.0	.F.	上海	gen	memo
6	130302	常晨	男	心理学	07/24/93	586.5	.F.	北京	gen	memo
2	130601	滕秋露	女	药学	09/12/93	583.0	.F.	北京	gen	memo
3	130204	华淑瑞	女	口腔医学	02/13/94	601.0	.F.	哈尔滨	gen	memo
7	130209	郝志新	男	口腔医学	05/28/94	616.5	.F.	齐齐哈尔	gen	memo
10	130605	郑岩松	女	药学	09/22/94	609.0	.F.	佳木斯	gen	memo
8	130306	刘金月	女	心理学	12/05/94	580.0	.F.	上海	gen	memo
9	130501	王艺潼	女	工商管理	03/20/95	595.0	.T.	哈尔滨	gen	memo

操作 2：

```
USE xs
INDEX ON 性别 + STR(1000 - 入学成绩) TAG xbrxcj
```

显示结果如下：

记录号	学号	姓名	性别	专业	出生日期	入学成绩	代培否	籍贯	照片	简历
7	130209	郝志新	男	口腔医学	05/28/94	616.5	.F.	齐齐哈尔	gen	memo
4	130503	任德刚	男	工商管理	01/26/93	612.0	.T.	佳木斯	gen	memo
6	130302	常晨	男	心理学	07/24/93	586.5	.F.	北京	gen	memo
1	130701	徐进	男	临床医学	10/16/92	582.0	.F.	齐齐哈尔	gen	memo
10	130605	郑岩松	女	药学	09/22/94	609.0	.F.	佳木斯	gen	memo
3	130204	华淑瑞	女	口腔医学	02/13/94	601.0	.F.	哈尔滨	gen	memo
9	130501	王艺潼	女	工商管理	03/20/95	595.0	.T.	哈尔滨	gen	memo
2	130601	滕秋露	女	药学	09/12/93	583.0	.F.	北京	gen	memo
8	130306	刘金月	女	心理学	12/05/94	580.0	.F.	上海	gen	memo
5	130708	卢坤颖	女	临床医学	05/11/93	578.0	.F.	上海	gen	memo

(2) 菜单方式

也可以在表设计器中建立索引。具体方法是：

① 打开表设计器窗口，选择“索引”选项卡，如图 3.27 所示。

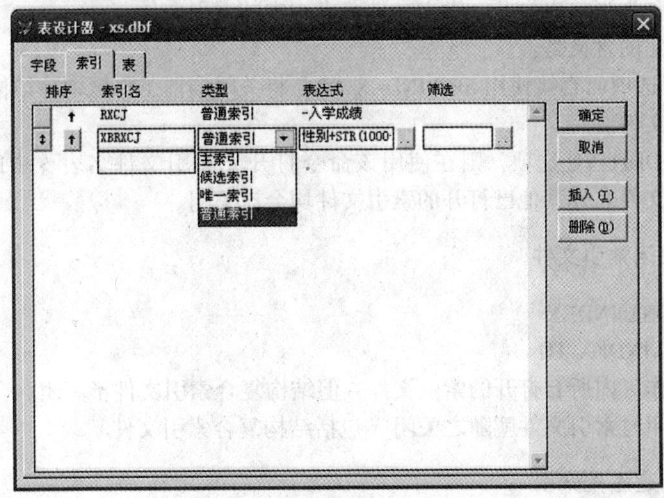

表 3.27 表设计器中的“索引”选项卡

② 在索引名中输入索引标志名，在类型的下拉列表框中确定一种索引类型，在表达式中输入索引关键字表达式，在筛选中输入确定参加索引的记录条件。在排序序列下默认的是升序按钮，单击可改变为降序按钮。

③ 确定好各项后，选择“确定”按钮，关闭表设计器，同时索引建立完成。

④ 同样的方法也可以将以前建立的索引调出，利用表设计器上的“插入”或“删除”按钮进行插入或删除。

注意：用表设计器建立的索引都是结构复合索引文件。

3.4.3 使用索引

要利用索引查询，必须同时打开表与索引文件。一个表可以打开多个索引文件，同一个复合索引文件中也可能包含多个索引标识，但任何时候只有一个索引文件能起作用，在复合索引文件中也只有一个索引标识能起作用。当前起作用的索引文件称为主控索引文件，当前起作用的索引标识称为主控索引。也就是说，实现索引查询必须满足以下的条件，即：打开表，打开索引文件，确定主控索引文件，对于复合索引文件还须确定主控索引。

3.4.3.1 打开索引文件

索引文件必须先打开才能使用。结构复合索引文件随相关表的打开而自动打开，但单索引文件和非结构复合索引文件必须由用户自己打开。打开索引文件有两种方法：一种是在打开表的同时打开索引文件；另一种是在打开表后，需要使用索引时，再打开索引文件。

（1）表和索引文件同时打开

格式：USE <表文件名> INDEX <索引文件名表>

功能：该命令打开指定的表及<索引文件名表>中的索引文件。

<索引文件名表>可以包含多个索引文件，这些索引文件可以是单索引文件，也可以是非结构复合索引文件。

（2）打开表后再打开索引文件

格式：SET INDEX TO [<索引文件名表>] [ADDITIVE]

功能：该命令为当前表打开<索引文件名表>中的索引文件。

命令中各子句的含义是：

① 省略任何选项而直接使用 SET INDEX TO，将关闭当前工作区中除结构复合索引文件之外的全部索引文件。

② 若省略 ADDITIVE 选项，则在使用该命令打开<索引文件名表>中的索引文件时，除结构复合索引文件之外其他已打开的索引文件均会被关闭。

3.4.3.2 关闭索引文件

格式1：CLOSE INDEX

格式2：SET INDEX TO

关闭当前工作区内所有打开的索引文件，但结构复合索引文件不关闭。

注意：表关闭时索引文件就随之关闭（包括结构复合索引文件）。

3.4.3.3 确定主控索引

一个表可能有多个索引文件被打开，但在一个时刻只有一个索引起控制作用，这就是主控索引文件。对于新建立的索引文件，它是当然的主控索引。打开索引文件时，排在索引文件表中第一位的是主控索引文件。如果主控索引文件是单索引文件，那么它所包含的索引就成为主控索引；如果主控索引文件是复合索引文件，还得进一步确定哪个索引标志是主控索引。有时因为当前主控索引不合适，需要更换主控索引。

格式：SET ORDER TO [<索引文件顺序号> | <单索引文件名>] | [TAG] <索引标志名> OF <复合索引文件名>]]

功能：该命令指定表的主控索引文件或主控索引标志。

命令中各子句的含义是：

① <索引文件顺序号>表示已打开的索引文件的序号，用以指定主控索引。单索引文件首先按打开的先后顺序标识序号，结构复合索引文件的索引标志按其生成的顺序计数，最后是非结构复合索引文件的索引标志按其生成的顺序计数。

② 最好使用<单索引文件名>指定一个单索引文件为主控索引文件，这样做比用索引文件顺序号更直观。

③ [TAG] <索引标志名> [OF <复合索引文件名>] 用于指定一个已打开的复合索引文件中的一个索引标志为主控索引。

④ 不带任何短语的 SET ORDER TO 命令可以取消主控索引。

【例 3.22】 例 3.20 和例 3.21 已就 xs 表建立了有关单索引文件和结构复合索引文件，现要使用这些索引文件对 xs 表进行浏览操作。

```
USE xs   INDEX rxcj                &&rxcj.idx 为主控索引文件
BROWSE
SET ORDER TO csrq                  && 索引标志 csrq 为主控索引
BROWSE
SET ORDER TO                       && 取消主控索引，按物理顺序显示
BROWSE
```

使用索引文件后，虽然表中各记录的物理顺序并未改变，但记录指针不再按物理顺序移动，而是按主控索引文件中记录的逻辑顺序移动，于是整个表中的记录是按索引关键表达式值排序的。

使用索引文件时，还要特别注意以下几点：

① 在使用 GO 命令时，GO <数值表达式>使记录指针指向具体的物理记录号，而与索引无关，而 GO TOP | BOTTOM 将使记录指针指向逻辑首或逻辑尾记录，这时 GO TOP 不再等同于 GO 1。

② SKIP 命令按逻辑顺序移动记录指针。

③ 表被打开后，记录指针位于 TOP 位置，而不一定指向记录号为 1 的记录。

【例 3.23】 当有索引文件时，分析记录指针的移动规律。

```
USE xs
INDEX ON -入学成绩 TAG rxcj1
GO TOP
? RECNO()，姓名
```

显示结果如下：

7 郝志新

GO 1

？RECNO( )，姓名

显示结果如下：

1 徐进

SKIP

？RECNO( )，姓名

显示结果如下：

8 刘金月

GO BOTTOM

？RECNO( )，姓名

显示结果如下：

5 卢坤颖

3.4.3.4 删除索引

格式：DELETE TAG ALL | <索引标志名表>

功能：删除打开的结构复合索引文件的索引标识。

命令用于删除打开的复合索引文件的所有索引标志或指定的索引标志。如果一个复合索引文件的所有索引标志都被删除，则该复合索引文件也就自动被删除了。

【**例 3.24**】删除例 3.21 建立的结构复合索引文件中的索引标识 csrq。

```
USE xs
DELETE TAG csrq
```

3.4.3.5 索引的更新

(1) 自动更新

当表中的数据发生变化时（例如对它进行插入、删除、添加或更新操作之后），所有当时打开的索引文件都会随数据的改变自动改变记录的逻辑顺序，实现索引文件的自动更新。

【**例 3.25**】索引更新示例。

```
USE   xs
SET ORDER TO TAG rxcj1              && 指定索引标识 rxcj1 为主控索引
BROWSE                              && 记录按入学成绩降序排列
```

若在 BROWSE 窗口中将 xs 表中记录号为 2 的记录的入学成绩由 580.0 修改为 605.00，关闭它后再用 BROWSE 命令打开，便可看到该记录由第 9 个位置被调整到第 5 个位置。

(2) 重新索引

若未确定主控索引文件或主控索引，修改表的记录时索引文件就不会自动更新。如果仍要维持记录的逻辑顺序，可用 REINDEX 命令重建索引。

格式：REINDEX [COMPACT]

当然，也可用 INDEX ON 命令再次建立索引，两者效果相同。

3.4.3.6 索引查询命令

相对于顺序查询，索引查询速度很快，在 2E10 个记录中寻找一个满足给定条件的记录，不超过 10 次比较就能进行完毕。但其算法依赖二分法等方法来实现，要求表的记录是有序的，这就需要事先对表进行索引或排序。例如，要在本书中查找索引查询命令这节的内容，如果用顺序查找的方法，则要从第一页开始，一页一页地查看，直至找到为止；而用索引查询的方法，则是到目录去找这节内容所对应的页码，然后直接翻到那页。很明显后一种方式查找的速度比前一种的速度快，但需要先建立目录。

格式：SEEK <表达式>

功能：在已确定主控索引的表中按索引关键字搜索满足<表达式>值的第一个记录。若找到，记录指针就指向该记录；找不到该记录，则在主屏幕的状态条中显示“没有找到”。

【例 3.26】 索引查询示例。

```
USE xs
INDEX ON 学号 TAG xh
SEEK "130302"
DISP
```

显示结果如下：

记录号	学号	姓名	性别	专业	出生日期	入学成绩	代培否	籍贯	照片	简历
6	130302	常晨	男	心理学	07/24/93	586.5	.F.	北京	gen	memo

```
INDEX ON 性别 TAG xb
SEEK "女"
DISP
```

显示结果如下：

记录号	学号	姓名	性别	专业	出生日期	入学成绩	代培否	籍贯	照片	简历
2	130601	滕秋霞	女	药学	09/12/93	583.0	.F.	北京	gen	memo

```
SKIP
DISP
```

显示结果如下：

记录号	学号	姓名	性别	专业	出生日期	入学成绩	代培否	籍贯	照片	简历
3	130204	华淑瑞	女	口腔医学	02/13/94	601.0	.F.	哈尔滨	gen	memo

```
INDEX ON 入学成绩 TAG rxcj
SEEK 595.0
DISP
? RECNO(), FOUND()
```

显示结果如下：

记录号	学号	姓名	性别	专业	出生日期	入学成绩	代培否	籍贯	照片	简历
9	130501	王艺潼	女	工商管理	03/20/95	595.0	.T.	哈尔滨	gen	memo

9 .T.

SEEK 命令只能使记录指针定位于符合条件的第一条记录，可用 SKIP 命令使指针指向下一个符合条件的记录。

案例7 与数据库表相关的程序设计

一、案例知识点

1. 了解数据表与DO-WHILE循环相结合的使用。
2. 了解数据表与SCAN循相环结合的使用。

二、案例内容

1. 数据库在DO-WHILE循环中的使用

① 编写程序，复制表xs的记录到表xs1中，在表xs1中查找入学成绩在550分以上的同学，将其删除并浏览xs1的内容。

```
SET TALK OFF
USE xs
COPY TO xs1
USE xs1
LOCATE ALL FOR 入学成绩 >550
DO WHILE FOUND( )
    DELETE
  CONTINUE
ENDDO
PACK
BROWSE
USE
SET TALK ON
```

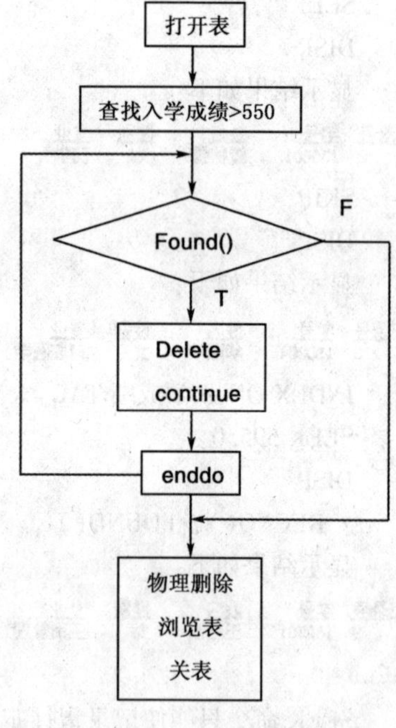

图3.28 ①题流程图

② 打开xs.dbf数据表，分别统计男、女生的人数。

```
USE xsdb
STOR 0 TO B，G
DO WHILE. NOT. EOF （）
  IF 性别 = 男
      B = B + 1
  ELSE
      G = G + 1
    ENDIF
    SKIP
ENDDO
?"男生人数是:" + STR(B)
?"女生人数是:" + STR(G)
```

此例中，循环条件为.NOT. EOF( )，表刚打开，记录指针默认指在第一条记录上，循环条件为不到文件尾，即参加循环操作的记录是全部记录。循环体中的 SKIP 语句，保证了每条记录执行循环体操作后可以指向下一条记录，直至指向文件尾，循环条件不成立了，结束循环。

③ 对数据表 xs. dbf 输入学生姓名即可查询显示出该学生的记录内容。

```
SET TALK OFF
CLEAR
WAIT "是要查询某学生的信息吗?" (Y/N) TO X
DO WHILE. T.
   IF UPPER(X) = "Y"
      USE XJ
      ACCEPT "请输入要查找学生的姓名" TO NAME
      LOCATE FOR 姓名 = NAME
      IF NOT EOF( )
         DISPLAY
      ELSE
      ? "要查找的学生没找到!"
   EDNIF
   WAIT " 还要查询其他学生的信息吗?(Y/N)" TO X
ELSE
   ? "谢谢您的光临!"
   USE
   EXIT
   ENDIF
ENDDO
SET TALK ON
RETURN
```

2. 数据库在 SCAN 循环中的使用

将上题改用 SCAN 循环实现：

```
SET TALK OFF
USE XS
COPY TO XS1
USE XS1
SCAN FOR 入学成绩 >550
   DELETE
ENDDOSCAN
PACK
BROWSE
USE
SET TALK ON
```

通过案例 7 可以发现，对于需用循环结构解决的数据库、数据表问题，循环结构中的

DO-WHILE 格式和 SCAN 格式均可实现。但通过前一章的学习，可知 SCAN 循环仅用于处理与数据库相关的问题，而 DO-WHILE 格式适用于解决各种循环问题。从程序语句来看，处理与数据库相关的循环问题，SCAN 格式较 DO-WHILE 格式简略。

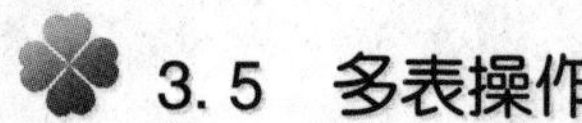

3.5 多表操作

3.5.1 多工作区概念

工作区是用来保存表及其相关信息的一片内存空间。Visual FoxPro 提供了 32767 个工作区。平时所说的打开表实际上就是将它从磁盘调入到内存的某一个工作区。

有了工作区的概念，就可以同时打开多个表，但在任何一个时刻用户只能选中一个工作区进行操作。当前正在操作的工作区称为当前工作区。

工作区的表示可以有两种方式：工作区号和别名。别名又分为系统别名和用户别名。

（1）工作区号

Visual FoxPro 提供的 32767 个工作区，系统以 1 ~ 32 767 作为各工作区的编号。

在每个工作区中只能打开一个表文件，但可以同时打开与表相关的其他文件，如索引文件、查询文件等。若在一个工作区中打开一个新的表，则该工作区中原来的表将被关闭。反之，一个表只能在一个工作区打开，在其未关闭时若试图在其他工作区打开它，VFP 会显示信息框提示出错信息“文件正在使用”。

（2）别名

① 前 10 个工作区除使用 1 ~ 10 为编号外，还可依次用 A ~ J 这十个字母来表示，即为系统给工作区起的别名。

② 其实表也有别名，并可用命令“USE < 文件名 > ALIAS < 别名 >”来指定。例如命令“USE xs ALIAS xxss”即指定 xxss 为 xs. dbf 的别名。若未对表指定别名，则表的主名将被默认为别名，例如命令“USE xs”表示 xs. dbf 的别名也是 xs。为什么表的别名可以代表工作区的别名，因为一个工作区同时只能打开一个表，所以这个表就能代表这个工作区。

3.5.2 工作区的选择和互访

（1）工作区的选择

格式：SELECT < 工作区号 > | < 别名 > | 0

功能：该命令选择一个工作区为当前工作区，以便打开一个表或把该工作区中已打开的表作为当前表进行操作。

① 用 SELECT 命令选定的工作区称为当前工作区，VFP 默认 1 号工作区为当前工作区。函数 SELECT( ) 能够返回当前工作区的区号。

② 工作区的切换不影响各工作区记录指针的位置。每个工作区上打开的表有各自的记录指针。通常，当前表记录指针的变化不会影响别的工作区中表记录指针的变化。

③ SELECT 0 表示选择当前没有被使用的最小号工作区为当前工作区。用本命令选择新的工作区，不用考虑工作区号已用到了多少，使用比较方便。

（4）命令“USE < 表名 > IN < 工作区 > ALIAS < 别名 >”也能在指定的工作区打开

表，但不改变当前工作区，要改变工作区仍需使用 SELECT 命令。

(2) **工作区的互访**

在当前工作区中可以访问其他工作区中表的数据，但要在非当前表的字段名前加名和连接符。

格式：别名. 字段名 或 别名→字段名

【例 3.27】

```
CLOSE ALL
SELECT 1
USE xs
GO 3
? 学号，姓名
```

显示结果如下：

```
130204 华淑瑞
```

```
SELECT 2
USE kc
? 课程名
```

显示结果如下：

```
組织胚胎学
```

```
SELE 0
USE xscj
GO 4
DISP 课程号
```

显示结果如下：

```
记录号  课程号
     4  309
```

```
DISP 课程号，B.课程名，A.学号，A.姓名
```

显示结果如下：

```
记录号  课程号  B->课程名    A->学号  A->姓名
     4  309     組织胚胎学   130204   华淑瑞
```

3.5.3 表的连接

格式：JOIN WITH <工作区号> | <别名> TO <文件名> [FOR <条件>] [FIELDS <字段名表>]

功能：该命令将当前表与指定工作区的表按指定的条件进行连接，连接产生一个新的表。

命令中各子句的含义是：

① <工作区号> | <别名>指明被连接的表。<文件名>指定连接后的新表文件名。

② FOR <条件>给出了连接的依据。连接时，首先两个工作区的记录指针分别指向连接和被连接表中的第一条记录，然后顺序检索被连接表中的每条记录，看是否满足条件。如果条件满足，则在新表中生成一条新记录。当被连接表所有记录扫描完以后，连接表的记录

指针即下移一条记录。重复上述过程依次处理，直至连接表中所有记录均处理完毕。

由上述过程可以看出，若连接表中的一条记录在被连接表中有 M 条符合条件的记录，便可在新数据文件中生成 M 条记录。若连接表有 N 条记录符合条件，则目的表将有 M×N 条记录。当 M，N 值较大时，表连接过程很花时间。如果 <条件> 很宽，将使很多记录参与连接，并且产生一个庞大的表，因此使用该命令时应避免无实际意义的连接操作。连接中最常用的是等值连接，即连接条件为两个表中公共字段值对应相等。

③ FIELDS <字段名表> 指明生成新表中包含哪些字段。省略该选项时，新表中将包含两个表中的所有字段。

【例 3.28】 对学生表（xs. dbf）、学生成绩表（xscj. dbf）和课程表（kc. dbf），建立一代培学生成绩表，其中包括学号、姓名、课程名和成绩。

```
SELECT 1
USE   xscj
SELECT 2
USE   xs
JOIN WITH A TO xxhh FOR 学号 = A. 学号 AND 代培否;
FIELDS 学号，姓名，A. 课程号，A. 成绩
SELECT 1
USE xxhh
SELECT 2
USE kc
JOIN WITH A TO kch FOR 课程号 = A. 课程号;
FIELDS A. 学号，A. 姓名，课程名，A. 成绩
USE kch
BROWSE
CLOSE ALL
```

输出结果如图 3.29 所示。

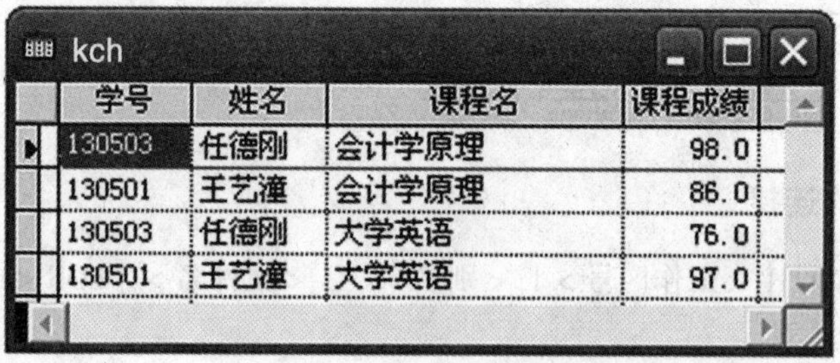

kch

学号	姓名	课程名	课程成绩
130503	任德刚	会计学原理	98.0
130501	王艺潼	会计学原理	86.0
130503	任德刚	大学英语	76.0
130501	王艺潼	大学英语	97.0

图 3.29　输出结果

3.5.4　表的关联

3.5.4.1　关联的概念

前面已指出，每个打开的表都有一个记录指针，用以指示当前记录。但各工作区的记录

指针只能控制本工作区中的表记录。所谓关联，就是令不同工作区的记录指针建立一种临时的联动关系，使一个表的记录指针移动时另一个表的记录指针能随之移动。称当前表为主文件，与主文件建立关联的表为子文件。

建立关联的两个表，在执行涉及这两个表数据的命令时，父表记录指针的移动，会使子表记录指针自动移到满足关联条件的记录上。

关联条件通常要求比较不同表的两个字段表达式值是否相等，所以除要在关联命令中指明这两个字段表达式外，还必须先为子表的字段表达式建立索引。例如，为表 xs. dbf 和 xscj. dbf 建立关联，条件是 xs. dbf 的学号与 xscj. dbf 的学号两个字段的值相等，还必须先为子表按字段表达式建立索引，建立关联后，子表记录指针即会随父表记录指针的移动而移动。

3.5.4.2 建立关联

(1) 菜单方式

在数据工作期窗口可以建立关联，其一般步骤为：

① 为子表按关联的关键字建立索引或确定主控索引。

② 打开需建立关联的表。(步骤①和步骤②可交换)。

③ 选定父表工作区为当前工作区，并与一个或多个子表建立关联。

④ 说明建立的关联为一多关系。缺省本步骤则默认为多一关系。

(2) 命令方式

① 一对一的关联。

格式：SET RELATION TO [<关联表达式 1>] INTO <工作区号 1> | <别名 1> [, <关联表达式 2>INTO <工作区号 2> | <别名 2>…] [ADDITIVE]

功能：该命令使当前表与 INTO 子句所指定的工作区上的表按表达式建立关联。

命令中各子句的含义是：

• INTO 子句指定子文件所在的工作区，<关联表达式>用于指定关联条件。

可以使用索引表达式建立关联。首先在子文件中按某表达式建立索引并指定为主控索引，然后使用某关联表达式建立关联。当关联成功后，每当主文件的记录指针移动时，Visual FoxPro 就在子文件中查找索引表达式的值与主文件中关联表达式的值相匹配的记录。若找到了，则记录指针指向找到的第一条记录；如没有找到，则记录指针指向文件尾。注意：索引表达和关联表达式不一定相同，当然大多数情况下是相同的。

也可以使用数值表达式建立关联。当主文件的记录指针移动时，子文件的记录指针指向和主文件中数值表达式值相等的记录号。

• 若选择 ADDITIVE，则在建立新的关联的同时保持原先的关联，否则会去掉原先的关联。

• 省略所有选项时，SET RELATION TO 命令将取消与当前表的所有关联。

② 一对多的关联。

前面介绍了一对一的关联，这种关联只允许访问子文件满足关联条件的第一条记录。如果子文件有多条记录和主文件的某条记录相匹配，并需要访问子文件的多条匹配记录时，就需要建立一对多的关联。

格式：SET SKIP TO [<别名 1> [, <别名 2>…]

功能：该命令使当前表和它的子表建立一对多的关联。

【例 3.29】如下命令通过“学号”索引建立了当前表（xs）和成绩表（xscj）之间的临时联系。

```
OPEN DATABASE 学生管理
USE xs 学生 IN 1 ORDER 学号
USE xscj IN 2 ORDER 学号
SET RELATION TO 学号 INTO 成绩
```

这样，当学生记录的指针变动时，成绩记录的指针也随之变动。例如当学生记录的指针指向学号为 130306 的记录时，那么成绩记录的指针会自动指向学号为 130306 的第 11 条记录。

当临时联系不再需要时可以取消，命令：

```
SET RELATION TO
```

将取消当前表到所有表的临时联系。如果只是取消某个具体的临时联系，则应该使用命令：

```
SET RELATION OFF INTO <工作区号 | 别名>
```

案例 8　数据库操作综合举例

一、案例知识点

1. 熟练使用数据表的各种操作。
2. 熟练使用结构化程序设计的三种结构。

二、案例内容

编写程序：设 student. dbf 是一个学生信息文件，其中包含学号（C 8）、姓名（C 8）等字段，要求按学号建立索引，索引文件名是 student. idx；文件 score. dbf 是成绩文件，其中包含学号（C 8）、课程名（C 20）、成绩（N 5.1）等字段，而且已按课程名建立了索引，索引文件名是 score1. idx。程序的功能是：按课程分组显示输出所有的成绩信息，每个成绩输出一行，包括学生的姓名和成绩。

```
SET TALK OFF
CLEAR
SELECT 2
USE student
INDEX ON 学号 TO student. idx
SELECT 1
USE score INDEX score1. idx
SET RELATION TO  学号  INTO  B
GO TOP
DO WHILE NOT EOF()
course = 课程名
```

```
? "课程:", 课程名
DO WHILE course = 课程名
DISP   student - >姓名, 成绩
SKIP
ENDDO
ENDDO
CLOSE DATA
SET TALK ON
```

3.6 数据完整性

在数据库中数据完整性是指保证数据正确的特性。数据完整性一般包括实体完整性、域完整性和参照完整性等。Visual FoxPro 提供了实现这些完整性的方法和手段。

3.6.1 实体完整性与主关键字

实体完整性是保证表中记录唯一的特性，即在一个表中不允许有重复的记录。在 Visual FoxPro 中利用主关键字或候选关键字来保证表中的记录唯一，即保证实体唯一性。

如果一个字段的值或几个字段的值能够唯一标识表中的一条记录，则这样的字段称为候选关键字。在一个表中可能会有几个具有这种特性的字段或字段的组合，这时从中选择一个作为主关键字。

在 Visual FoxPro 中将主关键字称作主索引，将候选关键字称作候选索引。由上所述，在 Visual FoxPro 中主索引和候选索引有相同的作用。

3.6.2 域完整性与约束规则

域完整性应该是我们最熟悉的，以前我们所熟知的数据类型的定义都是域完整性的范畴。如对于数值型字段，通过指定不同的宽度说明不同范围的数值数据类型，从而可以限定字段的取值类型和取值范围。但这些对域完整性还远远不够，我们还可以用一些域约束规则来进一步保证域完整性。域约束规则也称作字段有效性规则，在插入或修改字段值时被激活，主要用于数据输入正确性的检验。

建立字段有效性规则比较简单直接的方法仍然是在表设计器中建立，在表设计器的“字段”选项卡中（如图 3.13 所示），有一组定义字段有效性规则的项目，它们是规则（字段有效性规则）、信息（违背字段有效性规则时的提示信息）和默认值（字段的默认值）三项。具体操作步骤是：

① 首先单击选择要定义字段有效性规则的字段。

② 然后分别输入和编辑规则、信息及默认值等项目。

字段有效性规则的项目可以直接输入，也可以单击输入框旁的按钮打开表达式生成器对话框编辑、生成相应的表达式。此内容在前面表结构处已有介绍。

注意：“规则”是逻辑表达式，“信息”是字符串表达式，“默认值”的类型则视字段的类型而定。

3.6.3 参照完整性与表之间的关联

参照完整性与表之间的关联有关，它的大概含义是：当插入、删除或修改一个表中的数据时，通过参照引用相互关联的另一个表中的数据，来检查对表的数据操作是否正确。假如一个职工记录由仓库号、职工号和工资三个字段构成，当插入一条这样的记录时，如果没有参照完整性检查，则可能会插入一个并不存在的仓库的职工记录，这时插入的记录肯定是错误的；如果在插入仓库的职工记录之前能够进行参照完整性检查（检查指定职工记录的仓库号在仓库表中是否存在），则可以保证插入记录的合法性。

参照完整性是关系数据库管理系统的一个很重要的功能。在Visual FoxPro中为了建立参照完整性，必须首先建立表之间的联系（在中文版Visual FoxPro中称为关系）。

为了理解这里的联系，读者可以回忆一下第一章介绍概念数据模型时讨论的实体之间的联系和联系类型。最常见的联系类型是一对多的联系，在关系数据库中通过连接字段来体现和表示联系。连接字段在父表中一般是主关键字，在子表中是外部关键字（如果一个字段或字段的组合不是本表的关键字，而是另外一个表的关键字，则这样的字段称为外部关键字）。

在数据库设计器中设计表之间的联系时，要在父表中建立主索引，在子表中建立普通索引，然后通过父表的主索引和子表的普通索引建立起两个表之间的联系。

为了建立表之间的联系，假设在学生管理数据库中有如下3个表：

① xs表，含有字段：学号、姓名、性别、专业、出生日期、入学成绩、代培否、籍贯，并以学号建立主索引；

② kc表，含有字段：课程号、课程名、学时、学分，并以课程号建立主索引；

③ xscj表，含有字段：学号、课程号、课程成绩，分别以学号和课程号建立普通索引。

图3.30显示了数据库设计器中已经建立好的3个表。在这3个表中，xs表和xscj表之间有一个一对多的联系，连接字段是学号；kc表和xscj表之间也有一个一对多的联系，连接字段是课程号。

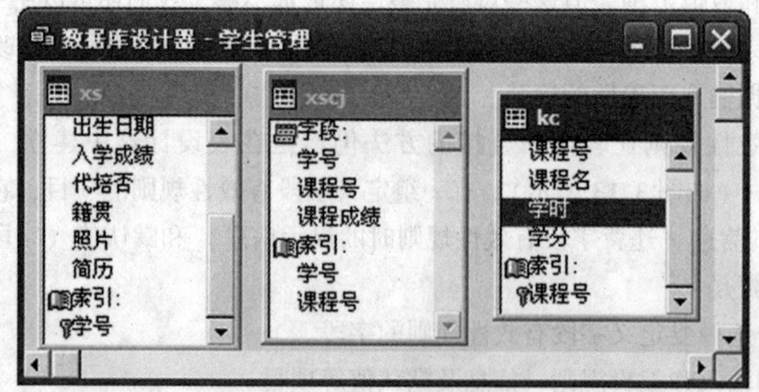

图3.30 数据库设计器界面

我们先建立 xs 表和 xscj 表之间的一对多联系。具体方法是：在图 3. 30 所示的数据库设计器中用鼠标单击选中 xs 表中的主索引学号，按住鼠标左键，并拖动鼠标到 xscj 表的学号索引上（鼠标箭头会变成小矩形），最后释放鼠标联系就建立好了。用同样的方法可以建立 kc 表和 xscj 表之间的联系。

建立联系的表如图 3. 31 所示（观察连接表的符号，这时默认的是一对多的联系）。如果在建立联系时操作有误，随时可以通过编辑修改联系。方法是用鼠标右击要修改的联系，然后从弹出的菜单中选择“编辑关系”打开“编辑关系”对话框，如图 3. 32 所示。

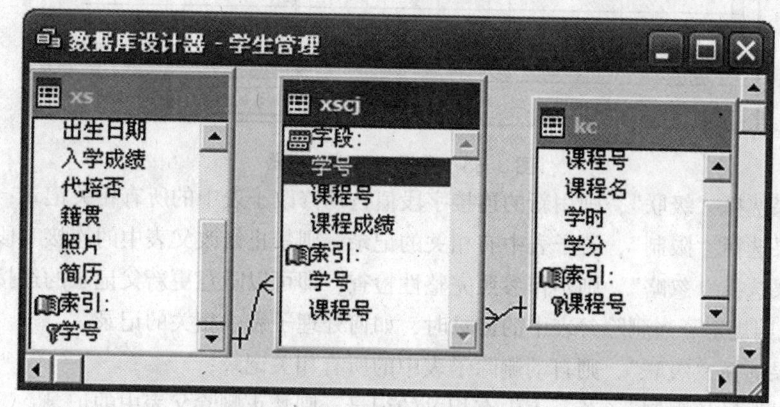

图 3. 31　表之间的关联

图 3. 32　“编辑关系”对话框

在图 3. 31 所示的界面中，通过在下拉列表框中重新选择表或相关表的索引名，则可以达到修改联系的目的。

到目前为止，只是建立了表之间的联系，Visual FoxPro 默认没有建立任何参照完整性约束。

在建立参照完整性之前必须首先清理数据库，这时可以在“数据库”（只要打开了数据库设计器就会有该菜单项）菜单中选择“清理数据库”。

在清理完数据库后，用鼠标右击表之间的联系，并从弹出菜单中选择“编辑参照完整性”，打开的参照完整性生成器如图 3. 33 所示（注意：不管单击的是哪个联系，所有联系将都出现在参照完整性生成器中）。

参照完整性规则包括更新规则、删除规则和插入规则。

更新规则规定了当更新父表中的连接字段（主关键字）值时，如何处理相关的子表中的记录：

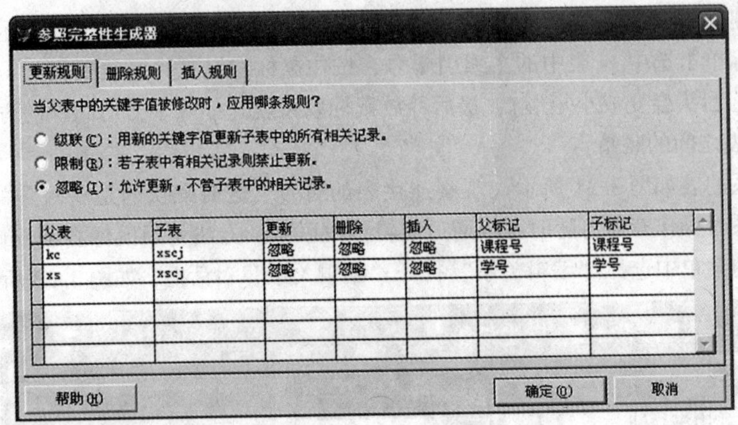

图 3.33　参照完整性生成器

① 如果选择“级联”，则用新的连接字段值自动修改子表中的所有相关记录；

② 如果选择“限制”，若子表中有相关的记录，则禁止修改父表中的连接字段值；

③ 如果选择“忽略”，则不作参照完整性检查，即可以随意更新父记录的连接字段值。

删除规则规定了当删除父表中的记录时，如何处理子表中相关的记录：

① 如果选择“级联”，则自动删除子表中的所有相关记录；

② 如果选择“限制”，若子表中有相关的记录，则禁止删除父表中的记录；

③ 如果选择“忽略”，则不作参照完整性检查，即删除父表的记录时与子表无关。

插入规则规定了当在子表中插入记录时，是否进行参照完整性检查：

① 如果选择“限制”，若父表中没有相匹配的连接字段值，则禁止插入子记录；

② 如果选择“忽略”，则不作参照完整性检查，即可随意插入子记录。

根据以上规则可以为学生管理数据库的学生、课程、成绩 3 个表设计参照完整性：

将它们的插入规则设定为“限制”（即插入成绩记录时检查相关的学生和课程是否存在，如果不存在则禁止插入成绩记录）；

将它们的删除规则设定为“级联”（即在删除学生记录和课程记录时，自动删除相关的成绩记录）；

将它们的更新规则也设定为“级联”（即当修改学生的学号或课程的课程号时，也自动修改相关的成绩记录）。

注意：在设定了参照完整性规则后，用户可能会感到受到了一些约束，表的操作不像以前那么方便了。例如将插入规则设定为限制，利用以前 FoxPro 的各种插入或追加记录的方法几乎都不能完成所要的操作（即无法追加插入规则为限制的子表的记录）。这是因为，以前的 APPEND 命令或 INSERT 命令都是先插入一条空记录，然后再编辑、输入各字段的值，这自然就无法通过参照完整性检查。这时可以使用 SQL 的 INSERT 命令插入记录。SQL 命令将在第 4 章介绍。

小结与提高

表是组成数据库的基础，建立表文件应先建立表结构，再向表输入记录数据。所以 3.2 节表的建立，是后面四节表操作的基础。3.3 节介绍了表的基本操作。在对表操作之前，必须先打开表，表操作结束后，要及时关闭表，以保证数据不被破坏和丢失。表的显示包括表结构和记录的显示。表文件的编辑修改包括表结构的修改和记录的修改。修改记录是通过指针定位实现的，修改记录有编辑修改和成批替换修改两种形式。记录的删除有逻辑删除和物理删除两种形式，逻辑删除的记录可以回复。表文件的复制有表结构复制和数据文件的复制。3.4 节主要介绍索引的建立与使用。索引文件包括单索引文件和复合索引文件。使用索引文件之前必须打开索引文件，使用后要及时关闭索引文件。表的查询包括顺序查询和索引查询，索引是本章难点。3.5 节是多表操作的介绍，包括表的连接和表的关联，较难掌握。

数据的完整性（实体完整性、域完整性、参照完整性）以及表间的关联是对数据库的设置，也是本章的重点。

一、选择题

1. 打开一个数据库的命令是________。

   A. USE　　B. USE DATABASE

   C. OPEN　　D. OPEN DATABASE

2. Visual FoxPro 数据库文件是________。

   A. 存放用户数据的文件　　B. 管理数据库对象的系统文件

   C. 存放用户数据和系统数据的文件　　D. 前三种说法都对

3. 要为当前表所有职工增加 100 元工资应该使用命令________。

   A. CHANGE 工资 WITH 工资 +100

   B. REPLACE 工资 WITH 工资 +100

   C. CHANGE ALL 工资 WITH 工资 +100

   D. REPLACE ALL 工资 WITH 工资 +100

4. 以下关于自由表的叙述，正确的是________。

   A. 全部是用以前版本的 FoxPro（Foxbase）建立的表

   B. 可以用 Visual FoxPro 建立，但是不能把它添加到数据库中

   C. 自由表可以添加到数据库中，数据库表也可以从数据库中移出成为自由表

   D. 自由表可以添加到数据库中，但数据库表不可以从数据库中移出成为自由表

5. Visual FoxPro 参照完整性规则不包括________。

A. 更新规则　　B. 删除规则
C. 查询规则　　D. 插入规则

6. 在 Visual FoxPro 中以下叙述错误的是________。
A. 关系也被称作表　　B. 一个表被存储为一个文件
C. 表文件的扩展名是. dbf　　D. 多个表存储在一个文件中

7. 在 Visual FoxPro 中不允许出现重复字段值的索引是________。
A. 候选索引和主索引　　B. 普通索引和唯一索引
C. 唯一索引和主索引　　D. 唯一索引

8. 在创建数据库表结构时，给该表指定了主索引，这属于数据完整性中的________。
A. 参照完整性　　B. 实体完整性　　C. 域完整性　　D. 用户定义完整性

9. 在创建数据库表结构时，为该表中一些字段建立普通索引，其目的是________。
A. 改变表中记录的物理顺序　　B. 为了对表进行实体完整性约束
C. 加快数据库表的更新速度　　D. 加快数据库表的查询速度

10. 设有两个数据库表，父表和子表之间是一对多的联系，为控制父表和子表中数据的一致性，可以设置“参照完整性规则”，要求这两个表________。
A. 在父表连接字段上建立普通索引，在子表连接字段上建立主索引
B. 在父表连接字段上建立主索引，在子表连接字段上建立普通索引
C. 在父表连接字段上不需要建立任何索引，在子表连接字段上建立普通索引
D. 在父表和子表的连接字段上都要建立主索引

11. Visual FoxPro 的“参照完整性”中“插入规则”包括的选择是________。
A. 级联和忽略　　B. 级联和删除　　C. 级联和限制　　D. 限制和忽略

12. 在 Visual FoxPro 中，使用 LOCATE FOR 命令按条件查找记录，当查找到满足条件的第 1 条后，如果还需要查找下一条满足条件的记录，应使用命令________。
A. LOCATE FOR <范围>命令　　B. SKIP 命令
C. CONTINUE 命令　　D. GO 命令

13. Visual FoxPro 中，使用 LOCATE ALL FOR 命令按条件查找记录，可以通过下面哪一个函数来判断命令查找到满足条件的记录？________
A. 通过 FOUND(　) 函数返回 . F. 值
B. 通过 BOF(　) 函数返回 . T. 值
C. 通过 EOF(　) 函数返回 . T. 值
D. 通过 EOF(　) 函数返回 . F. 值

14. 在 Visual FoxPro 中，假设数据库 sdb 中数据库表 s 中有 40 条记录，其中年龄 age 小于 20 岁的记录有 15 个，20 岁的记录有 1 个，年龄大于 30 岁的记录有 10 个。执行下面的程序后，屏幕显示的结果是________。

```
SET DELETE ON
OPEN DATABASE sdb
DELETE FROM s WHERE age BETWEEN 20 AND 30
```

```
SELECT s
? RECCOUNT( )
```

A. 15　　　　B. 16　　　　C. 40　　　　D. 25

15. 在 Visual FoxPro 中，如果在表之间的联系中设置了参照完整性规则，并在删除规则中选择了“限制”，则当删除附表中的记录时，系统的反应是________。
   A. 不做参照完整性检查
   B. 不准删除父表中的记录
   C. 自动删除子表中的所有相关的记录
   D. 若子表中有相关的记录，则禁止删除父表中的记录

二、填空题

1. Visual FoxPro 的主索引和候选索引可以保证数据的________完整性。
2. 数据库表之间的关联通过主表的________索引和子表的________索引实现。
3. 实现表之间的临时关联的命令是________。
4. 在定义字段有效性规则时，在规则框中输入的表达式类型是________。
5. 在 Visual FoxPro 中，所谓自由表就是那些不属于任何________的表。
6. 在 Visual FoxPro 中，索引文件分为单索引文件和复合索引文件。在表设计器中建立的索引都存放在扩展名为________的索引文件中。
7. 在 Visual FoxPro 中，假定数据库表 S（学号，姓名，性别，年龄）和 SC（学号，课程号，成绩）之间使用“学号”建立了表之间的联系，在参照完整性的更新规则、删除规则和插入规则中选择设置了________，那么如果表 S 所有的记录在表 SC 中都有相关的记录进行连接，则不允许修改表 S 中的学号字段值。
8. 在指定字段或表达式中不允许出现重复值的索引是________。

三、程序改错（* 号的下一行有错误）

1. 在 xs. dbf 表中统计心理学和药学两个专业的总人数和入学成绩总和。

```
USE xs
STORE 0 TO R，S
DO WHILE .T.
* * * * * * * * * * * * FOUND * * * * * * * * * * *
  IF 专业 = "药学" .AND. 专业 = "心理学"
    STORE S + 入学成绩 TO S
    R = R + 1
ENDIF
SKIP
* * * * * * * * * * * * FOUND * * * * * * * * * * *
IF. NOT. FOUN( )
    EXIT
  ENDIF
```

```
ENDDO
? S, R
```

2. 查找 xs. dbf 中女同学的最高入学成绩，并显示其姓名和入学成绩。

```
USE  xs
MGZ = 0
DO WHILE. NOT. EOF()
************FOUND**********
IF 性别 = "女", MGZ < "工资"
    MGZ = 工资
    MXM = 姓名
ENDIF
************FOUND**********
CONT
ENDDO
? MXM, MGZ
```

第 4 章　关系数据库标准语言 SQL

SQL 是 Structured Query Language 的英文缩写，即结构化查询语言。按照 ANSI 的规定，SQL 被作为关系数据库的标准语言。SQL 语句可以用来执行各种各样的操作。它已经是关系数据库国际工业标准，是否支持 SQL 语言已经成为衡量数据库管理系统的一项重要标准。SQL 语言具有数据定义、数据查询、数据操纵、数据控制功能，其中数据查询是最主要的组成部分。本章主要介绍 SQL 语言的基本概念和特点，以及 Visual FoxPro 中 SQL 的语法、功能与应用。

 4.1　SQL 语言概述

SQL 语言由 Boyceh 和 Chamberlin 在 1974 年提出，并在 1979 年 IBM 公司的 San Jose Research Laboratory 研制成功典型的关系数据库管理系统 System R 上首次得到运用。20 世纪 80 年代初，美国国家标准协会（ANSI）开始着手制定 SQL 标准，最早的 ANSI 标准于 1986 年完成，它也被称为 SQL86。SQL 标准的出台使 SQL 作为标准关系数据库语言的地位得到了加强。SQL 标准几经修改和完善，每个新版本都较前面的版本有重大改进。

目前流行的关系数据库管理系统，如 Oracle，Sybase，SQL Server，Visual FoxPro 等都采用了 SQL 语言标准，而且很多数据库都对 SQL 语句进行了再开发和扩展。

SQL 语言具有以下主要特点：

① SQL 是一种一体化的语言。SQL 不仅仅是一个查询工具，它集数据定义、数据查询、数据操纵和数据控制功能于一体，可以独立完成数据库的全部操作。尽管设计 SQL 的最初目的是查询，但数据查询只是其主要的功能。

② SQL 语言是一种高度非过程化的语言。它只需要描述清楚用户要“做什么”，SQL 语言就可以将要求交给系统，由系统自动完成全部工作。

③ SQL 语言功能丰富，简捷易学，使用方式灵活。虽然 SQL 语言功能强大，但它只有为数不多的几条命令。表 4.1 给出了分类的命令动词。另外，SQL 的语法也非常简单，它很接近自然（英语）语言，因此容易学习和掌握。

表 4.1 SQL 命令动词

SQL 功能	命令动词
数据定义	CREATE，DROP，ALTER
数据查询	SELECT
数据操纵	INSERT，UPDATE，DELETE
数据控制	GRANT，REVOKE

④ SQL 语言既可以直接以命令方式交互使用，也可以嵌入到程序设计语言中以程序方式使用。目前很多数据库应用开发工具都将 SQL 语言直接融入到自身的语言之中，使用起来更方便，Visual FoxPro 就是如此。这些使用方式为用户提供了更多的方便。此外，尽管 SQL 的使用方式不同，但 SQL 语言的语法基本是一致的。

Visual FoxPro 在 SQL 方面支持数据定义、数据查询和数据操纵功能，由于 Visual FoxPro 自身在安全控制方面的缺陷，所以它没有提供数据控制功能。SQL 虽然在各种数据库产品中得到了广泛的支持，但迄今为止，它只是一种建议标准，各种数据库产品中所实现的 SQL 在语法、功能等方面均略有差异。

注意：VFP 中查询语句经常用" 符号，而在 SQL 标准语言中用的是' 符号。

4.2 数据定义

标准的 SQL 的数据定义功能非常广泛，包括数据库的定义、表的定义、视图的定义、存储过程的定义、规则的定义和索引的定义等。

有关数据定义的 SQL 命令主要是建立（CREATE）、修改（ALTER）和删除（DROP）。如对表的定义主要是对表的结构进行相关的定义功能，包括建立、修改表的结构，建立索引，建立表之间关系等操作。

4.2.1 表的定义

使用 CREATE TABLE 命令可以建立表的结构。

格式：

CREATE TABLE | DBF <表名1> [NAME <长表名>] [FREE]
(<字段名1> <类型> (<宽度> [, <小数位数>]) [NULL | NOT NULL]
[CHECK <条件表达式1> [ERROR <出错显示信息>]]
[DEFAULT <表达式1>] [PRIMARY KEY | UNIQUE] REFERENCES <表名2> [TAG <标识1>]
[<字段名2>…]
[, FOREIGN KEY <表达式2> TAG <标识2> REFERENCES <表名3>]
| FROM ARRAY <数组名>

功能：建立表的结构。包括定义字段、索引、有效性规则、默认值，与已建立的表建立联系等功能。

命令中主要参数说明如下：

① TABLE | DBF：是等价的，前者是标准 SQL 的关键词，后者是 Visual FoxPro 的关键

词。

② <表名 1>：要建立的表的名称。

③ [FREE]：若当前已经打开一个数据库，使用参数“FREE”说明该新表作为一个自由表不加入当前数据库。如不使用该参数，所建立的新表会自动加入该数据库。如果没有打开的数据库，则该参数是无意义的。

④ <字段名 1>…<字段名 2>…：所要建立的新表中的字段名。各字段名之间的语法成分都是对一个字段的属性说明，包括：

• <类型>——说明字段类型，字段类型见表 4.2。

• <宽度> [，<小数位数>] ——字段宽度及小数位数，见表 4.2。对于字段宽度是默认值的字段类型，不用设置宽度。

表 4.2　数据类型说明

字段类型	字段宽度	小数位数	说明
C	n	——	字符型（Character），宽度为 n
D	8（默认）	——	日期型（Date）
T	8（默认）	——	日期时间型（Date Time）
N	n	d	数值型（Numeric），宽度为 n，小数位为 d
F	n	d	浮动型（Float），宽度为 n，小数位为 d
I	4（默认）	——	整型（Integer）
B	8（默认）	d	双精度型（Double）
Y	8（默认）	——	货币型（Currency）
L	1（默认）	——	逻辑型（Logical）
M	4（默认）	——	备注型（Memo）
G	4（默认）	——	通用型（General）

• [NULL | NOT NULL] ——指明该字段是否允许“空值”，默认值为 NULL，即允许“空”值。

• CHECK <条件表达式>——用来检测字段的值是否有效，是一个逻辑表达式。

• [ERROR <出错提示信息>] ——当 CHENK 后条件表达式的值为假时，即完整性检查有错误时提示的信息。应当注意，出错显示的信息是一串字符。当为一个表的某个字段建立了实行完整性检测的条件表达式后，在对该数据表输入数据时，系统会自动检测所输入的字段值是否使条件表达式为假。当有一个数据使其为假时，系统自动显示出错提示信息。

• DEFAULT <表达式>——为一个字段指定的默认值，默认值的类型与字段的类型应当一致。

• [PRIMARY KEY] ——指定该字段为主关键字。只有数据库表才能建立，且该字段不允许出现重复值，这是对字段值的唯一性约束。

• [UNIQUE] ——指定该字段为一个候选关键字。数据库表和自由表都可以建立，且该字段不允许出现重复值，这是对字段值的唯一性约束。

• REFERENCES <表名>——把新建表和指定的表建立关系，指定的表作为新建表的永久性父表，而新建表作为子表。

• TAG <标识>——父表中的索引，用来与新建表建立关系。若缺省该参数，则默认父表的主索引字段作为关联字段。

• FOREIGN KEY <表达式>——为新建表中指定的表达式（可以是字段，或函数表达式）建立普通索引，用来与指定表建立关系。

⑤ FROM ARRAY <数组名>——用指定数组的值建立表，数组的元素依次是字段名、类型等，建议不使用此方法。

【例4.1】利用SQL命令建立佳木斯大学学生管理数据库，其中包含3个表：学生表xs.dbf、学生成绩表xscj.dbf和课程表kc.dbf，并建立它们之间的联系。

操作步骤如下：

① 用CREATE命令建立数据库。

CREATE DATABASE 佳木斯大学学生管理.dbc

或用文件→新建→数据库的菜单方式建立。

② 用CREATE命令建立学生表xs。

注意：首先打开源数据库（OPEN DATABASE 佳木斯大学学生管理.dbc）

CREATE TABLE xs（学号 C(6) PRIMARY KEY，姓名 C(6)，;

入学成绩 N(5，1) CHECK（入学成绩>0） ERROR "成绩应该大于零!"）

该命令在当前新建的学生管理数据库中建立了学生表xs，其中用“PRIMARY KEY”说明学号是主关键字（主索引）；“CHECK（入学成绩>0）”说明了有效性规则，即规定了在输入数据时要求的范围；“ERROR "成绩应该大于零!"”说明了当输入值不满足条件时，给出的提示信息。打开数据库设计器或执行命令 MODIFY DATABASE 后，可以在数据库设计器中看到xs表。

③ 建立课程表kc。

CREATE TABLE kc（课程号 C(3) PRIMARY KEY，课程名 C(16)，学分 N(1)）

④ 建立学生成绩表xscj，并与xs表和kc表建立联系。

CREATE TABLE xscj（学号 C(6)，课程号 C(3)，;

成绩 I CHECK（成绩>=0 AND 成绩<=100） DEFAULT 60，;

FOREIGN KEY 学号 TAG 学号 REFERENCES xs，;

FOREIGN KEY 课程号 TAG 课程号 REFERENCES kc）

该命令中用“DEFAULT 60”为成绩字段定义了默认值；“FOREIGN KEY 学号 TAG 学号 REFERENCES xs”为学生表xs（父表）与学生成绩表xscj（子表）之间建立了联系。用“FOREIGN KEY 学号”为xscj表的学号字段建立一个普通索引，同时说明该字段是连接字段，通过“TAG 学号 REFERENCES xs”引用了xs表的主索引标识“学号”。用同样方式还建立了课程表kc（父表）与学生成绩表xscj（子表）之间的联系。

打开数据库设计器或执行命令 MODIFY DATABASE 后，可以在数据库设计器中看到如图4.1所示的界面。

说明：

① 用SQL CREATE命令新建的表自动在最小可用工作区中以独占方式打开，并可以通过别名引用。

② NAME，CHECK，DEFAULT，FOREIGN KEY，PRIMARY KEY和REFERE等多个选项在建立自由表时是不能使用的。

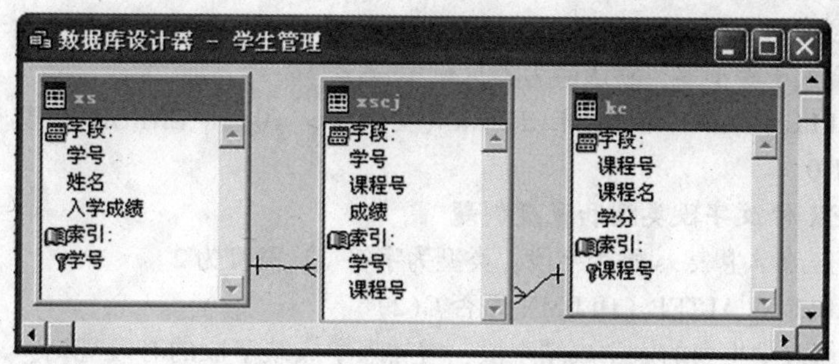

图 4.1　利用 SQL 命令建立数据库

4.2.2　表的删除

格式：DROP TABLE ＜表名＞

功能：删除数据表文件。

该命令既可以删除数据库表，又可以删除自由表。若要删除数据库表，要保证该表对应的数据库是当前数据库，该命令直接从磁盘上彻底删除该表；如果没在当前数据库下删除该数据库表，则会出现错误提示。因为尽管从磁盘上删除了.DBF 文件，但记录在数据库.DBC 文件的信息却没有被删除，所以在删除数据库表时要注意，应使该表所在的数据库是当前打开的数据库。若要删除自由表，要将当前打开的数据库关闭，否则会出现错误提示。

例如：

```
DROP TABLE kc                              && 删除课程表 kc
```

4.2.3　表结构的修改

修改表结构的 SQL 命令有三种格式，下面分别介绍。

格式 1：

```
ALTER TABLE ＜表名 1＞
ADD | ALTER [COLUMN] ＜字段名＞＜字段类型＞ [(＜宽度＞[，＜小数位数＞])]
[NULL | NOT NULL] [CHECK ＜逻辑表达式＞[ERROR＜出错提示信息＞]]
[DEFAULT ＜表达式＞] [PRIMARY KEY | UNIQUE]
[REFERENCES ＜表名 2＞[TAG ＜标识名＞]]
```

功能：添加新的字段或修改已有的字段，如修改字段的类型、宽度、有效性规则、错误信息、默认值，定义主关键字和联系等。

说明：它的句法与 CREATE TABLE 的语法基本相对应，命令中主要参数说明如下。

ADD：向指定的表中添加新字段。

ALTER：修改已有的字段的类型、宽度、小数位数、有效性规则、默认值等。

RENAME：换字段的名（换字段的属性名），简称换名。

DROP：删除字段的名（删除字段的属性名）。

(1) ADD 增加字段例题

【例 4.2】 给学生表 xs 增加一个婚否字段，类型为逻辑型。

```
ALTER TABLE xs ADD COLUMN 婚否 L          && 逻辑型宽度可以省略，默认为 1
或 ALTER TABLE xj ADD COLUMN 婚否 L(1)    && 指定婚否为逻辑型，宽度为 1
```

【例4.3】为学生表xs增加奖学金字段，类型为整数型，条件为奖学金大于等于零。出错提示：奖学金大于等于零，默认值为零。

ALTER TABLE xs ADD 奖学金 I CHECK (奖学金 > =0)　ERROR　"奖学金大于等于零"; DEFAULT 0

(2) ALTER 修改字段类型和宽度例题

【例4.4】修改学生表xs婚否字段，类型为字符型，宽度为2。

ALTER TABLE xs ALTER COLUMN 婚否 C(2)

【例4.5】修改学生表的入学成绩字段，增加入学成绩字段的有效规则：入学成绩大于等于零并且入学成绩小于等于750。错误信息为：入学成绩必须在0~750之间。

ALTER TABLE xs;

ALTER 入学成绩　N　CHECK 入学成绩 > =0. AND. 入学成绩 < =750;

ERROR "入学成绩必须在0~750之间"

注意：此题可以增加默认值 DEFAULT 语句。

格式2:

ALTER TABLE <表名>

ALTER [COLUMN] <字段名> [NULL | NOT NULL]

[SET DEFAULT <表达式>] [SET CHECK <逻辑表达式> [ERROR <出错提示信息>]]

[DROP DEFAULT] [DROP CHECK]

功能：定义、修改和删除有效性规则和默认值等。

命令中主要参数说明如下。

① SET：定义和修改有效性规则，默认值。

② DROP：删除有效性规则，默认值。

如例4.5，命令可以写为：

ALTER TABLE xs;

ALTER 入学成绩　SET CHECK 入学成绩 > =0. AND. 入学成绩 < =750;

ERROR "入学成绩必须在0-750之间"

注意：此题不能增加默认值 DEFAULT 语句。注意区别 CHECK 和 SET CHECK 格式，CHECK 格式中有字段类型，如N；而 SET CHECK 格式中没有字段类型。CHECK 中可以写 DELAULT 语句，而 SET CHECK 不行。

(3) RENAME 更换字段名例题

【例4.6】将学生表xs婚否字段换名为HF。

ALTER TABLE xs RENAME COLUMN 婚否 TO HF

(4) DROP 删除字段的名例题

【例4.7】将学生表xs中HF字段删除。

ALTER TABLE xs DROP COLUMN HF

【例4.8】删除学生表xs中的入学成绩字段的有效性规则。

ALTER TABLE xs ALTER 入学成绩 DROP CHECK

格式3:

ALTER TABLE <表名> [DROP [COLUMN] <字段名>

[SET CHECK <逻辑表达式> [ERROR <出错提示信息>]]
[DROP CHECK]
[ADD PRIMARY KEY <表达式> TAG <索引标识> [FOR <逻辑表达式>]]
[DROP PRIMARY KEY]
[ADD UNIQUE <表达式> [TAG <索引标识> [FOR <逻辑表达式>]
[DROP UNIQUE TAG <索引标识>
[ADD FOREIGN KEY <表达式> TAG <索引标识> [FOR <逻辑表达式>]]
REFERENCES <表名 2> [TAG <索引标识>]]
[DROP FOREIGN KEY TAG <索引标识> [SAVE]]
[RENAME COLUMN <原字段名> TO <新字段名>]

功能：删除指定字段（DROP [COLUMN]）、修改字段名（RENAME COLUMN）、修改指定表的完整性规则，包括主索引、外关键字、候选索引及表的合法值限定的添加与删除。

格式 3 是对以上两种格式的补充。

【例 4.9】对学生表 xs 进行如下操作。

① 删除学生表中的奖学金字段。

ALTER TABLE xs DROP COLUMN 奖学金

② 为学生表中学号建立候选索引，索引名为 XH_ 1。

ALTER TABLE xs ADD UNIQUE 学号 TAG XH_ 1

③ 删除候选索引 XH_ 1。

ALTER TABLE xs DROP UNIQUE TAG XH_ 1

④ 学生表 xs 的姓名字段重命名为学生姓名。

ALTER TABLE xs RENAME COLUMN 姓名 TO 学生姓名

注意：其中的“COLUMN”这个单词可以省去。

4.2.4　视图的定义

VFP 中视图是一个定制的虚拟表，可以是本地的、远程的或带参数的。视图可引用一个或多个表，或者引用其他视图。由于视图是从表中派生出来的，所以不存在修改结构的问题。有关视图的功能和命令将在第 5 章作详细介绍。

4.2.4.1　建立视图

格式：CREATE VIEW [<视图文件名> AS <SELETE 查询语句>]

功能：建立视图。

其中，“SELETE 查询语句”可以是任意的 SELECT 查询语句，它说明和限制了视图中的数据；视图中所包含的字段同 SELECT 查询语句中列出的选项是相同的。

SELECT 查询语句将在 4.3 节中进行详细介绍。

(1) 从单个表中派生的视图

例如学生表 xs 中由学号和姓名生成视图 sx_ v1 的命令是 CREATE VIEW sx_ v1 AS SELECT 学号，姓名 FROM xs。

例如建立视图，包含学号、姓名、年龄的命令是：

CREATE VIEW xs_ v2 AS SELECT 姓名，YEAR(DATE ()) - YEAR(出生日期) AS 年

龄 FROM xs。

其中“YEAR(DATE ()) - YEAR(出生日期) AS 年龄”表示用“年龄”作为表达式“YEAR(DATE ()) - YEAR(出生日期)”的虚拟字段，即重新定义了视图的字段名。

(2) 从多个表中派生的视图

例如建立视图 sc_v，可以提供姓名、课程号和成绩的信息的命令是：CREATE VIEW sc_v AS SELECT 姓名，课程号，成绩 FROM xs，xscj WHERE xs. 学号 = xscj. 学号。视图中的字段来自于表 xs 和 xscj。

4.2.4.2 删除视图

格式：DROP VIEW <视图名>

功能：删除视图。

4.3 数据查询

SQL 语言的核心是数据查询，它的命令是 SELECT，其具有强大的单表或多表查询功能。

格式：

SELECT [ALL | DISTINCT]

[<别名>.] <选项> [AS <显示列名>] [, [<别名>.] <选项> [AS <显示列名>] …]

FROM [<数据库名>!] <表名> [[AS] <本地别名>]

[[INNER | LEFT [OUTER] | RIGHT [OUTER] | FULL [OUTER] JOIN <数据库名>!]

<表名> [[AS] <本地别名>] [ON <连接条件>…]]

[[INTO ARRAY <数组变量名> | CURSOR <临时表文件> | DBF <表文件> | TABLE <表文件>] |

[TO FILE <文本文件> [ADDITIVE]] | [TO PRINTER | TO SCREEN]]

[PREFERENCE <参照名>] [NOCONSOLE] [PLAIN] [NOWAIT]

[WHERE <连接条件 1> [AND <连接条件 2>…]

[AND | OR <过滤条件 1> [AND | OR <过滤条件 2>…]]]

[GROUP BY <分组列名 1> [, <分组列名 2>…]] [HAVING <过滤条件>]

[UNION [ALL] <SELECT 命令>]

[ORDER BY <排序选项 1> [ASC | DESC] [, <排序选项 2> [ASC | DESC] …]]

[TOP <数值表达式> [PERCENT]]

SELECT 命令的子句很多，看起来似乎非常复杂，实际上只要理解了这条命令各项的含义，就能很容易掌握，就能从数据库中查询出各种数据。该命令选项极其丰富，使用灵活，但同时查询条件和嵌套查询的使用方式相对比较复杂。本节将使用大量的例题详细地介绍这条命令的功能和用法。

4.3.1　简单查询

在 SELECT 语句的格式中，SELECT 和 FROM 是必备的。最简单的查询是无条件的查询，只由 SELECT 和 FROM 组成。

格式：

SELECT [ALL | DISTINCT]

<选项> [AS <显示列名>] [, <选项> [AS <显示列名>…]] FROM <表名>

功能：显示指定表中的<选项>。

说明：

① ALL：表示输出所有记录，包括重复记录。

② DISTINCT：表示输出无重复结果的记录。

③ <选项>：可以是字段名、表达式或函数，相当于关系运算中的投影运算。如果要输出全部字段，选项用“*”表示。

④ [AS <显示列名>]：是在输出结果中给<选项>指定显示列名。

⑤ <表名>：指定要查询的表。

【例 4.10】对学生表 xs 进行如下操作：

① 列出全部学生表 xs 内容。

OPEN DATABASE 学生管理

SELECT * FROM xs

命令中的“*”表示输出所有字段，“FROM xs”表示数据来源是学生表 xs，所有记录内容以浏览方式显示。

② 列出学生表 xs 名单，去掉重复值。

SELECT DISTINCT 姓名 AS 名单　FROM xs

命令中的“DISTINCT 姓名”表示去掉姓名的重复值，“AS　名单”表示姓名字段用“名单”来替换显示，而表 xs 中的姓名字段不被修改。得到的查询结果如图 4.2 所示。

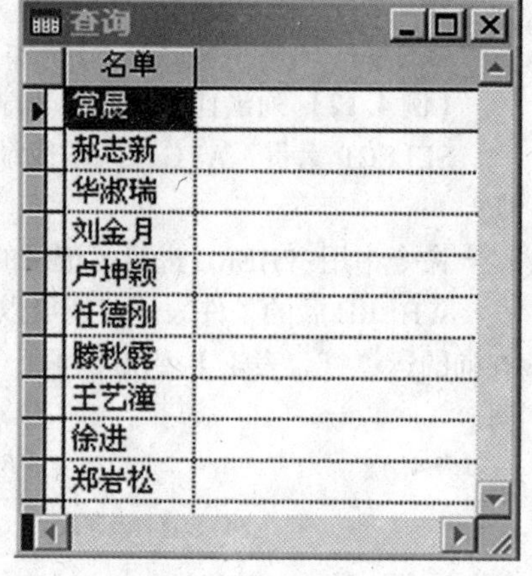

图 4.2　查询结果

4.3.2　运算符与常用函数

4.3.2.1　常用函数

SELECT 命令中的选项，可以是字段名，还可以是表达式，也可以是一些函数，它可以对某一列的字段做一个计算。SELECT 命令可操纵的函数很多，常用函数如表 4.3 所示。

表 4.3　常用函数

函数	功能
AVG（<字段名>）	求一列中的平均值
COUNT（*）或 COUNT（<字段名>）	统计记录个数
MIN（<字段名>）	求一列中的最小值
MAX（<字段名>）	求一列中的最大值
SUM（<字段名>）	求一列中数据的和

【例 4.11】对学生表 xs 进行如下操作：

① 显示所有学生的学号、姓名和入学成绩，并将入学成绩四舍五入。

SELECT 学号，姓名，ROUND(入学成绩，0) AS 入学成绩　FROM　xs

命令中“ROUND(入学成绩，0)”的结果不影响数据库表中的数据，只是在查询结果中显示函数计算出的值。

② 出所有学生的入学成绩平均分和学生人数。

SELECT AVG(入学成绩) AS 入学成绩平均分，COUNT(*) AS 学生人数　FROM xs

命令中的“COUNT(*)”表示统计记录的个数，也可以用“COUNT(学号)”来表示。

4.3.2.2　查询条件及运算符

格式：WHERE <条件表达式>

功能：指定记录满足的条件。

其中<条件表达式>是指查询的结果应满足的条件，是一个逻辑表达式，用来限定被选择的记录，相当于关系运算中的选择运算。

表达式中可用的比较符有：=（等于）；< >,! =, #（不等于）；= =（精确等于）；>（大于）；> =（大于等于）；<（小于）；< =（小于等于）。

【例 4.12】列出佳木斯学生入学成绩的平均分。

SELECT 籍贯，AVG（入学成绩）AS 入学成绩平均分 FROM xs WHERE 籍贯 =" 佳木斯"

命令中用 WHERE 进行了记录的选择，选择的条件是籍贯字段的值为"佳木斯"。

WHERE 后的条件表达式还可以使用条件运算符，包括用于单表查询、多表查询和嵌套查询的运算符。表 4.4 列出了可用于单表查询的条件表达式中特殊运算符使用的方法和说明。

表 4.4　WHERE 子句中的条件运算符

条件运算符及格式	说明
<字段> IS [NOT] NULL	利用空值查询
<字段> BETWEEN <范围始值> AND <范围终值>	字段的内容在指定范围内
<字段> IN <结果集合>	字段的内容是结果集合的内容
<字段> LIKE <字符表达式>	字符型数据进行字符串比较

下面用例题来说明它们的使用方法。

【例 4.13】对学生管理数据库中的表进行如下操作：

① 列出所有成绩为空值的学生的学号和课程号。

SELECT 学号，课程号 FROM xscj WHERE 课程成绩 IS NULL

命令中“课程成绩 IS NULL”表示测试课程成绩字段值是否为空值，结果为真的即是满足条件的记录。

② 列出入学成绩在 600 分到 700 分之间的学生名单。

SELECT 学号，姓名，入学成绩 FROM xs WHERE 入学成绩 BETWEEN 600 AND 700

命令中“入学成绩 BETWEEN 600 AND 700”表示的含义是：入学成绩大于等于 600 并且入学成绩小于等于 700。该命令的功能等同于如下命令：

SELECT 学号，姓名，入学成绩 FROM xs WHERE 入学成绩 > =600 AND 入学成绩 < =700

③ 列出佳木斯和哈尔滨的学生名单。

SELECT 姓名 AS 学生名单，籍贯 FROM xs WHERE 籍贯 IN（"佳木斯","哈尔滨"）

命令中“籍贯 IN（"佳木斯","哈尔滨"）”表示的含义是：籍贯是“佳木斯”或“哈尔滨”中的一个值，IN 相当于属于运算。该命令的功能等同于如下命令：

SELECT 姓名 AS 学生名单，籍贯 FROM xs WHERE 籍贯 =" 佳木斯" OR 籍贯 =" 哈尔滨"

④ 列出姓刘的学生的信息。

SELECT * FROM xs WHERE 姓名 LIKE "刘%"

命令中“姓名 LIKE "刘%"”表示字符型数据进行字符串比较，用“_”表示一个字符，“%”表示任意个字符。例如姓名中带有“新”字的，可表示为“姓名 LIKE "%新%"”；产品编号第二个字符为“C”的可表示为“产品编号 LIKE "_ C%"”。该命令的功能等同于如下命令：

SELECT * FROM xs WHERE 姓名 ="刘"&& 非精确比较

SELECT * FROM xs WHERE LEFT(姓名，2） ="刘"

SELECT * FROM xs WHERE SUBSTR(姓名，1，2） ="刘"

4.3.3 嵌套查询

当 WHERE 后的条件表达式的条件值比较复杂时，如需要用一个子查询的结果作为条件值时，就需要用到嵌套查询。

嵌套查询是指在一个 SELECT 命令的 WHERE 子句中出现另一个 SELECT 命令。把仅嵌入一层子查询的 SELECT 命令称为单层嵌套查询，把多于一层嵌套的查询称为多层嵌套查询。VFP 只支持单层嵌套查询。

4.3.3.1 返回单值的子查询

是指子查询的结果只有一个值。

【例 4.14】找出和徐进性别相同的学生的姓名。

SELECT 姓名 FROM xs WHERE 性别 =（SELECT 性别 FROM xs WHERE 姓名 =" 徐进"）

子查询先找到徐进的性别是“男”，然后把子查询的结果“男”作为外查询的条件值，即查找性别是“男”的姓名。

【例 4.15】列出选修了“人体解剖学”的所有学生的学号和该门课程成绩。

SELECT 学号，课程成绩 FROM xscj WHERE 课程号 =；

（SELECT 课程号 FROM kc WHERE 课程名 ="人体解剖学"）

子查询首先在课程表 kc 中找出“人体解剖学”的课程号“101”，然后把子查询的结果“101”作为外查询的条件值。即在 xscj 表中找出课程号等于“101”的记录，列出这些记录的学号和课程成绩。

4.3.3.2 返回一组值的子查询

是指子查询的结果有一组值，是一个值的集合。

前面已经列出了可用于单表查询的条件表达式中特殊运算符使用的方法和说明。当子查询返回值是一个集合时，WHERE 后的条件表达式使用可用于嵌套查询的条件运算符。表 4.5 列出了可用于嵌套查询的条件表达式中特殊运算符使用的方法和说明。

表 4.5　　特殊运算符使用的方法和说明

条件运算符及格式	说明
<字段> <比较符> ANY（<子查询>）	满足子查询中任意一个值的记录
<字段> <比较符> SOME（<子查询>）	满足子查询中的某一个值
<字段> <比较符> ALL（<子查询>）	满足子查询中所有值的记录
<字段> IN（<子查询>）	字段的内容是（属于）子查询中的内容
[NOT] EXISTS（<子查询>）	测试子查询中查询结果是否为空，即是否存在元素组。若为空返回值为假

【例 4.16】对学生管理数据库进行如下操作：

① 列出选修“702”课的学生中成绩比选修“102”的最低成绩高的学生的学号和成绩。

```
SELECT 学号，课程成绩 FROM xscj WHERE 课程号="702" AND 课程成绩 > ANY;
(SELECT 课程成绩 FROM xscj WHERE 课程号="102")
```

命令中“课程成绩 > ANY（子查询）”表示课程成绩大于子查询中的任意一个值，即大于子查询中的最小值即可。

子查询首先在 xscj 表中先找出选修“102”课的所有学生的成绩，得到集合{86.0，96.0}，然后在选修“702”课的学生中选出其成绩高于选修“102”课的任何一个学生的成绩的那些学生，即只要大于 86.0 分即可，选修“702”课的学生成绩为{85.0，95.0}，查询结果为 95.0。该命令的功能等同于以下两个命令：

```
SELECT 学号，课程成绩 FROM xscj WHERE 课程号="702" AND 课程成绩 >;
(SELECT MIN（课程成绩）FROM xscj WHERE 课程号="102")
SELECT 学号，课程成绩 FROM xscj WHERE 课程号="702" AND 课程成绩 > SOME;
(SELECT 课程成绩 FROM xscj WHERE 课程号="102")
```

SOME 的使用方法与 ANY 基本相同，这里不再赘述。

② 列出选修“102”课的学生，这些学生的成绩比选修“702”课的最高成绩还要高的学生的学号和成绩。

```
SELECT 学号，课程成绩 FROM xscj WHERE 课程号="102" AND 课程成绩 > ALL;
(SELECT 课程成绩 FROM xscj WHERE 课程号="702")
```

命令中“课程成绩 > ALL（子查询）”表示课程成绩大于子查询的所有值，即大于子查询中的最大值即可。

子查询首先在 xscj 表中先找出选修“702”课的所有学生的成绩，得到集合{85.0，95.0}，然后在选修“102”课的学生中选出其成绩高于选修“702”课的任何一个学生的成绩的那些学生，即必须大于 95.0 分的，得到结果为 96.0。该命令的功能等同于：

SELECT 学号，课程成绩 FROM xscj WHERE 课程号 = "102" AND 课程成绩 >；

(SELECT MAX(课程成绩) FROM xscj WHERE 课程号 = "702")

③ 列出选修“人体解剖学”或“卫生统计学”的所有学生的学号和相应的成绩。

SELECT 学号，课程成绩 FROM xscj WHERE 课程号 IN；

(SELECT 课程号 FROM kc WHERE 课程名 = "人体解剖学" OR 课程名 = "卫生统计学")　该语句中“课程号 IN (子查询)”表示课程号等于子查询中任何一个值，是属于的意思，等价于“ = ANY”。在前面我们已经介绍过 IN 的使用方法，只不过是前面介绍的 IN 后面是结果集合，在这里是由子查询的到的集合。

子查询首先在课程表 kc 中找出“人体解剖学”和“卫生统计学”的课程号，得到集合 {"101","102"}，然后再在 xscj 表中找出课程号 ∈ {"101","102"} 的记录，列出这些记录的学号和课程成绩。该命令的功能等同于以下命令：

SELECT 学号，课程成绩 FROM xscj WHERE 课程号 = ANY；

(SELECT 课程号 FROM kc WHERE 课程名 = "人体解剖学" OR 课程名 = "卫生统计学")

若用“ = ”替换“IN”，则出现如图 4.3 所示的提示信息。

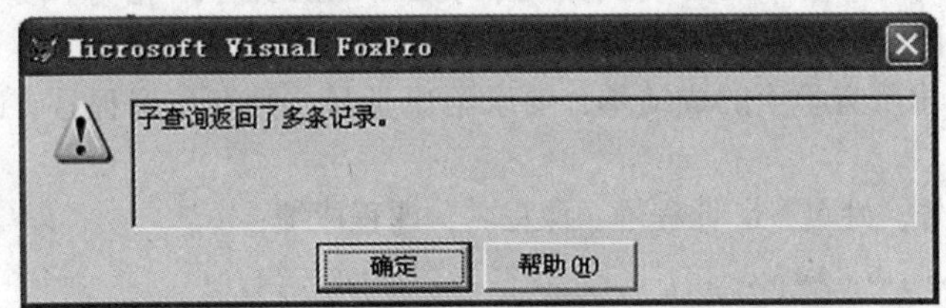

图 4.3　提示信息

错误的原因是“ = ”后面只能是一个值，而不能是一个集合。

④ 列出没有被学生选修的那些课程的信息。

分析题意可知，本题是要找出课程表 kc 中的“课程号”在学生成绩表 xscj 中不存在的那些记录。

SELE ＊ FROM kc WHERE NOT EXISTS；

(SELE ＊ FROM xscj WHERE 课程号 = kc. 课程号)

“[NOT] EXISTS”用来测试子查询中查询结果是否为空，即是否存在元素组。它本身并没有任何运算或比较。该命令的功能等同于以下命令：

SELECT ＊ FROM kc WHERE 课程号 NOT IN (SELECT 课程号 FROM xscj)

查询结果如图 4.4 所示。

注意：内层查询引用了外层查询的表 kc，使用 [NOT] EXISTS (<子查询>) 才有意义，是属于内外层相互嵌套查询。

4.3.4　连接查询

连接查询是基于多个表的查询，SELECT - SQL 命令支持多表查询，能够在一次查询中检索几个工作区中的表数据。在实现多表查询时，通常通过公共字段将表两两地“连接”起来，使它们能像一个表那样接受检索，但必须处理表和表间的连接关系。

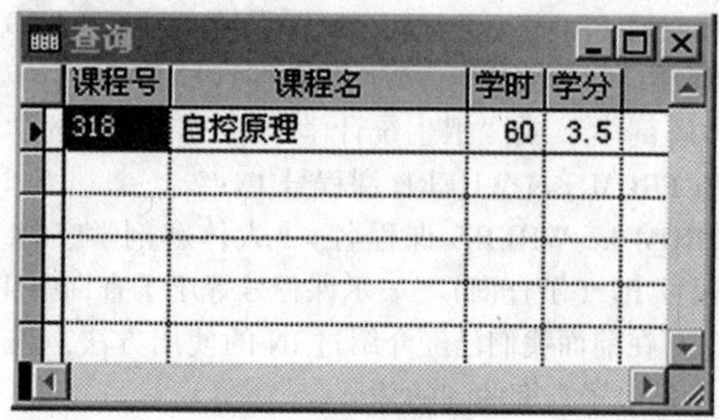

图 4.4　查询结果

4.3.4.1　等值连接

等值连接是按对应字段的共同值将一个表中的记录与另一个表中的记录相连接，即在 WHERE 后以公共字段值相等作为连接条件。

常用格式：

SELECT 要查询的字段 FROM 表1，表2，表3 WHERE 表1. 相同字段 = 表2. 相同字段 AND 表2. 相同字段 = 表3. 相同字段

【例 4.17】列出所有学生的成绩单，要求给出学号、姓名、课程号、课程名和课程成绩。

```
SELECT a. 学号，姓名，b. 课程号，课程名，课程成绩;
FROM xs a，xscj b，kc c;
WHERE a. 学号 = b. 学号 AND b. 课程号 = c. 课程号
```

由于学号、课程号字段名在两个表中出现，在使用时应在其字段名前加上表名以示区别，如 xs. 学号；而对于字段名是唯一的，如只有 xs 表中有姓名字段，可以不加前缀。在多表操作中，经常需要使用表名作为公共字段的前缀，有时这样显得很麻烦，SQL 可以为表名定义别名。

格式：<表名>［AS］ <别名>

功能：为指定的表名定义别名。

该命令中省略了 AS，定义 xs 的别名是 a，xscj 的别名是 b，kc 的别名是 c，xs 表中的学号则可以表示为 a. 学号。WHERE 后的条件使 xs 和 xscj 按照学号建立联系，xscj 和 kc 按照课程号建立联系。命令执行结果如图 4.5 所示。

【例 4.18】列出代培生的选课情况，要求列出学号、姓名、课程号、课程名、学分和课程分数。

```
SELECT a. 学号，姓名，b. 课程号，课程名，学分，课程成绩 AS 课程分数;
FROM xs a，xscj b，kc c;
WHERE a. 学号 = b. 学号 AND b. 课程号 = c. 课程号 AND 代培否
```

命令执行结果如图 4.6 所示。

4.3.4.2　自连接

把一个表看作两个表，将同一关系与其自身进行连接称为自连接。也就是在同一个表上建立连接叫自连接，在关系的自连接中别名是必须使用的。

学号	姓名	课程号	课程名	课程成绩
130701	徐进	105	组织胚胎学	82.0
130701	徐进	106	卫生统计学	96.0
130601	滕秋露	306	药物化学	80.0
130601	滕秋露	309	药剂学	88.0
130204	华淑瑞	107	口腔内科学	92.0
130503	任德刚	401	会计学原理	98.0
130503	任德刚	702	大学英语	76.0
130708	卢坤颖	106	卫生统计学	90.0
130209	郝志新	107	口腔内科学	93.0
130306	刘金月	601	教育心理学	85.0
130501	王艺潼	401	会计学原理	86.0
130501	王艺潼	702	大学英语	97.0
130605	郑岩松	309	药剂学	92.0

图 4.5　查询结果

学号	姓名	课程号	课程名	学分	课程分数
130501	王艺潼	401	会计学原理	3.0	86.0
130503	任德刚	401	会计学原理	3.0	98.0
130503	任德刚	702	大学英语	3.5	76.0
130501	王艺潼	702	大学英语	3.5	97.0

图 4.6　查询结果

【例 4.19】列出同时选修了课程号为"105"和"106"学生的相关信息。

SELECT * FROM xscj a, xscj b;

WHERE a. 学号 = b. 学号 AND a. 课程号 = "105" AND b. 课程号 = "106"

命令中给表 xscj 定义了两个别名，即把 xscj 表看作为 a，b 两张独立的表，通过学号字段进行连接，筛选条件是 a 表的课程号为“105”，并且 b 表的课程号为“106”的记录。命令执行结果如图 4.7 所示。

学号_a	课程号_a	课程成绩_a	学号_b	课程号_b	课程成绩_b
130701	105	82.0	130701	106	96.0

图 4.7　查询结果

4.3.4.3 非等值连接

【例4.20】列出选修“106”课的学生中，课程成绩大于学号为“130708”的学生该门课程成绩的那些学号、课程名及其成绩。

SELECT a.学号，课程名，a.课程成绩 FROM xscj a，xscj b，kc c；

WHERE a.课程成绩>b.课程成绩 AND a.课程号=b.课程号 AND b.课程号=c.课程号；

AND b.课程号="106" AND b.学号="130708"

命令中将xscj表看作为a，b两张独立的表，在b表中选出学号为“130708”同学的“106”课的成绩，a表中选出选修“106”课学生的成绩，“a.成绩>b.成绩”反映的是不等值连接。命令执行结果如图4.8所示。

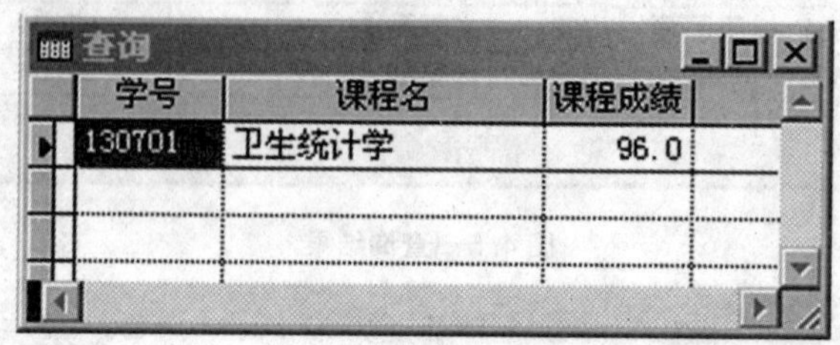

学号	课程名	课程成绩
130701	卫生统计学	96.0

图4.8 查询结果

4.3.5 超连接查询

SELECT－SQL命令中JOIN命令可用于实现超连接。分为内部连接和外部连接，而外部连接又分为左外连接、右外连接和全外连接。

超连接查询不同于连接查询，连接查询是只有满足连接条件的记录才能出现在查询结果中，相当于内部连接；超连接查询中的外部查询首先保证一个表中满足条件的记录都在查询结果中，然后将满足条件的记录与另一个表中的记录进行连接，在查询结果中不满足条件的另一个表的属性值为空值。

格式：

FROM 表名1［INNER | LEFT［OUTER］ | RIGHT［OUTER］ | FULL［OUTER］］JOIN 表名2

［［INNER | LEFT | RIGHT | FULL］JOIN 表名3…］

ON <连接条件1>［ON <连接条件2>［…］］

功能：根据连接条件为指定的表之间建立连接。

命令中主要参数说明如下：

① INNER JOIN：等价于JOIN，表示设置内部连接，也叫普通连接。

② LEFT JOIN：表示设置左外连接。

③ RIGHT JOIN：表示设置右外连接。

④ FULL JOIN：表示设置全外连接。

（5）ON <连接条件1>［ON <连接条件2>［…］］：连接条件的设定。当连接多个表时，要注意JOIN后表的顺序和ON后连接表的顺序。

4.3.5.1　内部连接（Inner Join）

内部连接是指包括符合条件的每个表中的记录。也就是说所有满足连接条件的记录都包含在查询结果中。前边提到的连接查询例题都是内部连接。

最常用格式：

SELECT 要查询的字段 FROM 表1 INNER JOIN 表2 INNER JOIN 表3

ON 表1. 相同字段 = 表2. 相同字段 ON 表2. 相同字段 = 表3. 相同字段

如例4.18列出代培生的选课情况，要求列出学号、姓名、课程号、课程名、学分和课程分数的命令可以写为：

SELECT a. 学号，姓名，b. 课程号，课程名，学分，课程成绩 AS 课程分数;

FROM xs a JOIN xscj b JOIN kc c;

ON b. 课程号 = c. 课程号 ON a. 学号 = b. 学号 WHERE 代培否

所得到的结果完全相同。另外，命令也可以写为：

SELECT a. 学号，姓名，b. 课程号，课程名，学分，课程成绩 AS 课程分数;

FROM xs a INNER JOIN xscj b INNER JOIN kc c;

ON b. 课程号 = c. 课程号 ON a. 学号 = b. 学号 WHERE 代培否

注意：ON 后的相应连接条件的顺序正好与 JOIN 后表的顺序相反。

4.3.5.2　外部连接（Outer Join）

（1）**左外连接**（Left Outer Join）

左外连接也称左连接。执行过程是左表的第一条记录与右表的所有记录依次比较，若有满足连接条件的，则产生一个真实值记录；若都不满足连接条件，则产生一个含有 NULL 值的记录。然后左表的下一记录与右表的所有记录依次比较字段值，重复上述过程，直到左表所有记录都比较完为止。

如果例4.18改成左连接，则结果如图4.9所示。

SELECT a. 学号，姓名，b. 课程号，课程名，学分，课程成绩 AS 课程分数;

FROM xs a LEFT JOIN xscj b LEFT JOIN kc c;

ON b. 课程号 = c. 课程号 ON a. 学号 = b. 学号 WHERE 代培否

查询

学号	姓名	课程号	课程名	学分	课程分数
130503	任德刚	401	会计学原理	3.0	98.0
130503	任德刚	702	大学英语	3.5	76.0
130501	王艺潼	401	会计学原理	3.0	86.0
130501	王艺潼	702	大学英语	3.5	97.0

图4.9　查询结果

由此可见，连接结果的记录个数与左表的记录个数相同。

（2）**右外连接**（Right Outer Join）

右外连接也称右连接。执行过程是右表第一条记录与左表的所有记录依次比较，若有满足连接条件的，则产生一个真实值记录；若都不满足连接条件，则产生一个含有 NULL 值的记录。然后右表的下一记录与左表的所有记录依次比较字段值，重复上述过程，直到右表所有记录都比较完为止。

如果例 4. 18 改成右连接，则结果如图 4. 10 所示。

查询

学号	姓名	课程号	课程名	学分	课程分数
130503	任德刚	401	会计学原理	3.0	98.0
130501	王艺潼	401	会计学原理	3.0	86.0
130503	任德刚	702	大学英语	3.5	76.0
130501	王艺潼	702	大学英语	3.5	97.0

图 4. 10　查询结果

```
SELECT a. 学号，姓名，b. 课程号，课程名，学分，课程成绩 AS 课程分数;
FROM xs a RIGHT JOIN xscj b RIGHT JOIN kc c;
ON b. 课程号 = c. 课程号 ON a. 学号 = b. 学号 WHERE 代培否
```

由此可见，连接结果的记录个数与右表的记录个数相同。

（3）全外连接（Full Join）

全外连接也称完全连接。执行过程是先按右连接比较字段值，再按左连接比较字段值，重复记录不记入查询结果中。

如果例 4. 18 改成全连接，则结果如图 4. 11 所示。

```
SELECT a. 学号，姓名，b. 课程号，课程名，学分，课程成绩 AS 课程分数;
FROM xs a FULL JOIN xscj b FULL JOIN kc c;
ON b. 课程号 = c. 课程号 ON a. 学号 = b. 学号
```

4. 3. 6　查询结果处理

前面介绍的查询语句得到的查询结果是默认以浏览方式显示的，记录以自然顺序排列。若想让查询结果排序、汇总或输出到一个指定的文件，则需要使用下面的子句。

4. 3. 6. 1　排序输出查询结果

如果希望 SELECT 的查询结果有序输出，需要使用排序子句。

格式：ORDER BY <排序选项 1> [ASC | DESC] [，<排序选项 2> [ASC | DESC] …]

功能：对查询结果进行排序输出。

命令中主要参数说明如下。

① <排序选项>：可以是字段名，也可以是数字。字段名必须是主 SELECT 子句的选项，FROM <表>中的字段。数字是 SELECT 后选项的列序号，第 1 列为 1，以此类推。

② ASC：指定的排序项按升序排列，是默认值。

③ DESC：指定的排序项按降序排列。

【例 4. 21】显示学生的姓名、课程号、选修课程名及成绩，并按课程号升序排列，课程

学号	姓名	课程号	课程名	学分	课程分数
130701	徐进	105	组织胚胎学	4.0	82.0
130701	徐进	106	卫生统计学	3.0	96.0
130601	滕秋露	306	药物化学	3.5	80.0
130601	滕秋露	309	药剂学	4.0	88.0
130204	华淑瑞	107	口腔内科学	4.0	92.0
130503	任德刚	401	会计学原理	3.0	98.0
130503	任德刚	702	大学英语	3.5	76.0
130708	卢坤颖	106	卫生统计学	3.0	90.0
130302	常晨	.NULL.	.NULL.	NULL.	.NULL.
130209	郝志新	107	口腔内科学	4.0	93.0
130306	刘金月	601	教育心理学	2.0	85.0
130501	王艺潼	401	会计学原理	3.0	86.0
130501	王艺潼	702	大学英语	3.5	97.0
130605	郑岩松	309	药剂学	4.0	92.0

图 4.11　查询结果

号相同的按课程成绩降序排列。

```
SELECT 姓名，b. 课程号，课程名 AS 选修课程，课程成绩 AS 成绩;
FROM xs a，xscj b，kc c;
WHERE a. 学号 = b. 学号 AND b. 课程号 = c. 课程号 ORDER BY b. 课程号，成绩　DESC
```

在 ORDER BY 短语中，可以使用字段名，也可以使用列别名。例如该题中使用了列别名“成绩”，使用字段名“课程成绩”也是正确的，另外还可以使用列所在的位置数来表示，如下列命令也是正确的。

```
SELECT 姓名，b. 课程号，课程名 AS 选修课程，课程成绩 AS 成绩;
FROM xs a，xscj b，kc c;
WHERE a. 学号 = b. 学号 AND b. 课程号 = c. 课程号 ORDER BY 2，4　DESC
```

查询的结果如图 4.12 所示。

注意：在 SQL SELECT 语句的 ORDER BY 短语中如果指定了多个字段，按从左至右优先依次排序。

4.3.6.2　显示查询结果前几项

若想要显示成绩最高的前几条记录、成绩最差的前几条记录，或显示成绩最高的前百分之几的记录，则需要使用下面的子句。

格式：TOP <数值表达式> [PERCENT]

功能：前 <数值表达式> 条记录或前百分之 <数值表达式> 条记录。

【例 4.22】 显示入学成绩最高的前 5 名学生的信息。

```
SELECT TOP 5 * FROM xs ORDER BY 入学成绩 DESC
```

该命令先对入学成绩进行降序排列，然后显示最前面的五条记录。查询结果如图 4.13 所示。

查询

姓名	课程号	选修课程	成绩
徐进	105	组织胚胎学	82.0
徐进	106	卫生统计学	96.0
卢坤颖	106	卫生统计学	90.0
郝志新	107	口腔内科学	93.0
华淑瑞	107	口腔内科学	92.0
滕秋露	306	药物化学	80.0
郑岩松	309	药剂学	92.0
滕秋露	309	药剂学	88.0
任德刚	401	会计学原理	98.0
王艺潼	401	会计学原理	86.0
刘金月	601	教育心理学	85.0
王艺潼	702	大学英语	97.0
任德刚	702	大学英语	76.0

图 4.12　查询结果

查询

学号	姓名	性别	专业	出生日期	入学成绩	代培否	籍贯	照片	简历
130209	郝志新	男	口腔医学	05/28/94	616.5	F	齐齐哈尔	gen	mem
130503	任德刚	男	工商管理	01/26/93	612.0	T	佳木斯	gen	mem
130605	郑岩松	女	药学	09/22/94	609.0	F	佳木斯	gen	mem
130204	华淑瑞	女	口腔医学	02/13/94	601.0	F	哈尔滨	gen	mem
130501	王艺潼	女	工商管理	03/20/95	595.0	T	哈尔滨	gen	mem

图 4.13　查询结果

4.3.6.3　重定向输出查询结果

查询结果可以重定输出方向，例如输出到临时表、文本文件、打印等。

格式：

[INTO ARRAY <数组变量名> | CURSOR <临时表文件> | DBF <表文件> | TABLE <表文件>] |

[TO FILE <文本文件> [ADDITIVE]] | [TO PRINTER | TO SCREEN]

功能：查询结果重定向输出。

命令中主要参数说明如下。

① INTO ARRAY <数组名>：将查询结果存到指定数组名的内存变量数组中。

② CURSOR <临时表>：将输出结果存到一个临时表，临时表不可以更新，是只读的，一旦关闭就被删除,。

③ DBF | TABLE <表文件>：将结果存到一个表. dbf 文件中，如果该表已经打开，则系统自动关闭它。如果事先执行了 SET SAFETY OFF，则重新打开它不提示。如果没有指定后缀，则默认为. dbf。在 SELECT 命令执行完后，该表为打开状态。

④ TO FILE <文件名> [ADDITIVE]：将结果输出到指定文本文件，加 ADDITIVE 表示添加到原文件末尾，不加表示覆盖原文件。

⑤ TO PRINTER：将结果送打印机输出。

⑥ TO SCREEN：将结果输出到屏幕。

例如将例 4. 21 的查询结果排序后保存到文本文件 t1. txt 中。

SELECT 姓名，b. 课程号，课程名 AS 选修课程，课程成绩 AS 成绩；

FROM xs a，xscj b，kc c；

WHERE a. 学号 = b. 学号 AND b. 课程号 = c. 课程号 ORDER BY b. 课程号，成绩 DESC；

TO FILE t1

打开文本文件 t1. txt，可以看到如图 4. 14 所示的内容。

t1.txt

姓名	课程号	选修课程	成绩
徐进	105	组织胚胎学	82.0
徐进	106	卫生统计学	96.0
卢坤颖	106	卫生统计学	90.0
郝志新	107	口腔内科学	93.0
华淑瑞	107	口腔内科学	92.0
滕秋露	306	药物化学	80.0
郑岩松	309	药剂学	92.0
滕秋露	309	药剂学	88.0
任德刚	401	会计学原理	98.0
王艺潼	401	会计学原理	86.0
刘金月	601	教育心理学	85.0
王艺潼	702	大学英语	97.0
任德刚	702	大学英语	76.0

图 4. 14　文本文件 t1. txt 内容

【例 4. 23】查询与 1993 年出生的学生相关的所有信息，并按入学成绩降序排列，将查询结果存入 one_ 1 表中。

SELECT ＊ FROM xs a JOIN xscj b JOIN kc c；

ON b. 课程号 = c. 课程号 ON a. 学号 = b. 学号；

WHERE YEAR(出生日期) = 1993 ORDER BY 入学成绩 DESC INTO TABLE one_1

执行 SELECT ＊ FROM one_1 后，可以看到如图 4. 15 所示的查询结果。

One_1

学号_a	姓名	性别	专业	出生日期	入学成绩	代培否	籍贯	照片	简历	学号_b	课程号_a
130503.	任德刚	男	工商管理	01/26/93	612.0	T	佳木斯	gen	memo	130503	401
130503	任德刚	男	工商管理	01/26/93	612.0	T	佳木斯	gen	memo	130503	702
130601	滕秋露	女	药学	09/12/93	583.0	F	北京	gen	memo	130601	306
130601	滕秋露	女	药学	09/12/93	583.0	F	北京	gen	memo	130601	309
130708	卢坤颖	女	临床医学	05/11/93	578.0	F	上海	gen	memo	130708	106

图 4. 15　查询结果

注意：TO 和 INTO 同时出现时 TO 短语将被忽略。

4. 3. 6. 4　合并查询结果

SQL 支持集合并运算，可以将两个查询结果进行集合并操作，也就是将两个 SELECT 语句的查询结果通过并运算合并成一个查询结果。

格式：UNION［ALL］<SELECT 命令>

功能：将 SELECT 语句的查询结果合并成一个查询结果。

其中 ALL 表示结果全部合并。若没有 ALL，则重复的记录将被自动去掉。

【例 4.24】列出选修“105”或“106”课程的所有学生的姓名、课程号和成绩。

```
SELECT 姓名，课程号，课程成绩 AS 成绩 FROM xs a，xscj b;
WHERE a.学号=b.学号 AND 课程号="105";
UNION;
SELECT 姓名，课程号，课程成绩 AS 成绩 FROM xs a JOIN xscj b;
ON a.学号=b.学号 WHERE 课程号="106"
```

该命令的功能等同于下面两条命令：

```
SELECT 姓名，课程号，课程成绩 AS 成绩 FROM xs a，xscj b;
WHERE a.学号=b.学号 AND 课程号 IN（"105","106"）
SELECT 姓名，课程号，课程成绩 AS 成绩 FROM xs a，xscj b;
WHERE a.学号=b.学号 AND（课程号="105" OR 课程号="106"）
```

查询结果如图 4.16 所示。

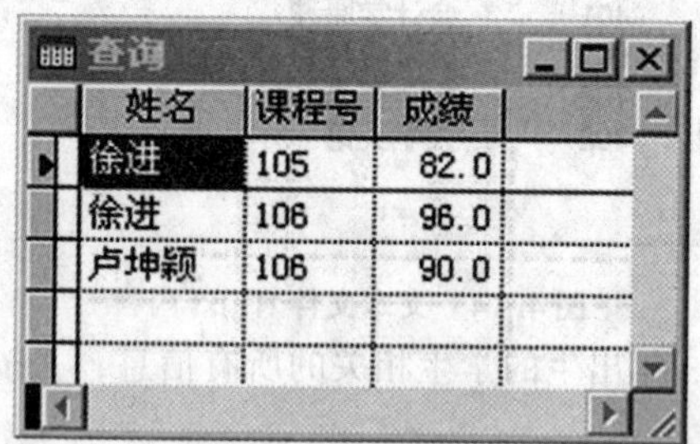

姓名	课程号	成绩
徐进	105	82.0
徐进	106	96.0
卢坤颖	106	90.0

图 4.16　查询结果

注意：

- 不能合并子查询的结果。
- 两个查询结果必须具有相同的字段个数，并且对应字段的值要出自同一个值域，即相同的数据类型和取值范围。
- 仅最后一个 SELECT 命令中可以用 ORDER BY 子句，且排序选项必须用数字说明。

4.3.6.5　分组统计查询结果

可以按某一个选项进行分组查询，一般都与 SELECT 命令可操纵的函数联合使用，以达到统计的目的。

格式：GROUP BY <分组选项 1>［，<分组选项 2>…］［HAVING <筛选条件表达式>］

功能：按分组选项进行分组，并筛选出满足条件的组。

其中<分组选项>可以是字段名、SQL 函数表达式，也可以是列序号。HAVING 子句只能与 GROUP BY 子句连用，用来指定每一分组内应满足的条件。

【例 4.25】对学生管理数据库进行如下操作：

① 分别统计个专业的人数。

SELECT 专业，COUNT（性别）AS 人数 FROM xs GROUP BY 专业

② 分别统计代培和非代培的男生的入学成绩平均值。

SELECT 代培否，AVG（入学成绩）平均值 FROM xs GROUP BY 1 WHERE 性别 = "男"

该命令中“AVG（入学成绩）平均值”省略了“AS”，“GROUP BY 1”子句中数字“1”表示 SELECT 后的第一列选项，即“代培否”。

③ 列出平均成绩大于 90 的女学生的姓名、性别、选课数和平均分。

SELECT 姓名，性别，COUNT（课程号）选课数，AVG（课程成绩）平均分；

FROM xs，xscj；

GROUP BY xs. 学号 HAVING 平均分 >90；

WHERE xs. 学号 = xscj. 学号 and 性别 = "女"

该命令中的 HAVING 子句后是列别名“平均分”，使用函数表达式“AVG（课程成绩)”也是正确的。命令执行的过程是：先按照 WHERE 条件选出女学生的记录，再按照 GROUP BY 对学号进行分组，然后用 HAVING 筛选平均分大于 90 的组。查询结果如图 4.17 所示。

查询

姓名	性别	选课数	平均分
华淑瑞	女	1	92.00
王艺潼	女	2	91.50
郑岩松	女	1	92.00

图 4.17　查询结果

由此可见，查询语句中若同时有 WHERE，GROUP BY，HAVING，则执行的过程是：先用 WHERE 在表中选出满足条件的记录，再用 GROUP BY 把这些记录分组，然后用 HAVING 选出满足条件的组。

 4.4　数据操纵

数据操纵又叫数据操作，是对表中数据的有关操作，主要包括插入、更新和删除。

4.4.1　插入记录

SQL 插入命令有两种格式。

格式 1：

INSERT INTO <表名>［（字段名 1［，<字段名 2>［，…］］）］

VALUES（<表达式 1>［，<表达式 2>［，…］］）

功能：在指定的表文件的末尾插入一条新记录，其值为 VALUES 后面表达式的值。

若插入的新记录包括表中的全部字段的数据，则<表名>后面的字段名可以缺省，但注意插入数据的格式及顺序必须与表的结构完全一致；若插入的新记录包括表中的部分字段的

数据，则需要列出插入数据的字段名，而且相应表达式的数据位置应与之依次对应。

【例 4.26】向学生成绩表 xscj 中添加一条新记录。

INSERT INTO xscj VALUES("130101","101", 68)

【例 4.27】向学生表 xs 表中添加一条新记录。

INSERT INTO xs(学号，姓名)　VALUES("130101","张强")

该命令添加的记录不包括全部字段的值，所以要列出对应的字段名，且添加字段的值要与对应字段的类型相一致。

格式 2：INSERT INTO　<表名>　FROM　ARRAY <数组名> | FROM MEMVAR]

功能：在指定的表文件末尾添加一条新记录，字段值来自于数组或对应的同名内存变量。命令中主要参数说明如下。

① FROM ARRAY <数组名>：从指定数组中插入记录。

② FROM MEMVAR：根据同名的内存变量插入记录，若内存变量不存在，则相应字段为默认值或空。

【例 4.28】利用数组向学生成绩表 xscj 添加新记录。

```
DECLARE M(3)
M(1) ="130101"
M(2) ="101"
M(3) =61
INSERT INTO xscj FROM ARRAY M
```

该命令执行后，在 xscj 表中添加一条新记录，新记录的值是指定的数组 M 中各元素的数据。Visual FoxPro 要求数组中各元素与表中各字段顺序依次对应。如果数组中元素的数据类型与其对应的字段类型不一致，则新记录对应的字段为空值；如果表中字段个数大于数组元素的个数，则多出的字段为空值。该例题用内存变量来做的命令如下：

```
学号 ="130101"
课程号 ="101"
课程成绩 =61
INSERT INTO xscj FROM MEMVAR
```

4.4.2　更新记录

格式：

UPDATE <表名>SET <字段名1> = <表达式1> [，<字段名2> = <表达式2>…] [WHERE <逻辑表达式>]

功能：指定的表中把满足条件的记录用 <表达式>更新 <字段名>的值。也可以对用 SELECT 语句选择出的记录进行数据更新。

【例 4.29】将学生表 xs 中男学生的入学成绩加 10 分。

UPDATE xs SET 入学成绩 = 入学成绩 + 10　WHERE 性别 = "男"

【例 4.30】所有女学生的各科成绩加 3 分。

```
UPDATE xscj SET 课程成绩 = 课程成绩 +3 WHERE 学号 IN;
(SELECT 学号　FROM　xs WHERE 性别 = "女")
```

注意：UPDATE 一次只能在单一的表中更新记录。

4.4.3　删除记录

格式：DELETE　FROM <表名>［WHERE <条件表达式>］

功能：从指定的表中把满足条件的记录逻辑删除。

【例 4.31】将学生成绩表 xscj 所有选修了“106”课程的记录逻辑删除。

DELETE　FROM xscj WHERE 课程号 = "106"

执行该命令后，可以看到学生成绩表 xscj 所有选修了“106”课程的记录被逻辑删除了，即均打上了“ * ”号标记。这些逻辑删除的记录还可以用 RECALL 命令取消删除，恢复记录。若要真正删除记录，还需要使用物理删除命令 PACK。

另外，在逻辑删除记录时，若在当前工作区中没有表被打开，该命令执行后将在当前工作区打开该命令指定的表；若当前工作区打开的是其他表，则该命令执行后将在一个新的工作区中打开，逻辑删除完成后，仍保持原工作区为当前工作区。若指定的表在非当前工作区中打开，逻辑删除完成后，指定的表仍在原工作区中打开，且仍保持原工作区为当前工作区。

案例 9　创建综合查询与统计案例

一、案例知识点

1. 掌握 SQL 数据操作命令。
2. 掌握用 SQL 命令建立数据库。
3. 掌握用 SQL 命令建立表。
4. 掌握多表查询的格式和方法。
5. 掌握用 SQL 命令编写事件代码的方法。
6. 掌握 SQL 命令在案例中的综合使用和其他模块的接口。

二、案例内容

1. 对考生文件夹中的“学生成绩表 xscj”使用 SQL 语句完成下列题目。

① 用 SELECT 语句查询出课程成绩大于等于 90 分的全部信息。

② 用 INSERT 语句为 xscj 表插入一条记录（"130701"，"105"，98）。

③ 用 DELETE 语句将 xscj 表中课程号为"105"的记录删除。

④ 用 UPDATE 语句将 xscj 表中的所有人课程成绩加 1 分。

详解：

```
SELECT * FROM xscj WHERE 课程成绩 > =90
INSERT INTO xscj VALUES("130701","105", 98)
DELETE FROM xscj WHERE 课程号 = "105"
UPDATE xscj SET 年龄 = 年龄 +1
```

2. 在学生数据库 SDB 中有如图 4.18 所示的 student 表、sc 表和 course 表。使用 SQL 查询语句完成查询：查询每个同学的学号（来自 student 表）、姓名、课程名和成绩。查询结果先按课程名升序，再按成绩降序排序，查询去向是表，表名是 TWO。设计完成后，运行该查询。

sc

学号	课程号	成绩
s1	c1	80.0
s1	c2	85.0
s1	c3	75.0
s1	c4	56.0
s1	c5	90.0
s2	c1	47.0
s2	c4	80.0
s2	c3	75.0
s2	c5	95.0
s6	c1	80.0
s6	c2	87.0
s6	c3	75.0
s3	c1	75.0
s3	c2	70.0
s3	c3	85.0
s3	c4	86.0
s3	c5	90.0
s3	c6	99.0
s4	c1	83.0

Student

学号	姓名	年龄	性别	班级号
s1	林萍	17	女	01
s2	张爱国	18	男	01
s3	徐敏	20	女	01
s4	邓成钢	21	男	11
s5	张微扬	19	男	11
s6	张爱娟	22	女	11
s7	王招弟	18	男	21
s8	达娃	19	女	21
s9	欧阳家登	21	男	01

course

课程号	课程名	学时
c1	高等数学	80
c2	物理	120
c3	C++	60
c4	二级 Visual FoxPro	60
c5	二级 Visual BASIC	60
c6	数据库技术	60
c7	网络技术	40

图 4.18　查询结果

详解：

```
SELECT student.学号，student.姓名，course.课程名，sc.成绩；
FROM   sdb！student INNER JOIN sdb！sc；
INNER JOIN sdb！course；
   ON   sc.课程号 = course.课程号；
   ON   student.学号 = sc.学号；
ORDER BY course.课程名，sc.成绩 DESC；
INTO TABLE two.dbf
```

3. 建立一个查询窗口，键盘输入学号后，单击查询按钮查出该学生相关的信息（入学成绩、选课、课程成绩等相关信息），要求在窗体上以表格控件显示出查询结果。

操作步骤与详解：

（1）建立数据库。

CREATE DATABASE 佳木斯大学学生管理.dbc

（2）建立所用的表，并添加到学生管理数据库中，如图 4.19 所示。

CREATE TABLE xs（学号 C(6)，姓名 C(6)，性别 C(2)，专业 C(10)，出生日期 D，入学成绩 N(6，1)，代培否 L，籍贯 C(10)，照片 G，简历 M)

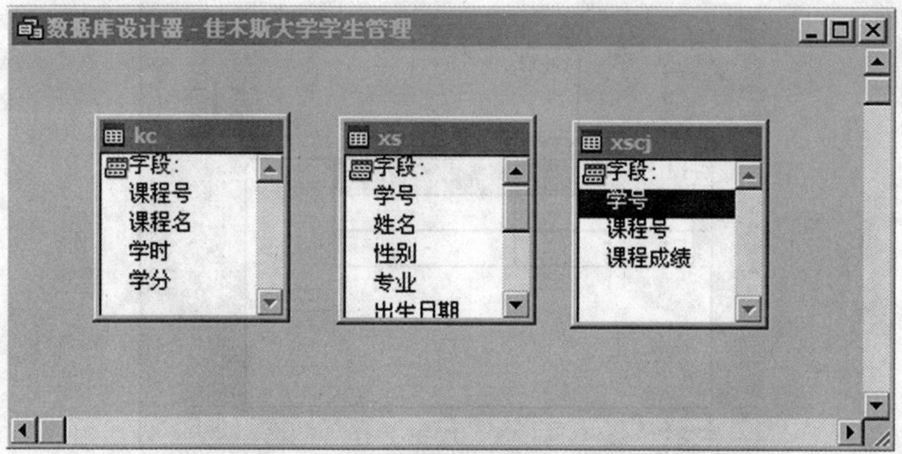

图 4.19

```
CREATE TABLE kc (课程号 C(3), 课程名 C(14), 学时 N(3, 0), 学分 N(3, 1))
CREATE TABLE xscj (学号 C(6), 课程号 C(3), 课程成绩 N(6, 1))
ADD TABLE xs
ADD TABLE kc
ADD TABLE xscj
```

(3) 建立表单，如图 4.20 所示。

① CREATE FORM jmsdx. scx

② 表单上面放置一个标签、一个文本框、一个表格 GRID1 控件、一个命令按钮。

③ 右键单击数据环境，添加 xs，kc，xscj 三个数据表。

④ 在命令按钮的 CLICK 事件写入程序代码如下：

```
OPEN DATABASE 佳木斯大学学生管理. dbc
X = THISFORM. TEXT1. VALUE
SELECT xs. 学号, xs. 姓名, xs. 性别, xs. 专业, xs. 出生日期, xs. 入学成绩, xs. 籍贯,
kc. *, xscj. 课程成绩;
FROM  佳木斯大学学生管理! kc INNER JOIN 佳木斯大学学生管理! xscj;
INNER JOIN 佳木斯大学学生管理! xs;
   ON  xscj. 学号 = xs. 学号;
   ON  kc. 课程号 = xscj. 课程号;
WHERE xscj. 学号 = x;
INTO CURSOR TEMP1
THISFORM. GRID1. RECORDSOURCETYPE = 1
THISFORM. GRID1. RECORDSOURCE = "TEMP1"
```

(4) 运行表单。

(5) 在运行窗口的文本框输入要查找的学号，如 130701。

(6) 单击查询命令按钮，窗口上的表格控件会显示出要查找的结果。如没有学号，则不显示。查询显示结果如图 4.21 所示。

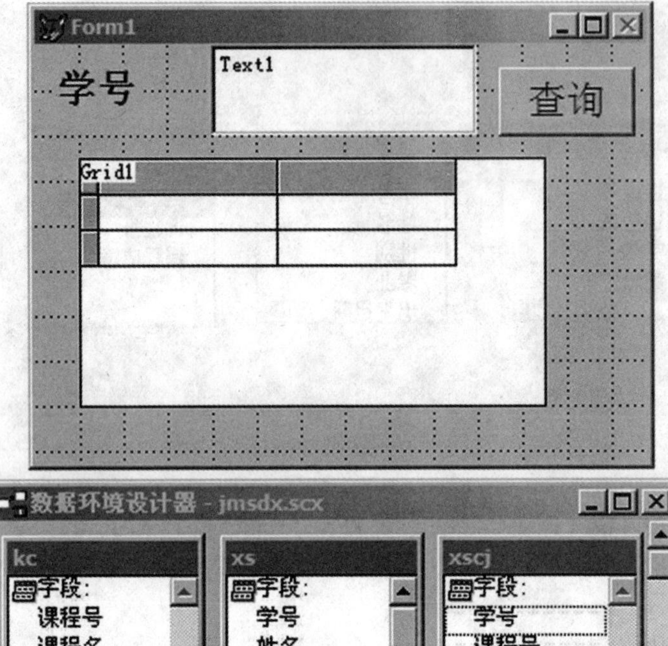

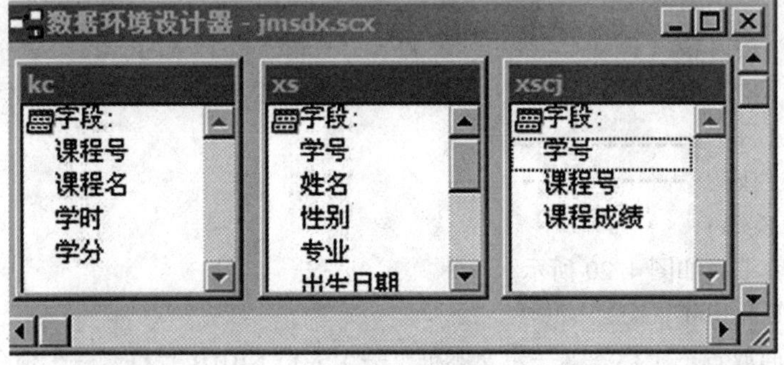

图 4. 20

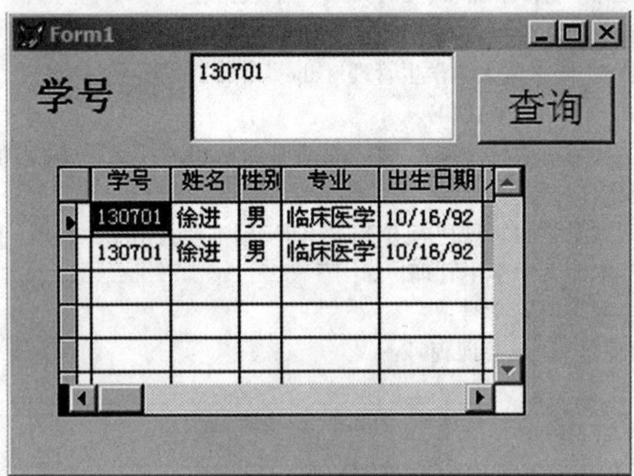

图 4. 21　查询显示结果

小结与提高

结构化查询语言 SQL 是关系数据库标准语言，Visual FoxPro 在 SQL 方面支持数据定义、数据查询和数据操纵功能。本章介绍了 SQL 语言的基本概念和特点，SQL 语言的数据定义、数据查询、数据操纵功能的语法格式、使用方法及其应用。尤其对于 SQL 语言的核心功能——数据查询——做了详细的介绍。

SQL 已经在各种数据库产品中得到了广泛的支持，把 SQL 语言嵌入到程序设计语言中以程序方式使用，能够增强 Visual FoxPro 的功能，因此掌握 SQL 是十分必要的。

习　题

一、选择题

1. 在 SQL 的 SELECT 查询结果中，消除重复记录的方法是________。

A. 通过指定主关键字　　B. 通过指定唯一索引

C. 使用 DISTINCT 子句　　D. 使用 HAVING 子句

2. SQL 语句中修改表结构的命令是________。

A. ALTER TABLE　　B. MODIFY TABLE

C. ALTER STRUCTURE　　D. MODIFY STRUCTURE

3. 为成绩表增加一个字段“得分”的 SQL 语句是________。

A. ALTER TABLE 成绩 ADD 得分 F(6，2)

B. ALTER DBF 成绩 ADD 得分 F 6，2

C. CHANGE TABLE 成绩 ADD 得分 F(6，2)

D. CHANGE TABLE 成绩 INSERT 得分 F 6，2

4. 在 Visual FoxPro 中，如果要将学生表 S（学号，姓名，性别，年龄）中的“年龄”属性删除，正确的 SQL 命令是________。

A. ALTER TABLE S DROP COLUMN 年龄

B. DELETE 年龄 FROM　S

C. ALTER TABLE S DELETE COLUMN 年龄

D. ALTEER TABLE S DELETE 年龄

5. 在 Visual FoxPro 中，删除数据库表 S 的 SQL 命令是________。

A. DROP TABLE S　　B. DELETE TABLE S

C. DELETE TABLE S．DBF　　D. ERASE TABLE S

6. “图书”表中有字符型字段“图书号”，要求用 SQL DELETE 命令将图书号以字母 A 开头的图书记录全部打上删除标记，正确的命令是________。

A. DELETE FROM 图书 FOR 图书号 LIKE "A%"

B. DELETE FROM 图书 WHILE 图书号 LIKE "A%"

C. DELETE FROM 图书 WHERE 图书号 = "A*"

D. DELETE FROM 图书 WHERE 图书号 LIKE "A%"

7. 从订单表中删除客户号为“1001”的订单记录，正确的 SQL 语句是________。

A. DROP FROM 订单 WHERE 客户号 = "1001"

B. DROP FROM 订单 FOR 客户号 = "1001"

C. DELETE FROM 订单 WHERE 客户号 = "1001"

D. DELETE FROM 订单 FOR 客户号 = "1001"

8. 使用 SQL 语句向学生表 S（SNO，SN，AGE，SEX）中添加一条新记录，字段学号（SNO）、姓名（SN）、性别（SEX）、年龄（AGE）的值分别为 0901、王芳、女、20，正确的命令是________。

A. APPEND INTO S（SNO，SN，SEX，AGE）VALUES（"0901","王芳","女",20）

B. APPEND S VALUES（"0901","王芳",20,"女"）

C. INSERT INTO S（SNO，SN，SEX，AGE）VALUES（"0901","王芳","女",20）

D. INSERT S VALUES（"0901","王芳",20,"女"）

9. SQL 的 SELECT 语句中，“HAVING <条件表达式>”用来筛选满足条件的________。A. 列　　B. 行　　C. 关系　　D. 分组

10. 将订单号为“0001”的订单金额改为 1000 元，正确的 SQL 语句是________。

A. UPDATE 订单 SET 金额 = 1000 WHERE 订单号 = "0001"

B. UPDATE 订单 SET 金额 WITH 1000 WHERE 订单号 = "0001"

C. UPDATE FROM 订单 SET 金额 = 1000 WHERE 订单号 = "0001"

D. UPDATE FROM 订单 SET 金额 WITH 1000 WHERE 订单号 = "0001"

11. 下列关于 SQL 中 HAVING 子句的描述错误的是________。

A. HAVING 子句必须与 GROUP BY 子句同时使用

B. HAVING 子句与 GROUP BY 子句无关

C. 使用 WHERE 子句的同时可以使用 HAVING 子句

D. 使用 HAVING 子句的作用是限定分组的条件

12. 在 SQL SELECT 语句的 ORDER BY 短语中如果指定了多个字段，则________。

A. 无法进行排序　　B. 只按第一个字段排序

C. 按从左至右优先依次排序　　D. 按字段排序优先级依次排序

13. 显示 2005 年 1 月 1 日后签订的订单，显示订单的订单号、客户名以及签订日期。正确的 SQL 语句是________。

A. SELECT 订单号，客户名，签订日期 FROM 订单 JOIN 客户；
ON 订单. 客户号 = 客户. 客户号 WHERE 签订日期 > {^2005-1-1}

B. SELECT 订单号，客户名，签订日期 FROM 订单 JOIN 客户；
WHERE 订单. 客户号 = 客户. 客户号 AND 签订日期 > {^2005-1-1}

C. SELECT 订单号，客户名，签订日期 FROM 订单，客户；
WHERE 订单. 客户号 = 客户. 客户号 AND 签订日期 < {^2005-1-1}

D. SELECT 订单号，客户名，签订日期 FROM 订单，客户；
ON 订单. 客户号 = 客户. 客户号 AND 签订日期 < {^2005-1-1}

14. 设有学生选课表 SC（学号、课程号、成绩），用 SQL 检索同时选修课程号为"C1"和"C5"的学生的学号的正确命令是________。

A. SELECT 学号 RORM SC WHERE 课程号 = "C1" AND 课程号 = "C5"

B. SELECT 学号 RORM SC WHERE 课程号 = "C1" AND 课程号 = ;
　(SELECT 课程号 FROM SC WHERE 课程号 = "C5")

C. SELECT 学号 RORM SC WHERE 课程号 = [C1] AND 学号 = ;
　(SELECT 学号 FROM SC WHERE 课程号 = [C5])

D. SELECT 学号 RORM SC WHERE 课程号 = [C1] AND 学号 IN;
　(SELECT 学号 FROM SC WHERE 课程号 = [C5])

15. 在 SQL SELECT 语句中将查询结果存储到临时表应该使用的短语是________。

A. TO CURSOR　　B. INTO CURSOR　　C. INTO DBF　　D. TO DBF

16. 查询金额最大的那 10% 订单的信息。正确的 SQL 语句是________。

A. SELECT * TOP 10 PERCENT FROM 订单

B. SELECT TOP 10% * FROM 订单 ORDER BY 金额

C. SELECT * TOP 10 PERCENT FROM 订单 ORDER BY 金额

D. SELECT TOP 10 PERCENT * FROM 订单 ORDER BY 金额 DESC

17. 假设同一名称的产品有不同的型号和产地，则计算每种产品平均单价的 SQL 语句是________。

A. SELECT 产品名称，AVG（单价）FROM 产品 GROUP BY 单价

B. SELECT 产品名称，AVG（单价）FROM 产品 ORDER BY 单价

C. SELECT 产品名称，AVG（单价）FROM 产品 ORDER BY 产品名称

D. SELECT 产品名称，AVG（单价）FROM 产品 GROUP BY 产品名称

18. 有以下 SQL 语句：

SELECT 订单号，签订日期，金额 FROM 订单，职员；
WHERE 订单. 职员号 = 职员. 职员号 AND 姓名 = "刘明"

与如上语句功能相同的 SQL 语句是________。

A. SELECT 订单号，签订日期，金额 FROM 订单 WHERE EXISTS;
　(SELECT * FROM 职员 WHERE 姓名 = "刘明")

B. SELECT 订单号，签订日期，金额 FROM 订单 WHERE EXISTS;
　(SELECT * FROM 职员 WHERE 职员号 = 订单. 职员号 AND 姓名 = "刘明")

C. SELECT 订单号，签订日期，金额 FROM 订单 WHERE IN;
　(SELECT 职员号 FROM 职员 WHERE 姓名 = "刘明")

D. SELECT 订单号，签订日期，金额 FROM 订单 WHERE IN;
　(SELECT 职员号 FROM 职员 WHERE 职员号 = 订单. 职员号 AND 姓名 = "刘明")

19. 设学生表 S（学号，姓名，性别，年龄），课程表 C（课程号，课程名，学分）和学生选课表 SC（学号，课程号，成绩），检索学号，姓名和学生所选课程名和成绩，正确的 SQL 命令是________。

A. SELECT 学号，姓名，课程名，成绩 FROM S，SC，C；
WHERE S. 学号 = SC. 学号 AND SC. 学号 = C. 学号

B. SELECT 学号，姓名，课程名，成绩，FROM S，SC，C；
　ON SC. 课程号 = C. 课程号 ON S. 学号 = SC. 学号

C. SELECT S. 学号，姓名，课程名，成绩；

FROM S JOIN SC JOIN C ON S．学号＝SC．学号 ON SC．课程号＝C．课程号

D. SELECT S．学号，姓名，课程名，成绩

FROM S JOIN SC JOIN C ON SC．课程号＝C．课程号 ON S．学号＝SC．学号

20. 设有S（学号，姓名，性别）和SC（学号，课程号，成绩）两个表，如下SQL语句检索选修的每门课程的成绩都高于或等于80分的学生的学号、姓名和性别，正确的命令是________。

A. SELECT 学号，姓名，性别 FROM S WHERE EXISTS；

（SELECT * FROM SC WHERE 成绩＞＝80）

B. SELECT 学号，姓名，性别 FROM S WHERE NOT EXISTS；

（SELECT * FROM SC WHERE 成绩＜80）

C. SELECT 学号，姓名，性别 FROM S WHERE EXISTS；

（SELECT * FROM SC JOIN S ON SC．学号＝S．学号 WHERE 成绩＞＝80）

D. SELECT 学号，姓名，性别 FROM S WHERE NOT EXISTS；

（SELECT * FROM SC WHERE SC．学号＝S．学号 AND 成绩＜80）

二、填空题

1. SQL语言具有________、数据查询、________、________功能、其中数据查询是最主要的组成部分。

2. 将“学生”表中的“姓名”字段定义为候选索引、索引名是xs，正确的SQL语句是________ TABLE xs ADD UNIQUE ________ TAG xs。

3. 将“产品”表的“名称”字段名修改为“产品名称”：

ALTER TABLE 产品 RENAME ________名称________产品名称。

4. 在Visual FoxPro中，使用SQL的CREATE TABLE语句建立数据库表时，使用________子句说明有效性规则（域完整性规则或字段取值范围）。

5. 列出所有成绩为空值的学生的学号和课程号的命令是：

SELECT 学号，课程号 FROM xscj WHERE 课程成绩________。

6. 列出籍贯佳木斯和哈尔滨的学生名单的命令是：

SELECT 姓名，籍贯 FROM xs WHERE 籍贯________（"佳木斯","哈尔滨"）。

7. 与 SELECT DISTINCT 编号 FROM 仓库 WHERE 库存量＞ALL；

（SELECT 库存量 FROM 仓库 WHERE SUBSTR（仓库号，1，1）＝"1"）

等价的SQL语句是：

SELECT DISTINCT 编号 FROM 仓库 WHERE 库存量＞；

（SELECT ________ FROM 仓库 WHERE SUBSTR（仓库号，1，1）＝"1"）。

8. 列出没有被学生选修的那些课程的信息的命令为：

SELE * FROM kc WHERE ________；

（SELE * FROM xscj WHERE 课程号＝kc．课程号）。

9. 与命令

SELECT a．学号，姓名，b．课程号，课程名，学分，课程成绩 as 课程分数；

FROM xs a，xscj b，kc c；

WHERE a．学号＝b．学号 AND b．课程号＝c．课程号 AND 代培否

等价的命令是：

SELECT a. 学号，姓名，b. 课程号，课程名，学分，课程成绩 as 课程分数;
FROM xs a JOIN xscj b JOIN kc c;
ON ________ ON ________代培否。

10. 学生表中由学号和姓名生成视图 sx_ v1 的命令是:
CREATE ________ sx_ v1 ________ SELECT 学号，姓名 FROM xs。

第5章　查询与视图

查询和视图都是为快速、方便地使用数据库中的数据提供的一种方法。因为查询和视图有很多类似之处，所以创建视图与创建查询的步骤也非常相似。视图兼有表和查询的特点，查询可以根据表或视图定义，所以查询和视图又有很多交叉的概念和作用。本章将介绍查询和视图的概念、建立和使用。

5.1　查询

一般来说“查询”是动词，表示从数据库中查询数据。而这里介绍的“查询”既是动词又是名词，作为名词的查询是Visual FoxPro支持的一种数据库对象，是Visual Foxpro为方便检索数据提供的一种工具或方法。设计一个查询，主要是通过指定的数据源、选择所需字段、设置筛选条件的记录字段信息显示在屏幕上，并且还可以对查询结果进行排序、分类、作为表单或者报表的数据来源。

5.1.1　查询的概念

5.1.2.1　启动查询设计器

查询就是预先定义好一个SQL SELECT语句，针对多种问题可以直接或反复使用，从而提高效率。建立查询在很多情况下都需要，例如及时回答问题或者查看数据中的相关子集、为报表组织信息等。无论目的是什么，建立查询的基本过程是相同的。

当我们从指定的表或视图中提取满足一些列条件的记录时，这就是查询，可以根据实际情况按照想得到的输出类型定向输出查询结果（浏览器、报表、表、标签等）。设计的查询可以反复使用，查询的扩展名为.qpr，以文本文件形式保存在磁盘上，它的主体是SQL SELECT语句，另外还有和输出定向有关的语句。

5.1.2　查询设计器

5.1.2.1　启动查询设计器

“查询设计器”是设计制作查询的工具，查询的基础是SQL SELEST语句，只有真正理解了SQL SELECT语句才能设计好查询。那么如何启动查询设计器呢？这里介绍几种方法。

① 可以在项目管理器的“数据”选项卡下选择“查询”，然后单击“新建”命令按钮打开查询设计器建立查询。

② 如果非常熟悉 SQL SELECT，还可以直接编辑. qpr 文件建立查询。

③ 可以选择菜单“文件→新建”打开“新建”对话框，然后选择“查询”并单击“新建文件”打开查询设计器建立查询。

④ 可以用命令 CREATE QUERY 打开查询设计器建立查询。

5.1.2.2　使用查询设计器

当使用上述方法启动了查询设计器后，如何继续使用查询设计器呢？下面介绍如何使用查询设计器。

启动查询设计器建立查询，都要先进入如图 5.1 所示的界面选择。在图中所示的空白处单击右键，选择“添加表”选项后系统会弹出“添加表或视图”对话框，如图 5.2 所示。此时单击用于建立查询的表或视图，然后单击“添加”按钮（单击“其他”按钮还可以选择自由表）。当选择完表或视图后，单击“关闭”按钮正式进入如图 5.3 所示的查询设计器界面。

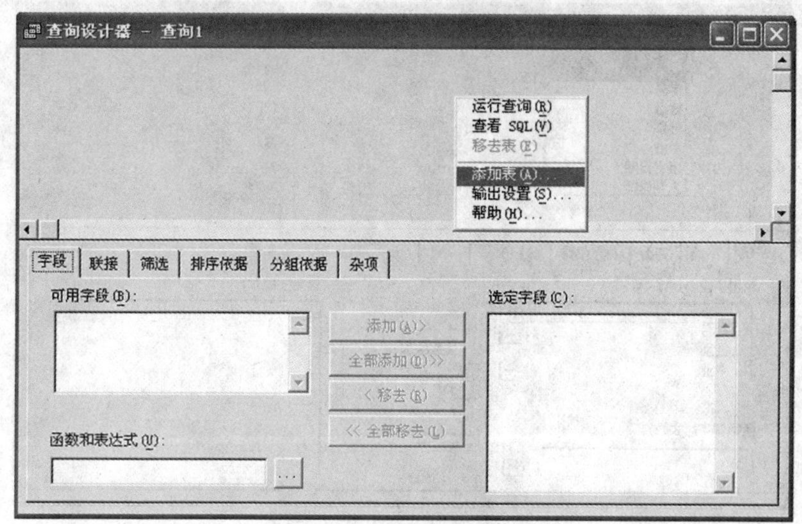

图 5.1　查询设计器界面

注意：当一个查询是基于多个表时，这些表之间必须是有联系的（在数据库中已经设计了联系，参见第 3 章和第 4 章），查询设计器会自动根据联系提取连接条件，否则在打开图 5.2 所示的查询设计器之前还会打开一个指定连接条件的对话框，后续例题会详细介绍多表查询。

看一下图 5.3 所示的查询设计器界面的选项卡，它们和 SQL SELECT 语句的各短语是相对应的。

（1）添加表

前面已经选择了设计查询的表或视图，对应于 FROM 短语，此后还可以从“查询”菜单或工具栏中选择“添加表”或选择“移去表”重新制定设计查询的表。

（2）字段

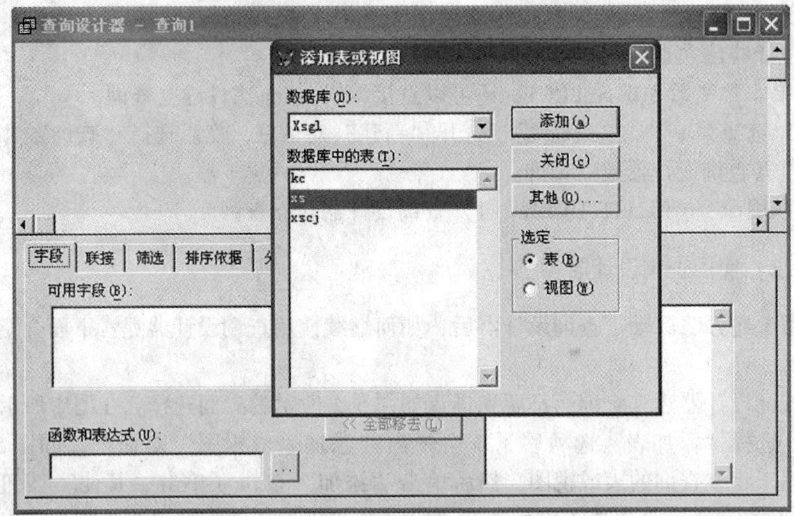

图 5.2　查询设计器中添加表

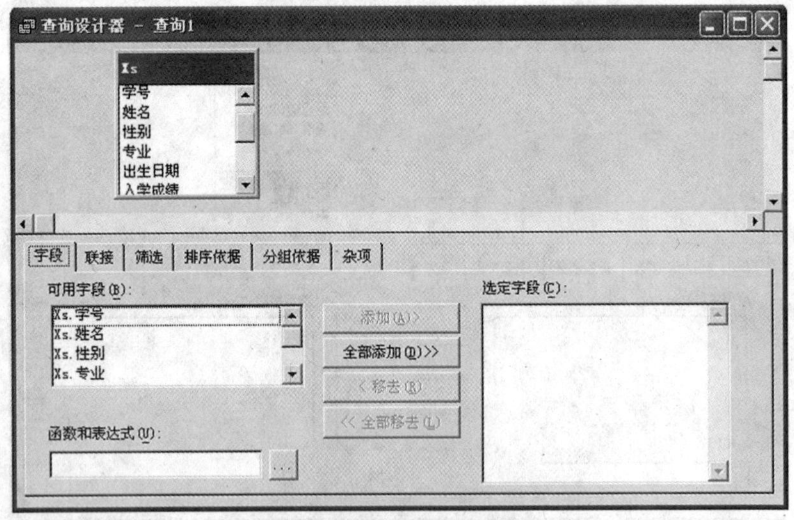

图 5.3　查询设计器添加表完成界面

"字段"选项卡对应于 SELECT 短语，指定所要查询的数据，即查询结果中的字段。这时还可以单击"全部添加"选择所有字段，也可以逐个选择字段"添加"；在"函数和表达式"编辑框中可以输入或编辑计算表达式。添加部分字段时，用户可通过双击"可用字段"中的字段（或直接双击表窗口中的字段），把它们送入"选定字段"中，也可用"添加"按钮或用鼠标拖动字段到"选定字段"框中。查询结果字段的排序顺序与选定字段中的顺序一致。用户可向上或向下拖动字段名左端的移动框来改变字段的输出顺序，如图 5.4 所示。

除了表中的字段，有时也需要用户从列表中选定一个函数或直接在框中键入一个表达式或用表达式生成器生成一个表达式，再单击"添加"按钮把它添加到"选定字段"框中。例如，在 xs 表中，没有年龄字段，如果需要用到年龄，就可以用"函数和表达式"框生成年龄这个虚字段。在"函数和表达式"框中输入"(year(date()) - year(xs.出生日期)) as 年龄"或按下"函数和表达式"框右侧的按钮，打开表达式生成器，利用生成器生成如

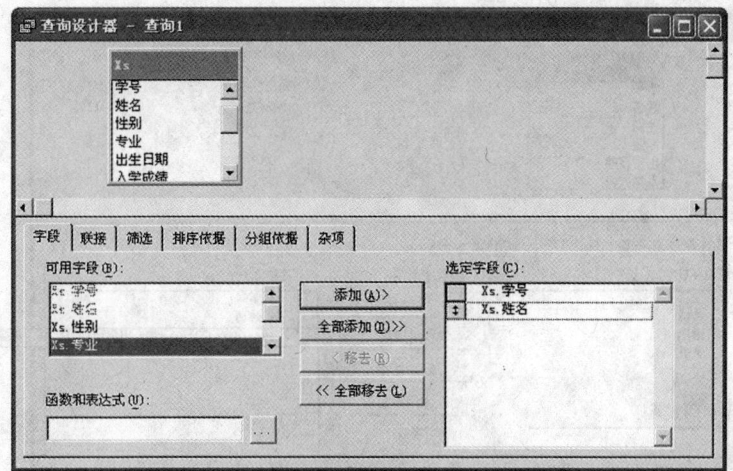

图 5.4　字段选项卡

上表达式，即可形成年龄这个虚字段，如图 5.5 所示。然后按“添加”按钮将其添加到“选定字段”框中，如图 5.6 所示。

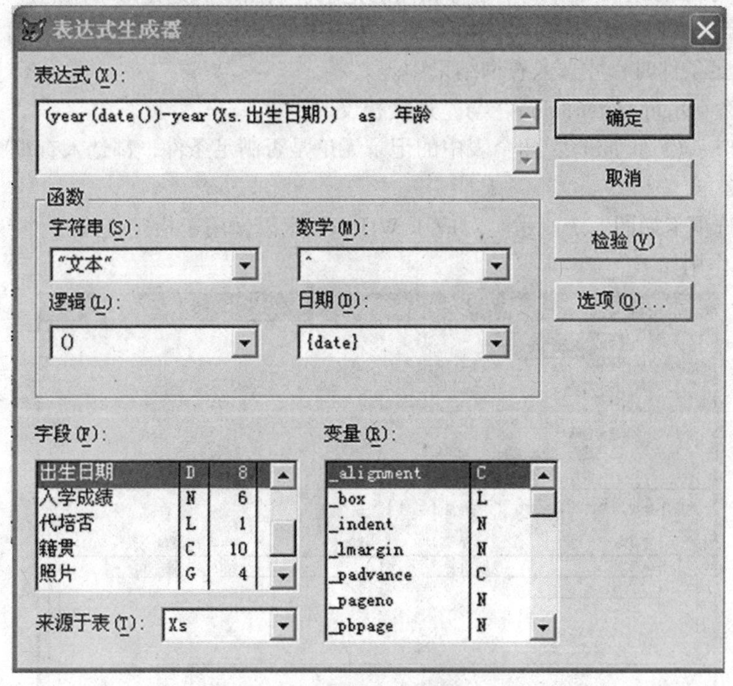

图 5.5　生成虚字段

(3) 连（联）接

“连（联）接”选项卡对应于 JOIN ON 短语，用于编辑连接条件。如果查询中有多个表，可添加表之间的连接或修改已有的连接，以控制查询的结果。连接的类型共有以下四种：

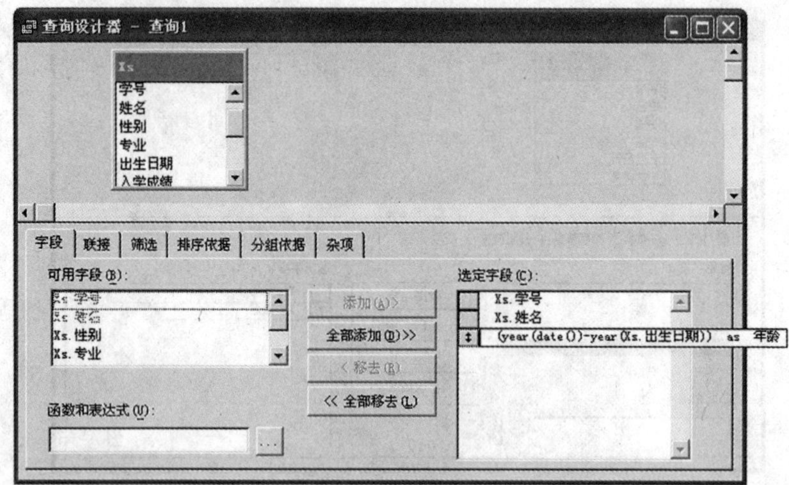

图 5.6　添加虚字段

① 内部连接（Inner Join）：只有两个表的字段都满足连接条件时，才将此记录选入查询结果。例如，可将 xs 表和 xscj 表中学号相同的记录检索出来。这是最常用的连接方式。

② 左连接（Left Outer Join）：连接条件左边表中的记录都包含在查询结果中，右边表中的记录只有满足条件时，才选入查询结果中。

③ 右连接（Right Outer Join）：与左连接相反。

④ 完全连接（Full Join）：两个表中的记录无论是否满足条件，都选入查询结果中。

（4）筛选

“筛选”选项卡如图 5.7 所示，对应于 WHERE 短语，用于指定查询条件。“筛选”选项卡中各项的作用如下。

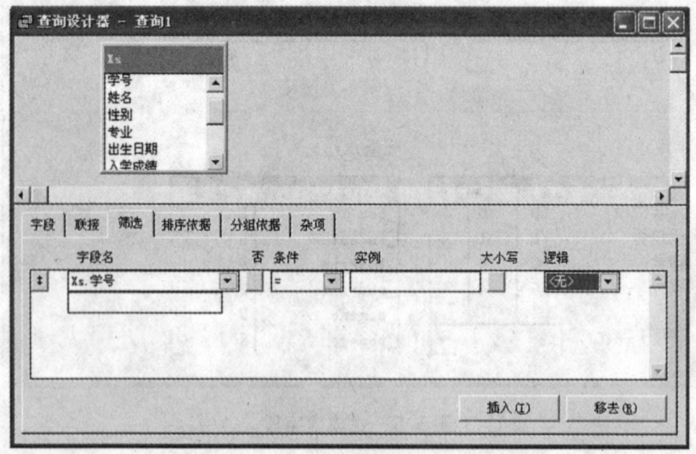

图 5.7　筛选界面

① 字段名：指定设置条件的字段。

② 否：逻辑取反操作，排除与该条件相匹配的记录。

③ 条　件：指定比较类型，选项有“相等（=）”“相似（Like）”“完全相等（==）”“大于（>）”“小于（<）”“大于等于（>=）”“小于等于（<=）”“空

(NULL)”“介于（Between)”“包含（In)” 等。其中：

“= =” 是指字符完全匹配。

“In” 是指定字段必须与实例中逗号分隔的几个样本中的一个相匹配。

“NULL” 是指定字段值为空。

“Between” 是指定字段的取值范围。

④ 实　例：指定具体的条件。

⑤ 大小写：选中该按钮，在查询字符串数据时忽略大小写。

⑥ 逻　辑：在多个条件之间添加 AND 或 OR 逻辑连接。

⑦ “插入” 按钮：在所选定条件之上插入一个空条件。

⑧ “移去” 按钮：从查询中删除选定的条件。

注意：在 VFP 中，通用型或备注型字段不能作为选定条件。

（5）排序依据

“排序依据” 选项卡对应于 ORDER BY 短语，用于指定排序的字段和排序方式。

如图 5.8 所示，指定字段、函数或其他表达式为排序关键字，指定查询输出记录的顺序，分为升序和降序两种。需要注意的是，选择完关键字和顺序之后，一定要单击 “添加” 按钮，添加到 “排序条件” 中去。

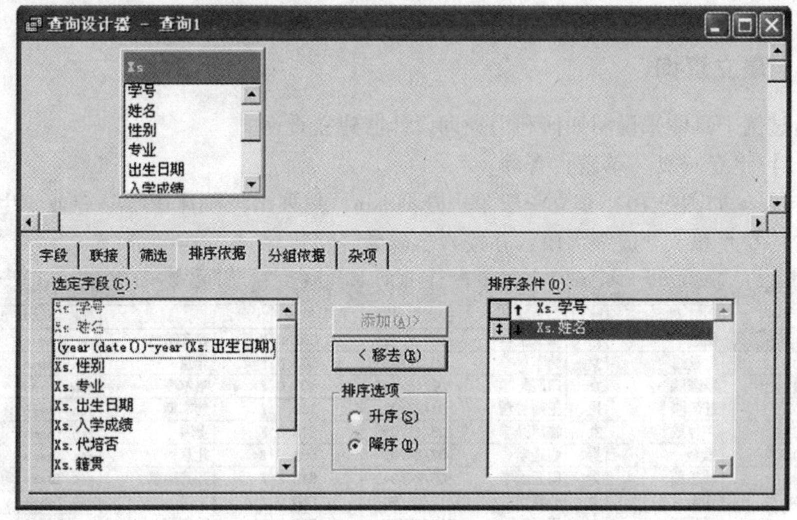

图 5.8　排序依据界面

（6）分组依据

“分组依据” 选项卡对应于 GROUP BY 短语和 HAVING 短语，把有相同字段值的记录合并为一组，压缩成一条记录，可利用函数完成基于一组记录的计算输出，常用的如计算平均值 AVG( )、求和 SUM( ) 等。如要设分组后的条件（相当于 SQL 语句中的 HAVING <条件> 子句)，可单击 “满足条件” 按钮进行相应设置。

（7）杂项

“杂项” 选项卡如图 5.9 所示，可以指定是否要重复记录（对应于 DISTINCT）及列在前面的记录（对应于 TOP 短语）等，“无重复记录” 复选框，可使查询输出排除重复记录。“全部” 复选框，选中查询输出中符合条件的全部记录，否则可设置输出前若干条记录。

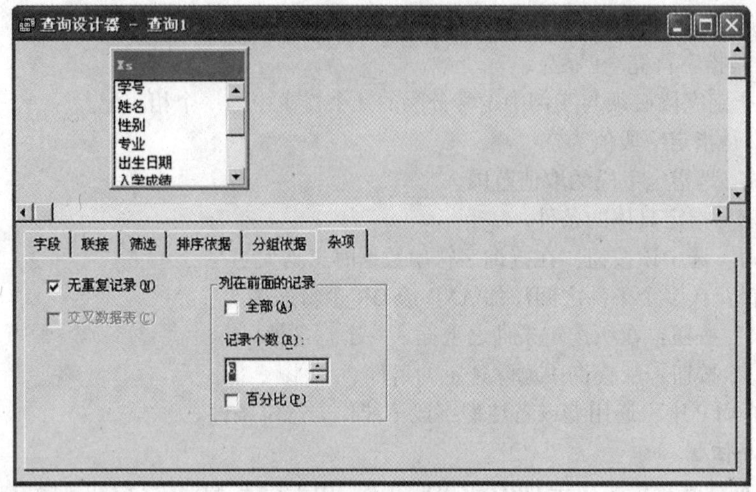

图5.9　杂项界面

从以上各选项卡的内容可以看出，如果读者熟悉 SQL SELECT，那么设计查询是非常简单的；反之，如果读者不熟悉甚至不了解 SQL SELECT，那么恐怕也很难理解查询设计器中的这些内容。

5.1.3　建立查询

下面通过例子具体来说明如何利用查询设计器建立查询。

【例 5.1】 建立一般（单表）查询。

利用 xs 表（如图 5.10）建立一般单表查询 lxcj，只列出“临床医学”专业学生的学号、姓名、年龄、专业和入学成绩字段，并按入学成绩降序排序。

Xs

学号	姓名	性别	专业	出生日期	入学成绩	代培否	籍贯	照片	简历
130701	徐进	男	临床医学	10/16/92	582.0	F	齐齐哈尔	gen	memo
130601	滕秋露	女	药学	09/12/93	583.0	F	北京	gen	memo
130204	华淑瑞	女	口腔医学	02/13/94	601.0	F	哈尔滨	gen	memo
130503	任德刚	男	工商管理	01/26/93	612.0	T	佳木斯	gen	memo
130708	卢坤颖	女	临床医学	05/11/93	578.0	F	上海	gen	memo
130302	常晨	男	心理学	07/24/93	586.5	F	北京	gen	memo
130209	郝志新	男	口腔医学	05/28/94	616.5	F	齐齐哈尔	gen	memo
130306	刘金月	女	心理学	12/05/94	580.0	F	上海	gen	memo
130501	王艺潼	女	工商管理	03/20/95	595.0	T	哈尔滨	gen	memo
130605	郑岩松	女	药学	09/22/94	609.0	F	佳木斯	gen	memo

图5.10　xs 表

操作步骤如下。

① 新建查询。操作过程：文件→新建→查询→新建文件，或 5.1.2 中所述的其他 3 种方法。

② 添加 xs 表。如 5.1.2 所述在空白处单击右键，选择“添加表”子项，在弹出的对话框中选中“xs”表→单击“添加”按钮→单击“关闭”按钮。

③ 选定字段。如图 5.11 所示在“字段”选项卡中，双击“可用字段”中的“xs. 学

号”“xs. 姓名”“xs. 专业”“xs. 入学成绩”，把它们送入“选定字段”中。

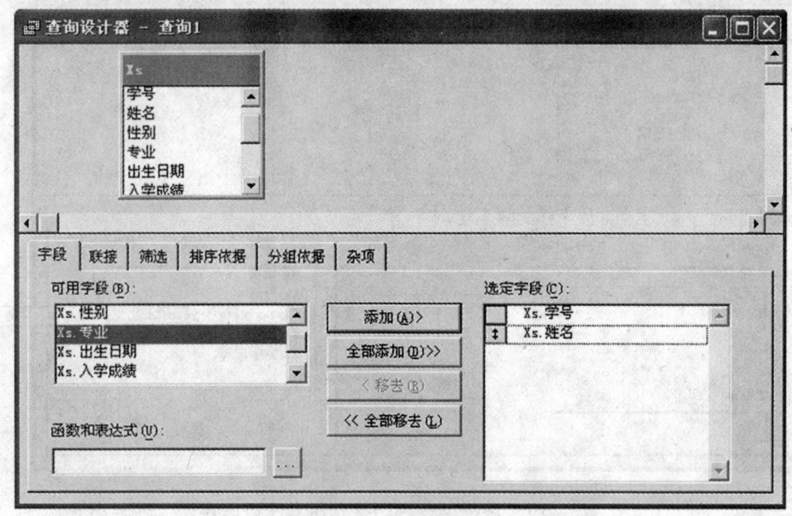

图 5.11　查询设计器中选定题目要求字段

关于题目要求查询的年龄，xs 表中没有该字段，需要用户利用“函数和表达式”框生成年龄虚字段，在如图 5.11 所示界面下方点击⋯按钮，即弹出如图 5.12 所示的表达式生成器。在文本框中输入年龄虚字段生成式“YEAR(DATE()) - YEAR（xs. 出生日期）AS 年龄”后，单击“确定”按钮。在图 5.11 中点击“添加”按钮完成年龄字段的生成及添加。可以通过鼠标拖拽，排列字段的上下顺序满足题目要求，如图 5.13 所示。

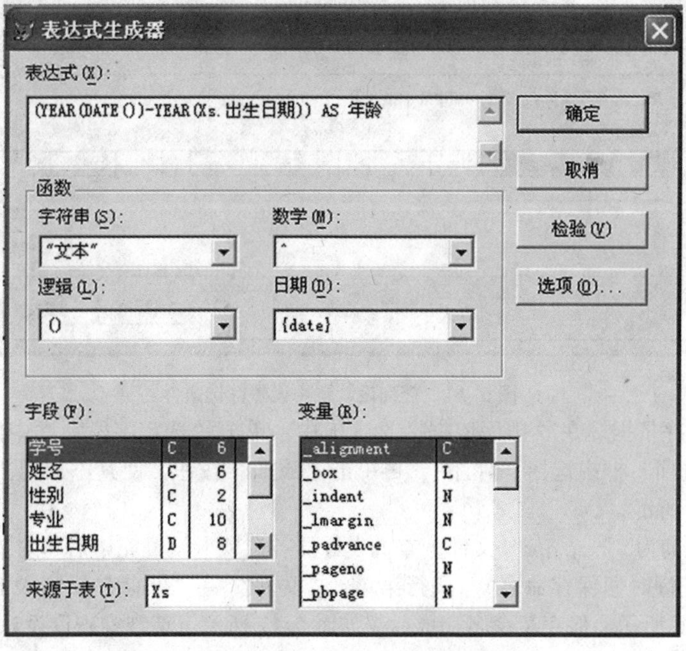

图 5.12　查询设计器中生成年龄虚字段

④ 设置筛选条件。在“筛选”选项卡上，将字段名选为“xs. 专业”，条件为“=”，

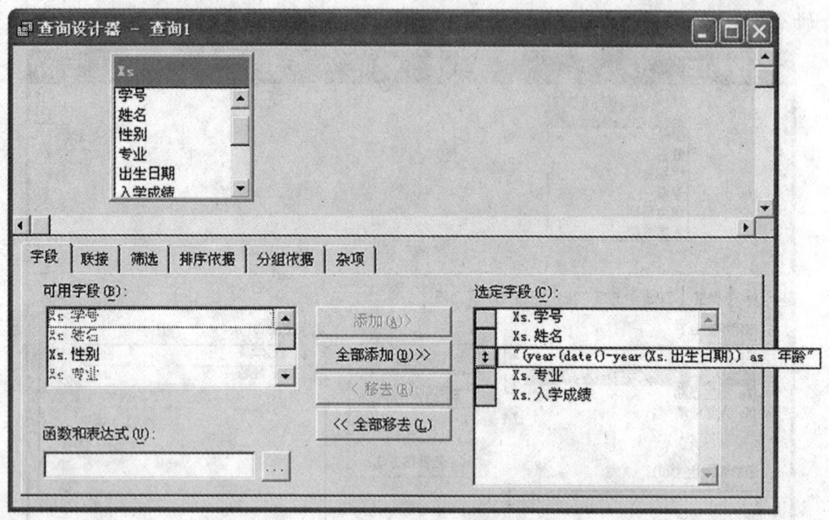

图5.13　查询设计器中选定所有字段完毕

实例设为“临床医学”，如图5.14所示（注：实例框中必须输入表中字段原类型值，不允许任意添加标点符号）。

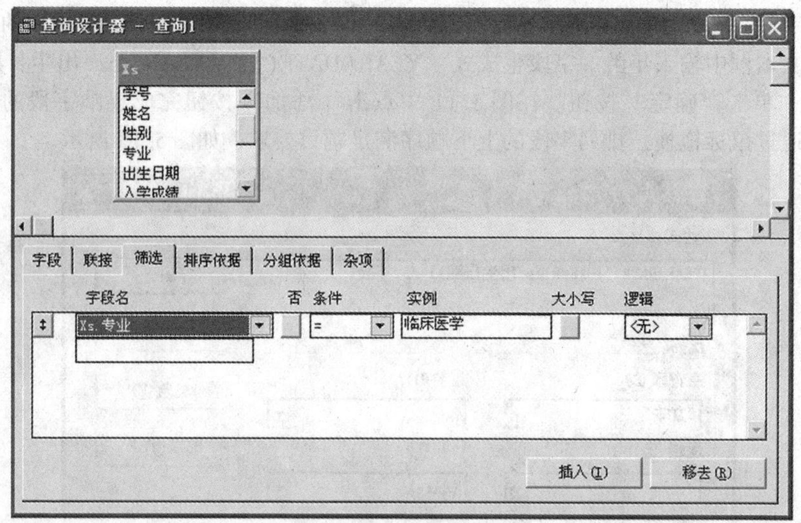

图5.14　查询设计器中设置筛选条件

⑤ 设置排序依据。在“排序依据”选项卡中，单击“选定字段”框中的“入学成绩”字段，“排序选项”框中选择“降序”，再单击“添加”按钮，使其添加到“排序条件”框中，如图5.15所示。

⑥ 保存查询为“lxcj.qpr”文件。查询设计器各选项卡设置完毕后将对查询保存及命名（也可在建立查询时便保存命名）。执行菜单：“文件”→“保存”→输入lxcj.qpr→“保存”，如图5.16所示。保存及命名完成后，如图5.17所示，请观察查询设计器界面的变化。

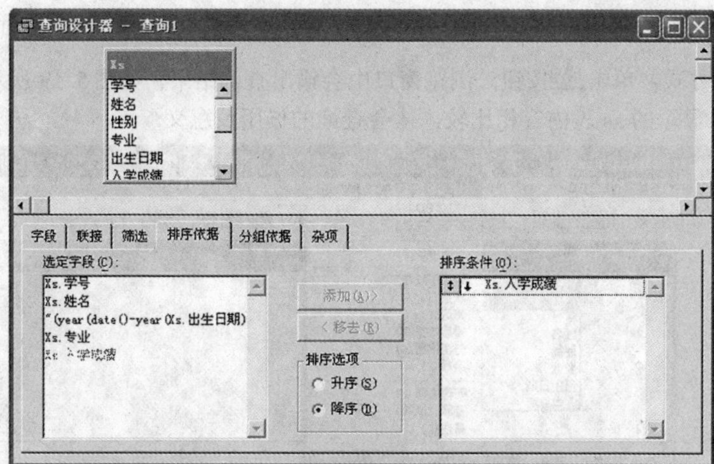

图 5.15　查询设计器中设置排序依据

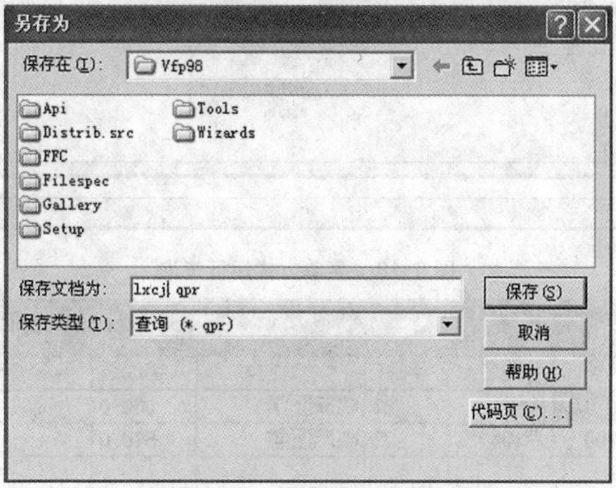

图 5.16　查询保存及命名

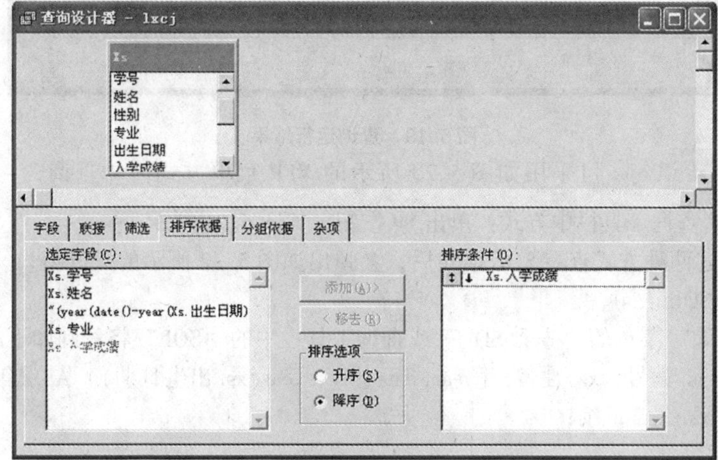

图 5.17　命名后的查询设计器界面

⑦ 运行查询。可采用如图 5.18 所示的 VFP 菜单方式："查询" → "运行查询（R）"，或 VFP 工具栏方式：单击!按钮。浏览窗口中会输出查询结果，如图 5.19 所示。读者可以和前面图 5.10 显示的 xs 表内容相比较，体会查询的作用及意义。

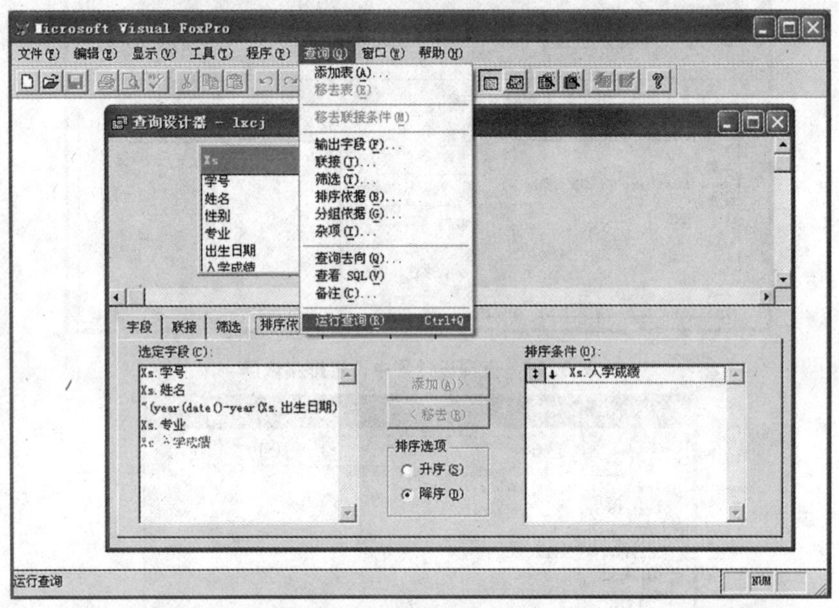

图 5.18 菜单方式运行查询

查询

学号	姓名	年龄	专业	入学成绩
130701	徐进	23	临床医学	582.0
130708	卢坤颖	22	临床医学	578.0

图 5.19 查询运行结果

⑧ 查看 SQL 语句。可采用如图 5.20 所示的 VFP 菜单方式："查询" → "查看 SQL（V）"，或 VFP 查询工具栏中方式：单击SQL按钮，如图 5.21 所示。

当使用上述两种方式查看 SQL 语句后，会弹出如图 5.22 所示的只读窗口，可以查看该查询所对应的 SQL 语句。

单击"查询"菜单的"查看 SQL"或查询工具栏中的"SQL"将看到如下的 SQL 语句：

```
SELECT  xs.学号, xs.姓名, (year(date()) - year(xs.出生日期)) AS  年龄;
xs.专业, xs.入学成绩;
FROM xsgl! xs;
WHERE  xs.专业 = "临床医学";
```

图 5.20　菜单方式查看 SQL 语句

图 5.21　查询工具栏方式查看 SQL 语句

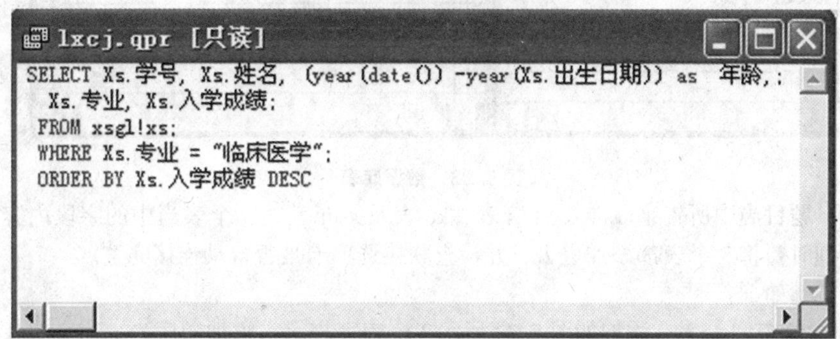

图 5.22　查询运行结果

ORDER BY　xs.入学成绩 DESC

VFP 还提供了多表查询功能，以查询多个表中的相关信息。在建立多表查询时，首先要将所有有关的表或视图追加到查询中，并在关键字上建立连接，再确定显示字段、筛选条件、排序依据要求等。

【例 5.2】建立多表查询。

建立查询 yjxcj，显示选修了“药剂学”课程的学生的学号、姓名、课程名和课程成绩，并按课程成绩降序排序，成绩相同的按学号升序排序。数据库表如图 5.23 所示。

xs

学号	姓名	性别	专业	出生日期	入学成绩	代培否	籍贯	照片	简历
130701	徐进	男	临床医学	10/16/92	582.0	F	齐齐哈尔	gen	memo
130601	滕秋露	女	药学	09/12/93	583.0	F	北京	gen	memo
130204	华淑瑞	女	口腔医学	02/13/94	601.0	F	哈尔滨	gen	memo
130503	任德刚	男	工商管理	01/26/93	612.0	T	佳木斯	gen	memo
130708	卢坤颖	女	临床医学	05/11/93	578.0	F	上海	gen	memo
130302	常晨	男	心理学	07/24/93	586.5	F	北京	gen	memo
130209	郝志新	男	口腔医学	05/28/94	616.5	F	齐齐哈尔	gen	memo
130306	刘金月	女	心理学	12/05/94	580.0	F	上海	gen	memo
130501	王艺潼	女	工商管理	03/20/95	595.0	T	哈尔滨	gen	memo
130605	郑岩松	女	药学	09/22/94	609.0	F	佳木斯	gen	memo

xscj

学号	课程号	课程成绩
130701	105	82.0
130701	106	96.0
130601	306	80.0
130601	309	88.0
130204	107	92.0
130503	401	98.0
130503	702	76.0
130708	106	90.0
130202	601	88.0
130209	107	93.0
130306	601	85.0
130501	401	86.0
130501	702	97.0
130605	309	92.0

kc

课程号	课程名	学时	学分
105	组织胚胎学	72	4.0
106	卫生统计学	54	3.0
107	口腔内科学	72	4.0
306	药物化学	60	3.5
318	自控原理	60	3.5
309	药剂学	72	4.0
401	会计学原理	56	3.0
601	教育心理学	36	2.0
702	大学英语	60	3.5

图 5.23 数据库表

分析：题目当中所查字段涉及到 xs 表、kc 表及 xscj 表共 3 个表当中的字段内容，因此在制作查询时要将 3 个表都添加进去，并检查联接选项卡是否自动连接完整。

操作步骤如下：

① 建立新查询 yjxcj，添加如图 5.23 所示 3 个表（提示：添加顺序为 xs，xscj，kc），查看“联接”选项卡，如图 5.24 所示。

② 选定字段。在字段选项卡中分别双击“可用字段”中的“xs. 学号”“xs. 姓名”“kc. 课程名”“xscj. 课程成绩”把它们送入“选定字段”中。如图 5.25 所示。

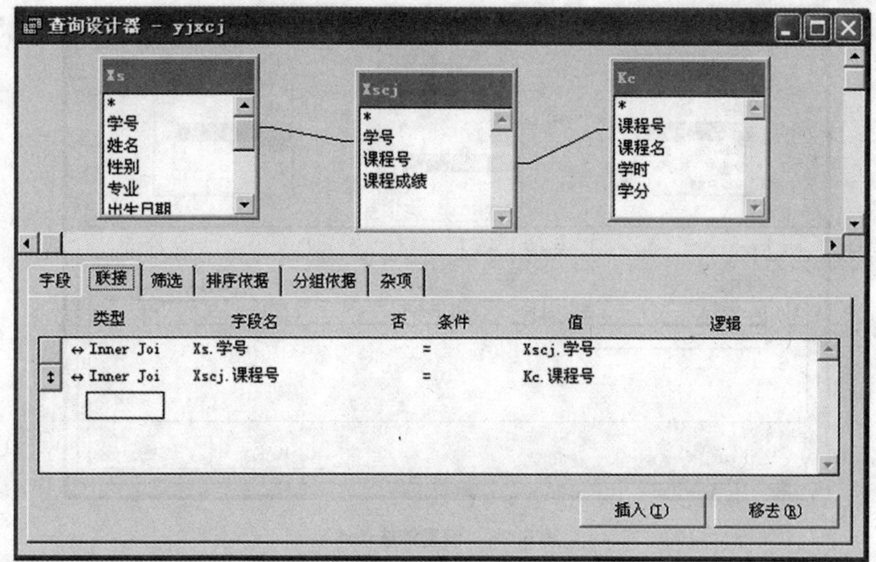

图 5.24　添加 3 个表并查看联接选项卡

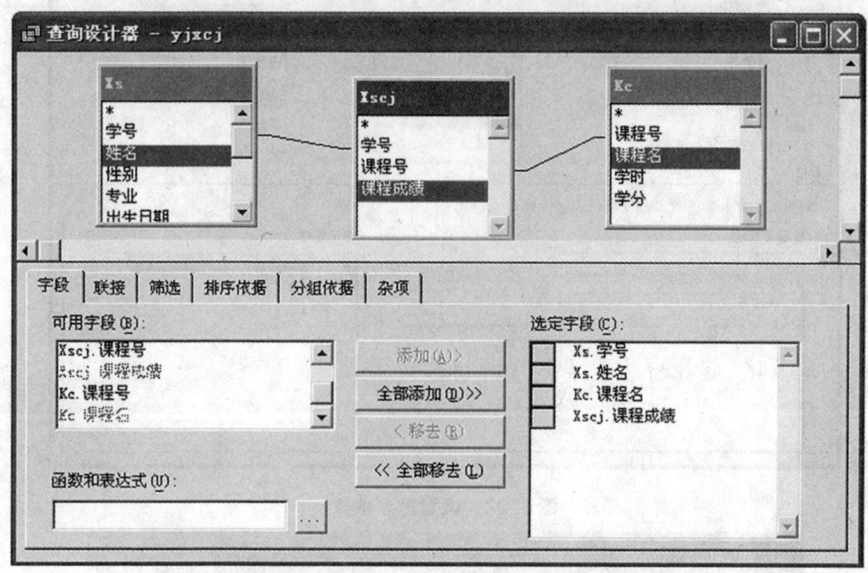

图 5.25　选定字段

③ 设置筛选条件。在“筛选”选项卡上，将字段名选为“kc.课程名”，条件为“=”，实例设为“药剂学”，结果如图 5.26 所示。

④ 设置排序依据。在“排序依据”选项卡中，双击“选定字段”框中的“课程成绩”字段，再双击“学号”字段，将它们添加到排序条件框中，再单击排序条件中的“课程成绩”字段，选择“排序选项”框的“降序”，如图 5.27 所示。

⑤ 运行查询显示结果，如图 5.28 所示。

单击“查询”菜单的“查看 SQL”或查询工具栏中的“SQL”将看到如下的 SQL 语句：

SELECT xs.学号，xs.姓名，kc.课程名，xscj.课程成绩；

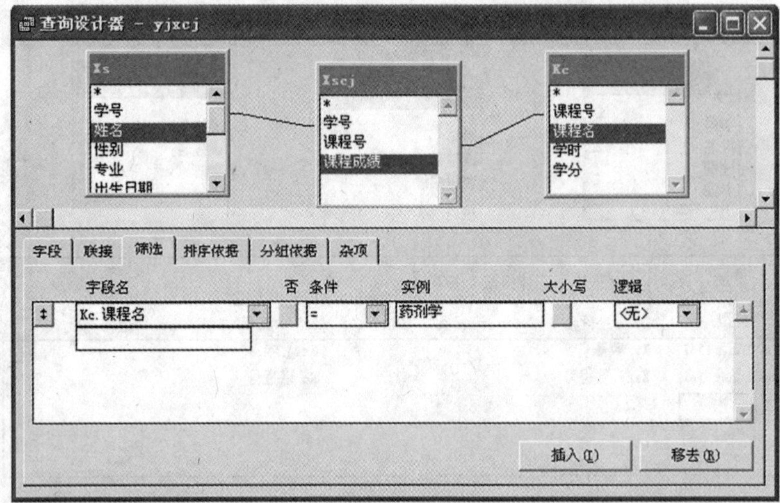

图 5.26　设置筛选条件

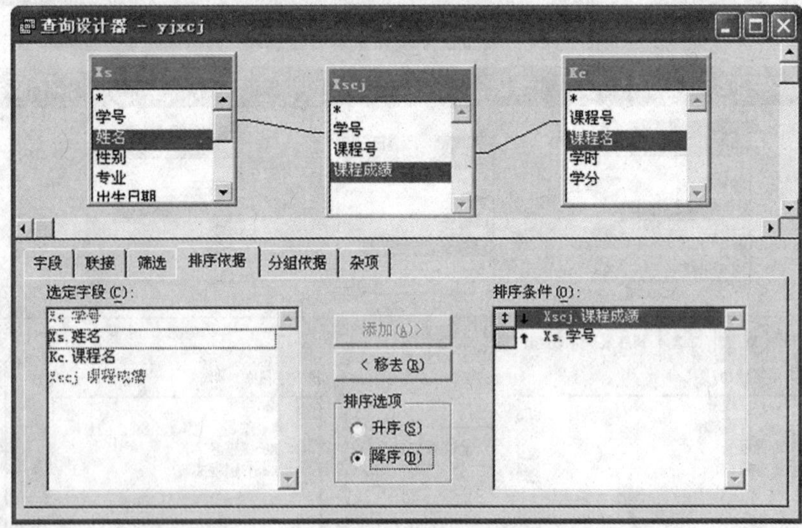

图 5.27　设置排序依据

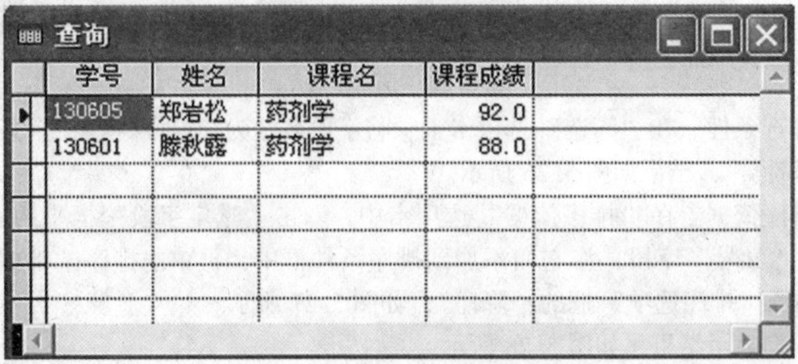

查询

学号	姓名	课程名	课程成绩
130605	郑岩松	药剂学	92.0
130601	滕秋露	药剂学	88.0

图 5.28　查询结果显示

```
FROM  xsgl! xs INNER JOIN xsgl! xscj;
INNER JOIN xsgl! kc;
   ON  xscj.课程号 = kc.课程号;
   ON  xs.学号 = xscj.学号;
WHERE kc.课程名 = "药剂学";
ORDER BY xscj.课程成绩 DESC, xs.学号
```

【**例 5.3**】建立分组查询。

建立查询 fzcx，显示选修科目大于等于 2 科的每个学生的学号、姓名和其所选全部课程的平均成绩，并按学号升序排序。

分析：题目当中所查字段涉及到 xs 表及 xscj 表共 2 个表中的字段内容，因此在制作查询时要将 2 个表都添加进去，并检查"联接"选项卡是否自动连接完整。平均成绩不是表中字段。因此要自己做虚字段。可以使用 count( ) 函数来统计每名学生选修科目个数，以此来进行条件设置。

操作步骤如下：

① 建立新查询 fzcx，添加如图 5.23 所示的 xs 表和 xscj 表；查看"联接"选项卡；添加字段"xs.学号""xs.姓名"，用"函数和表达式"框生成"AVG (xscj.课程成绩) AS 平均成绩"虚字段并添加。设置学号字段升序排序。

② 设置分组依据。在"分组依据"选项卡中，双击"选定字段"框中的"学号"字段，使其添加到"分组字段"框中，再单击"满足条件"按钮，进行相应设置，字段名中选择"表达式"，输入 count(*)，然后确定；条件中输入"> ="；实例中输入 2（界面如图 5.29、5.30 所示)，然后单击"确定"按钮。

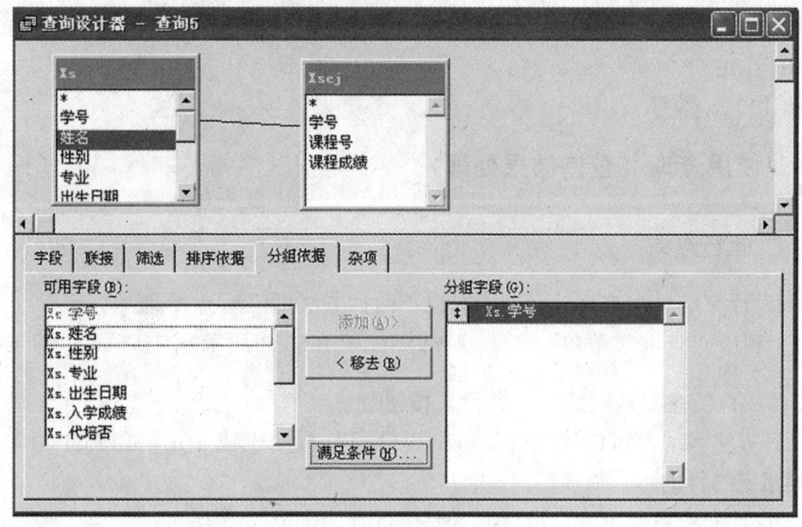

图 5.29　设置分组依据

③ 命名保存并运行查询，查询结果显示如图 5.31 所示。

单击"查询"菜单的"查看 SQL"或查询工具栏中的"SQL"，将看到如下的 SQL 语句：

```
SELECT xs.学号, xs.姓名, AVG(xscj.课程成绩) AS  平均成绩;
```

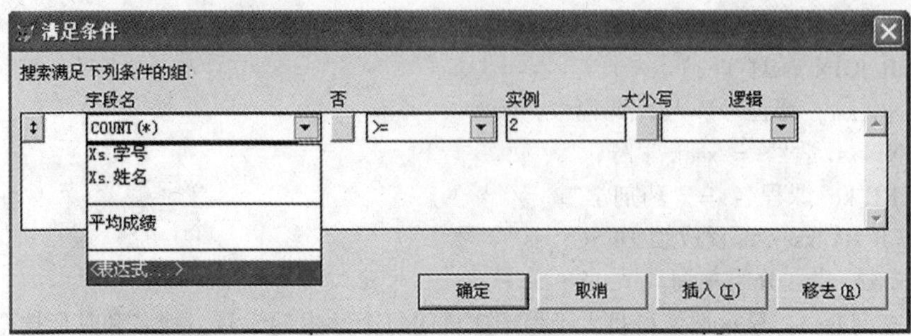

图 5.30　设置分组依据下的满足条件

查询

学号	姓名	平均成绩
130501	王艺潼	91.50
130503	任德刚	87.00
130601	滕秋露	84.00
130701	徐进	89.00

图 5.31　查询结果显示

```
FROM  xsgl! xs INNER JOIN xsgl! xscj;
ON  xs.学号 = xscj.学号;
GROUP BY xs.学号;
HAVING COUNT（*） > = 2;
ORDER BY xs.学号
```

5.1.4　使用查询（查询结果处理）

5.1.4.1　运行查询

① 查询设计完毕，在查询设计器中有以下两种方法可以运行查询。

方法 1：利用“查询”菜单→“运行查询”，如图 5.32 所示。

方法 2：或直接在工具栏处按“运行”按钮 ! 。

以上两种方法系统都可以执行由“查询设计器”自动生成 SQL_ SELECT 语句，并将查询结果送到指定的目的地。

② 查询设计完毕后退出查询设计器。要执行查询也很简单。

方法 1：如果在项目管理中，将数据选项卡的查询项展开，然后选择要运行的查询，并单击“运行”命令按钮。

方法 2：如果以命令方式执行查询，则命令格式是：

```
DO 查询文件名.qpr
```

此时必须给出查询文件的扩展名.qpr。例如，要运行例 5.3 生成的查询文件 fzcx.qpr，

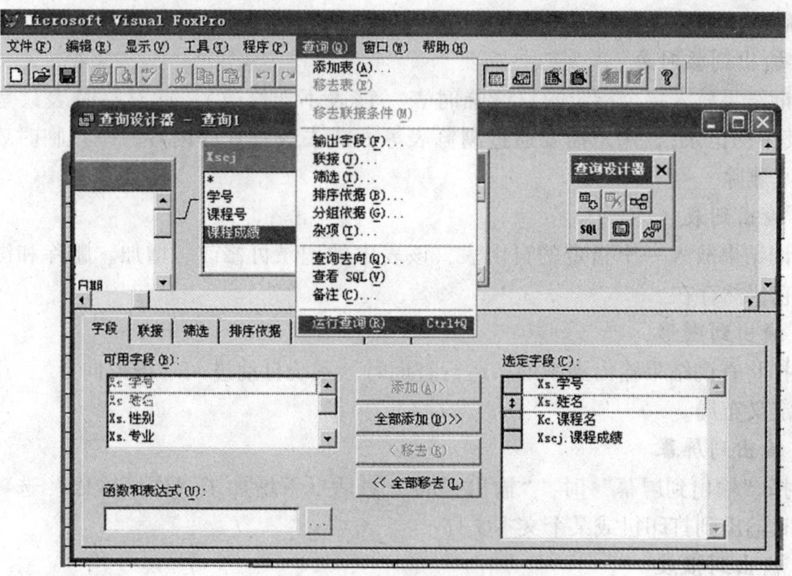

图 5.32　查询菜单运行查询

可以输入命令：

DO　fzcx.qpr

5.1.4.2　输出查询结果

设计查询的目的不是为了完成一种查询功能，在查询设计器中可以根据需要将查询输出定位到各种情况。选择菜单“查询→查询去向”，或在“查询设计器”工具栏中选择“查询去向”按钮，此时将打开一个“查询去向”对话框，VFP 提供了七种查询输出去向（如图 5.33 所示）。

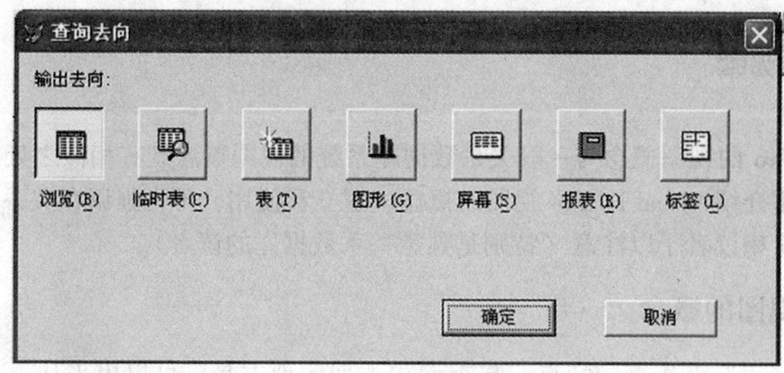

图 5.33　查询去向

输出查询结果的具体方法如下：

①“查询”菜单→查询去向→选择七种查询中的一种；

② 单击查询设计器工具栏的“查询去向”按钮→选择七种查询中的一种。

七种查询去向下面分别介绍如下。

(1) 输出到浏览窗口（默认）

如果用户只需浏览查询结果，可用此方式。浏览窗口中的查询表是一个临时表，关闭浏览窗口后，该临时表自动删除。

（2）输出到临时表

将查询结果放入一个指定的只读临时表（该表不能修改），此时临时表只是打开显示（不显示其中的记录），用户需要通过浏览表等方式去查看它的内容。一旦临时表关闭，系统自动将其删除。

（3）输出到表

将查询结果放入一个指定的自由表，该表中的记录可修改、增加、删除和浏览等，关闭窗口后它仍然存在。

（4）输出到图形

如选择将查询结果输出到图形，运行查询时，系统自动进入“图形向导”，用户可在图形向导中定义布局。

（5）输出到屏幕

当选择“输出到屏幕”时，“输出去向”对话框下增加了“次级输出”选项，可将查询结果同时输出到打印机或某个文本文件。

（6）输出到报表

通过对话框中的“打开报表”按钮，可将查询输出到某个已建好的报表文件中。

（7）输出到标签

通过对话框中的“打开标签”按钮，可将查询输出到某个已建好的标签文件中。

5.1.4.3 查看SQL语句

系统会根据“查询设计器”中用户的设置，自动生成相应的SQL语句。用户可以通过工具栏的“SQL”按钮或操作“查询”菜单查看SQL，查看查询生成的SQL语句。系统生成的是标准SQL语句，所以这也是用户学习SQL-SELECT语句的一种好方法。

5.2 视图

Visual FoxPro的视图概念与一般关系数据库系统的视图概念既有相似之处，也有不同之处。本章将侧重介绍Visual FoxPro视图的概念、建立和使用，不再强调在关系数据库中视图的本来概念，希望读者予以注意（特别是熟悉关系数据库的读者）。

5.2.1 视图的概念

视图兼有“表”和查询的特点，与查询相类似的地方是，可以用来从一个或多个相关联表中提取有用信息；与表相类似的地方是，可以用来更新其中的信息，并将更新结果永久保存在磁盘上。可以用视图使数据暂时从数据库中分离成为自由数据，表可以在主系统之外收集和修改数据。

使用视图可以从表中提取一组记录，改变这些记录的值，并把更新结果送回到基本表中；可以从本地表、其他视图、存储在服务器上的表或远程数据源中创建视图。所以Visual FoxPro的视图又分为本地视图（使用当前数据库中Visual FoxPro表建立的视图）和远程视图（使用当前数据库之外的数据源中的表建立的视图）。比如可以从其他数据源中创建视图，通过选择“发送更新”选项，在更新或更改视图中的一组记录时，由 Visual FoxPro 将这些更新发送到基本表中。

视图是操作表的一种手段，通过视图可以查询表，通过视图也可以更新表。视图基于表（视图是根据表定义的）而又超越表（在表之上可以使应用更灵活）。视图是数据库中的一个特有功能，只有在包含视图的数据库打开时，才能使用视图。在 Visual FoxPro 中，视图是一个基于查询产生的虚拟表，可以是本地的、远程的或带参数的。

5.2.2　视图设计器

视图从应用的角度来讲类似于表，它具有表的属性。打开、关闭视图，设置字段的显示格式、有效性规则、修改结构以及删除等都与对表的操作相同。但视图作为数据库的一种对象，有其专门的设计工具和命令。本节主要讨论本地视图。

建立视图与建立查询的方法非常类似，主要是通过指定数据源、选择所需字段、设置筛选条件等工作来完成。视图可以用来从一个或多个相关联的表中提取有用信息，而且视图还可以更新数据源表。

用户可以利用视图设计器来创建视图，也可以利用视图向导创建视图，还可以通过命令创建视图。下面主要以创建本地视图文件为例对视图设计器的使用方法加以介绍。

5.2.2.1　启动视图设计器

启动视图设计器的方法有：

① 单击“文件”菜单→“新建”→打开“新建”对话框→选择“视图”单选按钮（如图 5.34 所示）→再单击“新建文件”按钮。打开视图设计器的同时，还将打开“添加表或视图”对话框，将所需的表添加到视图设计器中，再单击“关闭”按钮。

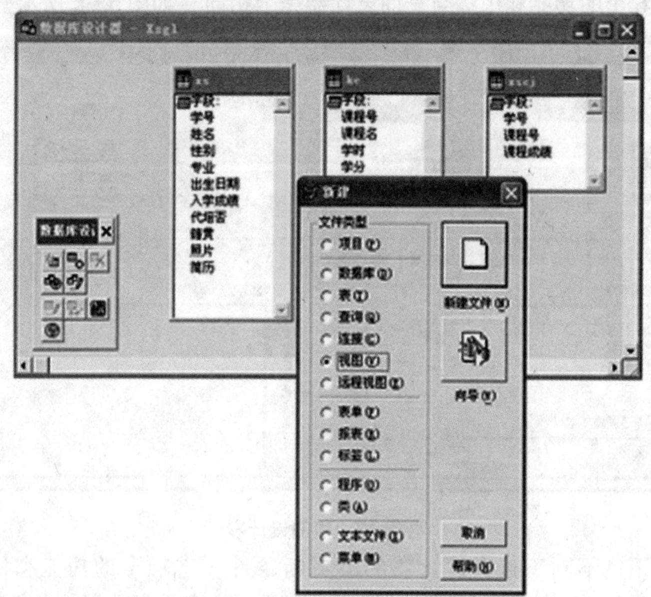

图 5.34　新建视图

② 使用命令也可以启动视图设计器，此时可在命令窗口键入命令：CREATE VIEW。

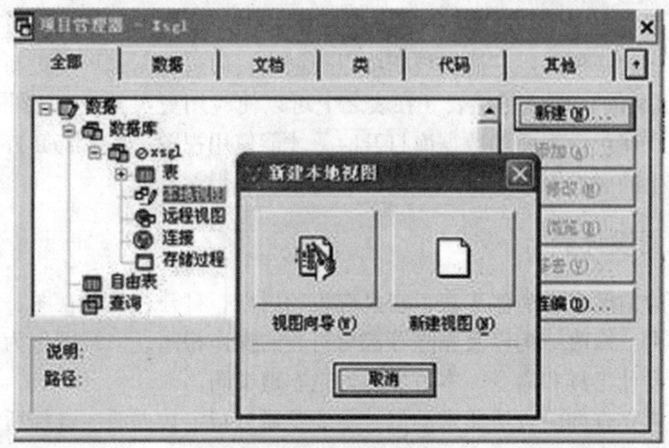

图 5.35　利用项目管理器新建视图

③ 可以在项目管理器的“数据”选项卡下将要建立视图的数据库分支展开，并选择“本地视图”或“远程视图”，然后单击“新建”命令按钮（如图 5.35 所示），启动视图设计器建立视图。

需要注意的是，与查询是一个独立的程序文件不同，视图不能单独存在，它只能是数据库的一部分。在建立视图之前，首先要打开需要使用的数据库文件。

5.2.2.2　视图设计器

视图设计器的窗口界面同查询设计器基本相同，不同之处为视图设计器下半部分的选项卡有 7 个，其中 6 个的功能和用法与查询设计器完全相同（如图 5.36 所示）。

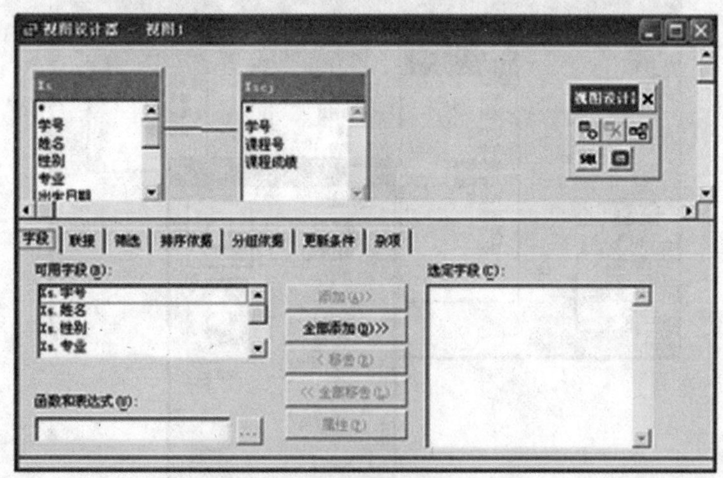

图 5.36　视图设计器

这里介绍一下它不同于查询设计器的“更新条件”选项卡的功能和使用方法。单击“更新条件”选项卡（如图 5.37 所示）。该选项卡用于设定更新数据的条件。其各选项的含义如下。

①表：“表”列表框中列出了添加到当前视图设计器中所有的表，从其下拉列表中可以

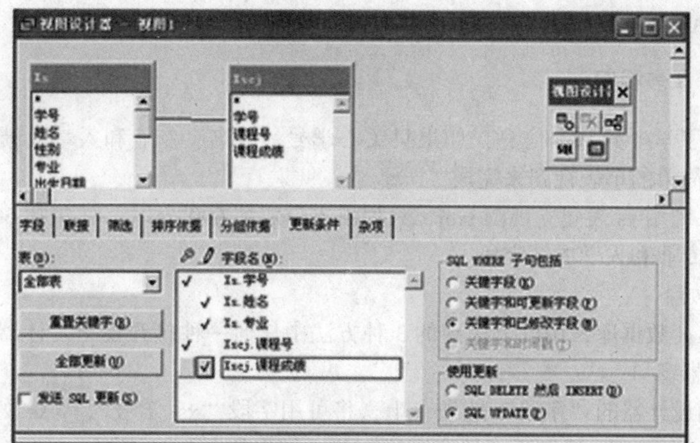

图 5.37　视图设计器“更新条件”选项卡

指定视图文件中允许更新的表。如选择“全部表”选项，那么在“字段名”列表框中将显示出在“字段”选项卡中选取的全部字段；如只选择其中的一个表，那么在“字段名”列表框中将只显示该表中被选择的字段。

② 字段名：该列表框中列出了可以更新的字段。

• 标识钥匙符号为指定字段是否为关键字段，字段前若带对号（√）标志，则该字段为关键字段；

• 标识铅笔符号为指定的字段是否可以更新，字段前若带对号（√）标志，则该字段内容可以更新。

③ 发送 SQL 更新：用于指定是否将视图中的更新结果传回源表中。

④ SQL WHERE 子句：用于指定当更新数据传回源数据表时，检测更改冲突的条件。其各选项意义如表 5.1 所示。

⑤ 使用更新：用于指定后台服务器更新的方法。

• “SQL DELETE 然后 INSERT” 选项的含义为在修改源数据表时，先将要修改的记录删除，然后再根据视图中的修改结果插入一新记录。

• “SQL UPDATE” 选项为根据视图中的修改结果直接修改源数据表中的记录。

表 5.1　SQL WHERE 子句选项含义

选　项	含　义
关键字段	只有源数据表中关键字段被修改时检测冲突
关键字和可更新字段	只有源数据表中关键字段和可更新字段被修改时检测冲突
关键字和已修改字段	当源数据表中的关键字段和已修改过的字段被修改时检测冲突
关键字和时间戳	应用于远程视图

5.2.3　建立视图

建立视图的方法很多，可以利用前面提到的视图设计器建立视图，也可以用命令建立视图。但不论选择何种方法，建立视图的基础是 SQL SELECTE 语句，所以只有真正理解了 SQL SELECTE 才能建立好视图。除了以上提到的 3 种方法，还可以直接利用 SQL 命令 CRE-

ATE VIEW …AS…建立视图。下面举例如何建立各种视图。

5.2.3.1 单表视图

xs 表存放了学生的基本信息，如果只关心学号、姓名、专业和入学成绩字段，就可以通过创建一个简单的单表视图来完成。

【例 5.4】利用 xs 表建立视图 rxcj，只列出入学成绩 600 分以上（包括 600 分）学生的学号、姓名、专业和入学成绩字段。

操作步骤如下：

① 打开 xsgl 数据库，用以上提到的 3 种方法中任何一种打开视图设计器，将学生表添加到视图设计器窗口。

② 在视图设计器的“字段”选项卡上，将可用字段“xs. 学号”、“xs. 姓名”、“xs. 专业”和“xs. 入学成绩”添加到“选定字段”栏，结果如图 5. 38 所示。

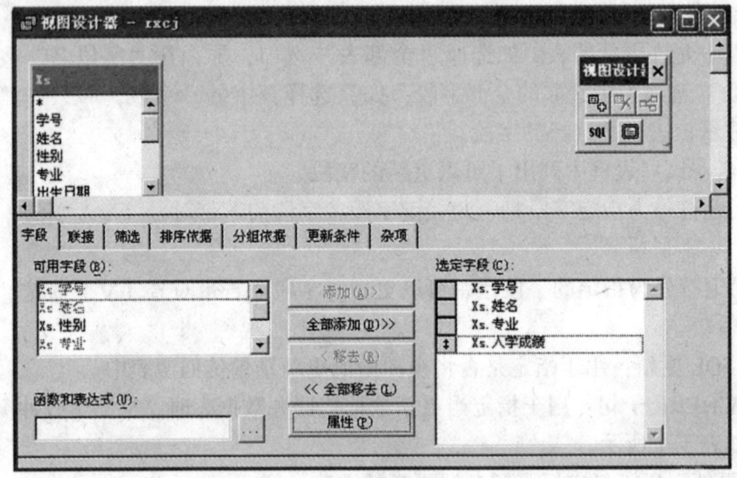

图 5. 38 选定视图字段

③ 单击“属性”按钮，到如图 5. 39 所示“视图字段属性”对话框。上述选择的字段是表中的字段，这些字段被放置到视图中还可以设置相关属性。视图字段属性除了数据类型、宽度和小数位数不能被修改之外，字段有效性、显示格式等属性都可以设置。

④ 其他功能设计。视图实际上是一条 SELECT 命令，所以相关 SELECT 命令的各种子句都可以进行设计。本题选择“筛选”选项卡，进行设置，如图 5. 40 所示。

⑤ 存储视图。选择“文件”菜单中的“另保存”选项，出现“保存”对话框，在对话框中输入视图名称 rxcj 后，单击“确定”按钮。

⑥ 从“查询”菜单中选择“运行查询”菜单项，查看视图结果，完成后关闭视图设计器窗口。

完成这些操作后，单击“视图设计器”工具栏中的“SQL”按钮，可看到视图的内容如下：

```
SELECT xs. 学号, xs. 姓名, xs. 专业, xs. 入学成绩;
   FROM 学生管理! xs;
WHERE xs. 入学成绩 > = 600
```

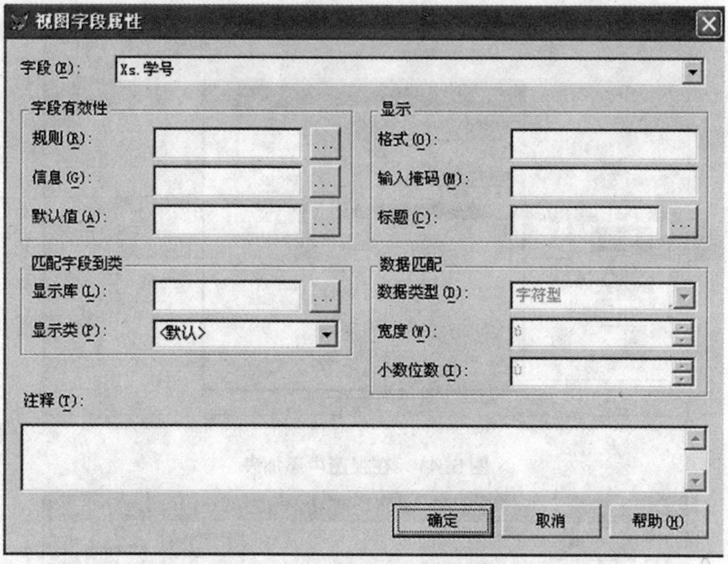

图 5.39　选择视图字段属性

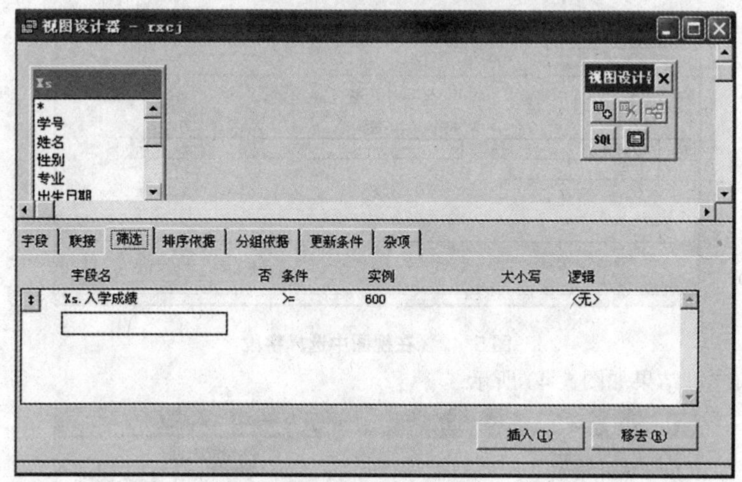

图 5.40　设置视图筛选选项卡

由此可见，视图实际上是一条 SQL 命令。

【例 5.5】 利用 xs 表建立视图 cjpx，列出不是代培的学生的学号、姓名、性别、专业、入学成绩和代培否字段，并按专业分组，按入学成绩降序排序。

① 打开 xsgl 数据库，用以上提到的 3 种方法中的任何一种打开视图设计器，选中 xs 表，单击“添加”按钮，将其添加到视图设计器窗口，操作界面如图 5.41 所示。

② 在视图设计器的“字段”选项卡上，将可用字段“xs.学号”、“xs.姓名”、“xs.性别”、“xs.专业”、“xs.入学成绩”和“xs.代培否”字段添加到“选定字段”栏，结果如图 5.42 所示。

③ 在视图设计器的“筛选”选项卡上，将字段名选为“xs.代培否”，条件为“=”，

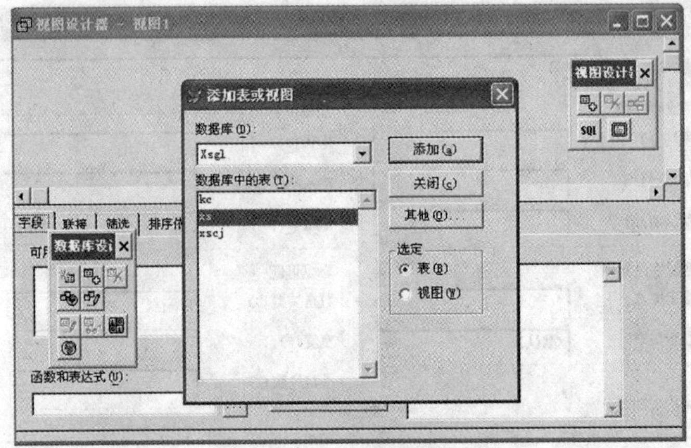

图 5.41　在视图中添加表

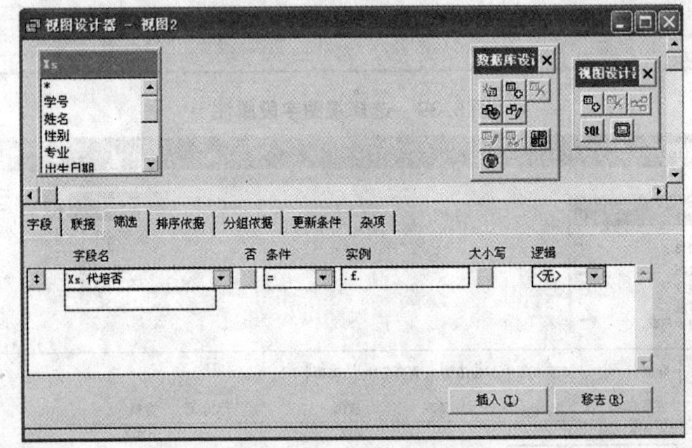

图 5.42　在视图中选择字段

实例设为“.f.”，结果如图 5.43 所示。

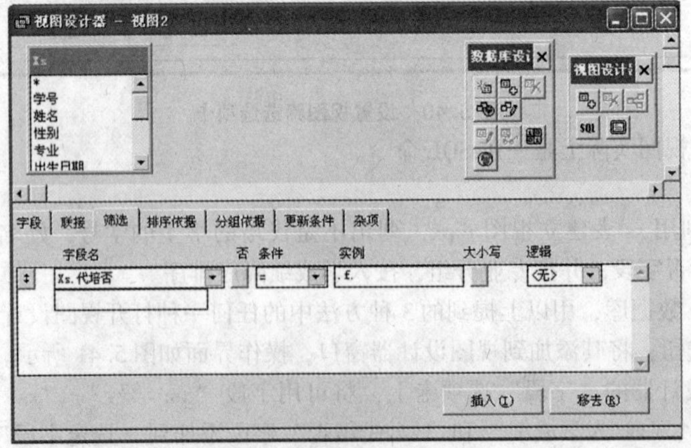

图 5.43　在视图中设置筛选条件

④ 在视图设计器的“排序依据”选项卡上，将字段名选为“xs. 入学成绩”，“排序选项”框中选为“降序”，然后添加到“排序条件”框中，结果如图 5. 44 所示。

⑤ 在视图设计器的“分组依据”选项卡上，将专业添加到分组字段中，结果如图 5. 45 所示。

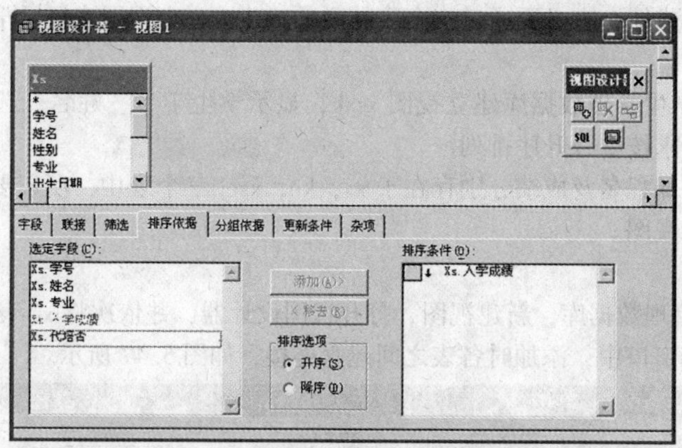

图 5. 44　在视图中设置排序

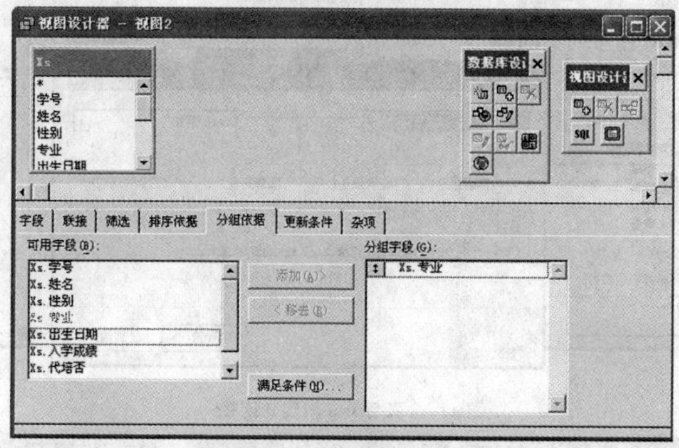

图 5. 45　在视图中设置分组

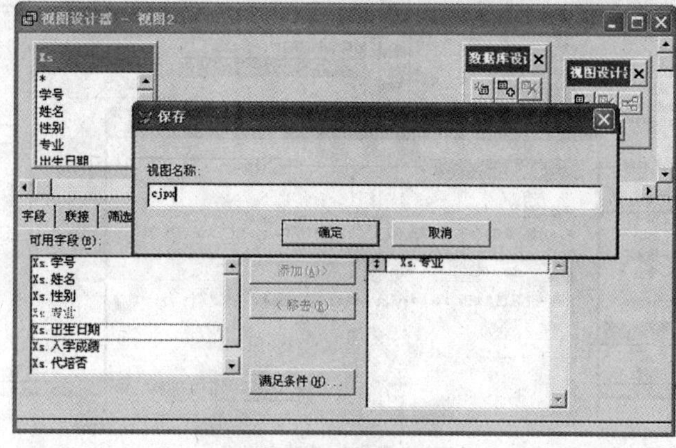

图 5. 46　保存视图界面

⑥“文件”→保存→输入视图名称“cjpj”→确定，界面如图 5. 46 所示。

5.2.3.2　多表视图

学生管理数据库中的 xscj 表，对于一般用户来讲，是无法使用的，因为学号和课程号都采用代码方式。如果希望在操作过程中看到学号时，就知道学生姓名，看到课程号时，就知道所选课程名称和成绩，有必要通过三个表的联系，建立一个视图来显示学生姓名、选修的课程名及成绩。

【例 5.6】 对学生管理数据库建立视图 xsxk，显示学生学号、姓名、选修的课程号，课程名及成绩，并要求按学号升序排列。

这里的姓名、课程名及成绩分别存在于 xs，kc，xscj 三个表中，所以要建立一个以这 3 个数据表为源表的视图。

操作步骤如下：

① 打开学生管理数据库，新建视图，打开视图设计器，并依次将 xs 表、xscj 表和 kc 表添加到视图设计器窗口中，添加时各表之间建立连接，如图 5.47 所示。

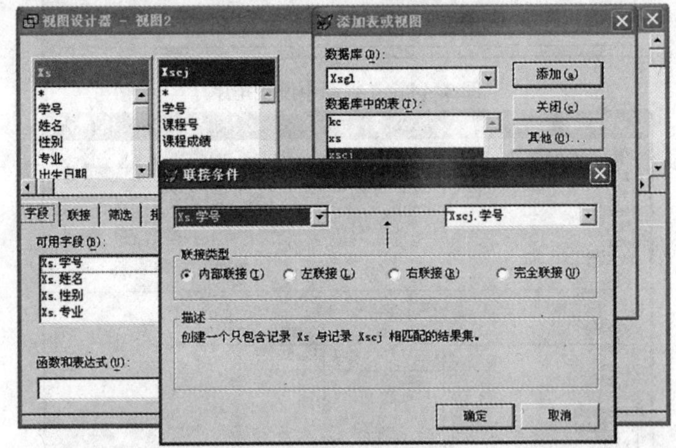

（a） xs 表与 xscj 表建立连接

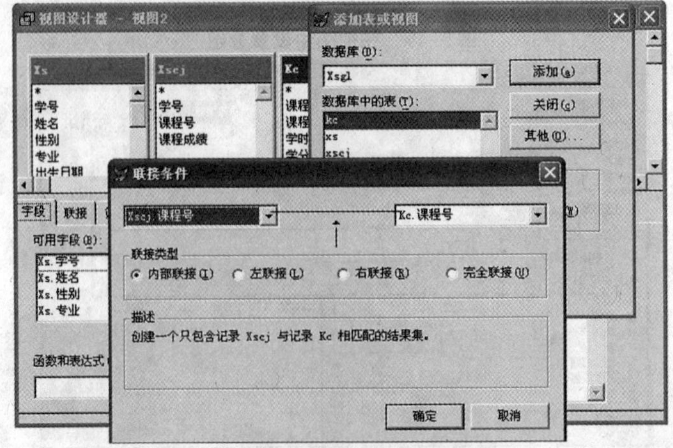

（b） xscj 表与 kc 表建立连接

图 5.47　各表之间建立连接

② 选择字段。在“字段”选项卡上，设定输出字段为“xs. 学号”、“xs. 姓名”、“xscj. 课程号”、“kc. 课程名”和“xscj. 成绩”，如图 5.48 所示。

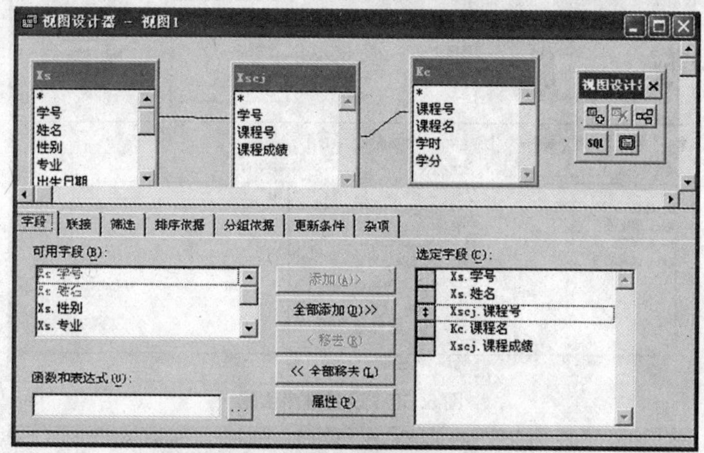

图 5.48　多表视图设计

③ 设计连接。添加表时三个之间的关联关系已经自动建立，所以关系表达式将自动被带进来，如图 5.49 所示。如果数据中没有设置连接，需要在此进行手工设置连接关系表达式。操作方法是，单击“联接”选项卡，进入“连接条件”对话框进行设置。

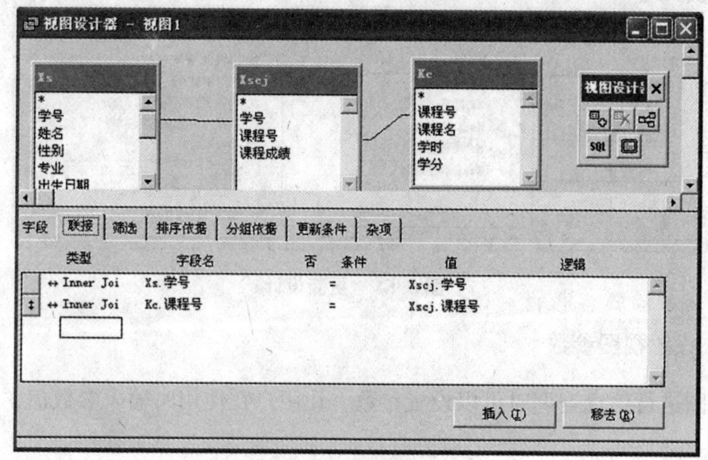

图 5.49　设置连接

④ 设计索引。在“排序依据”选项卡上，选定“学号”字段，排序选项中选择升序，再添加到排序条件中，如图 5.50 所示。

⑤ 更新设计。本例中有 3 个表，不希望更新学生表和课程表（使用这两个表的目的是帮助显示学生成绩），需要更新的只有选课表。在此选择“更新条件”选项卡，在“表”下拉组合框中选择“全部表”，在字段名列表框中设置“关键字”字段和“更新字段”，如图 5.51 所示。在“SQL WHERE 子句包括”框中选择“关键字和可更新字段”项，在“使用更新”中选择“SQL UPDATE”项。

⑥ 保存该视图，然后运行该视图，可见在显示学号和课程号的同时，显示了相应的学生姓名和课程名称。

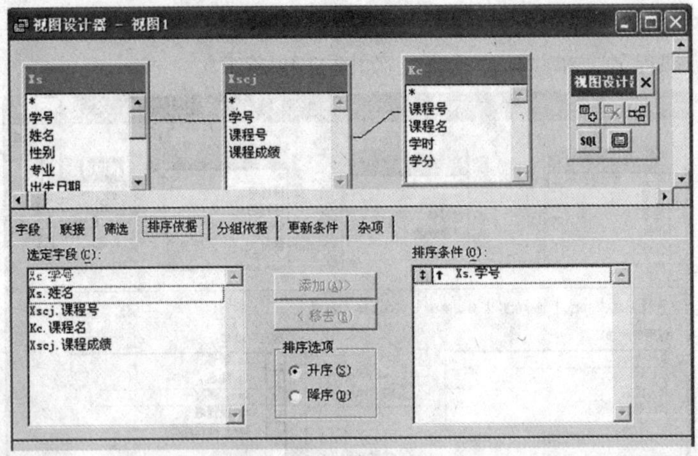

图 5.50　设置排序依据

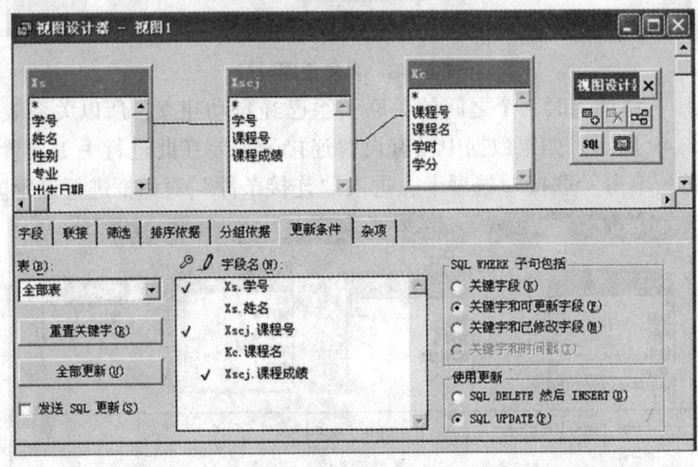

图 5.51　更新设计

5.2.3.3　设置视图参数

在利用视图进行信息查询时可以设置参数，让用户在使用时输入参数值，进行交互式查询。

【例 5.7】 对 xsgl 数据库建立视图 cjd，在运行时输入某课程名，即列出选修这门课程的所有学生学号、姓名、课程名和成绩。

操作步骤如下：

① 打开视图设计器，依次将 xs，xscj 和 kc 添加到视图设计器窗口。

② 选择输出字段。在"字段"选项卡上，设定输出字段为"xs. 学号"、"xs. 姓名"、"kc. 课程名"和"xscj. 成绩"。

③ 在"筛选"选项卡上，设"字段名"为"kc. 课程名"，"条件"为"="，"实例"为"？课程名"，如图 5.52 所示。注意："？"与其后面的"课程名"之间不能有空格。

④ 保存视图，然后运行该视图，此时系统显示"视图参数"对话框，要求给出参数值，输入参数后出现查询结果。注意：字符型数据输入时应加上定界符，如图 5.53。

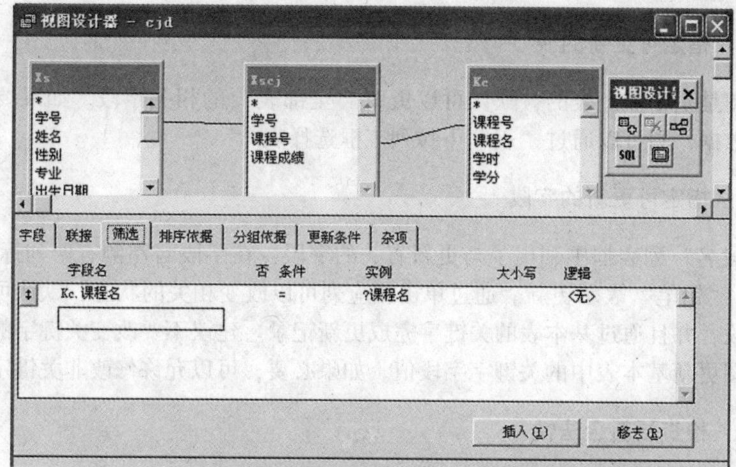

图 5.52　设置视图参数中筛选选项卡的设置

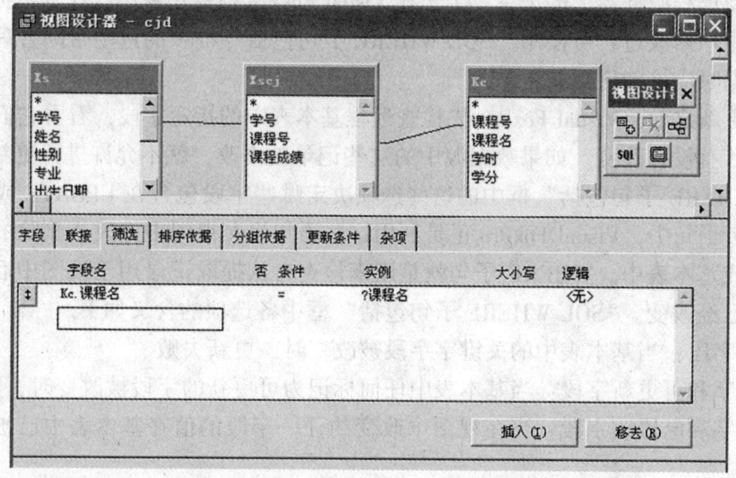

图 5.53　运行 cjd 视图的输入界面

5.2.4　视图数据更新

视图是根据基本表派生出来的，所以把它叫作虚拟表，但在 Visual FoxPro 中它已经不完全是操作基本表的窗口，在一个活动周期内（即在一次打开数据库和关闭数据库之间）视图和基本表已经成为两张表（使用视图时会在两个工作区分别打开视图和基本表），默认对视图的更新不反映在基本表中，对基本表的更新在视图中也得不到反映。但是当关闭数据库后视图中的数据库将消失，当再次打开数据库视图时视图从基本表中重新检索数据。所以在默认情况下，视图在打开时从基本表中检索数据，然后构成一个独立的临时表供应用户使用。

为了通过视图能够更新基本表中的数据，需要在图 5.54 所示界面的左下角选中"发送 SQL 更新"。下面参照默认更新属性的设置（参见图 5.54）介绍与更新属性有关的几个问题。

5.2.4.1 指定可更新的表

如果视图是基于多个表的，默认可以更新“全部表”的相关字段。如果要指定只能更新某个表的数据，则可以通过“表”下拉列表框选择表。

5.2.4.2 指定可更新的字段

在“字段名”列表框中列出了与更新有关的字段，在字段名左侧有两列标志，“钥匙”表示关键字，“铅笔”表示更新。通过单击相应列可以改变相关的状态，默认可以更新所有非关键字字段，并且通过基本表的关键字完成更新记录。建议不要改变关键字的状态，不要试图通过视图更新基本表中的关键字字段值。如果必要，可以允许修改非关键字字段值。

5.2.4.3 检查更新合法性

如果在一个多用户环境中工作，服务器上的数据也可以被别的用户访问，也许别的用户也在视图更新远程服务器上的记录。为了让 Visual FoxPro 检查用视图操作的数据在更新之前是否被别的用户修改过，可使用“SQL WHERE 子句包括”框中的选项帮助管理遇到多用户访问同一数据时应该如何更新记录。

在允许更新之前，Visual FoxPro 先检查远程基本表中的指定字段，看看它们在记录被提取到视图中后有没有改变。如果数据源中的这些记录被修改，就不允许进行更新操作。

“SQL WHERE 子句包括”框中的这些选项决定哪些字段包含在 UPDATE 或 DELETE 语句的 WHERE 子句中，Visual FoxPro 正是利用这些语句将在视图中修改或删除的记录发送到远程数据源或基本表中。WHERE 子句就是用来检查自从提取记录用于视图中后，服务器上的数据是否已经改变。“SQL WHERE 子句包括”框中各选项的含义如下。

① 关键字段：当基本表中的关键字字段被改变时，更新失败。

② 关键字和可更新字段：当基本表中任何标记为可更新的字段被改变时，更新失败。

③ 关键字和已修改字段：当在视图中改变的任一字段的值在基本表中已被改变时，更新失败。

④ 关键字和时间戳：当远程表上记录的时间在首次检索之后改变时，更新失败（仅当远程表有时间戳列时有效）。

5.2.4.4 使用更新方式

“使用更新”框的选项决定当向基本表发送 SQL 更新时的更新方式。

① SQL DELETE 然后 INSERT：先用 SQL DELETE 命令删除基本表中被更新的旧记录，再用 SQL INSERT 命令向基本表插入更新后的新记录。

② SQL UPDATE：使用 SQL UPDATE 命令更新基本表。

【例 5.8】请利用 xs 学生表建立一个视图 xgda，输入某位同学的学号，使其显示这位学生的基本信息，并可修改专业、代培否、籍贯字段的信息。本例将学号为“080801”的学生专业改为“日语”，将籍贯改为“佳木斯”。

操作步骤如下：

① 打开视图设计器图，将“xs 表”加入视图设计器中。

② 选择字段。在“字段”选项卡中，将“可用字段”列表框中的全部字段添加到“选

定字段”列表框中，作为视图中要显示的字段。

③ 设置筛选条件。单击“筛选”选项卡，在“字段名”输入框中单击，从显示的下拉列表中选取学号字段，从“条件”下拉列表中选择“=”运算符，在“实例”输入框中单击，显示输入提示符后输入“？学号”。

④ 设置更新条件。选择“更新条件”选项卡，进行如下操作。

• 设定学号为关键字段。方法是在“字段名”列表框下，分别在学号字段前“钥匙”符号下单击，将其设置为选中状态。

• 设定可修改的字段。因为只能修改专业、代培否、籍贯字段的值，因此，在其他字段前“铅笔”符号下单击，将字段前面的√取消，只将专业、代培否、籍贯设置为可修改字段。

• 单击“发送 SQL 更新”复选框，把视图的修改结果返回到源数据表中。单击“使用更新”设置的“SQL UPDATE”单选按钮，即利用 SQL 的修改记录功能，直接修改此记录。

“更新条件”选项卡设置如图 5. 54 所示。

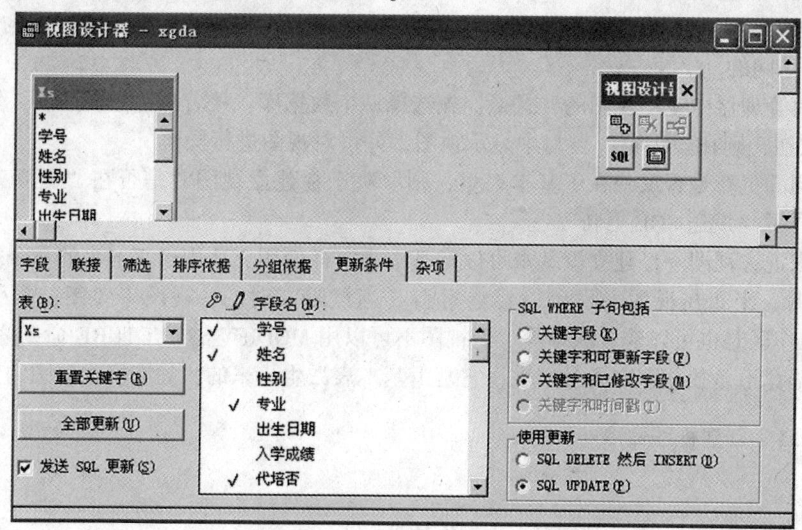

图 5. 54　“更新条件”选项卡设置

⑤ 保存视图。选择“文件”菜单中的“保存”选项，或单击常用工具栏上的“保存”按钮，保存视图，命名为 xgda。

⑥ 修改数据。打开数据库，双击所建立的视图，或右单击所建立的视图，选择浏览。在查询参数输入窗口输入“080801”，并在随后的浏览窗口将学号为“080801”的学生专业改为“日语”，将籍贯改为“佳木斯”。单击“关闭”按钮，关闭浏览窗口。

⑦ 观察 xs 学生表。打开学生表的浏览窗口，浏览表中数据。发现表中的数据已经随着视图的更改而自动修改了，如图 5. 55 所示。

5. 2. 5　使用视图

视图建立之后，不但可以用它来显示和更新数据，而且可以通过调整它的属性来提高性能。视图的使用类似于表，可以通过以下几种方式使用视图：

① 使用 USE 命令打开或关闭视图（必须首先打开数据库）。

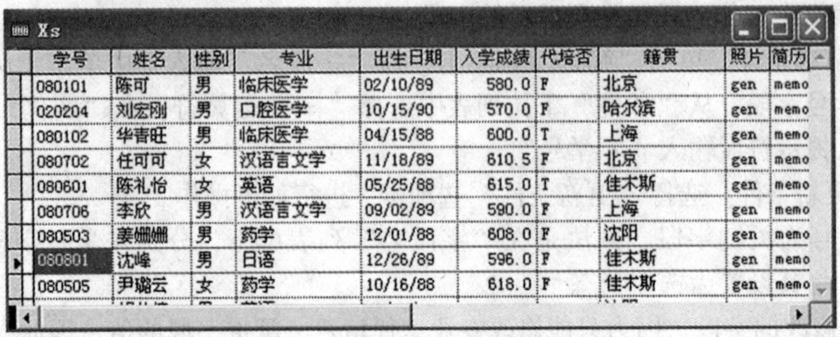

Xs

学号	姓名	性别	专业	出生日期	入学成绩	代培否	籍贯	照片	简历
080101	陈可	男	临床医学	02/10/89	580.0	F	北京	gen	memo
020204	刘宏刚	男	口腔医学	10/15/90	570.0	F	哈尔滨	gen	memo
080102	华青旺	男	临床医学	04/15/88	600.0	T	上海	gen	memo
080702	任可可	女	汉语言文学	11/18/89	610.5	F	北京	gen	memo
080601	陈礼怡	女	英语	05/25/88	615.0	T	佳木斯	gen	memo
080706	李欣	男	汉语言文学	09/02/89	590.0	F	上海	gen	memo
080503	姜姗姗	男	药学	12/01/88	608.0	F	沈阳	gen	memo
080801	沈峰	男	日语	12/26/89	596.0	F	佳木斯	gen	memo
080505	尹璐云	女	药学	10/16/88	618.0	F	佳木斯	gen	memo

图 5.55　利用视图更新表中数据

② 在“浏览器”窗口中显示或修改视图中的记录。

③ 使用 SQL 语句操作视图。

④ 在文本框、表格控件、表单或报表中使用视图作为数据源。

一个视图在使用的时候，将作为临时表在自己的工作区中打开。如果此视图基于本地表(本地视图)，则在另一个工作区中同时打开基本表。视图的基本表是由定义视图的 SQL SELECT 语句访问的。

在项目管理器中使用视图的方式是：先选择一个数据库，接着再选择视图名，然后选择“浏览”按钮，则在“浏览”窗口中显示视图，并可对视图进行操作。

对视图的更新是否反映在了基本表里，则取决于在建立视图时是否在“更新条件”选项卡中选择了“发送 SQL 更新”。

总的来说，视图一经建立就基本可以像基本表一样使用，适用于基本表的命令基本都可以用于视图。比如在视图上也可以建立索引（当然是临时的，视图一关闭，索引自动删除)，多工作区时也可以建立联系等。但视图不可以用 MODIFY STRUCTURE 命令修改结构。因为视图毕竟不是独立存在的基本表，它是由基本表派生出来的，只能修改视图的定义。

5.2.5.1　创建视图命令

格式：

CREATE　VIEW　[＜视图名＞] [REMOTE]

[CONNECTION ＜联接名＞　[SHARE]　| CONNECTION　＜ODBC 数据源＞]

[AS　＜SQL SELECT 命令＞]

功能：创建视图。

【例 5.9】 利用 xs 表建立视图 rxcj，只列出籍贯是“佳木斯”的学生的学号、姓名、专业和入学成绩字段。

对应的命令是：

```
Open database 学生管理                    && 先打开相应的数据库
Create view rxcj AS   ;
SELECT xs. 学号，xs. 姓名，xs. 专业，xs. 入学成绩;
FROM 学生管理！xs;
WHERE xs. 籍贯 = "佳木斯"
```

【例 5.10】 定义一个视图 pjf，显示每个学生的学号、姓名、所选修课程的平均分。

对应的命令是：

```
Open database 学生管理                    && 先打开相应的数据库
Create view rxcj AS  ;
SELECT xscj.学号, xs.姓名, AVG (Xscj.课程成绩) AS 平均分;
FROM  xsgl! xs INNER JOIN xsgl! xscj  ;
ON  xs.学号 = xscj.学号;
GROUP BY xscj.学号
```

5.2.5.2　视图的删除

格式：

DELETE VIEW <视图名> 或 DROP VIEW <视图名>

例如要删除视图 pjf，可以用以下命令：

delete view pjf

或 drop view pjf

功能：删除视图。

5.2.5.3　视图的重命名

格式：

RENAME VIEW <原视图名> TO <目标视图名>

例：rename view xgcjto xxcj　　　　　　　　&& 将视图 xgcj 改名为 xxcj

功能：修改视图的名称。

5.2.5.4　修改视图

格式：

MODIFY VIEW <视图名> [REMOTE] 该命令打开视图设计器修改视图。

功能：修改视图。

注意：视图不能用 MODIFY STRUCTURE 命令修改。

案例 10　创建成绩查询

一、案例知识点

1. 掌握查询视图设计器的启动方法。
2. 掌握查询视图设计器的使用方法。

二、案例内容

利用查询设计器创建成绩查询。

从 xs 和 xscj 表中查询入学成绩在 590 分以上，选修课程门数在 2 门以上且平均成绩在 85 分以上的学生的记录。包括学号、姓名、专业、入学成绩、平均成绩 5 个字段；各记录按学号降序排序；查询去向为表 table1。最后将查询保存在 query1.qpr 文件中，并运行该查询查看显示结果，得出查询相对应的SQL语句。

1. 建立新查询

文件→新建→查询→新建文件。

2. 添加表并连接

在界面显示的对话框中，选择表“xs”再按“确定”按钮，在“添加表或视图”对话框中，单击“其他”按钮，选择表“xscj”再按“确定”按钮，在“连接条件”对话框中，直接按“确定”按钮。

3. 添加字段

单击“字段”选项卡，选择试题要求的字段添加到“选定字段”列表框中。平均成绩为虚字段AVG（Xscj. 课程成绩）as 平均成绩并添加。添加完成后共5个字段，与题目要求一致，如图5.56所示。

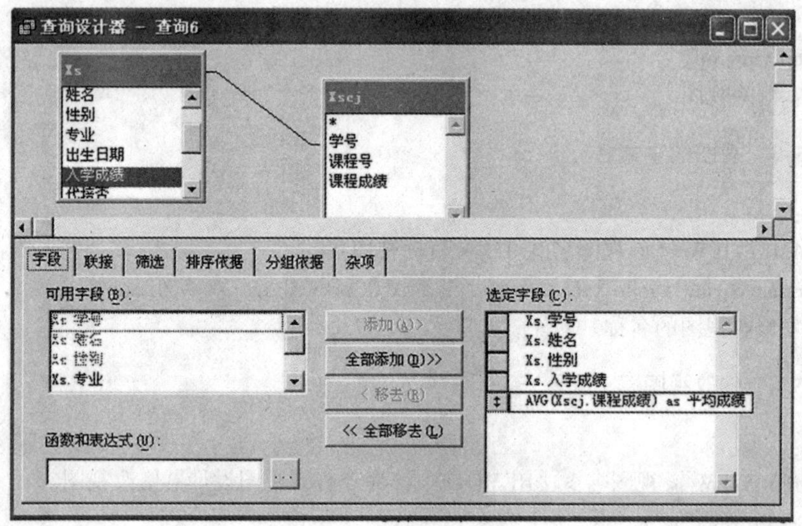

图5.56 选定查询字段

4. 设置筛选条件

单击“筛选”选项卡，在“字段名”中选择“xs.入学成绩”，在“条件”处选择“>=”，在“实例”处输入590，如图5.57所示。

5. 设置分组依据及满足条件

在“分组依据”选项卡中将“xs.学号”移入分组字段中，在界面下方点击“满足条件”。在新弹出的对话框中设置条件：首先，在“字段名”下拉列表框中选择“表达式”，生成统计记录个数函数count(＊)后点击“确定”，在设置条件处选择“>=”，在“实例”处输入2，在“逻辑”处选择AND；移到下一个条件处，在“字段名”下拉列表框中选择平均成绩，在设置条件处选择“>=”，在“实例”处输入85，点击“确定”，如图5.58、图5.59所示。

6. 设置排序依据

单击“排序依据”选项卡，选择“xs.学号”并选择“降序”，接着单击“添加”按钮。

7. 设置查询去向并添加表名

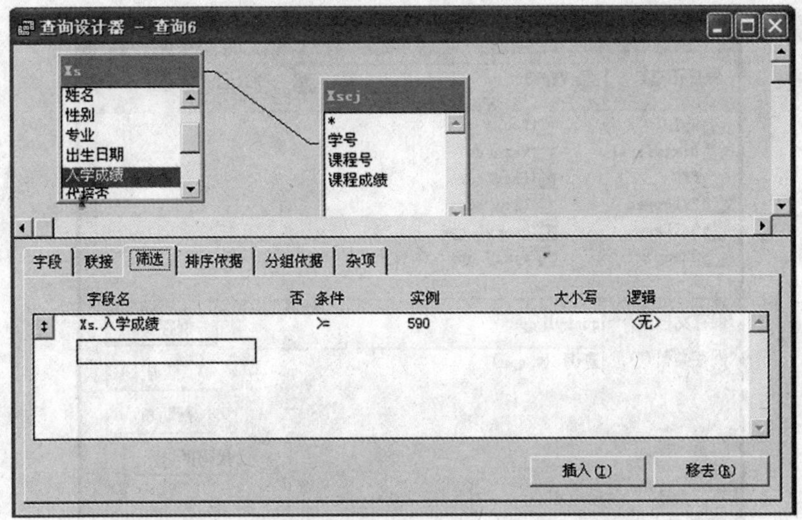

图 5.57　设置筛选条件

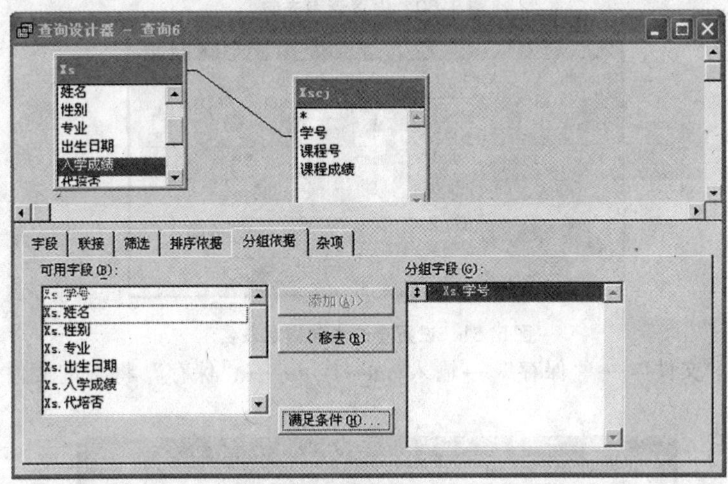

图 5.58　设置分组依据字段

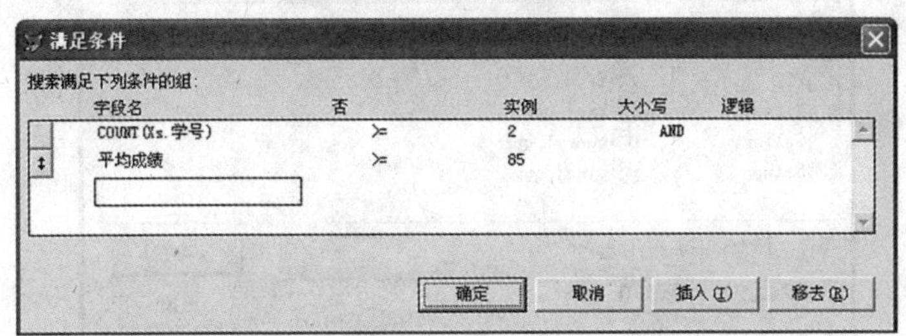

图 5.59　设置分组下的满足条件

单击“查询→查询去向”菜单项后会弹出查询去向对话框，先选中子项中的“表”，在“表名”处输入 table1，再单击“确定”按钮，如图 5.60、图 5.61 所示。

8. 保存查询到 query1. qpr 中

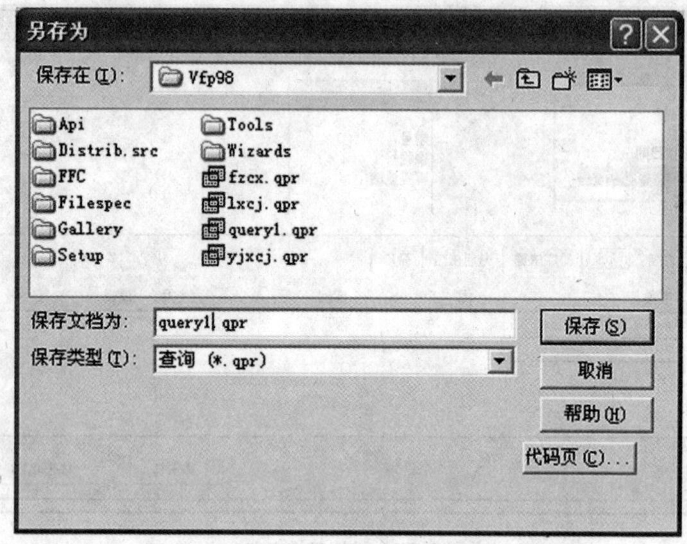

图 5.60 设置查询去向

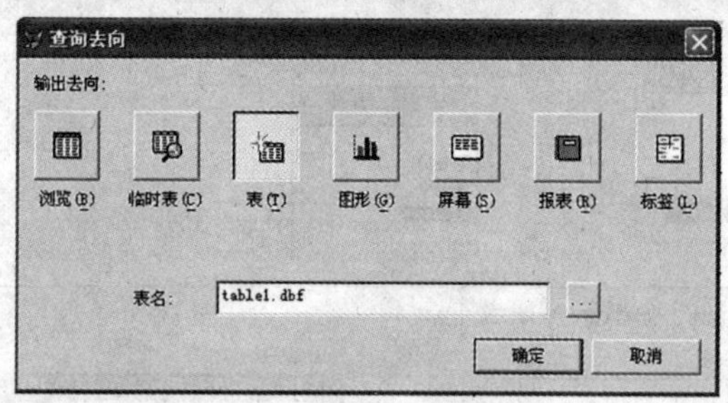

图 5.61 设置查询去向指定表名

单击菜单“文件”→“保存”→输入 query1. qpr →“保存”将查询文件保存，如图 5.62 所示。

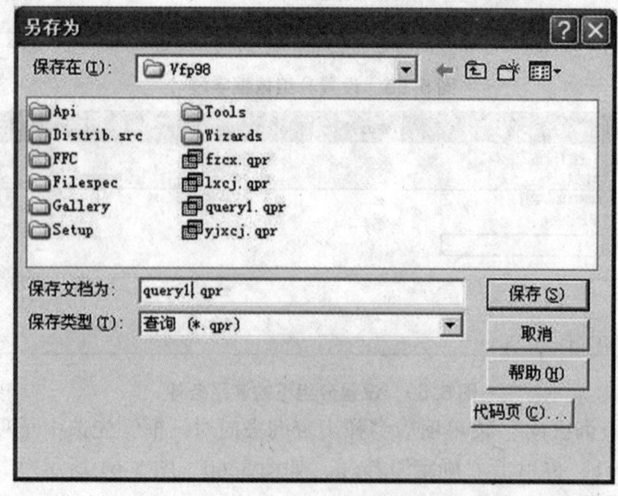

图 5.62 保存查询文件

9. 运行查询

可以单击菜单“查询”→“运行查询（R）”；可以运用工具栏点击 按钮；可以在命令窗口中输入命令 do query1. qpr 运行查询。

10. 查看查询结文件 table1

执行菜单：“显示”→“浏览 Table1”，可以打开表 table1。根据原表和题意要求检查表中内容，例如字段个数、记录内容是否正确，如图 5.63、图 5.64 所示。

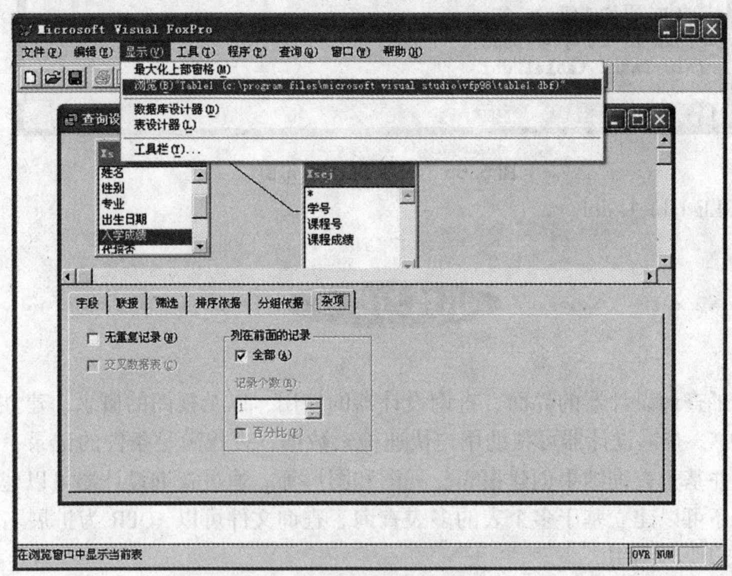

图 5.63　查看去向表方式

Table1

学号	姓名	性别	平均成绩	入学成绩
130503	任德刚	男	87.00	612.0
130501	王艺潼	女	91.50	595.0

图 5.64　显示 Table1 表

11. 提取 SQL 语句

单击菜单“查询”→“查看 SQL（V）”，查看该查询相对应的 SQL 语句，如图 5.65 所示。

案例查询的对应 SQL 语句为：

```
SELECT xs. 学号，xs. 姓名，xs. 性别，xs. 入学成绩，;
AVG（xscj. 课程成绩）AS 平均成绩;
FROM  xsgl! xs INNER JOIN xsgl! xscj  ON  xs. 学号 = xscj. 学号;
WHERE xs. 入学成绩 > = 590;
GROUP BY xs. 学号  HAVING COUNT（xs. 学号） > = 2 AND 平均成绩 > = 85;
ORDER BY xs. 学号 DESC;
```

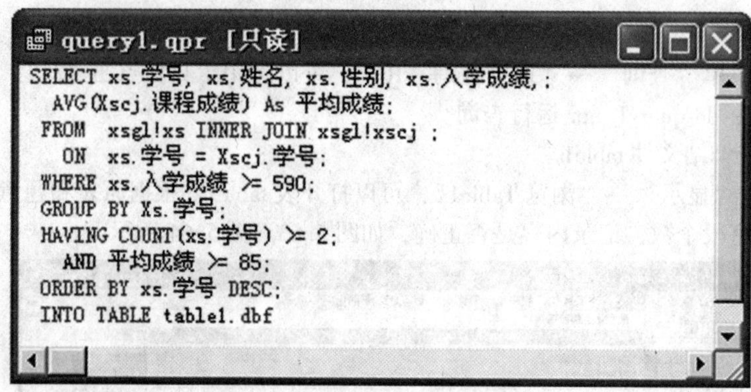

图 5.65　显示 SQL 语句窗口

INTO TABLE table1. dbf

小结与提高

本章介绍了查询设计器的界面、查询设计器的使用，以及视图的概念、建立和使用。在 Visual FoxPro 中，查询设计器可帮助用户快速检索数据，查找满足条件的记录，按需要排序和分组记录，并基于查询结果创建报表、视图和图形等。通过查询设计器可以建立基于单表创建的查询，还可以建立基于多个表的多表查询。查询文件可以 . QPR 为扩展名保存在磁盘中，供用户在需要时调用。

在 Visual FoxPro 中，视图是一个基于查询产生的虚拟表，可以是本地的、远程的或带参数的。视图可以引用一个或多个表，或者引用其他视图。视图是可以更新的，可以引用远程表。视图兼有“表”和“查询”的特点。视图是操作表的一种手段，通过视图可以查询表，通过视图可以更新表。视图是基于表定义的而又在表之上，可以使应用更灵活。最后简单介绍了远程视图与连接。

一、选择题

1. 以下关于视图的描述中，正确的是________。
   A. 视图结构可以使用 MODIFY STRUCTURE 命令来修改
   B. 视图不能同数据库表进行连接操作
   C. 视图不能进行更新操作
   D. 视图是从一个或多个数据库表中导出的虚拟表
2. 下列关于视图的说法中，不正确的是________。
   A. 在 Visual FoxPro 中，视图是一个定制的虚拟表
   B. 视图可以是本地的、远程的，但不可以带参数
   C. 视图可以引用一个或多个表

D. 视图可以引用其他视图

3. 下列关于视图的操作中，错误的是________。

A. 在数据库中使用 USE 命令打开或关闭视图

B. 在“浏览器”窗口中可以显示或修改视图中的数据

C. 视图不能作为文本框、表格等控件的数据源

D. 可以使用 SQL 语句操作视图

4. 为视图重命名的命令是________。

A. MODIFY VIEW

B. CREATE VIEW

C. DELETE VIEW

D. RENAME VIEW

5. 建立一个视图 salary，该视图包括了系号和（该系的）平均工资两个字段，正确的 SQL 语句是________。

A. CREATE VIEW salary AS 系号，SVG（工资）AS 平均工资；
FROM 教师 GROUP BY 系号

B. CREATE VIEW salary AS SELECT 系号，AVG（工资）AS 平均工资；
FROM 教师 GROUP BY 系名

C. CREATE VIEW salary SELECT 系号，AVG（工资）AS 平均工资；
FROM 教师 GROUP BY 系号

D. CREATE VIEW salary AS SELECT 系号，AVG（工资）AS 平均工资；
FROM 教师 GROUP BY 系号

6. 删除视图 salary 的命令是________。

A. DROP salary VIEW

B. DROP VIEW salary

C. DELETE salary VIEW

D. DELETE salary

7. 在 Visual FoxPro 中，关于查询和视图的正确描述是________。

A. 查询是一个预先定义好的 SQL SELECT 语句文件

B. 视图是一个预先定义好的 SQL SELECT 语句文件

C. 查询和视图是同一种文件，只是名称不同

D. 查询和视图都是一个存储数据的表

8. 在 Visual FoxPro 中，以下关于视图的描述错误的是________。

A. 通过视图可以对表进行查询

B. 通过视图可以对表进行更新

C. 视图是一个虚表

D. 视图就是一种查询

9. 以下关于视图的描述正确的是________。

A. 视图保存在项目文件中

B. 视图保存在数据库文件中

C. 视图保存在表文件中

D. 视图保存在视图文件中

10. 在 Visual FoxPro 中以下叙述正确的是________。
   A. 利用视图可以修改数据
   B. 利用查询可以修改数据
   C. 查询和视图具有相同的作用
   D. 视图可以定义输出去向

11. 根据“歌手”表建立视图 myview，视图中含有包括了“歌手号”左边第一位是“1”的所有记录，正确的 SQL 语句是________。
   A. CREATE VIEW myview AS SELECT * FROM 歌手;
   WHERE LEFT（歌手号，1）="1"
   B. CREATE VIEW myview AS SELECT * FROM 歌手;
   WHERE LIKE（"1"歌手号）
   C. CREATE VIEW myview SELECT * FROM 歌手;
   WHERE LEFT（歌手号，1）="1"
   D. CREATE VIEW myview SELECT * FROM 歌手;
   WHERE LIKE（"1"歌手号）

12. 在视图设计器中有，而在查询设计器中没有的选项卡是________。
   A. 排序依据
   B. 更新条件
   C. 分组依据
   D. 杂项

13. 下列关于查询的叙述正确的是________。
   A. 不能使用自由表建立查询
   B. 只能使用自由表建立查询
   C. 只能使用数据库表建立查询
   D. 可以使用数据库表和自由表建立查询

14. 运行名为 JJ. QPR 的查询文件，正确的命令是________。
   A. DO
   B. DO query JJ
   C. DO JJ
   D. DO JJ. QPR

15. 下列关于创建查询的叙述错误的是________。
   A. 创建查询可以选择“新建查询”对话框中的“查询向导”按钮
   B. 创建查询可以选择“新建”对话框中的“查询”单选按钮和“查询向导”按钮
   C. 创建查询可以选择“新建查询”对话框中的“新建查询”按钮
   D. 创建查询可以选择“新建”对话框中的“查询”单选按钮和“新建文件”按钮

16. 下列关于查询向导的叙述正确的是________。
   A. 查询向导只能为一个表建立查询
   B. 查询向导只能为多个表建立查询
   C. 查询向导只能为一个或多个表建立查询

D. 查询向导可以为一个或多个表建立查询

17. 查询设计器中的选项卡有________。
    A. 字段、联接、筛选、排序依据、分组依据、条件
    B. 字段、联接、条件、排序依据、分组依据、杂项
    C. 字段、联接、筛选、排序依据、分组依据、杂项
    D. 条件、联接、筛选、排序依据、分组依据、杂项

18. 多表查询必须设定的选项卡为________。
    A. 字段
    B. 筛选
    C. 更新条件
    D. 联接

19. 下列关于查询的说法中，不正确的是________。
    A. 询是预先定义好的一个 SQL SELECT 语句
    B. 查询是 Visual FoxPro 支持的一种数据库对象
    C. 通过查询设计器，可完成任何查询
    D. 查询是从指定的表或视图中提取满足条件的记录，可将结果定向输出

20. 在查询设计器中，选定“杂项”选项卡中的“无重复记录”复选框，等效于执行 SQL SELECT 语句中的________。
    A. WHERE
    B. JOIN ON
    C. ORDER BY
    D. DISTINCT

21. 在查询设计器环境中，“查询”菜单下的“查询去向”命令指定了查询结果的输出去向，输出去向不包括________。
    A. 临时表
    B. 表
    C. 文本文件
    D. 屏幕

22. 在查询设计器环境中，“查询”菜单下的“查询去向”命令指定了查询结果的输出去向，默认的输出去向是________。
    A. 浏览
    B. 表
    C. 文本文件
    D. 屏幕

二、填空题

本题使用如下三个表。

零件. DBF：零件号 C(2)，零件名称 C(10)，单价 N(10)，规格 C(8)。

使用零件. DBF：项目号 C(2)，零件号 C(2)，数量 I。

项目. DBF：项目号 C(2)，项目名称 C(20)，项目负责人 C(10)，电话 C(20)。

1. 建立一个由零件名称、数量、项目号、项目名称字段构成的视图，视图中只包含项目号

为“s2”的数据，应该使用的 SQL 语句是：

CREATE VIEW item_view ________;
SELECT 零件．零件名称，使用零件．数量，使用零件．项目号，项目．项目名称；
FROM 零件 INNER JOIN 使用零件；
INNER JOIN ________;
ON 使用零件．项目号 = 项目．项目号；
ON ____________________;
WHERE 项目．项目号 = ’s2’

2. 在 Visual FoxPro 中视图可以分为本地视图和________视图。
3. 在 Visual FoxPro 中为了通过视图修改基本表中的数据，需要在视图设计器的________选项卡设置有关属性。
4. 通过 Visual FoxPro 的视图，不仅可以查询数据库表，还可以________数据库表。
5. 建立远程视图必须首先建立与远程数据库的 ________。
6. 在 Visual FoxPro 的查询设计器中________选项卡对应的 SQL 短语是 WHERE。
7. 在 Visual FoxPro 的查询设计器中________选项卡对应的 SQL 短语是 ORDER BY。
8. 在 Visual FoxPro 的查询设计器中________选项卡对应的 SQL 短语是 GROUP BY。
9. 利用零件表，建立一个名为 ge 的视图，视图中只包含单价大于等于 100 元的零件的信息，应该使用的 SQL 语句是________。

第 6 章　Visual FoxPro 面向对象程序设计基础

“表单”译自英文“FORM”一词，表单是 VFP 最常见的界面，前面几章介绍的对话框、向导、设计器等窗口都是表单的不同表现形式。用户可以在表单或应用程序中添加各种控件，以提高人机交互能力，使用户能直观方便地输入或查看数据，完成信息管理工作。

 6.1　面向对象的概念

在 Visual FoxPro 的表单设计中，处处体现着面向对象的思想和方法。这里介绍面向对象的几个基本概念。

6.1.1　对象与类

对象与类是面向对象方法的两个最基本的概念。

6.1.1.1　对象（Object）

客观世界里的任何实体都可以被看作对象。对象可以是具体的物，也可以是某些概念。例如，一部电话机、一名学生、一台计算机、一个表单、一个命令按钮都可以作为对象。每个对象都有一定的状态，如一部电话的颜色是“红”色的，一名学生的姓名叫“李红”。每个对象也有自己的行为，如电话接通时会响铃，学生到期末时要参加考试。

使用面向对象的方法解决问题的首要任务就是要从客观世界里识别出相应的对象，并抽象出为解决问题所需要的对象属性和对象方法。属性用来表示对象的状态，方法用来描述对象的行为。在面向对象的方法里，对象被定义为由属性和相关方法组成的包。

方法是描述对象行为的过程，是对当某个对象接受了某个消息（一般也将其称为调用对象的某个方法）后所采取的一系列操作的描述。方法与普通的 Visual FoxPro 过程不同，方法与对象紧密联系。

6.1.1.2　类（Class）

类和对象关系密切，但并不相同。类是对一类相似对象的性质描述，这些对象具有相同的性质：相同种类的属性以及方法。类好比是一类对象的模板，有了类定义后，基于类就可以生成这类对象中任何一个对象。这些对象虽然采用相同的属性来表示状态，但它们在属性

上的取值一般有着不同的状态，且彼此间相对独立。

例如，可以为学生创建一个类。在“学生”类的定义中，需要描述的属性可能包括“学号”“姓名”“性别”“出生日期”等，需要描述的方法可能有“考试”“毕业”等。基于“学生”类，可以生成任何一个学生对象。对生成的每个学生对象，都可以为其设置相应的属性值。

在类的定义中，也可以为某个属性指定一个值，这个值作为基于该类生成的每个对象在该属性上的默认值。

通常，把基于某个类生成的对象称为这个类的实例。可以说，任何一个对象都是某个类的一个实例。

需要注意的是，方法尽管定义在类中，但执行方法的主体是对象。同一个方法，如果由不同的对象去执行，一般会生成不同的结果。

6.1.2 对象引用

在面向对象的程序设计中常常需要引用对象，包括引用对象的属性、事件与调用方法程序。

6.1.2.1 对象引用规则

① 用以下引用关键字开头。

THISFORMSET 表示当前表单集
THISFORM 表示当前表单
THIS 表示当前对象

② 引用格式：引用关键字后跟一个圆点，再写出被引用对象或者对象的属性、方法程序等。

例如：THIS. Name &&表示本对象的Name属性
THISFORM. Circle &&表示本表单的Circle方法程序，在表单中画一个圆或椭圆

③ 允许多级引用，但要逐级引用。

例如：THISFORM. Lable1. Caption &&本表单的Lable1标签的Caption属性
THIS. Command1. FontName &&本对象的Command1命令按钮的FontName属性
THIS. Command2 . Click &&本对象的Command2命令按钮的Click事件

6.1.2.2 设置对象的属性

设置对象属性可以使用下列方法：

① 可以取系统的默认值；

② 也可以在属性窗口中进行输入或更改；

③ 通过编写事件代码来更改。

6.2 Visual FoxPro 基类简介

6.2.1 Visual FoxPro 基类

在 Visual FoxPro 环境下，要进行面向对象的程序设计或创建应用程序，必然要使用 Visual FoxPro系统提供的基类（Base Class）。

Visual FoxPro 基类是系统本身内含的，并不存放在某个类库中。用户可以基于基类生成所需要的对象，也可以扩展基类创建自己的类。表 6.1 是 Visual FoxPro 基类的清单。

表 6.1 Visual FoxPro 基类

类名	含义	类名	含义
CheckBox	复选框	Label	标签
Column	（表格）列	Line	线条
ComboBox	组合框	ListBox	列表框
CommandButton	命令按钮	OleControl	OLE 容器控件
CommandGroup	命令按钮组	OptionButton	选项按钮
Container	容器	OptionGroup	选项按钮组
Control	控件	Page	页
EditBox	编辑框	PageFrame	页框
Form	表单	Shape	形状
FormSet	表单集	Spinner	微调控件
Grid	表格	TextBox	文本框
Header	（列）标头	Timer	计时器
Image	图像	ToolBar	工具栏

每个 Visual FoxPro 基类都有自己的一组属性、方法和事件。当扩展某个基类创建用户自定义类时，该基类就是用户自定义类的父类，用户自定义类继承该基类中的属性、方法和事件。

6.2.2 容器与控件

Visual FoxPro 中的基类一般可分为两种类型：容器类和控件类。相应地，根据容器类和控件类分别生成容器（对象）和控件（对象）。

6.2.2.1 控件

控件类对象不能包含其他对象，只能加入到其他容器对象中。例如：标签、图像、线条、形状、文本框、编辑框、列表框、组合框、命令按钮、复选框、计时器、微调控件。

6.2.2.2 容器

容器类对象可以被认为是一种特殊的控件，它能包容其他的控件或容器。例如：命令按钮组、选项按钮组、表格、页框。表6.2列出了Visual FoxPro中常用的容器及其所能包容的对象。

从表6.2可以看出，不同的容器所能包容的对象类型是不同的。比如，表格容器中不能包容页对象，页框容器中只能包容页对象等。另外，一个容器内的对象本身也可以是容器。比如表单作为表单集容器内的对象，其本身也是一个容器对象，可包容页框等对象，而页框又可以包容页对象等，这样就形成了对象的嵌套层次关系。需要注意的是，对象的层次概念和类的层次概念是两个完全不同的概念：对象的层次指的是包容与被包容的关系，而类的层次指的是继承与被继承的关系。

表6.2　Visual FoxPro常用容器类及其所包容的对象

容　器	能包容的对象
表单集	表单、工具栏
表单	任意控件以及页框、Container对象、命令按钮组、选项按钮组、表格等对象
表格	列
列	标头和除表单集、表单、工具栏、定时器及其他列之外的任意对象
页框	页
页	任意控件以及Container对象、命令按钮组、选项按钮组、表格等对象
命令按钮组	命令按钮
选项按钮组	选项按钮
Container对象	任意控件以及页框、命令按钮组、选项按钮组、表格等对象

我们知道，在文件系统的层次目录结构中，要标识一个文件，单用文件名往往是不够的，一般还要指明文件的位置，即目录路径。类似地，在对象的嵌套层次关系中，要引用其中的某个对象，也需要指明对象在嵌套层次中的位置。

6.2.3　事件

事件是一种由系统预先定义而由用户或系统发出的动作。事件作用于对象，对象识别事件，并作出相应反应。事件可以由系统引发，比如生成对象时，系统就引发一个Init事件，对象识别该事件，并执行相应的Init事件代码。事件也可以由用户触发，比如用户用鼠标单击程序界面上的一个命令按钮就触发了一个Click事件，命令按钮识别该事件并执行相应的Click事件代码。

与方法集可以无限扩展不同，事件集是固定的，用户不能定义新的事件。为了响应事件，可以为事件加入相应的代码。

编写代码一般要在代码编辑窗口中进行。打开某对象代码编辑窗口的方法如下：

① 双击对象。

② 选定该对象的快捷菜单中的代码命令。

③ 选定显示菜单的代码命令。

代码编辑窗口组成：该窗口包含两个组合框和一个列表框。对象组合框用来重新确定对象，过程组合框用来确定需要的事件或方法程序，代码则在列表框中输入。

方法是指对象所固有完成某种任务的功能，可由用户在需要的时候调用。“方法”与“事件”有相似之处，都是为了完成某个任务，但同一个事件可完成不同任务，这取决于所编的代码是怎样的。而方法则是固定的，任何时候调用都是完成同一个任务，所以其中的代码也不需要我们编了，系统已为我们编好（我们也看不见），只需在必要的时候调用即可。

6.3　创建与运行表单

可以利用表单设计器或者表单向导来创建表单文件，并通过运行表单文件来生成表单对象。在不会引起混淆的情况下，经常把表单文件简称为表单。

6.3.1　创建表单

6.3.1.1　使用表单设计器创建表单

可以使用下面三种方法中的任何一种来调用表单设计器。

方法 1：在项目管理器环境下调用。

① 在“项目管理器”窗口中选择“文档”选项卡，然后选择其中的“表单”图标。

② 单击“新建”按钮，系统弹出“新建表单”对话框。

③ 单击“新建表单”图标按钮。

方法 2：菜单方式调用。

① 单击“文件”菜单中的“新建”命令，打开“新建”对话框。

② 选择“表单”文件类型，然后单击“新建文件”按钮。

方法 3：命令方式调用。

在命令窗口输入 CREATE FORM 命令。

不管采用上面哪种方法，系统都将打开“表单设计器”窗口，在表单设计器环境下，用户可以交互式、可视化地设计完全个性化的表单。有关如何在表单设计器中设计表单，将在后面几节中陆续介绍。

6.3.1.2　使用表单向导创建表单

在 VFP 中，向导以更简便的方式引导用户从操作中产生程序，避免书写代码。用户可以使用“表单向导”工具来帮助建立表单。使用“表单向导”时，用户并不需要对表单有什么了解，只要逐步回答“表单向导”所提出的一系列问题，“表单向导”就会基于用户的回答为用户自动建立起一个表单。

表单向导能产生两种表单，即表单向导和一对多表单向导两种。

启动“表单向导”对话框可用下列方法：

① 选定“文件”菜单的“新建”命令，在新建对话框中选定“表单”选项按钮，再选定“向导”按钮。

② 在“工具”菜单的“向导”子菜单中选定“表单”命令。

③ 从“项目管理器”中选择“文档”标签并选择“表单”项，再单击“新建”按钮。

【例 6.1】 使用表单向导创建一个能维护 XS. DBF 的表单。

操作步骤：

① 打开表单向导对话框。单击“文件”菜单，选择“新建”命令，在“新建”对话框

中选择“表单”选项，单击“向导”，弹出“向导选取”对话框，选择“表单向导”，单击“确定”按钮，进入“表单向导”窗口，如图6.1所示。

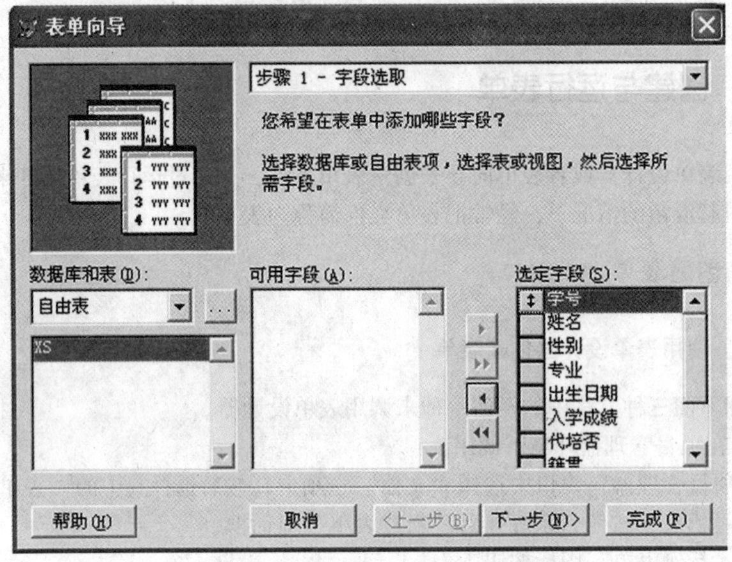

图6.1　字段选取

② 字段选取。单击图6.1中“数据库和表”的浏览按钮，在出现的打开对话框中选定XS.DBF表，将“可用字段”列表框的所有字段全部移到“选定字段”列表框中，然后单击“下一步”，进入“步骤2－选择表单样式”，如图6.2所示。

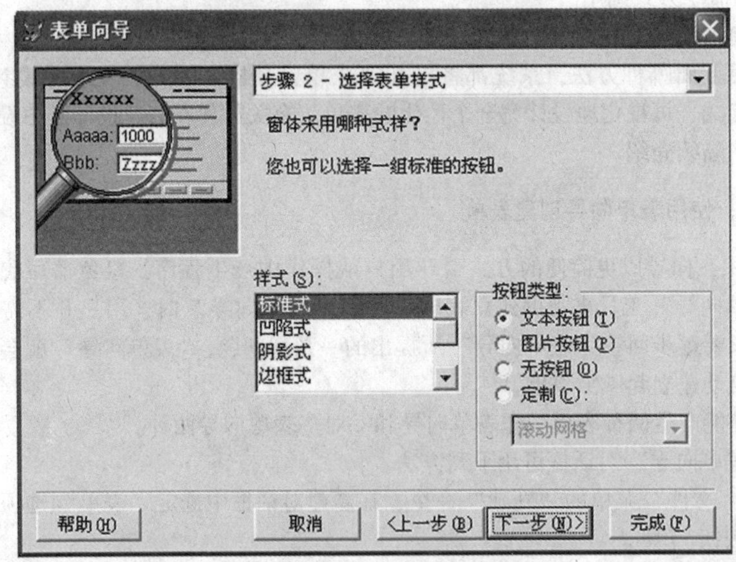

图6.2　表单样式选取

③ 表单样式选取。在图6.2所示的窗口中选定“标准式”，单击“下一步”，进入“步骤3－排序次序”窗口，如图6.3所示。

④ 排序次序。在图6.3所示的窗口中，将“姓名”字段以升序添加到“选定字段”列

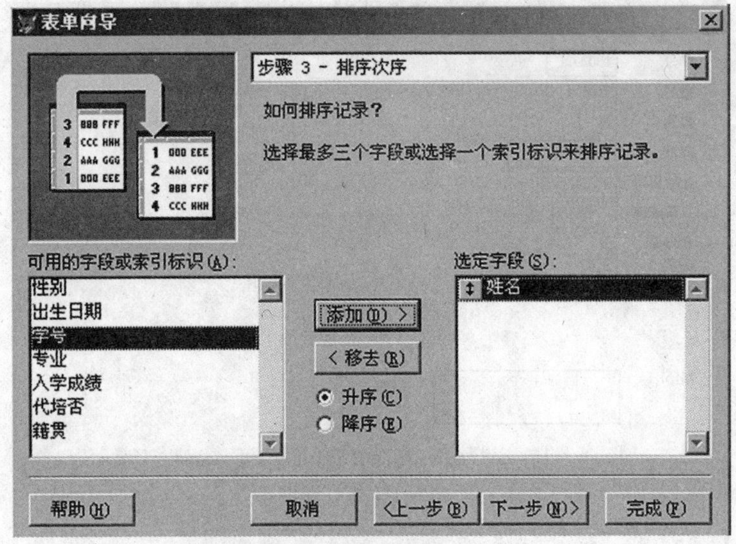

图 6.3 排序次序窗口

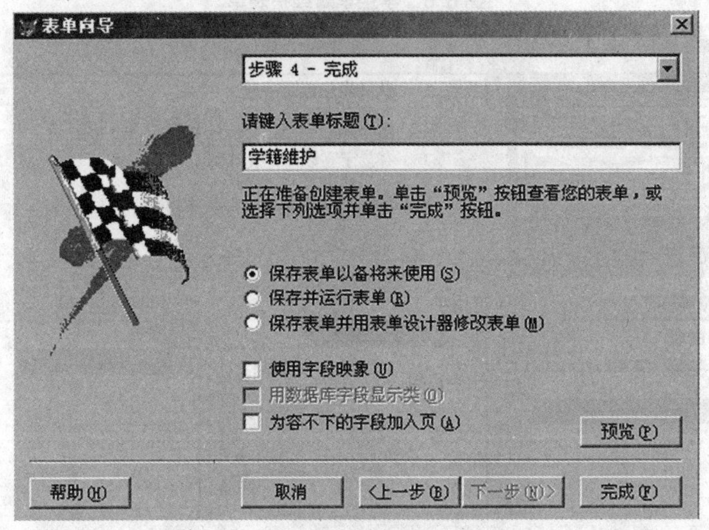

图 6.4 表单向导的完成设置

表框中，选择“下一步”，进入“步骤 4 – 完成”窗口，如图 6.4 所示。

⑤ 完成设置。在“步骤 4 – 完成”的窗口中输入表单标题“学籍维护”，选定“完成”按钮，在“另存为”对话框中输入表单文件名 xjwh. scx，然后选定保存按钮。

⑥ 执行表单。选定“程序”菜单中的“运行”项，在运行对话框中选定表单文件“xjwh. scx”，单击“运行”按钮，如图 6.5 所示就会显示该程序的运行结果。

【例 6.2】 创建涉及 xc. dbf 和 xscj. dbf 两个表的数据维护表单。

① 打开表单向导对话框。单击“文件”菜单，选择“新建”命令，在“新建”对话框中选择“表单”选项，单击“向导”，弹出“向导选取”对话框，选择“一对多表单向导”，单击“确定”按钮，进入“一对多表单向导”窗口，如图 6.6 所示。

② 在图 6.6 所示的窗口中，选择父表 xs. dbf，将“姓名”和“学号”两个字段移到

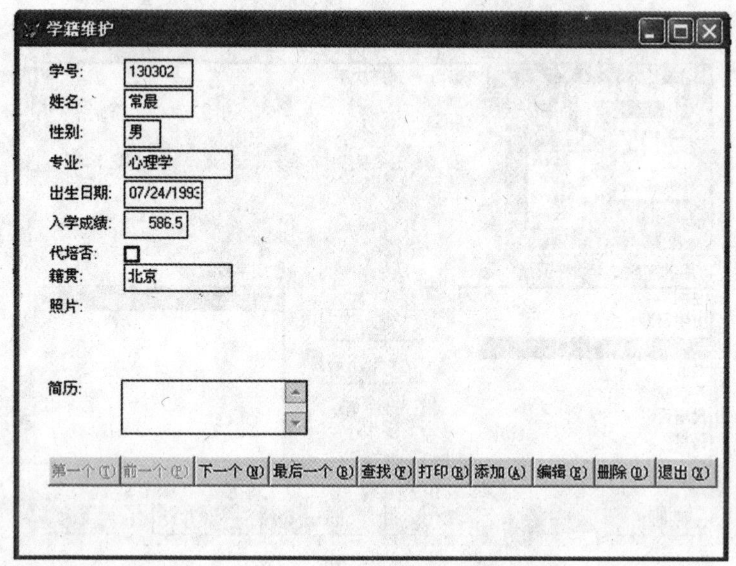

图6.5　学生学籍维护表单

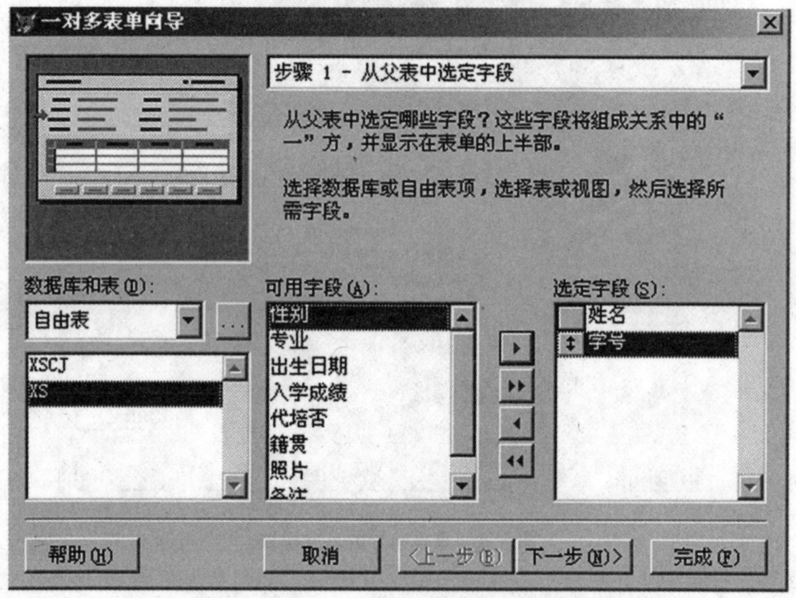

图6.6　一对多表单向导对话框的父表字段选定

“选定字段”列表框中，单击“下一步”，进入“步骤2－从子表中选定字段”对话框，如图6.7所示。

③ 从子表中选择字段。在图6.7对话框中将所有字段都移到“选定字段”列表框中，单击“下一步”，进入“步骤3－建立表之间的关系”对话框，如图6.8所示。

④ 图6.8显示的两个表之间的关联正好符合要求，故只需单击“下一步”按钮。

⑤ 在随后出现的对话框中选择“表单样式”。这里选择“标准式”，单击“下一步”按钮，进入“排序记录”步骤。在本例中可以省略排序的选项操作，直接选定“下一步”按

钮。在“完成”步骤中输入表单标题“学生成绩表”，单击“完成”按钮。在“另存为”对话框中输入表单文件名为“xscj. scx”，然后单击“保存”按钮。

⑥ 表单运行。选定“程序”菜单中的“运行”命令，在出现的运行窗口中，选择文件类型为表单，选择要执行的表单文件 xscj. scx，单击“运行”按钮。该表单的运行结果如图 6. 9 所示。

从该例运行结果可以看出，在一对多表单中，父表提供分类数据，子表数据则显示在表格中，用按钮翻页时子表的内容将随父表的变化而变化。

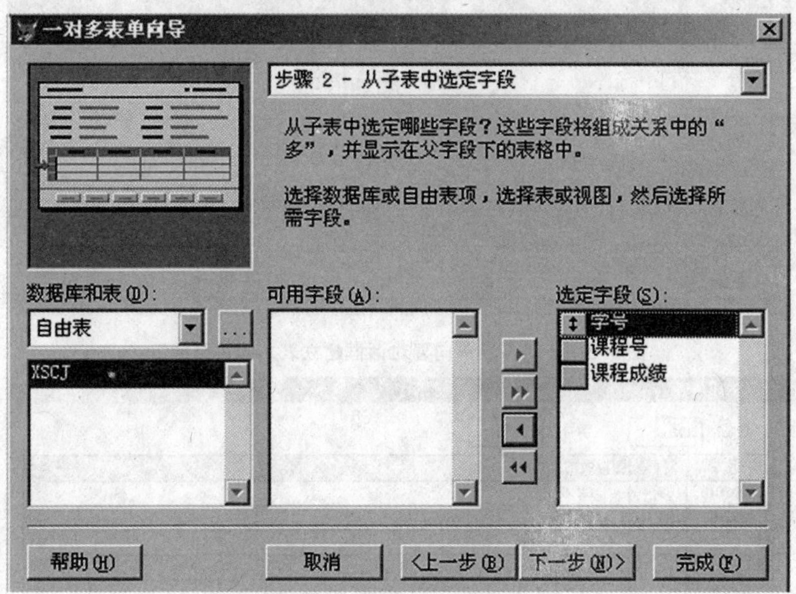

图 6.7　一对多表单向导对话框的子表字段选定

6.3.1.3　修改已有的表单

一个表单无论是通过何种途径创建的，都可以使用表单设计器进行编辑修改。要修改项目中的一个表单，可以按下列方法打开表单文件并进入表单设计器环境。

① 在“项目管理器”窗口中，选择“文档”选项卡。

② 如果表单类文件没有展开，单击“表单”图标左边的加号。

③ 选择需要修改的表单文件，然后单击“修改”按钮。

如果一个表单不属于某个项目，可以使用以下方法打开：单击“文件”菜单中的“打开”命令，然后在“打开”对话框中选择需要修改的表单文件；或者在命令窗口中输入命令 MODIFY FORM <表单文件名>。如果命令中指定的表单文件不存在，系统将启动表单设计器创建一个新表单。

6.3.2　运行表单

所谓运行表单，就是根据表单文件及表单备注文件的内容产生表单对象。可以采用下列方法运行通过表单设计器或表单向导创建的表单文件。

① 在项目管理器窗口中，选择要运行的表单，然后单击窗口里的“运行”按钮。

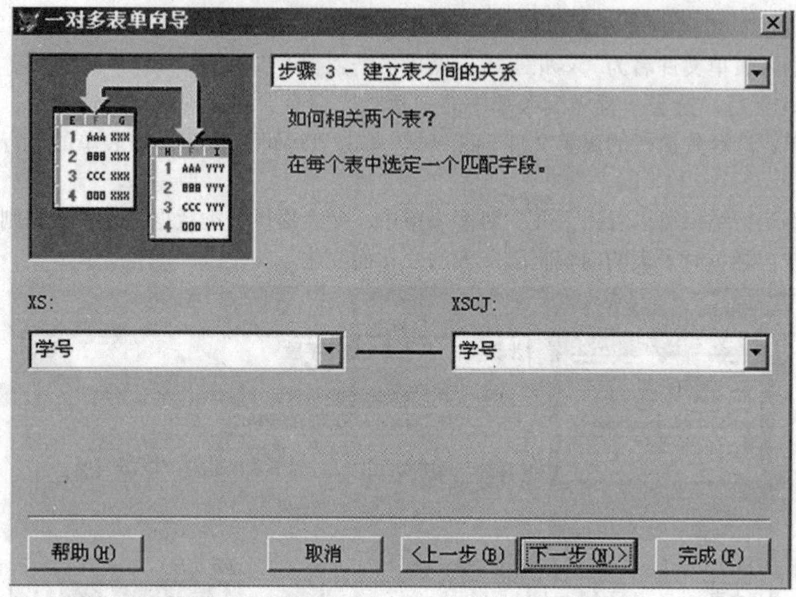

图 6.8　一对多表单向导对话框建立表之间关系窗口

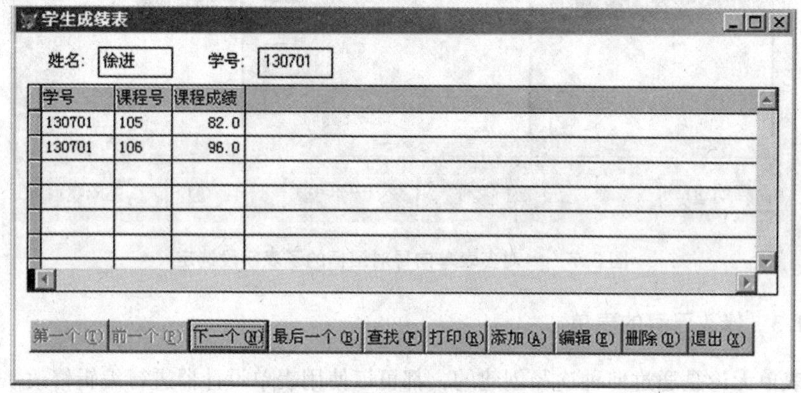

图 6.9　学生成绩表表单运行结果

② 在表单设计器环境下，选择“表单”菜单中的“执行表单”命令，或单击标准工具栏上的“运行”按钮。

③ 选择“程序”菜单中的“运行”命令，打开“运行”对话框，然后在对话框中指定要运行的表单文件并单击“运行”按钮。

④ 在命令窗口中输入以下命令：

DO FORM <表单文件名>

6.4　表单设计器

在“表单设计器”中可以新建表单，而且在设计时就能看见其中各对象显示在用户面前的外观。通过使用“表单设计器”，用户可以设计出更加灵活、更加专业化的用户数据入口。本节介绍“表单设计器”的基本用法。

6.4.1　表单设计器环境

表单设计器启动后，Visual FoxPro 主窗口上将出现“表单设计器”窗口、“属性”窗口、“表单控件”工具栏、“表单设计器”工具栏以及“表单”菜单。

6.4.1.1　表单设计器窗口

“表单设计器”窗口内含正在设计的表单的表单窗口。用户可在表单窗口上可视化地添加和修改控件。表单窗口只能在“表单设计器”窗口内移动。

6.4.1.2　属性窗口

“属性”窗口如图 6.10 所示，包括对象框、属性设置框和属性、方法、事件列表框。对象框显示当前被选定对象的名称。单击对象框右端的下拉箭头将列出当前表单及表单中所有对象的名称，用户可以从中选择一个需要编辑修改的对象或表单。“属性”窗口中的列表框显示当前被选定对象的所有属性、方法和事件，用户可以从中选择一个。如果选择的是属性项，窗口中将出现属性设置框，用户可以在此对选定的属性进行设置。

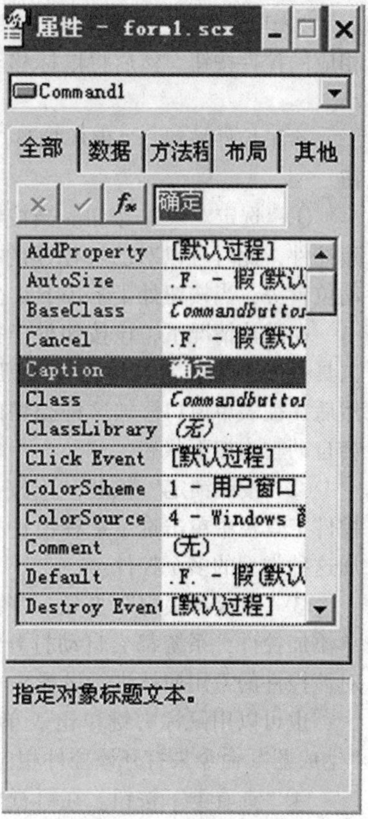

对于表单及控件的绝大多数属性，其数据类型通常是固定的，如 Width 属性只能接收数值型数据，Caption 属性只能接收字符型数据。但有些属性的数据类型并不是固定的。如文本框的 Value 属性可以是任意数据类型；复选框的 Value 属性可以是数值型的，也可以是逻辑型的。

一般来说，要为属性设置一个字符型值，可以在设置框中直接输入，不需要加定界符，否则系统会把定界符作为字符串的一部分。但对那些既可接收数值型数据又可接收字符型数据的属性来说，如果在设置框中直接输入数字(如 123)，系统会把它作为数值型数据对待。要为这类属性设置数字格式的字符串，可以采用表达式的方式，如：“="123"”。

图 6.10　“属性”窗口

要通过表达式为属性赋值，可以在设置框中先输入等号再输入表达式，或者单击设置框左侧的函数按钮打开表达式生成器，用它来给属性指定一个表达式。表达式在运行初始化对象时计算。

有些属性的设置需要从系统提供的一组属性值中指定。此时可以单击设置框右端的下拉箭头打开列表框从中选择，或者在属性列表框中双击属性，即可在各属性值之间进行切换。有些属性需要指定文件名或颜色，这时可以单击设置框右侧的对话框按钮，打开相应的对话框进行设置。

要把一个属性设置为默认值，可以在属性列表框中右键单击该属性，然后从快捷菜单中选择“重置为默认值”命令。要把一个支持字符型的属性设置为空串，可以在选定该属性后，依次按 BackSpace 键和 Enter 键，此时在属性列表框中该属性值显示为“（无）”。

有些属性在设计时是只读的，用户不能修改。这些属性的默认值在列表框中以斜体显示。

也可以同时选择多对象，这时“属性”窗口显示这些对象共有的属性，用户对属性的设置也将针对所有被选定的对象。

“属性”窗口可以通过单击“表单设计器”工具栏中“属性窗口”按钮或选择“显示”菜单中的“属性”命令来打开或关闭。

6.4.1.3 表单控件工具栏

“表单控件”工具栏可以方便地往表单添加控件：先用鼠标单击“表单控件”工具栏中相应的控件按钮，然后将鼠标移至表单窗口的合适位置单击鼠标或拖动鼠标以确定控件大小。

除了控件按钮，“表单控件”工具栏还包含以下四个辅助按钮。

①“选定对象”按钮。当按钮处于按下状态时，表示不可创建控件，此时可以对已经创建的控件进行编辑，如改变大小、移动位置等；当按钮处于未按下状态时，表示允许创建控件。

在默认情况下，该按钮处于按下状态，此时如果从表单控件工具栏中单击选定某种控件按钮，选定对象按钮就会自动弹起，然后在往表单窗口添加这种类型的一个控件后，选定对象按钮又会自动转为按下状态。

②“按钮锁定”按钮。当按钮处于按下状态时，可以从表单控件工具栏中单击选定某种控件按钮，然后在表单窗口中连续添加这种类型的多个控件。

图 6.11 “表单控件”工具栏

③“生成器锁定”按钮。当按钮处于按下状态时，每次往表单添加控件，系统都会自动打开相应的生成器对话框，以便用户对该控件的常用属性进行设置。

也可以用鼠标右键单击表单窗口中已有的某个控件，然后从弹出的快捷菜单中选择“生成器”命令来打开该控件相应的生成器对话框。

④“查看类”按钮。在可视化设计表单时，除了可以使用 Visual FoxPro 提供的一些基类，还可以使用保存在类库中的用户自定义类。利用查看类按钮可以注册一个用户自定义类库，或者选择一个已注册的自定义类库，使类库中的类显示在工具栏中。

“表单控件”工具栏可以通过单击“表单设计器”工具栏中的“表单控件工具栏”按钮，或通过“显示”菜单中的“工具栏”命令打开或关闭。

6.4.1.4 表单菜单

表单菜单中的命令主要用于创建、编辑表单，比如为表单增加新的属性或方法。

6.4.2 控件操作与布局

表单中的控件是指放在一个表单上用以显示数据、执行操作或使表单更易阅读的一种图形对象，如文本框、矩形或命令按钮等。VFP 控件包括复选框、编辑框、标签、线条、图像、形状等。用户可以使用表单控件工具栏中的各种控件按钮逐个地创建控件，并可以对已创建的控件进行移动、删除、改变大小等操作。

6.4.2.1 控件的基本操作

(1) 创建控件

在表单中创建控件的操作相当简单。首先打开表单设计器，单击表单控件工具栏中某一控件按钮，然后单击表单窗口内某处，该处就会产生一个控件。例如在命令窗口中输入命令 MODIFY FORM XJWH，进入表单设计器窗口，单击标签按钮，然后单击 Form1 表单窗口内某处，该处就会产生一个标签控件，在其内显示 label1。

(2) 调整控件的位置

表单窗口中的所有操作都是针对当前控件的，用户可以对选定的控件进行移动、改变大小、删除和对齐等操作。

① 选定单个控件：用鼠标单击要选定的控件，则该控件被选定。

② 选定多个控件：按下 Shift 键，逐个单击要选定的控件。

③ 取消选定：单击已选定控件的外部某处。

④ 移动控件：先选定要移动的控件，用鼠标将它们拖到合适的位置。

⑤ 改变控件大小：选定控件后，拖动它的某个控制点即可使控件放大或缩小。

⑥ 删除对象：选定对象，按 Del 键。

⑦ 复制、剪贴对象：选定对象，利用编辑菜单中有关剪贴板的命令来复制、移动或删除对象。

6.4.2.2 控件布局

利用“布局”工具栏中的按钮，可以方便地调整表单窗口被选控件的相对大小或位置。“布局”工具栏可以通过单击表单设计器工具栏上的“布局工具栏”按钮或选择“显示”菜单中的“布局工具栏”命令打开或关闭。

“布局”工具栏上的按钮及功能见表 6.3。

表 6.3 “布局”工具栏各按钮功能

按 钮	功 能	按 钮	功 能
左边对齐	让选定的所有控件沿其中最左边那个控件的左侧对齐	相同高度	调整所有被选控件的高度，使其与其中最高控件的高度相同
右边对齐	让选定的所有控件沿其中最右边那个控件的右侧对齐	相同大小	使所有的被选控件具有相同的大小
顶边对齐	让选定的所有控件沿其中最顶端那个控件的顶边对齐	水平居中	使被选控件在表单内水平居中
底边对齐	让选定的所有控件沿其中最下端那个控件的底边对齐	垂直居中	使被选控件在表单内垂直居中
垂直居中对齐	使所有被选控件的中心处在一条垂直轴上	置前	将被选控件移至最前面，可能会把其他控件覆盖住

续表 6.3

按　钮	功　能	按　钮	功　能
水平居中对齐	使所有被选控件的中心处在一条水平轴上	置后	将被选控件移至最后面，可能会被其他控件覆盖住
相同宽度	调整所有被选控件的宽度，使其与其中最宽控件的宽度相同		

6.4.2.3 设置 Tab 键次序

当表单运行时，用户可以按 Tab 键选择表单中的控件，使焦点在控件间移动。控件的 Tab 次序决定了选择控件的次序。Visual FoxPro 提供了两种方式来设置 Tab 键次序：交互方式和列表方式。可以通过下列方法选择自己要使用的设置方式。

① 选择“工具”菜单中的“选项”命令，打开“选项”对话框。

② 选择“表单”选项卡。

③ 在“Tab 键次序”下拉列表框中选择“交互”或“按列表”。

(1) 交互方式

在交互方式下，设置 Tab 键次序的步骤如下：

① 选择“显示”菜单中的“Tab 键次序”命令或单击“表单设计器”工具栏上的“设置 Tab 键次序”按钮，进入 Tab 键次序设置状态。此时，控件左上方出现深色小方块，称为 Tab 键次序盒，里面显示该控件的 Tab 键次序号码。

② 双击某个控件的 Tab 键次序盒，该控件将成为 Tab 键次序中的第一个控件。

③ 按希望的顺序依次单击其他控件的 Tab 键次序盒。

④ 单击表单空白处，确认设置，退出设置状态；按 Esc 键，放弃设置，退出设置状态。

(2) 列表方式

在列表方式下，设置 Tab 键次序的步骤如下：

① 选择“显示”菜单中的“Tab 键次序”命令或单击“表单设计器”工具栏上的“设置 Tab 键次序”按钮，打开“Tab 键次序”对话框，列表框中按 Tab 键次序显示各控件。

② 通过拖动控件左侧的移动按钮移动控件，改变控件的 Tab 键次序。

③ 单击“按行”按钮，将按各控件在表单上的位置从上到下、从左到右自动设置各控件的 Tab 键次序；单击“按列”按钮，将按各控件在表单上的位置从左到右、从上到下自动设置各控件的 Tab 键次序。

6.4.3 数据环境

6.4.3.1 数据环境的概念

每一表单或表单集都包括一个数据环境。数据环境是一个对象，它包含与表单相互作用的表或视图，以及表单所要求的表之间的关系。当打开或运行表单时，其中的表或视图即自动打开，与数据环境是否显示出来无关；而在关闭或释放表单时，表或视图也能随之关闭。

6.4.3.2 数据环境设计器的作用

数据环境设计器用来可视化地创建或修改数据环境。主要完成以下三方面的功能：

① 在表单打开或运行时，将数据环境设计器中的表或视图文件打开。

② 使用数据环境设计器中的各字段对控件属性窗口的 ControlSource（控制源）属性进行填充，使表中数据绑定到控件对象上。

③ 在表单关闭或释放时，关闭数据环境设计器中的表或视图文件。

用户可以使用下列方法中的一种来打开“数据环境设计器”窗口，如图 6.12 所示。

① 选择“显示”菜单中的“数据环境”命令。

② 在“表单设计器”工具栏中单击“数据环境”按钮。

③ 在“表单设计器”窗口的空白处单击鼠标右键，在弹出的快捷菜单中选择“数据环境”命令。

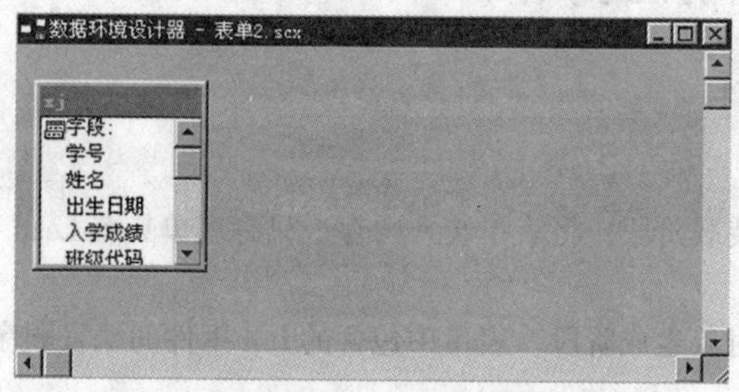

图 6.12　数据环境设计器窗口

6.4.3.3　数据环境设计器的快捷菜单与数据环境菜单

① 添加命令。该命令供用户将表或视图添加到数据环境设计器窗口中。窗口中每个表显示为一个可调整大小的窗口，其中列出了表的字段和索引。表添加后，若两个表原已存在永久关系，则在两表之间会自动显示表示关系的连线。

② 移去命令。该命令用来在数据环境设计器窗口中移去一个选中的表或视图，与 Del 键效果相同。

③ 浏览命令。选定该命令将在浏览窗口中显示选中的表或视图。

6.5　表单属性与方法

6.5.1　常用表单属性

表单属性大约有 100 个，表 6.4 列出了常用的一些表单属性，这些属性规定了表单的外观和行为，经常在设计阶段进行设计。

表 6.4　表单常用属性

属　性	描　述	默认值
AutoCenter	指定表单初始化时是否自动在 Visual FoxPro 主窗口内显示	.F.
BackColor	指明表单窗口的颜色	255，255，255
Caption	指明显示于表单标题栏上的文本	Form1

续表 6.4

属 性	描 述	默认值
Closeble	指定是否可以通过单击关闭按钮或双击控制菜单框来关闭表单	.T.
MaxButton	确定表单是否有最大化按钮	.T.
MinButton	确定表单是否有最小化按钮	.T.
Movable	确定表单是否能够移动	.T.

6.5.2 常用表单方法与事件

6.5.2.1 常用事件

（1）Load 事件

这个事件发生在装载阶段，将表单装入内存。只有表单具有 Load 事件，其他对象没有。

（2）Init 事件

这个事件发生在对象生成阶段。表单中包含的 Init 事件的触发顺序与各个对象被添加到表单中的次序相同。

（3）交互时事件

① GotFocus 事件：当对象获得焦点时引发。

② Click 事件：用鼠标单击对象时引发。

③ Dblclick 事件：用鼠标双击对象时引发。

④ Interactivechange 事件：当通过鼠标或键盘交互式改变一个控件的值时引发。

（4）Destroy 事件

发生在对象释放阶段。

（5）Unload 事件

将表单从内存中卸载时发生。

6.5.2.2 常用方法

（1）表单的显示、隐藏及关闭方法

① Show：显示表单。该方法将表单的 Visible 属性设置为.T.，并使表单成为活动对象。

② Hide：隐藏表单。该方法将表单的 Visible 属性设置为.F.。

③ Release：将表单从内存中释放（清除）。

（2）表单或控件的刷新方法

Refresh：重新绘制表单或控件，并刷新它的所有值。当表单被刷新时，表单上的所有控件也都被刷新。当页框被刷新时，只有活动页被刷新。

（3）控件的焦点设置方法

SetFocus：让控件获得焦点，使其成为活动对象。如果一个控件的 Enabled 属性值或 Visible 属性值为.F.，将不能获得焦点。

6.6 基本型控件

6.6.1 标签

标签控件（label）是一种能在表单上显示文本的输出控件，常用作提示或说明。

标签控件主要属性见表 6.5。

表 6.5 标签控件的主要属性

属　性	说　明
Alignment	设置对象的对齐方式。0（缺省）为左对齐；1 为右对齐；2 为居中
AutoSize	设置对象是否自动调节大小。取值.T. 或.F.（缺省）
BackColor	设置对象的背景颜色
BackStyle	设置对象的背景是否透明。0 为透明；1（缺省）为非透明
Caption	设置对象的标题
FontBold	设置对象的文字是否以粗体显示。取值为.T. 或.F.（缺省）
FontItalic	设置对象的文字是否以斜体显示。取值为.T. 或.F.（缺省）
FontName	设置对象的显示字体
FontSize	设置对象显示字体的大小
ForeColor	设置对象显示的前景颜色
Name	设置对象的名称
WordWrap	设置（缺省）对象文本是否自动回绕。取值为.T.（此时忽略 AutoSize 设置）或.F.

【例 6.3】创建如图 6.13 所示的表单。

操作步骤：

① 新建表单。选择文件菜单中的“新建”命令，在新建窗口选择表单，并单击“新建文件”按钮，即进入了表单设计器。将表单的 Caption 属性设置为“标签实例”，AutoCenter 属性设置为.T.（使表单运行时出现在屏幕的中央）。

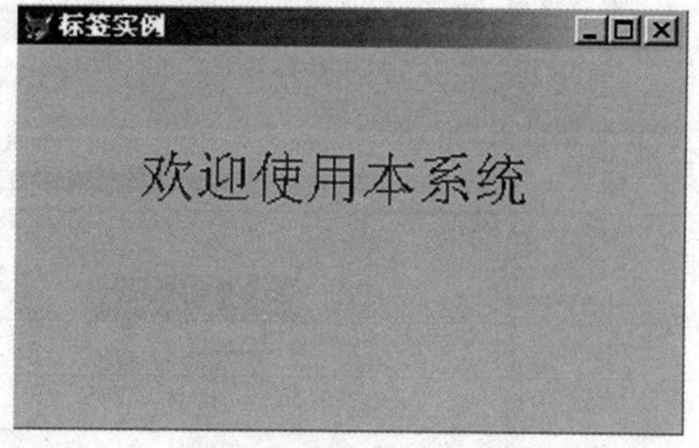

图 6.13 标签控件实例

② 添加标签。用鼠标在“表单控件”工具栏中选择“标签”控件，然后在表单窗口中画出大小合适的矩形框，标签文字和标签名称都自动默认为“Label1”。这时的标签周围带有 8 个控制点，表示它目前处于选中状态。在属性窗口中将它的 Caption 属性设置为“欢迎使用本系统”，双击 AutoSize 属性，将属性的值改为.T.（使标签大小由标签上显示的文字大小来决定）。将 FontSize 属性值设置为 20，双击 ForeColor 属性，屏幕上出现“颜色”对话框，选择蓝色。

③ 保存并运行表单。选择文件菜单中的保存命令，在出现的“另存为”对话框中选择一个路径，并输入保存的文件名。选择表单菜单中的执行表单命令可运行表单。

6.6.2 图像、线条、形状

6.6.2.1 图像

图像（Image）控件用于图像输出，只能显示而不能修改图像。

(1) 创建图像的步骤

在表单上创建一个图像控件，然后在属性窗口选定 Picture 属性，并通过文本框右侧的对话框按钮选定一个图像。

(2) 图像控件属性

图像控件的主要属性见表 6.6。

表 6.6　　图像控件的主要属性

属　性	说　明
Picture	设置对象中显示的位图文件、图标文件

6.6.2.2 线条

线条（Line）控件用于在表单上画各种类型的线条，包括斜线、水平线和垂直线。

线条控件的主要属性见表 6.7。

表 6.7　　线条控件的主要属性

属　性	说　明
LineSlant	设置斜线方向，\ 表示左上角到右下角（默认），/ 表示右上角到左下角
Height	设置直线高度，如为水平线应为0
Width	设置直线宽度，如为垂直线应为0

6.3.2.3 形状

形状（Shape）控件包括矩形、圆角矩形、正方形、圆角正方形、椭圆和圆。形状控件的主要属性见表 6.8。

表 6.8　　形状控件的主要属性

属　性	说　明
Curvature	设置形状的弯角曲率
Height	表示控件对象的高度
Width	表示控件对象的宽度

各种图形的绘制方法见表 6.9。

表 6.9　　各种图形的绘制方法

形　状	Width 与 Height 属性值关系	Curvature 属性值
矩形	不相等	0
圆角矩形	不相等	0 ~ 99 之间
正方形	相等	0

续表 6.9

形　状	Width 与 Height 属性值关系	Curvature 属性值
圆角正方形	相等	0～99 之间
椭圆	不相等	99
圆	相等	99

【例 6.4】创建如图 6.14 所示的表单，在表单上创建图像、线条、形状控件各一个。

操作步骤：

① 创建表单。将表单的 Caption 属性设为“图像、线条、形状控件实例”，MaxButton 设为.F.，MinButton 属性设为.F.。

② 添加图像控件。在表单上创建一个图像控件，在属性窗口中选择 Picture 属性，双击文本框右侧的对话框按钮选定一个图像（c：\ program files \ microsoft visual studio \ vfp98 \ fox.bmp）。

③ 添加线条控件。在表单上创建三个线条控件，其中两个线条的 lineSlant 属性分别设为“/”与“\”（由三个线条控件绘制一个三角形）。

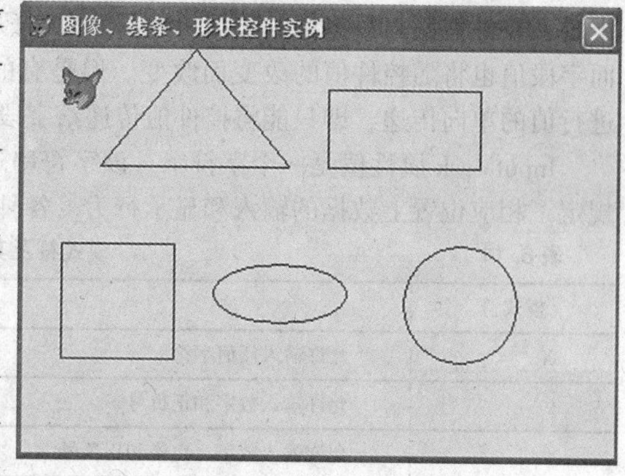

图 6.14　图像、线条、形状控件实例

④ 绘制矩形和正方形。添加两个形状控件，如设置 Width 与 Hight 属性值不等，绘制一个矩形，否则绘制一个正方形。

⑤ 绘制椭圆和圆。添加一个长方形形状控件，设置 Curvature 属性值为 99，结果绘制一个椭圆。添加一个正方形形状控件，设置 Curvature 属性值为 99，结果绘制一个圆。

⑥ 保存并运行表单。将表单保存起来，然后运行表单。可通过双击“关闭”按钮来结束运行。

6.6.3　文本框

文本框（TextBox）控件是一个基本控件，主要用于编辑或显示文本变量或字段，并常常结合数据库一起使用，以用于显示或编辑某个字段的值。文本框接受数据的输入及输出，它允许用户添加或编辑多种类型的数据。其字符串最长不能超过 255 个字符。文本框控件的主要属性见表 6.10。

表 6.10　文本框控件的主要属性

属　性	说　明
ControlSource	设置与对象绑定的数据源
InputMask	设置每个字符输入时必须遵守的规则
PasswordChar	设置输入文本时替代显示的字符，一般用于设计密码框。如将该属性的值设置为符号 *，则无论用户在文本框中输入什么内容，均以 * 显示
Value	设置文本框对象的初始值与类型

Value 属性用于指定文本框的值，并在框中显示出来。Value 值可在属性窗口中输入或编辑。Value 值可为数值型、字符型、日期型或逻辑型 4 种类型之一，例如 0，（无），{}，.F.。其中（无）表示字符型，并且是默认类型。在向文本框键入数据时，如遇长数据能自动换行。但只要键入回车符，输入就被 VFP 终止。也就是说，文本框只能供用户键入一段数据。

控件的数据绑定是指将控件与某个数据源联系起来。实现数据绑定需要为控件指定数据源，而数据源则由控件的 ControlSource 属性来指定。数据源有字段（例如 XJ.姓名）和变量两种，前者来自数据环境中的表，可以供用户在 ControlSource 属性中选用。文本框与数据绑定后，控件值便与数据源的数据一致了。以字段数据为例，此时的控件值将由字段值决定，而字段值也将随控件值的改变而改变。但是有的控件（例如列表框）与数据绑定后，只能进行值的单向传递，即只能将控件值传递给字段。

InputMask 属性值是一个字符串。该字符串通常由一些所谓的模式符组成，每个模式符规定了相应位置上数据的输入和显示行为。各种模式符的功能见表 6.11。

表 6.11　模式符及其功能

模式符	功　能
X	允许输入任何字符
9	允许输入数字和正负号
#	允许输入数字、空格和正负号
$	在固定位置上显示当前货币符号（由 SET　CURRENCY 命令指定）
$ $	在数值前面相邻的位置上显示当前货币符号（浮动货币符）
*	在数值左边显示星号 *
.	指定小数点的位置
,	分隔小数左边的数字串

【例 6.5】创建如图 6.15 所示表单。要求表单上有一个文本框，当表单运行时，在文本框中输入的内容均以星号显示。

操作步骤：

① 新建表单。将表单的 Caption 属性设置为“文本框实例 1”，AutoCenter 属性设置为.T.（使表单运行时出现在屏幕的中央）。

② 添加标签及文本框控件。将标签的 Caption 属性设置为“请输入内容”。设置文本框控件的 PasswordChar 属性为“ * ”。

③ 保存并运行表单。选择“文件/保存”命令，并输入保存的文件名。选择表单菜单中的执行表单命令可运行表单。

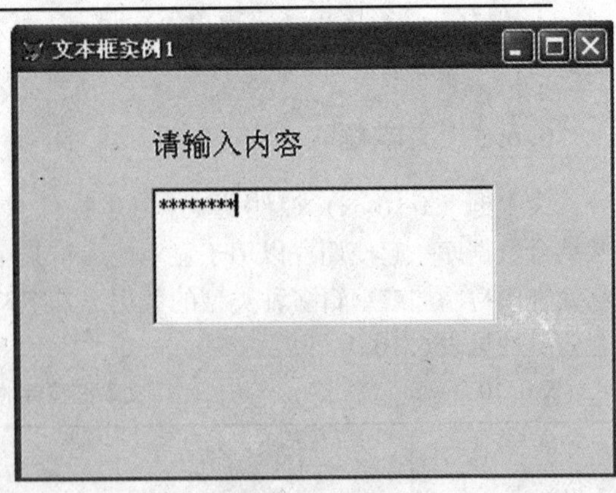

图 6.15　文本框实例 1

【例 6.6】将文本框控件与数据表结合，建立一个如图 6.16 所示的表单，通过表单上的五个文本框对象维护 xs 表中的字段。

操作步骤：

① 新建表单。选择文件菜单中的“新建”命令，在新建窗口中选择表单，并单击“新建文件”按钮，即进入了表单设计器。将表单的 Caption 属性设置为“文本框实例 2”，AutoCenter 属性设置为. T. 。

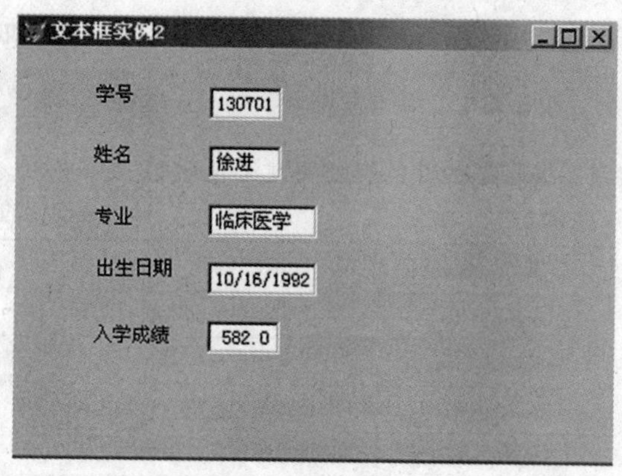

图 6. 16　文本框实例 2

② 设置表单的数据环境。在表单窗口上单击鼠标右键，在弹出的快捷菜单中选择“数据环境”命令，启动“添加表或视图”窗口。在弹出的“打开”文件对话框中选择 xs 表文件，即将数据表 xs 添加到“数据环境设计器”窗口中，然后关闭“添加表或视图”窗口。

③ 设置文本框编辑字段。设置好“数据环境”后，直接在“数据环境设计器”中的数据表 xs 的字段列表中选中某个字段，并拖动到表单上的合适位置后松开鼠标，就会在表单上自动创建一个标签控件和一个文本框控件。选择几个字段拖动到表单上。

可以看到，数据表 xs 中的几个字段均在表单上产生了一个对应的标签对象和一个文本框对象，并且每个标签的 Name 属性的值均被设置成“lbl + 对应的字段名”形式，每个文本框的 Name 属性的值均被设置成“txt + 对应的字段名”形式。比如说，与字段学号对应的标签和文本框的名称分别为 lbl 学号和 txt 学号。

关闭“数据环境设计器”窗口，回到“表单设计器”窗口，在表单上分别选中各个文本框对象，观察其 ControlSource 属性，可以看到全部显示为“表名. 字段名”形式，表明文本框已和数据表中的字段相关联，如文本框学号的 ControlSource 属性的值为 xs. 学号。

④ 保存并运行表单。将表单保存起来，然后运行表单。

【例 6. 7】设置表单控件名为 calculator，设置表单内文本控件 Text1 的输入掩码使其具有如下功能：仅允许输入数字、正负号和空格，宽度为 10（直接使用相关掩码字符设置）。设置表单内文本控件 Text2 为只读控件，保存表单。

操作步骤：

① 新建表单：选择文件菜单中的“新建”命令，在新建窗口选择表单，并单击“新建文件”按钮，即进入了表单设计器。将表单的 Name 处输入“calculator”。添加两个文本框控件。

② 选中 Text1 控件，在“属性”的 InputMask 处输入“##########”。

③ 选中 Text2 控件，在“属性”的 ReadOnly 处选择“. T. ”。

④ 保存并运行表单。选择文件菜单中的保存命令，在出现的“另存为”对话框中选择一个路径，并输入保存的文件名。选择表单菜单中的执行表单命令可运行表单。

6. 6. 4　编辑框

编辑框（EditBox）是一种结合数据编辑的控件对象，主要用来编辑长字段或备注型字段文本，允许自动换行。缺省的控件对象右侧有垂直滚动条，当编辑内容超过区域高度后，滚动条变亮，变为可用状态，用户可以使用方向键、PageUp（或 PageDown）键以及鼠标拖动到显示或编辑某个字段的值。它允许用户添加或编辑多种类型的数据。

6.6.4.1 编辑框属性

编辑框控件的主要属性见表6.12。

表6.12 编辑框控件的主要属性

属　性	说　明
ControlSource	设置与对象绑定的数据源
HideSelection	设置用户在编辑框中选定的内容能否在编辑框失去焦点时仍显示为被选定状态
ReadOnly	设置编辑框中的数据能否被编辑，取值为.T. 或.F.（默认）
ScrollBars	设置是否具有垂直滚动条
SelLength	设置或读取编辑框中被选定文本的长度
SelStart	设置编辑框中被选定文本的起始位置
SelText	设置或读取编辑框中被选定的文本的内容

6.6.4.2 编辑框与文本框的主要差别

① 编辑框只能用于输入或编辑文本数据，即字符型数据；而文本框则适用于数值型等4种类型的数据。

② 文本框只能供用户键入一段数据；而编辑框则能输入多段文本，即回车符不能终止编辑框的输入。

因为编辑框允许输入多段文本，故编辑框常用来处理长的字符型字段或备注型字段(需将编辑框与备注型字段绑定)，有时也用来显示一个文本文件或剪贴板中的文本。为方便用户处理长文本，VFP还提供了可用来显示垂直滚动条的ScrollBars属性。

【例6.8】创建如图6.17所示的表单，在例6.6的表单上添加上xs.简历字段。

操作步骤：

① 创建一个新的表单。打开题6.6的表单，选择“文件”菜单的“另存为”命令项，在打开的“另存为”对话框中输入新的文件名，单击“保存”按钮。将新表单的Caption属性设置为“编辑框实例”。

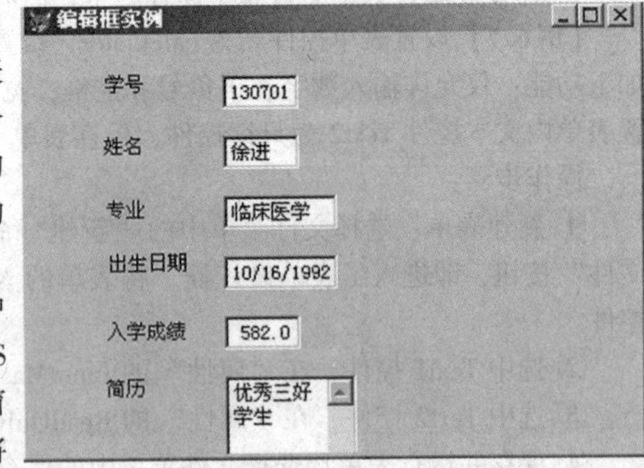

图6.17 编辑框控件实例

② 设置表单的数据环境。依照例6.6中介绍的设置数据环境的方法，将数据表XS添加到表单所对应的“数据环境设计器”窗口中，然后直接在“数据环境设计器”中将数据表xs的简历字段拖动到表单上的合适位置，就会在表单上增加一个标签控件和一个编辑框控件。可以看出，备注型字段在表单上自动与一个编辑框对象edt简历对应。

③ 保存并运行表单。将表单保存起来，运行表单，在编辑框中输入“优秀三好学生”，然后关闭表单。浏览数据表xs的内容，可以看到在编辑框中输入的内容已经被更新到数据表中。

6.6.5　列表框

列表框（ListBox）提供一组条目，用户可以从中选择一个或多个条目。一般情况下，列表框显示其中的若干条目，用户可以通过滚动条浏览其他条目。

列表框控件的主要属性见表 6.13。其中 RowSourceType 属性的设置值见表 6.14 所示。

表 6.13　列表框控件的主要属性

属　性	说　明
ColumnCount	设置列表框控件的列数
ControlSource	用于设置与列表框关联的字段的名称，或用于存取其内容的某个内存变量
RowSourceType	设置列表框对象项目数据的来源方式
RowSource	设置列表框对象项目的数据来源
MultiSelect	指定用户能否在列表框控件内进行多重选定
Value	指定控件的当前值

表 6.14　RowSourceType 属性的设置值

属性值	说　明
0	无（默认值）。在程序运行时，通过 AddItem 方法添加到列表框条目，通过 RemoveItem 方法移去列表框条目
1	值。通过 RowSource 属性手工指定具体的列表框条目
2	别名。将表中的字段值作为列表框的条目
3	SQL 语句。将 SQL SELECT 语句的执行结果作为列表框条目的数据源
4	查询（.qpr）。将 qpr 文件执行产生的结果作为列表框条目的数据源
5	数组。将数组中的内容作为列表框条目的来源
6	字段。将表中的一个或几个字段作为列表框条目的数据源
7	文件。将某个驱动器和目录下的文件名作为列表框的条目
8	结构。将表中的字段名作为列表框的条目
9	弹出式菜单。将弹出式菜单作为列表框条目的数据源

【例 6.9】创建如图 6.18 所示的表单，要求在表单上创建一个列表框和一个文本框，当列表框中改变选项时，文本框中的值也相应改变。

操作步骤：

① 创建表单。进入表单设计器，将表单的 Caption 属性设为“季节”，AutoCenter 属性设为.T.。

② 添加列表框及文本框。在表单上添加一个列表框及一个文本框，并调整它们的位置及大小。

③ 选择列表框并设置属性。设置列表框的 RowSourceType 属性值为 1，RowSource 性值为“春天，夏天，秋天，冬天”。

④ 编写列表框的 InteractiveChange 事件代码。选择 List1 对象，双击鼠标左键，屏幕上出现列表框 List1 的 InteractiveChange 事件过程编辑窗口，在窗口中输入如下代码：

```
THISFORM. Text1. Value = THIS. Value
```

⑤ 保存并运行表单。

6.6.6 组合框

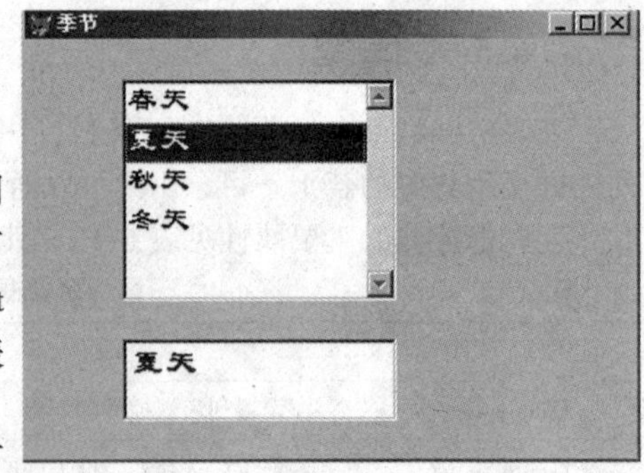

图 6.18 列表框控件实例

组合框（ComboBox）与列表框类似，也是用于提供一组条目供用户从中选择。上面介绍的有关列表框的属性对组合框同样适用（除 MultiSelect 外），并且具有相似的含义和用法。组合框和列表框的主要区别在于：

① 对于组合框来说，通常只有一个条目是可见的。用户可以单击组合框右端的下拉箭头按钮打开条目列表，以便从中选择。所以相比列表框，组合框能够节省表单里的显示空间。

② 组合框不提供多重选择的功能，没有 MultiSelect 属性。

③ 组合框有两种形式：下拉组合框和下拉列表框。通过设置 Style 属性可以选择想要的形式，见表 6.15。

表 6.15　　Style 属性的设置值与组合框的类型

属性值	说　明
0	下拉组合框。用户既可以从列表中选择，也可以在编辑区内输入。在编辑区输入的内容可以从 Text 属性中获得
2	下拉列表框。用户只能从列表中选择

【例 6.10】新建表单，向其中添加一个组合框（combo1），并将其设置为下拉列表框，通过 RowSource 和 RowSourceType 属性手工指定组合框 combo1 的显示条目为“上海”、“北京”（不要使用命令指定这两个属性）。显示情况如图 6.19 所示。

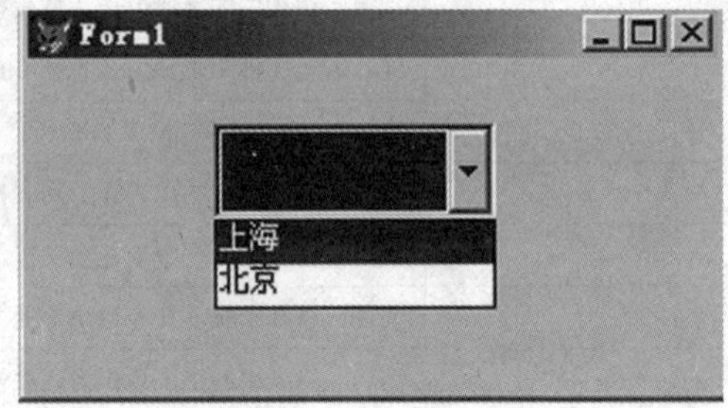

图 6.19 组合框控件实例

操作步骤：

① 创建表单。选择文件菜单中的“新建”命令，在新建窗口选择表单，并单击“新建文件”按钮，即进入了表单设计器。AutoCenter 属性设置为.T.（使表单运行时出现在屏幕的中央）。

② 添加组合框控件。在“表单设计器”中，添加一个组合框（Combo1），在其“属性”的 Style 处选择“2 - 下拉列表框”。

③ 设置组合框属性。在 Combo1“属性”的 RowSource 处输入“上海，北京”，在 RowSourceType 处选择“1 - 值”。

④ 保存并运行表单。

6.6.7 命令按钮

命令按钮（CommandButton）是最常使用的控件之一。创建命令按钮通常分两步：第一步是创建命令按钮；第二步是定义命令按钮的功能。定义命令按钮的功能是通过触发事件来实现的。

命令按钮控件的主要属性见表 6.16。

表 6.16　命令按钮控件的主要属性

属性及事件	说　　明
Caption	设置在按钮对象上显示的文字
Click Event	设置当鼠标左键单击命令按钮时所触发的事件程序
Default	设置按钮对象为 Enter 键的内定执行按钮，在按下 Enter 键时触发按钮的 Click 事件
Visible	指定对象是可见还是隐藏，默认值为. F.

【例 6.11】 创建如图 6.20 所示的表单，表单内控件如图中所示，要求表单“最大化”按钮不可用。其中“口令”对应的文本框输入内容均显示为“#”。

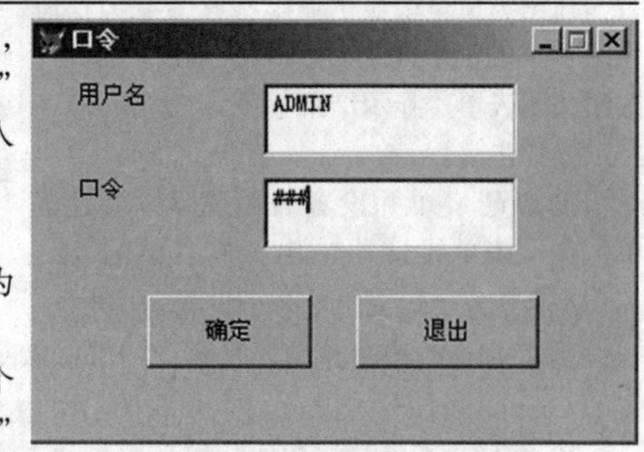

图 6.20　命令按钮控件实例 1

操作步骤：

① 创建表单。将表单的 Caption 属性设为“口令”，将 MaxButton 属性设为. F. 。

② 在表单上建立标签及文本框控件。两个标签控件，其 Caption 属性分别为“用户名”“口令”。两个文本框控件，其中 Text2 控件的 PasswordChar 属性为“#”。

③ 在表单上建立两个按钮控件，其 Caption 属性分别为“确定”“退出”。

④ 编写退出命令按钮的 Click 事件代码：ThisForm. Release。

【例 6.12】 在表单设计器环境下完成如下操作：

① 在属性窗口中将表单设置为不可移动的，并将其标题设置为“Form1”。

② 新建一个名为 mymethod 的方法，方法代码为：wait" mymethod" window。

③ 设置 Ok 按钮的 Click 事件代码，其功能是调用表单的 mymethod 方法。

④ 设置 Cancel 按钮的 Click 事件代码，其功能是关闭当前表单。

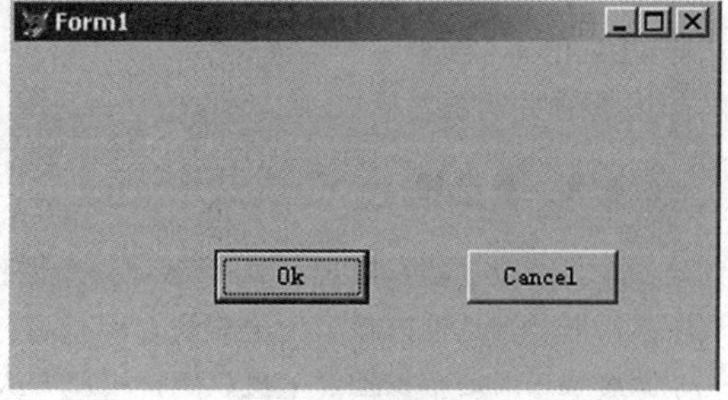

图 6.21　命令按钮控件实例 2

显示情况如图 6.21 所示。

操作步骤：

① 新建表单。选择“文件”菜单的“新建”命令，创建一个新表单，将 Caption 属性设置为“Form1”，将表单的 Movable 属性设置为. F. 。

② 添加两个按钮控件。将 Caption 属性分别设置为“Ok”及“Cancel”。

③ 新建方法程序。单击“新建方法程序”菜单项，接着显示“新建方法程序”对话框并在名称处输入“mymethod”，先单击“添加”按钮，再单击“关闭”按钮。在表单“属性”中，单击“方法程序”选项卡，找到“mymethod”用户自定义过程处并双击鼠标。在 Form1. mymethod 编辑窗口中，输入“wait "mymethod" window”，关闭编辑窗口。

④ 编写“Ok”按钮代码。双击“Ok”按钮，在 Command1. Click 编辑窗口中，输入“thisform. mymethod”。

⑤ 编写“Cancel”按钮代码。双击“Cancel”按钮，在 Command2. Click 编辑窗口中，输入“thisform. release”，关闭编辑窗口。

【例 6.13】设计名为 mystu 的表单文件，表单的标题为“临床医学学生课程情况”，表单中有两个命令按钮“查询”和“退出”。运行表单时，单击“查询”命令按钮时，在浏览窗口中显示输出所有专业为“临床医学”的学生的课程情况，单击“退出”按钮关闭表单。显示结果如图 6.22 所示。

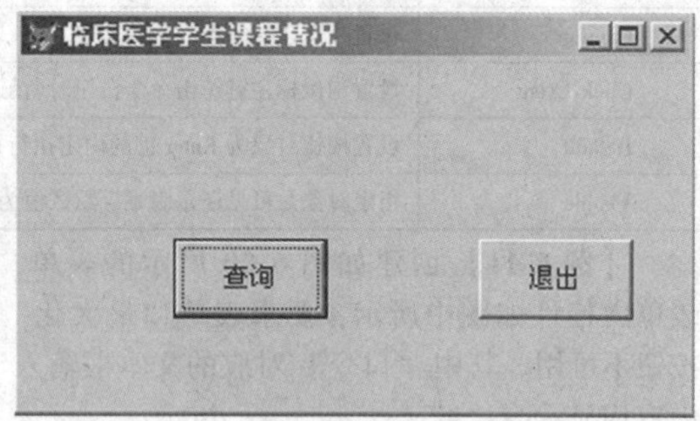

图 6.22　命令按钮控件实例 3

操作步骤：

① 新建表单并设置表单属性。新建表单，在“表单设计器”中，将表单的 Caption 属性设为“临床医学学生课程情况”。

② 添加命令按钮并设置属性。在“表单设计器”中添加两个命令按钮，将两个命令按钮的 Caption 属性分别设为“查询”“退出”。

③ 编写“查询”按钮的代码。双击“查询”按钮，在“Command1. Click”编辑窗口中编写相应的程序：

```
SELECT DISTINCT xs. 专业，kc. 课程名；
FROM   xs INNER JOIN xscj；
INNER JOIN kc；
ON   xscj. 课程号 = kc. 课程号；
ON   xs. 学号 = xscj. 学号；
WHERE xs. 专业 = "临床医学"
```

④ 保存并运行表单。

6.6.8　复选框

一个复选框（CheckBox）用于标记一个两值状态，如真（.T.）或假（.F.）。当处于选中状态时，复选框内显示一个对勾（√）；否则，复选框内为空白。

实际应用时通常设置多个复选框，用户可从中选定多项来实现多选。

复选框的主要属性见表 6.17。

表 6.17　复选框的主要属性

属　性	说　　明
Caption	设置文字类型标题
ControlSource	设置复选框对象结合的表字段或内存变量
Value	设置复选框对象的初始值与类型

【例 6.14】在表单设计器环境下完成如下操作：

① 设置表单名称为“Form1”，标题为“文字”。

② 设置文本框名称为“Text1”。

③ 设置复选框（Check1）的标题为“粗体”，设置复选框（Check2）的标题为“斜体”。

④ 设置按钮（Command1）的标题为“清除”。

显示情况如图 6.23 所示。

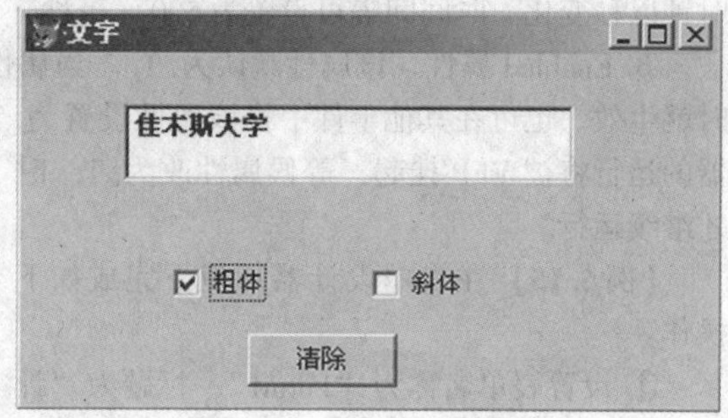

图 6.23　复选框控件实例

操作步骤：

① 创建表单。将表单的 Caption 属性设为“文字”。

② 添加控件并设置属性。在表单上建立一个文本框控件、两个复选框控件，将两个复选框控件的 Caption 属性分别设为“粗体”“斜体”。然后建立一个命令按钮控件，其 Caption 属性设为“清除”。

③ 编写复选框 Check1 的 Click 事件代码：

```
Do Case
    Case      This. Value = 1
              Thisform. Text1. FontBold = . T.
    Case      This. Value  = 0
              Thisform. Text1. FontBold  = . F.
Endcase
```

④ 编写复选框 Check2 的 Click 事件代码：

```
Do Case
    Case      This.  Value = 1
              Thisform.  Text1. FontItalic = . T.
    Case      This.  Value = 0
              Thisform.  Text1. FontItalic  = . F.
Endcase
```

⑤ 编写清除按钮的 Click 事件代码：

```
Thisform.  Text1. Value = " "
```

6.6.9　计时器

计时器（Timer）控件能周期性地按时间间隔自动执行它的 Timer 事件代码，在应用程序中用来处理可能反复发生的动作。由于在运行时用户不必看到计时器，故 VFP 令其隐藏起来，变成不可见的控件。

计时器工作的三要素：

① Timer 事件代码。表示执行的动作。

② Interval 属性。表示 Timer 事件的触发时间间隔，单位为毫秒（1 秒 =1000 毫秒）。

时间间隔的长短要根据 Timer 事件动作需要达到的精度来确定。不要设置得太小，因为计时器事件越频繁，处理器就需要用越多的时间响应计时器事件，从而会降低整个程序的性能。也不应设置得太大。考虑到潜在的内部误差，推荐将间隔设置为所需精度的一半。例如时钟以秒变化，时间间隔可设置为 500（毫秒）。

③ Enabled 属性。该属性默认为.T.。当属性为.T. 时，计时器被启动，且在表单加载时就生效。也可在其他事件中将该属性设置为.T. 来启动计时器。当属性为.F. 时，计时器的运行将被 VFP 挂起，等候属性改为.T. 时才继续运行。

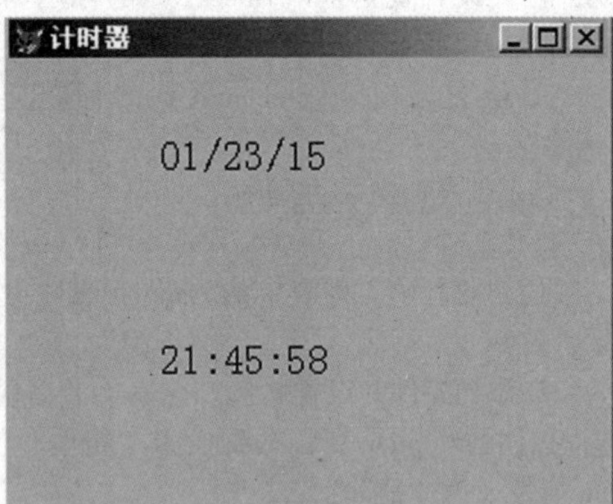

图 6.24　计时器控件实例

【例 6.15】在表单设计器环境下完成如下操作：

① 设置表单名称为“Form1”，标题为“计时器”。

② 设置标签（Label1）的标题为空，设置标签（Label2）的标题为空。

③ 设置计时器（Timer1）的时间间隔（Interval）为 1000。

显示情况如图 6.24 所示。

操作步骤：

① 创建表单。将表单 Caption 属性设为“计时器”。

② 添加标签控件并设置属性。在表单上建立两个标签控件，其 Caption 属性均设为空。

③ 添加计时器控件、设置属性并编写代码。建立一个计时器控件，其 Interval 属性设为 1000。编写计时器（Timer1）的 Timer 事件：

```
Thisform. Label1. Caption = Dtoc( Date( ) )
Thisform. Label2. Caption  = Time( )
```

④ 保存文件，运行调试。

6.6.10　微调控件

微调（spinner）控件用于接受给定范围之内的数值输入。

微调控件的主要属性见表 6.18。

表 6.18　　微调控件的主要属性

属　性	说　明
Increment	设置每次单击向上或向下按钮时增加或减少的数值
KeyboardHighValue	设置可用键盘输入到微调文本框中的最大值
KeyboardLowValue	设置可用键盘输入到微调文本框中的最小值
SpinnerHighValue	单击向上箭头时允许的最大值
SpinnerLowValue	单击向下箭头时允许的最小值

【例 6.16】创建如图 6.25 所示的表单，通过改变微调控件的值来改变形状控件。

操作步骤：

① 新建表单。将表单的 Caption 属性设为“微调控件实例”。

② 添加标签、形状及微调控件并设置属性。在表单上建立一个标签控件，其 Caption 属性设置为“请输入值”，建立一个微调及一个形状控件。

③ 选择微调控件并设置属性。设置 KeyboardHighValue 属性为 99，KeyboardLowValue 属

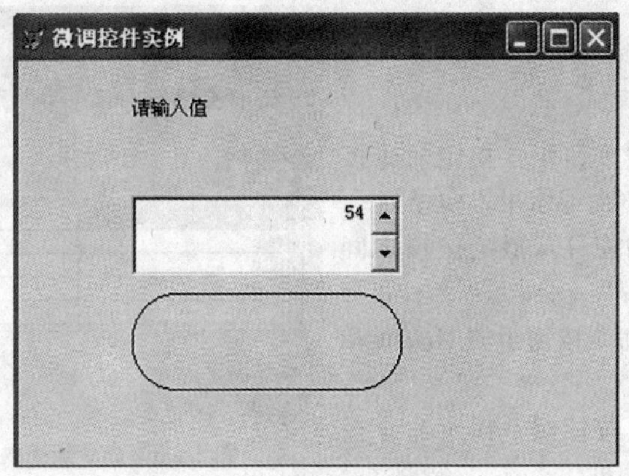

图 6.25　微调控件实例

性为 0，SpinnerHighValue 属性为 99，SpinnerLowValue 为属性 0。

④ 编写微调控件的 InteractiveChange 事件过程代码：

```
thisform. shape1. curvature = this. value
```

这段代码的作用是通过微调控件的返回值来设置形状控件的曲率。

⑤ 保存并运行表单。

6.7　容器型控件

6.7.1　命令组

命令按钮组（CommandGroup）控件是表单上的一种容器，它可包含若干个命令按钮，并能统一管理这些命令按钮。命令按钮组与组内的各命令按钮都有自己的属性、事件和方法程序，因而既可以单独操作各命令按钮，也可以对组控件进行操作。

与其他控件一样，命令按钮组也使用表单控件工具栏来创建，创建时默认组内包含 2 个命令按钮。

要为命令按钮组设置常用属性，使用生成器较为方便。只要在命令按钮组的快捷菜单上选定生成器命令，就可以打开“命令组生成器”对话框。对话框包括以下两个选项卡。

6.7.1.1　按钮选项卡（参阅图 6.26）

① 微调控件：指定命令按钮组中的按钮数，对应于命令按钮组的 ButtonCount 属性。

② 表格：包含标题和图形两个列。

标题列用于指定各按钮的标题，标题可在表格的单元格中编辑。该选项对应于命令按钮的 Caption 属性。

命令按钮可以具有标题或图像，或两者都有。若某按钮上要显示图形，可在图形列的单元格中键入路径及图形文件名，或单击对话框按钮打开图片对话框来选择图形文件。该选项对应于命令按钮的 Picture 属性。

可喜的是，命令按钮会自动调整大小，以容纳新的标题和图片；组容器也会自动调整大小。

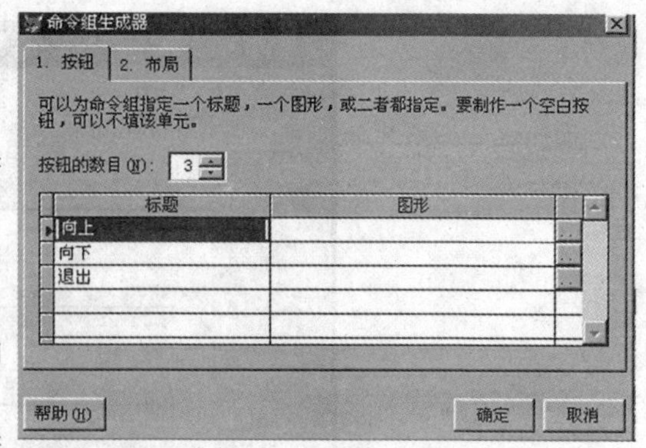

图 6.26　命令组生成器的按钮选项卡

6.7.1.2　布局选项卡

① 按钮布局选项按钮组：指定命令按钮组内的按钮按竖直方向或水平方向排列。

② 按钮间隔微调控件：指定按钮之间的间隔。

上述两项将影响命令按钮组的 Height 和 Width 属性。

③ 边框样式选项按钮组：指定命令按钮组有单线边框或无边框。

6.7.1.3　命令按钮组及其命令按钮的操作

(1) Click 事件的判别

由于命令按钮组中包含了若干命令按钮，VFP 响应用户单击时必须区分出操作的是组控件还是命令按钮。如果感知了操作的是命令按钮，则还须在 Click 事件代码中判别哪个命令按钮被单击，以便执行相应的动作。

① 若命令按钮组及其所含的各命令按钮分别设置了 Click 事件代码，VFP 将根据用户单击的位置来触发组控件或命令按钮。若单击组内空白处，组控件的 Click 事件就被触发；而单击组内某命令按钮，则该命令按钮的 Click 事件被触发。

② 单击某命令按钮时，组控件的 Value 属性就会获得一个数值或字符串。当 Value 属性为 1（默认值）时，将获得命令按钮的顺序号，它是一个数值；而当 Value 属性设置为空时，将获得命令按钮的 Caption 值，它是字符串。于是在命令按钮组的 Click 事件代码中便可以判别出单击的是哪个命令按钮，并决定执行的动作。处理格式如下：

```
DO  CASE
    CASE  THIS. Value =1          && 若单击第 1 个命令按钮返回. T.
      * 执行动作 1
    CASE  THIS. Value =2          && 若单击第 2 个命令按钮返回. T.
      * 执行动作 2
    CASE  THIS. Value =3          && 若单击第 3 个命令按钮返回. T.
      * 执行动作 3
ENDCASE
```

若组控件 Value 属性返回值是字符串，则上述语句中的数字分别用 Caption 值来替代。例如 THIS. Value =1 改为 THIS. Value = "Command1"。

(2) 容器中对象的引用

例如引用命令按钮组中的命令按钮：THISFORM. Commandgroup1. Command1 或 THIS. Command1。

(3) 容器及其对象的编辑

① 容器本身的编辑。设计时若在表单上选定容器，就可以编辑该容器的属性、事件代码与方法程序，但不能编辑容器中的对象。

② 容器中对象的编辑。要编辑容器中的对象，须先激活容器。激活的方法是选定容器的快捷菜单中的编辑命令，容器被激活的标志是其四周显示一个斜线边框。容器激活后，用户便可以选定其中的对象进行编辑。例如要编辑命令按钮组中的某命令按钮，只要右击命令按钮组并选定快捷菜单中的编辑命令，便可以在命令按钮组边界内拖动此命令按钮，或改变它的大小。

编辑完成后，只要单击容器边界外的任何位置，就可以使容器退出激活状态。

还有一个方法能够激活容器并直接选定其中的对象，即在属性窗口的对象组合框列表中选定容器中的对象。

③ 为容器中某些对象设置共同属性。先激活容器，然后按住 Shift 键分别单击若干对象，属性窗口的对象组合框中将会显示“多重选定”文本，此时便可以在属性窗口为这些对象设置共同属性。例如用 FontSize 属性改变文字大小。

【例 6.17】在表单设计器环境下完成如下操作：

① 表单没有“最小化”和“最大化”按钮。

② 表单内控件如图 6.27 中所示，其中“口令”文本框要有掩码，掩码为“＊”。

③ 确定和退出按钮要使用命令按钮组，其中退出按钮要有关闭表单的功能。

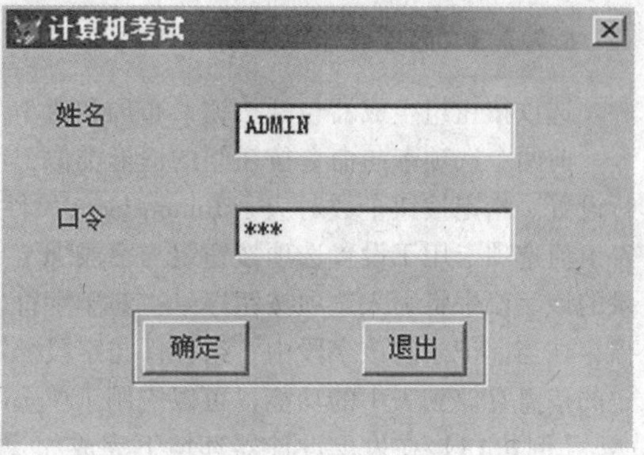

图 6.27　命令按钮组控件实例

操作步骤：

① 创建表单。将表单的 Caption 属性设为“计算机考试”，Maxbutton 属性设为. F. ，Minbutton 属性设为. F. 。

② 添加标签及文本框控件并设置属性。在表单上建立两个标签控件，其 Caption 属性分别为“姓名”“口令”。两个文本框控件，其中 Text2 控件的 PasswordChar 属性为“＊”。

③ 添加命令按钮组并设置属性。在表单上建立一个命令按钮组，在此控件上单击鼠标右键，在快捷菜单上选择“生成器”命令，将两个按钮的标题设为“确定”及“退出”，然后选择布局选择卡，将按钮布局选为“水平”，按钮间隔设为 50。

④ 编写退出命令按钮的 Click 事件代码：Thisform. Release。

6.7.2　选项组

选项按钮组（OptionGroup）是一个可包含若干选项按钮的容器。选项按钮不能独立存在，通常一个选项按钮组含有多个选项按钮。当用户选定其中的一个时，其他选项按钮就会变成未选定状态，即用户只能从中选定一项。

6.7.2.1　选项按钮的外观

与复选框类似，选项按钮外观也可以分标准样式和按钮两类，不同的是：

① 选项按钮的标准样式是圆圈，被选定后圆圈中会出现一个点。

② 在选项按钮组的各个选项按钮中总有一个默认被选定。

③ 由于选项按钮组是容器，若要设置选项按钮的外观，须先激活选项按钮组。

6.7.2.2 选项按钮组的属性

选项按钮组的主要属性见表 6.19。

表 6.19 选项按钮组的主要属性

属性及事件	说明
ButtonCount	设置组中按钮的数目
Click Event	当在按钮上单击鼠标左键时所触发的事件，一般通过程序判定用户按下哪个选项按钮，并执行对应的代码
ControlSource	设置选项按钮组结合的表字段或内存变量
Value	指明选择了哪个选项

6.7.2.3 选项按钮组生成器

选项按钮组生成器包括按钮、布局和值 3 个选项卡。

前两个选项卡与命令按钮组的情形类似，可对按钮个数、按钮垂直排列或水平排列等进行设置。指定按钮个数对应于 ButtonCount 属性，选项按钮组创建时默认包含 2 个按钮。

值选项卡用于设置选项按钮组与字段绑定。对于数值型字段，当某按钮选定时在当前记录的该字段中将写入选项按钮序号；对于字符型字段，当某按钮选定时，该按钮的标题就被保存在当前记录的该字段中。组控件与字段绑定对应于 ControlSource 属性。将选项按钮被选定的信息存储到表中的功能，可以应用于单选题的计算机阅卷。

【例 6.18】在表单设计器环境下完成如下操作：

① 表单名称为“Form1”，标题为“图形变换”。

② 选项按钮组的名称为“OptionGroup1”，选项按钮个数为 2。

③ 选项按钮组的选项按钮（Option1）的标题为“圆”，选项按钮组的选项按钮（Option2）的标题为“方”。如图 6.28 所示。

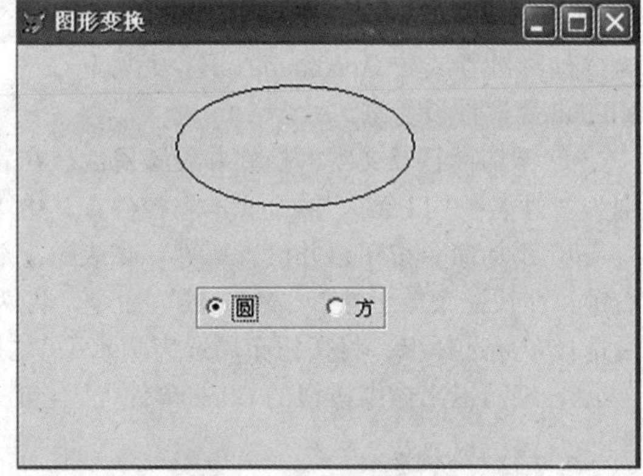

图 6.28 选项按钮组实例

操作步骤：

① 创建表单。将表单的 Caption 属性设为“图形变换”。

② 绘制椭圆。在表单上新建一个长方形形状控件，将其 Curvature 属性设为 99。

③ 添加选项按钮组控件并设置属性。建立一个选项按钮组控件，在控件上单击右键，选择“生成器”命令，将按钮标题设为“圆”“方”。然后选择“布局”标签，选择“水平”布局，按钮间隔为 40，单击“确定”按钮。

④ 编写选项按钮组 OptionGroup1 的 InteractiveChange 过程代码：

```
If This. Value =1
Thisform. Shape1. Curvature =99
```

```
Else
Thisform. Shape1. Curvature = 0
Endif
```

⑤ 存盘调试。

6.7.3　表格

VFP 提供了一个功能非常强大的表格控件（Grid），可以用于显示并维护数据表。表格（Grid）控件也是容器（Container）的一种，其最重要的一点是：表格中的每个表头、列、表格单元都是对象，拥有自己的属性、事件和方法。这使得在程序中控制表格中的各层对象成为可能。

6.7.3.1　表格层次对象

表格的层次对象见表 6.20。

表 6.20　　表格的层次对象

对　象	说　明
Grid	为结合记录进行维护或显示的对象，这是一个容器对象，具有网格线和滚动条
Column	为结合字段进行维护的对象，也是一个容器对象，但本身无法独立存在，需依附于 Grid 对象
Header	是一个将标题文字提示显示在 Column 对象上方的对象，依附于 Column 对象
TextBox	内定 Column 对象中进行显示或编辑字段的对象，可被替换为其他对象

Grid 对象中的每一层都有自己的属性，各层对象的主要属性见表 6.21。

表 6.21　　各层对象的主要属性

对　象	属　性	说　明
Grid	ColumnCount	设置表格对象的列数
	RecordSourceType	设置结合表格对象维护的数据的来源方式，0：表；1：别名；3：查询；4：SQL 语句
	RecordSource	设置结合表格对象维护的数据的来源
Column	ControlSource	设置列对象结合的字段来源
Header	Caption	设置 Header 对象的标题文字，内定使用字段名称
	Alignment	指定标题文本在对象中显示的对齐方式

6.7.3.2　在表单窗口创建表格控件

通常用下述两种方法来创建表格控件。

（1）从数据环境创建

例如创建 xs 表表格。打开表单窗口后，先在数据环境中添加 xs 表，然后用鼠标将数据环境中 xs 表窗口的标题栏拖到表单窗口后释放，表单窗口中即会产生一个类似于 Browse 窗口的表格，其中填入了 xs 表的字段与记录。表格的 Name 属性默认为 Gridxs。

（2）利用表格生成器创建

先使用表单控件工具栏的表格按钮在表单窗口创建表格，然后从表格控件的快捷菜单上选择生成器命令，就会出现表格生成器对话框。用户便可以在对话框中设置表格属性，从而得到符合要求的表格。这样创建的第 1 个表格，其 Name 属性默认为 Grid1。

表格生成器对话框包含表格项、样式、布局和关系 4 个选项卡。

① 表格项选项卡。该选项卡用于指定要在表格中显示的字段，用户可先选择数据库中的表或自由表（或视图），然后选取需要的字段。

② 样式选项卡。该选项卡用于指定表格显示的样式，列表框中含有 <保留当前样式>、专业型、标准型、浮雕型和财务型 5 个选项。

③ 布局选项卡。该选项卡包含文本框、下拉列表框和表格各一个，主要用于指定列标题与表示字段值的控件。表格用来显示表，而且选定表格中某列后就可以在标题文本框中键入列标题，默认字段名为列标题。类似地，选定某列后就可以在控件类型下拉列表框中挑选一种控件来表示字段值。默认控件规定为文本框，但对于数值型字段值还可以选用微调控件来表示，字符型字段值还可以选用编辑框来表示，而逻辑型字段值则可以选用复选框来表示。此外，还可以拖动列标题的间隔线来调整列宽。

④ 关系选项卡。该选项卡包含两个下拉列表框，用于指定两个表之间的关系。

- "父表中的关键字段"下拉列表框：指定父表中的关键字段，该选项对应于 LinkMaster 属性。要查找一个表，可单击对话框按钮来显示打开对话框。
- "子表中的相关索引"下拉列表框：指定表格控件中数据源（RecordSource 属性）的索引标识名，该选项对应于 ChildOrder 属性。

注意：由于表格生成器只能创建关于一个表的表格，若要在表间设置关系，就必须对每个表格分别使用表格生成器，然后通过其中一个表格生成器中的关系选项卡来建立关系。

6.7.3.3 创建一对多表单

表格最常见的用途是当某控件显示父表数据时，表格中就显示子表的相应数据。

前面已谈到，利用表格生成器中的关系选项卡可以建立两个表之间的关系，其实也可在数据环境中设置两表的一对多关系。

【例 6.19】 创建如图 6.29 所示的表单，利用表格显示数据表 XS 中的内容。

操作步骤：

① 新建表单。打开数据表 xs，并创建一个新表单，将 Caption 属性设置为"表格控件实例"。

② 添加表格控件并设计表格显示的表。在表单上添加一个表格控件，并设置好表格的显示区域与大小。在表单上选中表格对象，并单击鼠标右键，在出现的快捷菜单中选择"生成器"，打开表文件 xs，设置样式、布局等。

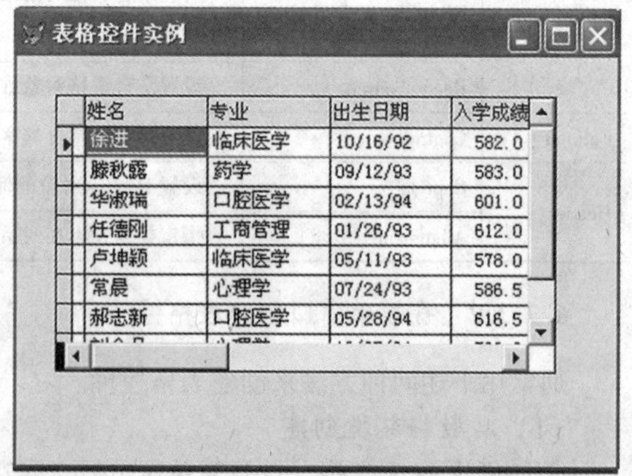

图 6.29 表格控件实例 1

③ 保存并运行表单。将表单保存起来，并运行表单，通过修改其中部分记录内容，来测试一下表格的功能。

【例 6.20】 设计一个表单，表单的标题名为"学生课程成绩信息浏览"，在表单的左上方有一个标签（Label1），标签上的文字为“学号”；在标签的右边紧接着放置一个组合框控件（Combo1），将组合框控件的 Style 属性设置为“下拉列表框”，RowSourceType 属性设置为“字段”（用来选择 xscj 表中的课程号）；在组合框的右边紧接着放置一个“查询”命令按钮（Command2）；在标签的下方放置一个表格控件（Grid1），将 RecordSourceType 属性设置为“4-SQL 说明”；在表单的右下方放置一个“退出”命令按钮（Command1）。表单界面如图 6.30 所示。其他功能要求如下：

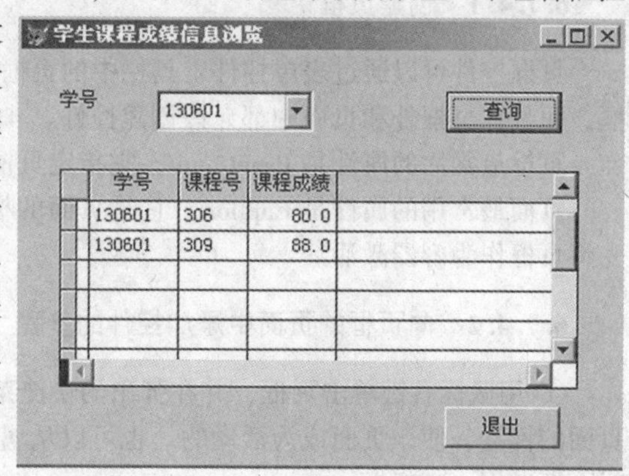

图 6.30　表格控件实例 2

① 为表单建立数据环境，向数据环境添加 xscj 表和 xs 表。

② 程序运行时，在组合框中选择某个学生的学号，单击“查询”按钮后在表格中显示该学生所学的课程名及课程成绩。

③ 单击“退出”按钮时，关闭表单。

操作步骤：

① 创新表单，将表单的 Caption 属性设置为“学生课程成绩信息浏览”。

② 添加一个标签 Label1，将其 Caption 属性设置为“学号”。

③ 在“表单设计器”中，单击鼠标右键，在弹出菜单中选择“数据环境”，在数据环境设计器中，在“打开”对话框中，选择“xs”表，接着在“添加表或视图”对话框中，双击表“xscj”，再按“关闭”按钮，关闭“添加表或视图”对话框。

④ 在“表单设计器”中，添加一个组合框控件 Combo1，在 Style 处选择“2 – 下拉列表框”，在 RowSourceType 处选择“6 – 字段”，在 RowSource 处选择“xs. 学号”。

⑤ 在“表单设计器”中，添加一个表格控件 Grid1，在其“属性”的 RecordSourceType 处选择“4 – SQL 说明”。

⑥ 在“表单设计器”中，添加两个命令按钮，在第 1 个命令按钮“属性”的 Caption 处输入“退出”，在第 2 个命令按钮“属性”的 Caption 处输入“查询”。

⑦ 在“表单设计器”中，双击“Command1”命令按钮，在“Command1. Click”编辑窗口中输入“Release Thisform”，接着关闭编辑窗口。

⑧ 在“表单设计器”中，双击“Command2”命令按钮，在“Command2. Click”编辑窗口中输入下述语句，接着关闭编辑窗口。

```
thisform. grid1. recordsource = "select  *  from xscj  where  学号 = xs. 学号  INTO;
CURSOR lsb"
```

6.7.4　页框

页框（PageFrame）是包含页面的容器，用户可在页框中定义多个页面，以生成带选项卡的对话框。含有多页的页框可以起到扩展表单面积的作用。

6.7.4.1 创建页框

页框控件可以通过表单控件工具栏中的页框按钮来创建。在一个表单中允许创建多个页框，而且在页框外和页面中都允许创建控件。

页框最常用的属性是 PageCount，它指定页框中包含的页面数，默认为 2。

页面最常用的属性是 Caption，它是页面的标题，即选项卡的标题。要编辑页面，必须先将页框作为容器激活。

6.7.4.2 向页框的页面中添加控件的步骤

① 用鼠标右键单击页框，并在弹出的快捷菜单中选择“编辑”命令，然后再单击相应页面的标签，使该页面成为活动的。也可以从属性窗口的对象框中直接选择相应的页面，这时页框四周出现粗框。

② 在表单控件工具栏中选择需要的控件，并在页面中调整其大小。

第一步的作用是将页框切换到编辑状态，并选择相应的页面。在添加控件前，如果没有将页框切换到编辑状态，控件将会被添加到表单而不是页框的当前页面中，即使看上去好像在页面中。

【例 6.21】 创建如图 6.31 所示的表单，在页框中的页（Page1）中添加标签（Label1），设置标签的标题为“你好”。在页框中的页（Page2）中添加按钮（Command1），并设置按钮的标题为“你好”。

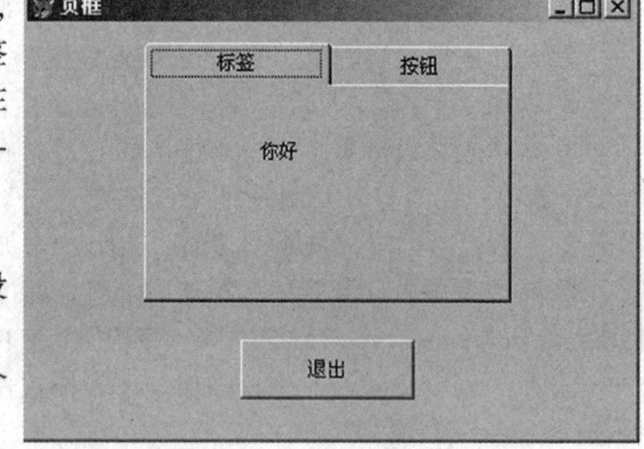

图 6.31　页框控件实例

操作步骤：

① 创建表单。将表单的 Caption 属性设为“页框”。

② 添加页框控件。在表单上建立一个页框控件，页数默认为 2。

③ 编辑页面。用鼠标右键单击页框，并在弹出的快捷菜单中选择“编辑”命令，然后再单击相应页面的标签，使该页面成为活动的。将页框中 Page1 的 Caption 属性设置为“标签”，在页面上添加一个标签控件，将其 Caption 属性设置为“你好”。将页框中 Page2 的 Caption 属性设为“按钮”，在此页面上添加一个按钮，将其 Caption 属性设置为“你好”。

④ 添加按钮控件。在表单上添加一个按钮控件，将其 Caption 属性设为“退出”。

⑤ 编写退出按钮的 Click 事件代码：Thisform. Release。

 6.8 自定义类

可以通过调用类设计器可视化地创建类。用类设计器创建、定义的类保存在类库文件中，便于管理和维护。类库以文件形式存放，其默认扩展名是.vcx。

6.8.1 使用类设计器创建类

6.8.1.1 调用类设计器

可以采用下面任何一种方法调用类设计器，创建自己需要的类。

方法 1：在“项目管理器”对话框中，选择“类”选项卡，然后单击“新建”按钮。

方法 2：从“文件”菜单中选择“新建”命令，打开“新建”对话框，然后选择“类”单选按钮，并单击“新建文件”命令按钮。

方法 3：在命令窗口中输入 CREATE　CLASS。

不管采用哪种方法，系统首先打开“新建类”对话框。在对话框中，用户需要指明新类的名称、新类派生于哪个类（即新类的父类）以及保存新类的类库。

一个类的父类可以是 Visual FoxPro 提供的某个基类，也可以是某个用户自定义类。如果新类的父类是某个基类，可以直接从下拉列表框中选择指定；如果新类的父类是一个用户自定义类，则可以先单击“派生于”框右侧的对话框按钮，调出“打开”对话框，然后再从中指定类库及类库中要作为新类父类的类。

如果在“存储于”框中指定的类库原先不存在，系统将自动建立该类库。如果指定的类库已经存在，那么新建类将被添加到该类库中。

指定了新类的名称、父类及类库后，单击“确定”按钮，就可以打开“类设计器”窗口，进入类设计器环境。如果在 CREATE　CLASS 命令中已经指定了这些内容，那么将跳过“新建类”对话框，直接进入类设计器环境。

6.8.1.2 添加属性

要为所创建的类定义新的属性，可按如下步骤操作：

① 选择“类”菜单中的“新建属性”命令，打开“新建属性”对话框。

② 在“名称”框中输入属性的名称。

③ 为属性指定可视性，如保护。

④ 指明属性是否为 Access 属性和是否为 Assign 属性（一个属性可以既是 Access 的，又是 Assign 的）。

⑤ 单击“添加”按钮。如果还有其他的属性需要添加，可以从第二步开始继续定义。可以为所定义的类添加任意数目的属性。当所有的属性都定义完后，单击“关闭”按钮关闭对话框。

对新添加的属性，系统为它设置的默认值是.F.。用户可按下列方法重新设置一个属性的默认值：在“属性”对话框中找到并单击这个属性，然后在设置框后输入所希望的值。

属性的可视性有三种：“公共”、“保护”和“隐藏”。它们的含义如下。

公共：一个“公共”属性能够在应用程序的任何地方（比如一个过程或某个类的代码中）被访问（即基于类创建的对象，在该属性上的取值能被查询和修改）。

保护：一个“保护”属性只能被类定义中的方法和子类定义中的方法所访问。

隐藏：一个“隐藏”属性只能被类定义中的方法所访问，即使是子类中定义的方法也不能访问它。

6.8.1.3 添加方法

要为所创建的类添加新的方法，可按如下步骤操作：

① 选择“类”菜单中的“新建方法程序”命令，打开“新建方法程序”对话框。

② 在“名称”框中输入方法的名称。

③ 为方法指定可视性，如公共。方法可视性的设置及含义与属性基本相同，比如，一个公共方法可以在应用程序的任何地方被调用。为了体现对象的封装性，在创建类时，一般可以将其属性设置为“保护”，而将其一部分方法设置为“公共”。这些公共方法就是这类对象与其他对象之间相互作用的接口。

④ 单击“添加”按钮。

用户可以为所定义的类添加任意数目的方法。当所有的方法都定义完后，按“关闭”按钮关闭对话框。

以上步骤只是为类声明了一些方法，但这些方法的代码还没有定义。要指定一个方法的具体代码，可先在“属性”窗口中找到并双击这个方法，打开代码窗口，然后在代码窗口的编辑区内输入该方法的代码。

如果方法代码要访问类中的属性，应该在属性名前加上前缀 This，This 与属性名之间用圆点分隔。关键字 This 表示当前对象，即现在调用该方法的对象。

在类定义中，方法代码除了可以访问类中的属性外，也可以访问类中的其他方法。另外，正在定义的属性也能访问已经定义的其他属性。但不管哪种情况，被访问的属性名和方法名之前都要加上关键字 This。

6.8.1.4 修改类定义

对已经存在的类，也能够调用类设计器去修改它的定义。

方法 1：在“项目管理器”对话框的“类”选项卡中，选定需要修改的类（假定类在项目中），然后单击“修改”按钮。

方法 2：从“文件”菜单中选择“打开”命令，接着在“打开”对话框中找到并双击类所在的类库文件，然后在对话框中再次单击类库文件并在“类名”框中选择需要修改的“类”，最后单击“打开”命令按钮。

方法 3：在命令窗口中输入命令 MODIFY　CLASS <类名> OF <类库名>。

注意：对类所做的任何修改都会自动反映到它的所有子类上。

【例 6.22】扩展 Visual FoxPro 基类 TextBox，创建一个名为 MyTextBox 的新类。新类保存在名为 myclasslib 的类库中，该类库文件存放于 D 盘的根目录下。在新类中将 Height 属性的默认值设置为 25；将 Width 属性的默认值设置为 120。另外，为新类添加一个属性 myValue。

操作步骤：

① 在命令窗口中输入 CREATE　CLASS，打开“新建类”对话框。然后在对话框中指定新类的名称、父类以及类库，如图 6.32 所示。

② 单击“确定”按钮，打开“类设计器”窗口，进入类设计器环境。在“属性”窗口中，将新建类的 Height 属性的默认值设置为 25、Width 属性的默认值设置为 120。

③ 选择“类”菜单中的“新建属性”命令，打开“新建属性”对话框。然后在对话框中设置属性 myValue 的有关内容，如图 6.33 所示。

④ 单击“添加”按钮添加属性，然后单击“关闭”按钮关闭对话框。

⑤ 最后，单击“类设计器”窗口右上角的“关闭”按钮，退出类设计器环境。

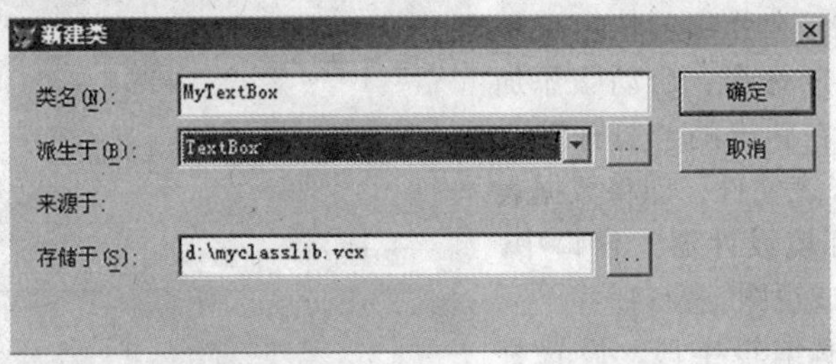

图 6.32　“新建类”对话框

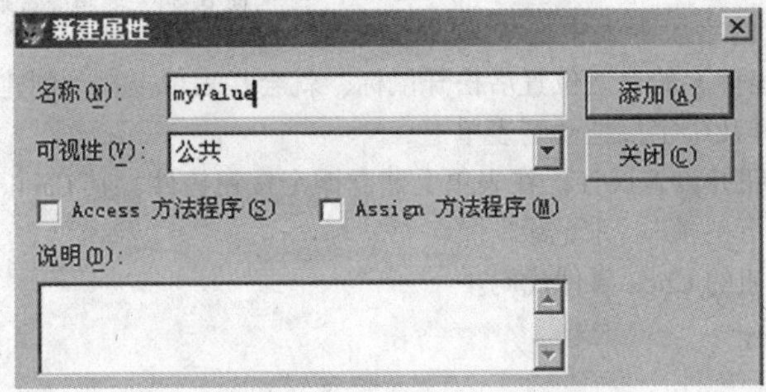

图 6.33　“新建属性”对话框

案例 11　创建表单综合案例

一、案例知识点

1. 掌握表单设计器的启动方法。
2. 掌握表单设计器的工作环境。
3. 掌握添加控件的方法。
4. 掌握设置控件属性的方法。
5. 掌握编写事件代码的方法。

二、案例内容

1. 以 xs 表为数据源，利用表单设计器建立如图 6.34 所示的表单。

表单功能如下：

① 完成表文件 XS. DBF 内容的浏览显示功能。

② 当按“首记录”“上一条”“下一条”“末记录”按钮时，表单将自动显示相应记录的内容。

操作步骤：

① 创建表单。将表单的 Caption 属性设为“学生情况一览表”。

② 添加标签并设置属性。在表单上建立一个标签控件，其 Caption 属性设置为“学生情

况一览表”。

③ 设置表单的数据环境。在表单窗口上单击鼠标右键，在弹出的快捷菜单中选择“数据环境”命令，启动“添加表或视图”窗口，在弹出的“打开”文件对话框中选择 xs 表文件，即将数据表 xs 添加到“数据环境设计器”窗口中，然后关闭“添加表或视图”窗口。

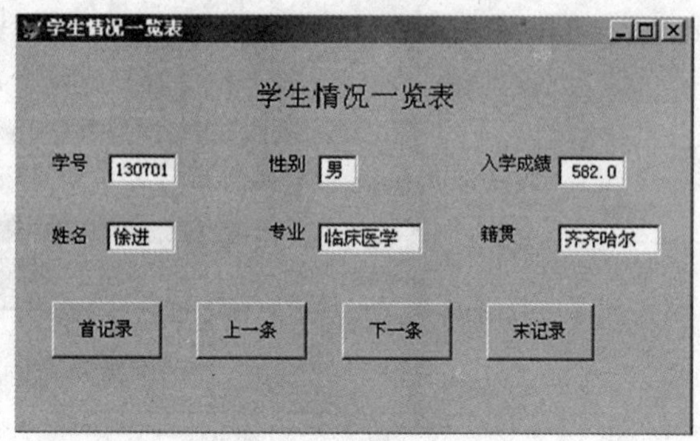

图 6.34　表单综合案例 1

④ 设置文本框编辑字段。设置好“数据环境”后，直接在“数据环境设计器”中的数据表 xs 的字段列表中选中某个字段，并拖动到表单上的合适位置后松开鼠标，就会在表单上自动创建一个标签控件和一个文本框控件。选择几个字段拖动到表单上。

⑤ 添加命令按钮并设置属性。在表单上建立四个按钮控件，其 Caption 属性分别为“首记录”“上一条”“下一条”“末记录”。

⑥ 编写命令按钮的 Click 事件代码：

“首记录”代码：

```
Go Top
Thisform. Refresh
```

“上一条”代码：

```
Skip  -1
If Bof ( )
        Go Top
Endif
Thisform. Refresh
```

“下一条”代码：

```
Skip
If Eof ( )
Go Bottom
Endif
Thisform. Refresh
```

“末记录”代码：

```
Go Bottom
Thisform. Refresh
```

⑦ 保存并运行表单。

说明：这个案例主要使学生掌握表单中“数据环境”的设置方法，以及事件代码的编写。要注意 Refresh 方法在这个案例中的作用。

2. 建立一个表单，表单标题为“学生管理”。

表单其他功能如下：

① 表单中含有一个页框控件（PageFrame1）和一个“退出”命令按钮（Command1），

单击“退出”命令按钮关闭并释放表单。

② 页框控件（PageFrame1）中含有三个页面，每个页面都通过一个表格控件显示有关信息。第一个页面 Page1 上的标题为“学生”，显示表 xs 中的内容；第二个页面 Page2 上的标题为“课程”，显示表 kc 中的内容；第三个页面 Page3 上的标题为“学生平均成绩”，该表格中显示每个学生的姓名及其所学课程的平均成绩。

操作步骤：

① 新建表单。

② 在“表单设计器”中，将表单的 Caption 属性设置为“学生管理”。

③ 在“表单设计器”中，单击鼠标右键，在弹出的菜单中选择“数据环境”，在“数据环境设计器”中，在“打开”对话框中，选择“xs”表，接着在“添加表或视图”对话框中，双击表“kc”，再在“添加表或视图”对话框中，双击表“xscj”，再按“关闭”按钮，关闭“添加表或视图”对话框。

④ 在“表单设计器”中，添加一个页框 PageFrame1，在其“属性”的 PageCount 处输入“3”。在页框空白处单击鼠标右键，在弹出的快捷菜单中选择“编辑”，使页框处于编辑状态（对象周围布满水蓝色斜纹）。选中 Page1，在其“属性”的 Caption 处输入“学生”；选中 Page2，在其“属性”的 Caption 处输入“课程”；选中 Page3，在其“属性”的 Caption 处输入“学生平均成绩”。

⑤ 在“表单设计器”中，添加一个命令按钮，在其“属性”的 Caption 处输入“退出”，双击“Command1”命令按钮，在“Command1. Click”编辑窗口中输入“Thisform. Release”，接着关闭编辑窗口。

⑥ 选中“学生”页，打开“数据环境”，按住“xs”不放，拖至“学生”页左上角处松开鼠标；选中“课程”页，打开“数据环境”，按住“kc”不放，拖至“课程”页左上角处松开鼠标；选中“学生平均成绩”，添加一个表格控件 Grid1，在 Grid1“属性”的 RecordSourceType 处选择“4-SQL 说明”，在 RecordSource 处输入“SELECT xscj. 学号，xs. 姓名，avg（xscj. 课程成绩）AS 平均成绩 FROM xs INNER JOIN xscj ON xs. 学号 = xscj. 学号 GROUP BY xscj. 学号 ORDER BY 2 DESC INTO CURSOR aaa”。

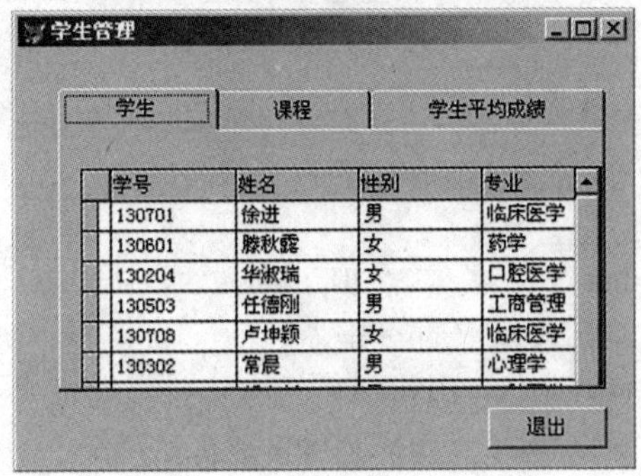

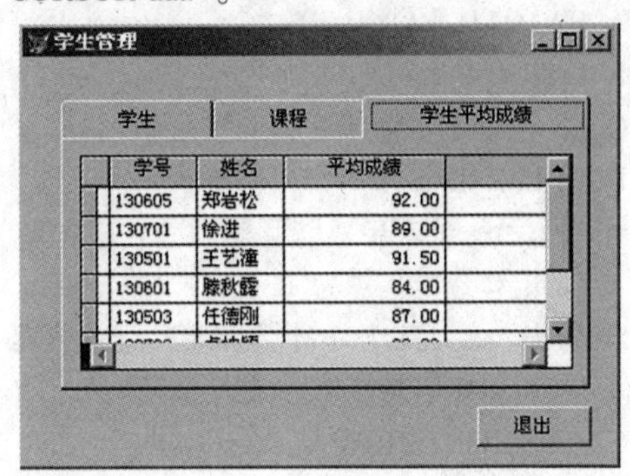

图 6.35　表单综合案例 2

说明：这个案例主要使学生掌握页框和表格控件的使用。含有多页的页框可以起到扩展表单面积的作用。表格控件的 RecordSource 属性用于表示数据来源，一般情况下与其搭配的还有表格的 RecordSourceType 属性，表示数据来源的类型。

小结与提高

Visual FoxPro 不仅支持传统的面向过程的编程方法，而且支持面向对象的程序设计方法。表单是用户与应用程序之间进行交互的主要工具，因此表单设计是应用程序设计中的一项重要工作。通过学习本章内容，主要使学生掌握使用表单向导和表单设计器创建表单。表单作为应用程序的用户界面载体，其上包括一些控件，应熟悉掌握常用控件的属性、方法和事件。面向对象程序设计的一般方法是首先选择数据源，然后向表单中添加各种控件，最后对表单中的控件进行处理，如常用属性的设置及编写事件过程等。

习　题

一、选择题

1. 下面关于类、对象、属性和方法的叙述错误的是________。
   A. 类是对一类相似对象的描述，这些对象具有相同种类的属性和方法
   B. 属性用于描述对象的状态，方法用于表示对象的行为
   C. 基于同一个类产生的两个对象可以分别设置自己的属性值
   D. 通过执行不同对象的同名方法，其结果必然是相同的
2. 在 Visual FoxPro 中，调用表单 MF1 的正确命令是________。
   A. DO　MF1
   B. DO FROM MF1
   C. DO FORM MF1
   D. RUN　MF1
3. 在 Visual FoxPro 中，释放表单时会引发的事件是________。
   A. UNLOAD 事件
   B. INIT 事件
   C. LOAD 事件
   D. RELEASE 事件
4. 如果运行一个表单，以下事件首先被触发的是________。
   A. Load　　B. Error　　C. Init　　D. Click 2

5. 假设表单 MY FORM 隐藏着，让该表单在屏幕上显示的命令是________。
   A. MYFORM. LIST　　B. MYFORM. DISPLAY
   C. MYFORM. SHOW　　D. MYFORM. SHOWFORM
5. 下面关于数据环境和数据环境中两个表之间关联的陈述正确的是________。
   A. 数据环境是对象，关系不是对象
   B. 数据环境不是对象，关系是对象
   C. 数据环境是对象，关系是数据环境中的对象
   D. 数据环境和关系都不是对象

6. 假定表单中包含一个命令按钮，那么在运行表单时，下面有关事件引发次序的陈述正确的是________。

A. 先命令按钮的 INIT 事件，然后表单的 INIT 事件，最后表单的 LOAD 事件

B. 先表单的 INIT 事件，然后命令按钮的 INIT 事件，最后表单的 LOAD 事件

C. 先表单的 LOAD 事件，然后表单的 INIT 事件，最后命令按钮的 INIT 事件

D. 先表单的 LOAD 事件，然后命令按钮的 INIT 事件，最后表单的 INIT 事件

7. 假设某个表单中有一个命令按钮 CLOSE，为了实现当用户单击此按钮时能够关闭该表单的功能，应在该按钮的 CLICK 事件中写入语句________。

A. THISFORM. CLOSE　　B. THISFORM. ERASE

C. THISFORM. RELEASE　　D. THISFORM. RETURN

8. 以下所列各项属于命令按钮事件的是________。

A. PARENT　　B. THIS　　C. THISFORM　　D. CLICK

9. 表格控件的数据源可以是________。

A. 视图　　B. 表　　C. SQL SELECT 语句　D. 以上三种都可以

10. 假设表单上有一选项组：●男 ○ 女，其中第一个选项按钮“男”被选中。请问该选项组的 VALUE 属性值为________。

A. T　　B. "男"　　C. 1　　D. "男"或 1

11. 假设在表单设计器环境下，表单中有一个复选框已经被选定为当前对象。现在从属性窗口中选择 VALUE 属性，然后在设置框中输入 T。请问以上操作后，复选框 VALUE 属性值的数据类型为________。

A. 字符型　　B. 数值型

C. 逻辑型　　D. 操作出错，类型不变

12. 表单里有一个页框，页框包含两个页面 PAGE1 和 PAGE2。假设 PAGE2 没有设置 CLICK 事件代码，而 PAGE1 以及页框和表单都设置了 CLICK 事件代码。那么当表单运行时，如果用户单击 PAGE2，系统将________。

A. 执行表单的 CLICK 事件代码

B. 执行页框的 CLICK 事件代码

C. 执行页面 PAGE1 的 CLICK 事件代码

D. 不会有反应

二、填空题

1. ________是面向对象程序设计中程序运行的最基本实体。

2. 若要实现表单中的控件与某一数据表中的字段的绑定，则在设计时应在________设置表单的数据源为该数据表。

3. CAPTION 是对象的________属性。

4. 在表单运行时，要求单击某一对象时释放表单，应________。

5. 编辑框控件与文本框控件的区别是：在编辑框中可以输入或编辑________文本，而在文本框中只能输入或编辑________文本。

6. 如果想在表单上添加多个同类型的控件，则可在选定控件按钮后单击________按钮，然后在表单的不同位置单击，就可添加多个同类型的控件。

7. 控件的数据绑定是指将控件与某个________联系起来。

8. 表单文件的扩展名为________。

三、表单设计

1. 设计一个如图6.36所示的时钟应用程序，具体描述如下：

① 表单名和表单文件名均为 TIMER，表单标题为“时钟”，表单运行时自动显示系统的当时间。

② 显示时间的标签控件 LABEL1（要求在表单中居中，标签文本对齐方式为居中）。

③ 单击“暂停”命令按钮（COMMAND1）时，时钟停止。

④ 单击“继续”命令按钮（COMMAND2）时，时钟继续显示系统的当前时间。

⑤ 单击“退出”命令按钮（COMMAND3）时，关闭表单。

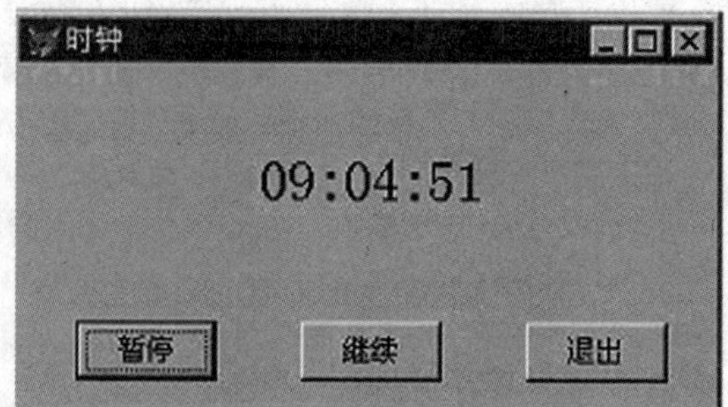

图6.36　表单设计1

2. 设计表单并设置控件的相关属性，使得表单运行时的开始焦点在“打开”命令按钮，并且接下来的焦点的移动顺序是“关闭”和“退出”（图6.37）。

图6.37　表单设计2

3. 建立一个表单 myform（文件名和表单均为 myform），其中包含两个表格控件，第一个表格控件名称是 grd1，用于显示表 xs 中的记录，第二个表格控件名称是 grd2，用于显示与表 xs 中当前记录对应的 xscj 表中的记录。要求两个表格尺寸相同、左右布局、顶边对齐。

4. 建立一个表单文件，其中包含 Text1 和 Text2 两个文本框，以及 Ok 和 Cancel 两个命令按钮。并通过属性窗口设置表单的相关属性：

① 将文本框 Text1 的宽度设置为 50。

② 将文本框 Text2 的宽度设置为默认值。

③ 将 Ok 按钮设置为默认按钮，即当按一下 Enter 键则选择该按钮。

④ 将 Cancel 按钮的第 1 个字母 C 设置成“访问键”，即通过按 Alt + C 组合键就可以选择该按钮（在相应字母前插入一个反斜线和小于号）。

5. 建立表单，表单文件名和表单控件名均为 formtest，表单标题为“考试系统”，表单背景为灰色（BackColor = 192，192，192），其他要求如下：

① 表单上有“欢迎使用考试系统”（Label1）8 个字，其背景颜色为灰色（BackColor = 192，192，192），字体为楷体，字号为 24，字的颜色为桔红色（ForeColor = 255，128，0）；当表单运行时，“欢迎使用考试系统”8 个字向表单左侧移动，移动由计时器控件 Timer1 控制，间隔（interval 属性）是每 200 毫秒左移 10 个点（提示：在 Timer1 控件的 Timer 事件中写语句 THISFORM. Label1. Left = THISFORM. Label1. Lelt − 10），当完全移出表单后，又会从表单右侧移入。

② 表单有一命令按钮（Command1），按钮标题为“关闭”，表单运行时单击此按钮关闭并释放表单。

6. 建立如图 6.38 所示表单，表单完成一个计算器的功能。表单文件名和表单控件名均为 calculator，表单标题为“计算器”。

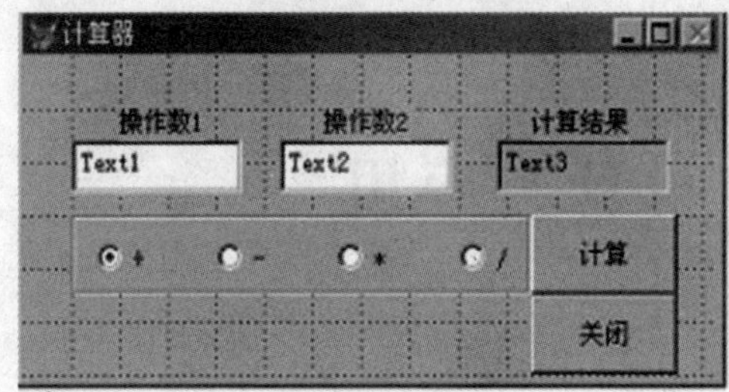

图 6.38 表单设计 3

表单运行时，分别在操作数 1（Label1）和操作数 2（Label2）下的文本框（分别为 Text1 和 Text2）中输入数字（不接受其他字符输入），通过选项组（Optiongroup1，4 个按钮可任意排列）选择计算方法（Option1 为“ + ”，Option2 为“ - ”，Option3 为“ * ”，Option1 为“/”），然后单击命令按钮“计算”（Command1），就会在“计算结果”（Label3）下的文本框 Text3 中显示计算结果。要求使用 DO CASE 语句判断选择的计算分类，在 CASE 表达式中直接引用选项组的相关属性。

第7章　菜单设计与应用

一个较大的应用系统一般都是由若干个子系统组成的，而这些子系统又由多个不同功能的组织构成，每个功能组织可以完成一定具体工作。Visual FoxPro 6.0中菜单作为人机交互的重要界面之一，在具体应用中有举足轻重的作用，它用来组织和调用各种不同功能的程序模块，用户可以通过调用这些功能模块完成各种操作。因此，菜单设计的好坏会直接影响一个应用系统的使用效率。本章主要介绍Visual FoxPro的菜单设计方法。

7.1　菜单概述

Visual FoxPro中常用的是两种菜单：下拉式菜单和快捷菜单。一个应用程序大多以下拉式菜单形式列出它的所有功能，供用户选择。而快捷菜单一般从属于某个用户界面对象，列出了相关的一些操作。

7.1.1　菜单系统

7.1.1.1　下拉式菜单

大多数菜单都由一个主菜单的条形菜单栏和一组称作子菜单的弹出式菜单组成。条形菜单一般位于应用程序窗口的下方，是一个启动应用程序后始终都可以看到的菜单名列表栏。菜单栏中的每个菜单名代表一个主菜单选项，每个主菜单项都可以直接对应一条命令或一个过程。通常，每个主菜单项对应一个下拉式菜单作为它的子菜单，子菜单包含了一组相关的菜单项，从而形成一种联级的菜单结构。在子菜单中，对功能上密切相关的菜单项可以设置分隔线划分菜单项的组别。

图7.1所示的“我的电脑”系统菜单，主菜单中列出了“我的电脑”常用的几大功能类别，如“文件”、“编辑”、“查看”和“收藏”等。单击主菜单项，如“编辑”菜单，可将它展开，显示其子菜单。

7.1.1.2　快捷菜单

当鼠标指针指向某个对象界面单击鼠标右键，通常会弹出一个快捷菜单，列出对当前对象的各种可用命令，避免了在主菜单中一一查找的麻烦。快捷菜单一般只有一个弹出式菜单。菜单组中的每个菜单项可直接对应于一条命令，也可对应于一个级联子菜单。

每个菜单项都可以有选择地设置一个访问键或快捷键。访问键通常是一个字符，出现在菜单项名称后的括号内并带有下划线。当菜单激活时，可以按下访问键快速选择相应的菜单项。快捷键一般是CTRL键和另一个字符组成的组合键，无论菜单是否被激活，都可以通过快捷键选择相应的菜单项。

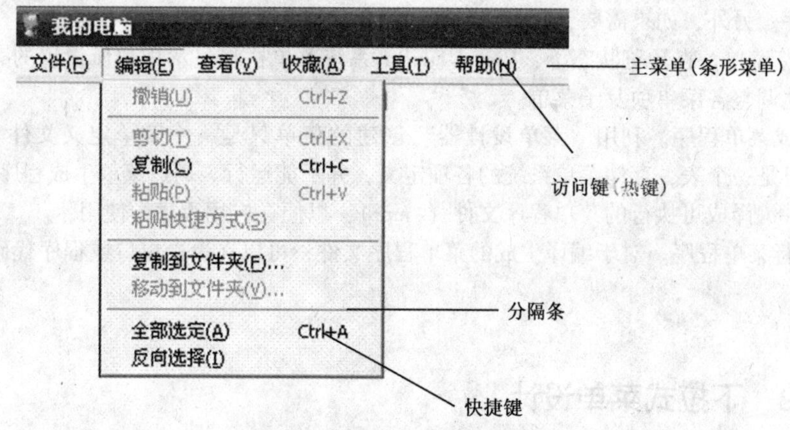

图7.1　"我的电脑"系统菜单

7.1.2　创建菜单系统的过程

7.1.2.1　创建菜单系统的原则

在创建菜单系统之前，首先要对菜单系统进行规划和设计。规划和设计菜单系统主要是确定需要哪些菜单、出现在界面何处以及哪几个菜单要有子菜单等。还要考虑以下几个原则：

① 按照用户所要执行的任务组织系统，而不要按照应用程序的层次组织系统。

应使用户通过查看菜单和菜单项，就能对应用程序的组织方法有一个感性的认识。因此，必须理解用户思考问题和完成任务的方法，这样才能设计出好的菜单系统。

② 给每一个菜单定义一个有意义的菜单标题。

③ 按照估计菜单使用频率、逻辑顺序或字母顺序组织菜单项。

如果不能预计菜单的使用频率，也无法确定逻辑顺序，可以按字母顺序组织菜单项。当菜单中包含较多的菜单项时，按字母顺序特别有效。菜单项太多需要用户花一定时间才能浏览一遍，按字母顺序便于查看菜单项。

④ 在菜单项的逻辑组之间放置分隔线，将功能相关的菜单项显示在一个菜单组。

⑤ 将菜单项的数目限制在一个屏幕之内。若菜单项的数目超过一个屏幕，应为其中的一些菜单项建立一个子菜单。

⑥ 为菜单和菜单项设置访问键（热键）或快捷键，用户可以通过键盘方便、快捷地进行菜单操作。

7.1.2.2　创建菜单系统的过程

不管应用程序的规模多大，准备使用的菜单多么复杂，创建菜单系统都需要经过下列步

骤:

① 规划菜单系统。确定需要哪些菜单、菜单出现在界面的位置，以及哪几个菜单要有子菜单等。

② 创建菜单及子菜单。使用“菜单设计器”定义菜单的标题、菜单项、子菜单。

③ 按实际要求为菜单系统指定任务，即指定菜单所要执行的任务。例如执行一条命令或一个程序。另外，如果需要，还可以包含初始化代码和清除代码。

④ 预览菜单。在预览状态下，Visual FoxPro 系统菜单栏将显示用户所设置的菜单内容，以便更好地调整各菜单项及子菜单。

⑤ 生成菜单程序。利用“菜单设计器”创建的菜单只是一个菜单定义文件（.mnx)，该文件本身是一个表，存储菜单系统的各项定义，并不能运行。通过菜单生成程序，可将菜单定义文件编译成可执行的菜单程序文件（.mpr)，以便在应用程序中使用。

⑥ 运行菜单程序。对于编译生成的菜单程序文件，可以在命令窗口或程序代码中用 DO 命令运行。

 7.2 下拉式菜单设计

下拉式菜单是一种最常见的菜单，利用 Visual FoxPro 提供的菜单设计器可以很方便地进行下拉式菜单的设计。“菜单设计器”的功能有两个：一是通过定制 Visual FoxPro 系统菜单建立应用程序快速菜单，此时其条形菜单的内部名总是_ MSYSMENU；二是可以建立作为顶层表单而独立于 Visual FoxPro 系统菜单的下拉式菜单。

用菜单设计器建立下拉式菜单的一般过程如图 7.2 所示。

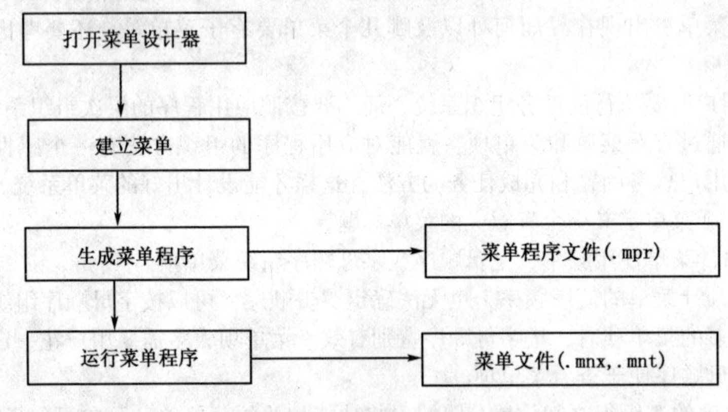

图 7.2 菜单设计的基本过程

7.2.1 菜单设计器

7.2.1.1 打开“菜单设计器”窗口

在 Visual FoxPro 中无论是建立菜单或是修改已有的菜单，都需要使用“菜单设计器”。打开“菜单设计器”的方法有以下三种。

(1) 通过系统菜单来建立或打开

① 菜单的建立。选定“文件→新建”，出现“新建”对话框，在对话框中选定“菜单”选项按钮，出现如图 7.3 所示的对话框。若选“菜单”按钮，将出现“菜单设计器”窗口，如图 7.4 所示；若选择“快捷菜单”按钮，将出现快捷“菜单设计器”窗口，可供用户设计快捷菜单。

② 菜单的打开。选定“文件→打开”命令，在打开对话框的文件类型组合框中选择菜单选项，再选“确定”按钮，就会出现“菜单设计器”窗口。

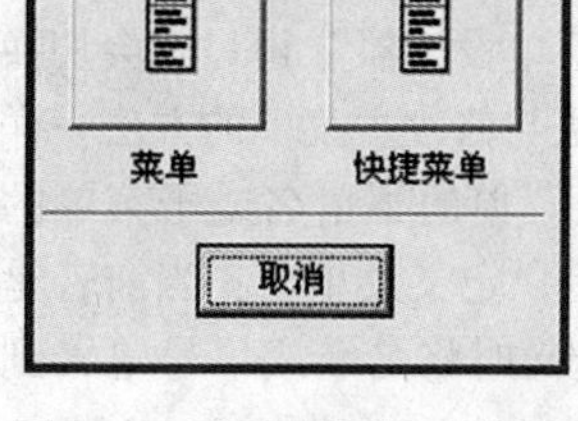

图 7.3　“新建菜单”对话框

图 7.4　“菜单设计器”窗口

(2) 用命令建立或打开

建立菜单的命令格式是：

CREATE　MENU <文件名>

打开和建立菜单的命令格式是：

MODIFY　MENU <文件名>

功能：其中第一个命令只能建立新菜单，第二个命令既能建立新菜单也能打开已有的菜单。命令中的 <文件名> 指菜单文件，其扩展名为. mnx，扩展名允许缺省。

(3) 通过项目管理器来建立或打开

① 新建或打开项目管理器。

② 在项目管理器中选定“其他”选项卡，选定项列表中的“菜单”项→选定“新建”按钮建立新菜单，或用“添加”按钮来打开一个已有的菜单。

③ 选定菜单项列表中的某菜单，便可以用“修改”按钮来打开“菜单设计器”窗口。

7.2.1.2　“菜单设计器”窗口

用前面介绍过的方法就可以打开“菜单设计器”窗口。“菜单设计器”窗口左边是一个列表框，它的每一行都可以定义一个菜单项，包括“菜单名称”、“结果”和“选项”3 列内容。条形菜单（菜单栏）或弹出菜单（子菜单）各占“菜单设计器”窗口中的一页。窗口右边的“菜单级”组合框用于从下级菜单切换到上级菜单，另外还有插入、插入栏、删除和预览 4 个按钮。

(1)“菜单名称”列

“菜单名称”列用来输入菜单项的名称，该名称只用于显示，并非菜单的内部名称。Visual FoxPro 允许用户在菜单名称中为该菜单项定义“访问键（热键）”。定义“访问键”的方法是在要定义的字符之前加上“\ <”两个字符。菜单打开之后，只要按下访问键，

该菜单就被执行。

（2）“结果”列

“结果”列的组合框用于定义菜单项的性质，其中又分为命令、填充名称、子菜单、过程4个选项。

①“命令”。该选项用于为菜单项定义一条命令，菜单项的动作即是执行用户定义的命令。定义时，只需将命令内容输入到组合框右方的文本框内即可。

②“过程”。该选项用于为菜单定义一个过程，菜单项的动作既是执行用户定义的过程。定义时一旦选定了“过程”项，组合框右边就会出现一个创建按钮，选定该按钮后将出现一个“菜单设计器—输入过程”窗口，供用户编辑所需的过程。

③“子菜单”。该选项供用户定义当前菜单的子菜单。选定子菜单后，组合框的右边会出现一个“创建”按钮或“编辑”按钮。选定相应按钮后，“菜单设计器”窗口就会切换到子菜单页，供用户建立或修改子菜单。建立和修改子菜单的方法与修改主菜单的方法一样。

④“填充名称”或“菜单项#”。该选项供用户定义第一级菜单的菜单名或子菜单的菜单项序号。当前若是一级菜单，就显示“填充名称”，表示让用户定义菜单名；当前若是子菜单项，则显示“菜单项#”，表示让用户定义菜单项序号。定义时将名字或序号输入到它右边的文本框内。

（3）“选项”列

“选项”列含有一个无符号按钮，选定该按钮就会出现提示选项对话框，以便定义菜单项的附加属性。一旦定义过属性，按钮面板上就会显示符号“√”。下面说明提示选项对话框的主要功能。

① 定义快捷键。快捷键是指菜单项右边的组合键，定义的方法是在“键标签”文本框中按下组合键，如CTRL + X，字串CTRL + X就会自动填入本框中。另外，“键说明”文本框中也会出现相同的内容，但内容可以修改。当菜单击活时，“键说明”文本框中的内容将显示在菜单项标题的右侧，作为快捷键的说明。若要取消已定义的快捷键，只需将光标放在“键标签”文本框中按下空格键即可，如图7.5所示。

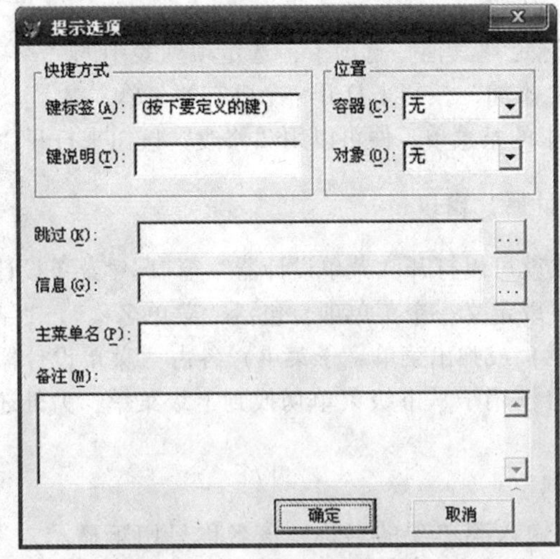

图7.5 “提示选项”对话框

② 设定浅色菜单项。"跳过"文本框用于设置菜单或菜单项的跳过条件，用户可在其中键入一个表达式来表示条件。当表达式值为.T.时，该菜单项以浅色显示，表示不可用。

③ 显示状态栏信息。"信息"文本框用于设置菜单项的说明信息。指定一个字符串或字符表达式，当鼠标指向该菜单时，该字符串或字符表达式的值就会显示在主窗口的状态栏上。

④ 主菜单名或菜单项#。主菜单名或菜单项#用于指定条形菜单菜单项的内部名字或弹出菜单项的序号。如果不指定，系统自动设定。注意：只有当菜单项的"结果"选项为"命令"、"过程"或"子菜单"时，该文本框选项才有效。

⑤ 位置。位置选项主要用于编辑 OLE 对象，控制在编辑 OLE 对象时，菜单栏显示在对象的哪一边。其中有4种选择：无、左、中、右。

(4)"插入"按钮

选定"插入"按钮后，就在当前菜单项行前插入一个新菜单项行，等待用户输入新的菜单项。

(5)"插入栏"按钮

"插入栏"按钮的功能是在当前菜单项行之前插入一个菜单项行，它能提供与系统菜单一样的菜单项供用户选择。方法：单击该按钮，打开"插入系统菜单栏"对话框，如图7.6所示。然后在对话框中选择所需的菜单命令（可以选多个），并单击插入按钮。注意：只有在建立或编辑子菜单或快捷菜单时该按钮才可选，否则为灰色。

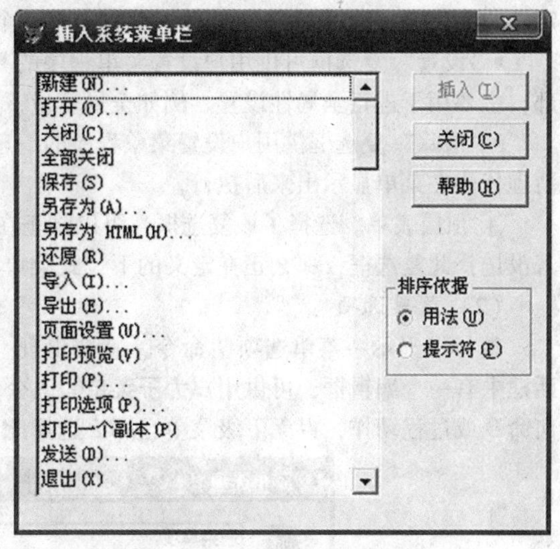

图7.6　"插入系统菜单栏"对话框

(6)"删除"按钮

该按钮用于删除当前菜单项行。

(7)"预览"按钮

该按钮用于菜单的模拟显示。在菜单设计期间选择此按钮，屏幕上可立即显示当前设计的菜单，用户可随时调整。

(8)移动按钮

每个菜单项左边有一个移动按钮，拖动它可以改变菜单项的先后位置。

7.2.1.3　"显示"菜单选项

(1)常规选项

选择"显示→常规选项"命令，将出现"常规选项"对话框，如图7.7所示。

① 过程编辑框。为条形菜单中的各菜单选项指定一个缺省过程代码。如果条形菜单中的某个菜单选项没有定义子菜单，也没有规定具体的操作，那么当选择此菜单选项时，将执行该缺省过程代码。

② 位置区。位置区有4个单选按钮选项，用来描述用户定义的菜单与系统菜单之间的关系。

- "替换"选项为省缺按钮，选定它表示可以用用户定义的菜单内容替换系统菜单的内容。

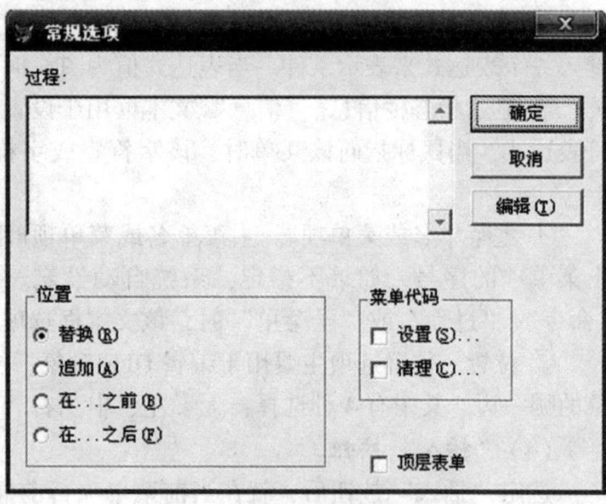

图 7.7 "常规选项"对话框

- "追加"选项将用户定义的菜单内容添加到当前系统菜单的右边。
- "在…之前"选项表示用户定义的菜单项将插在某个系统菜单项的前面，选定该按钮后其右边将会出现一个用以指定系统菜单项的组合框。
- "在…之后"选项表示用户定义的菜单项将插在某个系统菜单项的后面，选定该按钮后其右边将会出现一个用以指定系统菜单项的组合框。

③ 菜单代码区。菜单代码区有两个复选框，即"设置"和"清除"。无论选定"设置"还是"清除"复选框，都将出现一个编辑窗口，供用户键入代码。

- "设置"复选框可供用户设置菜单程序的初始代码，该代码段位于菜单程序文件的首部，主要用于进行全局性设置。例如全局变量、数组、环境设置等，在菜单产生之前执行。
- "清除"复选框供用户设置菜单程序的清理代码，该代码段位于菜单程序文件的后部，清理代码在菜单显示出来后执行。

④ 顶层表单。选择了该复选框，可以将正在定义的下拉式菜单添加到一个顶层表单里。若没选择此复选框，那么正在定义的下拉式菜单将作为一个定制的系统菜单。

(2) 菜单选项

选择"显示→菜单选项"命令，就会出现"菜单选项"对话框，如图 7.8 所示。该对话框中有一个编辑框，可供用户为子菜单写入公共的过程代码。如果这些菜单项未设置过任何命令或过程动作，也无下级菜单，那么选择此菜单选项时，将执行缺省代码。

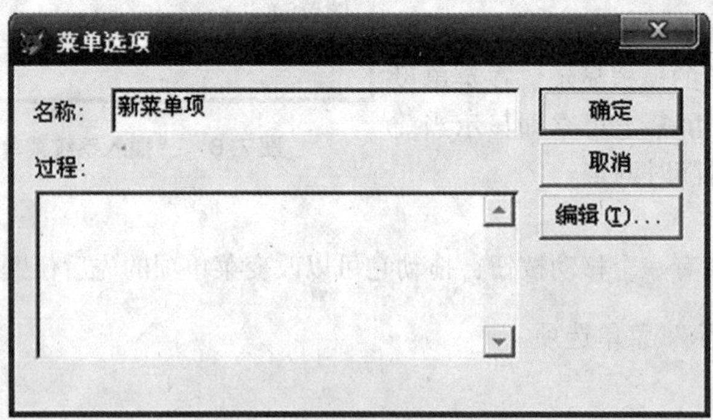

图 7.8 "菜单选项"对话框

如果当前菜单是弹出式菜单，在对话框中还可以定义弹出式菜单的内部名称。该内部名称将出现在"菜单设计器"窗口的"菜单级"框中，如图 7.4 所示。

7.2.2 建立菜单文件

7.2.2.1 菜单设计

“菜单设计器”窗口打开后，利用7.2.1中讲过的知识可以很容易进行菜单设计，这里不再赘述。

7.2.2.2 保存菜单定义

菜单设计或修改完后，应作为菜单定义保存到扩展名为.MNX的菜单文件和扩展名为.mnt的菜单备注文件中。可用以下4种方法来保存所设计的菜单。

① 单击菜单设计器窗口的关闭按钮退出菜单设计时，系统会自动询问是否保存。

② 按组合键CTRL+W，菜单定义存到磁盘上且菜单设计窗口被关闭。

③ 选择系统菜单中“文件→保存”命令，系统会保存当前的菜单定义，但菜单设计器窗口不关闭。

④ 如果没有保存过菜单定义，当生成菜单程序时系统会自动询问“要将所做更改保存到菜单设计器中吗？”。

7.2.2.3 生成菜单程序

“菜单设计器”窗口处于打开状态时，允许用户选择“菜单→生成”命令来生成菜单程序。选定该命令将会出现“生成菜单”对话框，如图7.9所示。选择对话框中的“生成”按钮就会生成菜单程序。用“菜单设计器”生成的菜单程序，其主文件名与菜单文件名相同，扩展名为.MPR，不可缺省。

图7.9 “生成菜单”对话框

7.2.2.4 运行菜单

在命令窗口使用DO <菜单程序名>命令或选择“程序”菜单中的“运行”命令后，再在出现的对话框中选中所需要的文件，就可以运行菜单程序。但需注意：

① 菜单程序的扩展名.MPR不能省略；

② 运行菜单程序时，Visual FoxPro自动对.MPR文件进行编译并产生目标程序.MPX，而且对于主文件名相同的.MPR和.MPX系统总是运行后者。

7.2.3 快速菜单

“菜单设计器”窗口打开后，系统菜单就会增加一个“菜单”的菜单项。选定“菜单→快速菜单”命令，则在菜单设计器窗口中会出现一个与Visual FoxPro系统菜单一样的菜单，用户可以修改这个该菜单，使它符合自己的需要，如图7.10所示。需要注意两点：

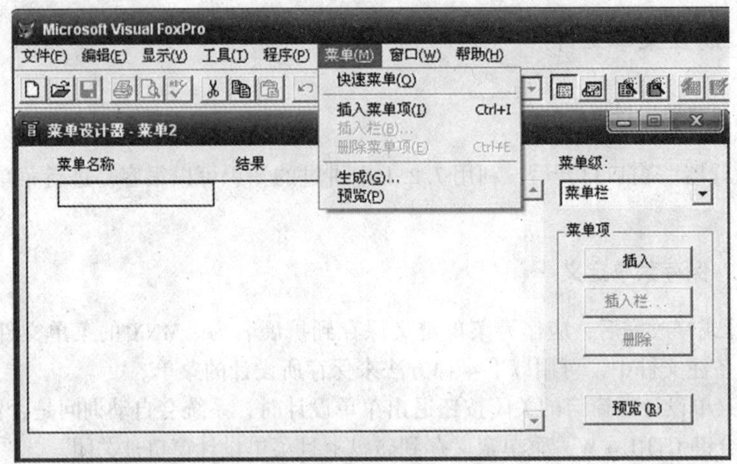

图 7.10 “菜单”菜单项下的“快速菜单”

① 快速菜单在“菜单设计器”窗口为空时才允许选择，否则它是浅色的；

② 快速菜单命令仅可用于产生下拉式菜单，不能产生快捷菜单。

【例 7.1】利用“菜单设计器”窗口，设计一个快速下拉式菜单。

(1) 打开菜单设计器窗口

用菜单方式“文件→新建→菜单”，或在命令窗口输入 MODIFY MENU CC，就会出现如图 7.3 所示的“新建菜单”对话框，再选定“菜单”按钮，即可进入“菜单设计器”窗口。

(2) 建立快速菜单

选择“菜单→快速菜单”命令，则一个与 Visual FoxPro 系统菜单一样的菜单就会自动出现在菜单设计窗口中，修改该菜单，如图 7.11 所示。

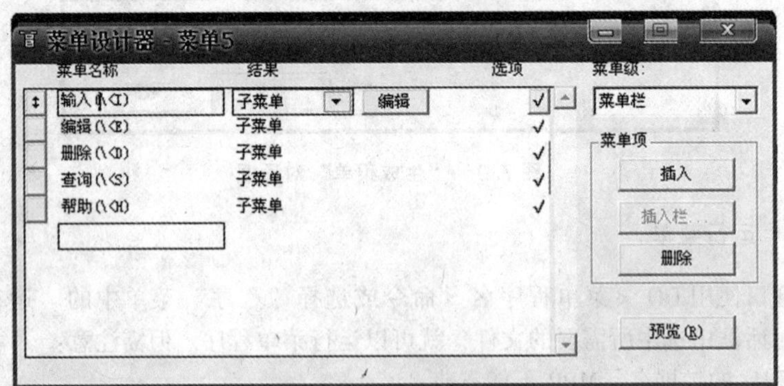

图 7.11 用户建立的快速菜单

(3) 生成菜单程序

选择“菜单→生成”命令，在保存文件确认对话框中选定“是”按钮，保存菜单文件 CC. MNX，在“生成菜单”对话框中选择“生成”按钮。

(4) 运行菜单程序

在命令窗口中输入命令 DO CC. MPR，或选择“程序”菜单中的“运行”命令后，再在出现的对话框中选中所需要的文件，就会显示所设计的菜单。若要从此菜单退出，可在命令窗口输入 SET SYSMENU TO DEFAULT，此命令能恢复系统菜单的缺省配置。

7.2.4　为顶层表单添加菜单

大多数情况下，使用“菜单设计器”设计的菜单，在命令窗口运行时，此菜单不是在窗口的顶层，而是在第二层，因为“Microsoft Visual FoxPro”标题一直都被显示。

若要换成用户想用的标题，可通过顶层表单的设计来实现，基本方法如下：

① 建立一个下拉式菜单文件；

② 菜单设计时，在“常规选项”对话框中选择“顶层表单”复选框；

③ 将需添此菜单的表单的 ShowWindow 属性值设置为“2 - 作为顶层表单”，使其成为顶层表单；

④ 在表单 INIT 事件代码中添加调用菜单程序的命令，格式如下：

DO <文件名> WITH THIS [," <菜单名> "]

<文件名>指定被调用的菜单程序文件，其中的扩展名.MPR 不能省略。THIS 表示当前表单对象的引用。通过<菜单名>可以为被添加的下拉式菜单的条形菜单指定一个内部名字。

⑤ 在表单的 DESTROY 事件代码中添加清除菜单的命令，使得在关闭表单时同时清除菜单，释放其被占用的空间。命令格式如下：

RELEASE　MENU <菜单名> [EXTENDED]

其中的 EXTENDED 表示在清除条形菜单时一起清除其下属的所有子菜单。

 7.3　快捷菜单

Visual FoxPro 6.0 系统提供了大量的快捷菜单，为用户提供了方便。用户也可以创建自己的快捷菜单，并将它添加到对象中。在运行时，只要在该对象上单击鼠标右键，就会显示相应的快捷菜单。

下拉式菜单作为一个应用系统的菜单系统，列出了整个应用系统的所有功能。而快捷菜单仅列出与处理对象有关的一些功能命令。与下拉式菜单相比，快捷菜单没有条形菜单，只有弹出式菜单。快捷菜单基本是一个弹出式菜单，或由几个上下级关联的弹出式菜单组成。

快捷菜单的操作步骤与下拉式菜单的步骤基本相同，在出现如图 7.3 所示的“新建菜单”对话框后，操作步骤如下：

① 在“新建菜单”对话框中选择“快捷菜单”按钮，打开“快捷菜单设计器”窗口。

② 用与设计下拉式菜单相似的方法，在“快捷菜单设计器”窗口中设计快捷菜单，生成菜单文件。

③ 在表单设计器环境下，选定需要添加快捷菜单的对象。

④ 在选定对象的 RightClick 事件代码中添加调用快捷菜单程序的命令：

DO <快捷菜单程序文件名>

其中文件名的扩展名.MPR 不能省略。

⑤ 在表单的 RightClick 事件代码中添加调用该快捷菜单程序的命令：

```
DO SSQ.MPR WITH THIS
```

案例 12 创建菜单

一、案例知识点

1. 掌握菜单的创建方法，包括：使用菜单向导、使用菜单设计器。
2. 掌握菜单设计器的使用方法。
3. 掌握下拉式菜单和快捷菜单的创建与编辑。
4. 指定菜单所要执行的任务。
5. 了解菜单程序的生成。

二、案例内容

1. 使用“菜单设计器”创建菜单

使用菜单设计器创建一个菜单，其内容见表 7.1。

操作步骤：

① 单击“文件”菜单，选择“新建”菜单项、“菜单”、“新建文件”、“菜单”菜单项，显示“菜单设计器”窗口。

表 7.1 主菜单结构

主菜单	菜单项	功　　能
	学生名册	打开表单“学生基本情况”
	教师名册	打开表单“教师”
	课程信息	打开表单“课程信息”
基本信息（\ <X)	\ -	子菜单
	关闭	退到表单“封面”
	退出	退出 VFP
成绩管理（\ <C)	选课登记	打开表单“选课登记”
统计查询（\ <T)	—	—
报表打印（\ <B)	学生登记表	预览报表“学生登记表”
	学生成绩单	预览报表“学生成绩单”
代码维护（\ <D)	专业代码	打开表单“专业”

② 按表 7.1 的要求逐行输入“菜单栏”（主菜单）的“菜单名称”栏内容，按需设置各个菜单名称的“结果”为“子菜单”，如图 7.12 所示。

③ 定义“基本信息”的“子菜单”选项，并且输入所要执行的命令或过程。选择“基本信息”选项，单击“创建”按钮。如图 7.13 所示，逐行输入“基本信息”子菜单的“菜单名称”，即“学生名册”等。设置各菜单名称的“结果”为“命令”。针对“基本信息”等所要执行的“命令”，依次单击输入点，输入“DO FORM 学生基本情况. scs”、“DO FORM 教师. scx”、“DO FORM 课程信息. scx”、分隔线、“DO FORM 封面. scx”和

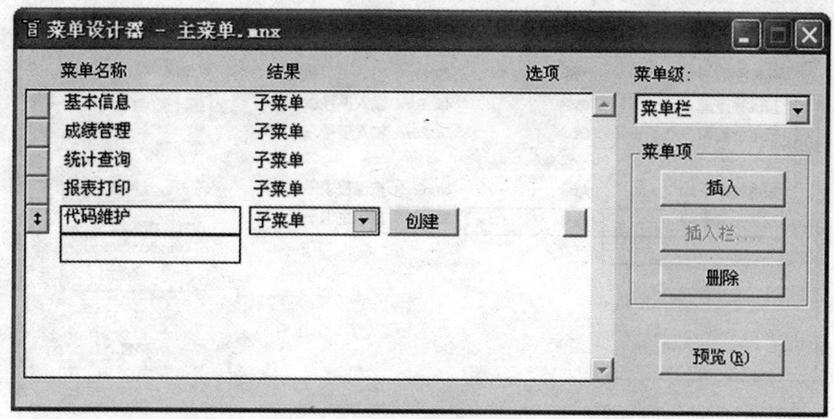

图 7.12　主菜单界面

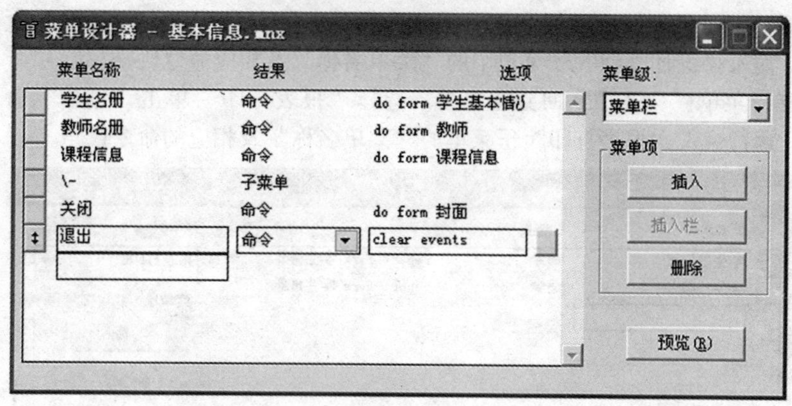

图 7.13　定义“基本信息”的子菜单

“QUIT”。

④ 选择“菜单栏”选项，回到主菜单。选择“成绩管理”选项，单击“创建”按钮。如图 7.14 所示，输入“成绩管理”子菜单的“菜单名称”，即“选课登记”。设置菜单名称的“结果”为“命令”。输入“DO FORM 选课登记. scx”。

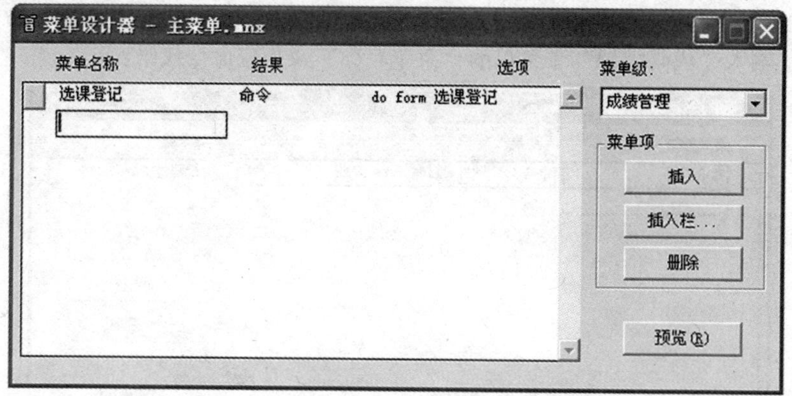

图 7.14　定义“成绩管理”的子菜单

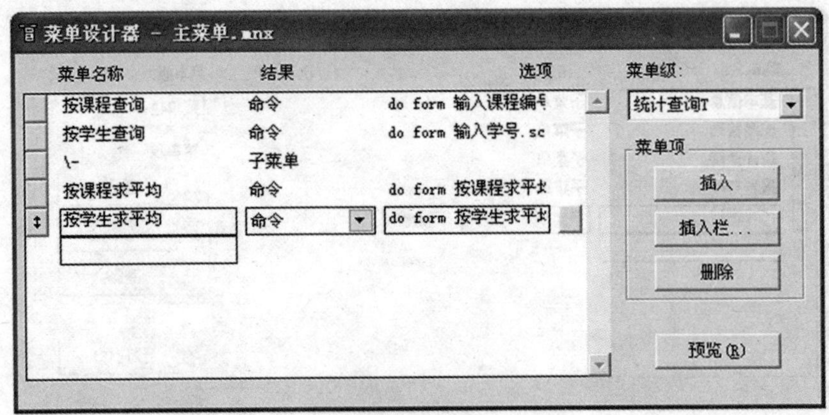

图 7.15　定义“统计查询”的子菜单

⑤ 选择“菜单栏”选项，回到主菜单。选择“统计查询”单击“创建”命令，如图 7.15 所示。输入“统计查询”子菜单中的“菜单名称”及相应命令代码。

⑥ 选择“菜单栏”选项，回到主菜单。选择“报表打印”单击“创建”命令。如图 7.16 所示，逐行输入“报表打印”子菜单的“菜单名称”及相应的命令代码。

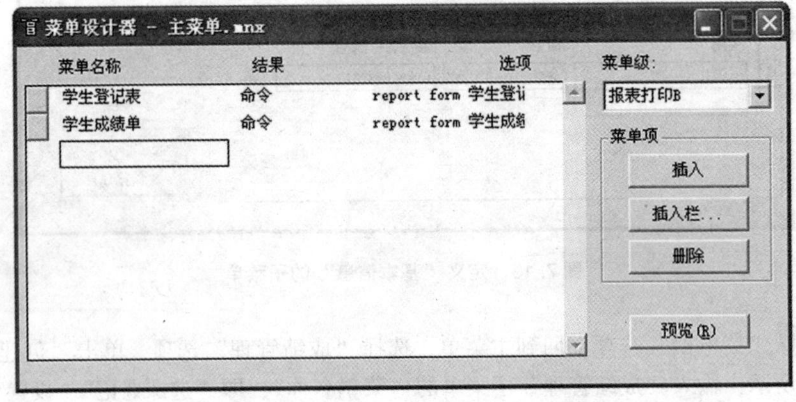

图 7.16　定义“填表打印”的子菜单

⑦ 选择“菜单栏”选项，回到主菜单。选择“代码维护”单击“创建”命令，如图 7.17 所示。输入“代码维护”子菜单的“菜单名称”及相应命令代码。

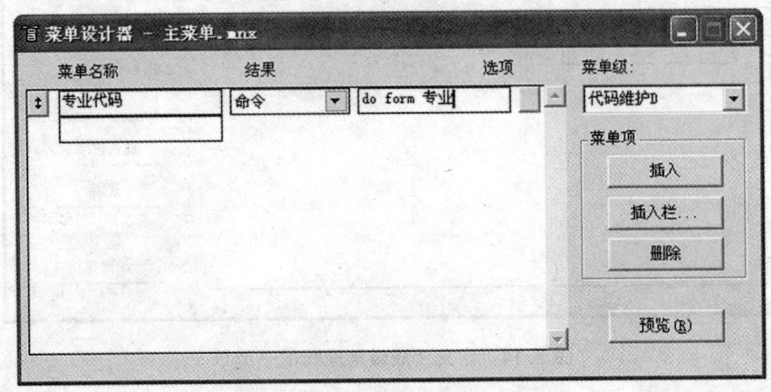

图 7.17　定义“报表打印”的子菜单

2. 为表单创建顶层菜单

为表单“学生成绩管理系统”建立顶层菜单操作步骤：

① 设置“顶层表单”选项。在菜单设计器中，选择“显示”→“常规选项”→“顶层表单”命令，使得该菜单能在顶层表单中显示。

② 生成并保存所创建的菜单。在菜单设计器中，选择“菜单”→“生成”命令，在弹出的对话框中单击“是”按钮，输入菜单文件名“主菜单.mnx”，选择“保存”→“生成”命令，即生成菜单程序文件“主菜单.mpr”。

③ 创建“学生成绩管理系统”顶层表单。选择“文件”→“新建”→“表单”→“新建文件”命令，出现“表单设计器”对话框。单击右键，选择“属性”命令，出现“属性”窗口，修改其中的几项属性：自动居中即 Autocenter =.T.，表单标题即 Caption = “学生成绩管理系统”，表单高度即 Height = 480，表单宽度即 Width = 600，显示窗口即 ShowWindow = “2 – 作为顶层表单”。双击表单中任意处，出现过程输入屏幕，选择初始化过程 INIT，输入执行菜单程序的命令：“DO 主菜单 WITH THIS”。关闭过程和表单设计窗口，单击“是”按钮，输入该表单的文件名“登录.scx”，单击“保存”按钮。

④ 逐个打开在“学生成绩管理系统”中的表单，核对和修改几项布局属性：Autocerter =.T.，ShowWindow = “1 – 在顶层表单中”，使得各表单都能自动居中，大小相同，并且能够在顶层表单中显示。

⑤ 运行表单及菜单。选择“程序”→“运行”命令，选择“文件类型”为“表单”，选择第一个表单的文件名“主界面.SCX”；单击“运行”按钮。显示如图7.18所示的用户界面。

图7.18 “学生成绩管理系统”用户界面

所有“功能”选择表单（即第一、二级功能选择表单）已被菜单取代，所有“数据”输入输出表单（即第二、四级数据表单）依然有用。而且，尽管要对表单之间的连接和一些具体的处理过程编程，还要经过反复测试和修改，但是只要正确一致地应用表单、菜单和顶层表单设计与操作技术，就能够按照用户的需求快捷地创建用户界面十分友好的数据库应用系统。

小结与提高

从应用界面的角度看，菜单有下拉式菜单、快捷菜单、主菜单、子菜单之分；从 Visual FoxPro 实现技术的角度看，菜单又可以分为条形菜单和弹出式菜单。本章首先介绍了菜单系统创建的过程，然后比较全面系统地介绍了利用“菜单设计器”设计快速菜单、快捷菜单和下拉式菜单的方法和技术。

习题

一、选择题

1. 在 Visual FoxPro 中，扩展名为 . MNT 的文件是________。
   A. 菜单备注文件　B. 备注文件　C. 项目文件　D. 菜单文件
2. 在 Visual FoxPro 中，菜单程序文件的默认扩展名是________。
   A. . MNT　B. . MNX　C. . MPR　D. . PRG
3. 定义________时，可以使用“菜单设计器”的“插入栏”按钮，以便插入标准的系统菜单命令。
   A. 条形菜单　B. 弹出式菜单　C. 快捷菜单　D. B、C 都可以
4. 在菜单设计时，可以在定义菜单名称时为菜单项指定一个访问键。规定了菜单项的访问键“Z”的菜单名称定义是________。
   A. 综合查询\ <（Z）　B. 综合查询/ <（Z）
   C. 综合查询 <（\ Z）　D. 综合查询 <（/Z）
5. 在利用“菜单设计器”设计菜单时，不能指定内部名字或内部序号的元素是________。
   A. 条形菜单　B. 条形菜单菜单项　C. 弹出式菜单　D. 弹出式菜单菜单项
6. 为一个表单设计了快捷菜单，打开这个菜单应当用________。
   A. 热键　B. 快捷键　C. 事件　D. 菜单
7. 如果菜单项名为“统计”，热键是 T，在菜单名称一栏中应输入________。
   A. 统计（ALT + T）　B. 统计 T　C. 统计（ < \ T）　D. 统计（CTRL + T）
8. 设计菜单要完成的最终操作是________。
   A. 定义主菜单和子菜单　B. 指定个菜单项的任务
   C. 生成菜单程序　D. 浏览菜单
9. 设菜单文件名为 CJ. MNX，运行该菜单文件正确的命令是________。
   A. DO CJ. MNX　B. DO CJ. MPR　C. DO MENU CJ　D. MENU FORM CJ

二、填空题

1. 典型的菜单系统一般是一个下拉式菜单，下拉式菜单由一个________和一组________组成。
2. 要将 Visual FoxPro 系统菜单恢复成标准配置，可先执行________命令，然后再执行

________命令。

3. 快捷菜单实际上是一个弹出式菜单。要将某个弹出式菜单作为一个对象的快捷菜单，通常是在对象的________安排调用菜单程序的命令。
4. 当用户选择菜单时，可能发生的动作有________、________和________。
5. 运行用户定义的菜单系统后，恢复 Visual FoxPro 的系统菜单，应执行________命令。
6. 设计菜单要完成的基本操作是________、________、________和________。
7. 在菜单设计器窗口为菜单项定义快捷键，应该利用________对话框。
8. 打开“菜单设计器”以后，在“显示”菜单中将增加________和________两个选项。

三、简答题

1. 菜单由几部分组成?
2. 简述菜单文件与菜单程序的区别与联系?
3. 什么是快捷菜单和快速菜单?
4. 如何在顶层表单中添加菜单?
5. 如何在用户菜单中添加系统菜单?
6. 如何在弹出式菜单的菜单项之间插入分隔线，将内容相关的菜单项分隔成组?

第 8 章　报表设计与应用

对于开放式的各种应用系统，将数据打印输出是一种很正常合理的要求。精美的报表能使数据清晰地呈现在纸张上，使所需要的汇总数据、统计、查询与摘要信息等看起来清晰、直观、一目了然。

8.1　建立报表

报表包括两个部分：数据源和报表布局。数据源通常是自由表或数据库表，但也可以是视图、查询和临时表。报表布局定义了报表的打印格式。

Visual FoxPro 提供了三种创建报表的方法：

① 使用报表向导建立报表；

② 使用快速报表建立简单的报表；

③ 使用报表设计器建立报表。

在 Visual FoxPro 中，报表设计一般包括如下五个步骤：

① 确立数据源；

② 确定所建立报表的样式；

③ 建立报表文件；

④ 修改和定制布局文件；

⑤ 预览和打印报表。

8.1.1　确立报表的格式

建立报表之前，应确立所需报表的常规格式。报表的布局可能很复杂，也可能比较简单，还可以设计特种类型的报表。虽然报表的种类很多，但归纳起来不外乎表 8.1 中的几种。

表 8.1　报表的常规布局类型

布局类型	说　明	示　例
列报表	这种报表每行一条记录，每个字段一列，字段名在页面上方，字段名与其数据在同一列。	分组/总计报表、财务报表、存货清单和销售总结
行报表	每个字段一行，字段在左侧，字段名与其数据在同一行。	列表、清单

续表 8.1

布局类型	说　明	示　例
一对多报表	用于一条记录或一对多关系中，其内容包括父表的记录及其相关子表的记录。	发票、会计报表
多栏报表	每条记录的字段沿分栏的左边缘竖立放置	电话号码簿、名片

8.1.2　报表布局文件

报表布局文件具有．frx 文件扩展名，它存储报表的详细说明。每个报表文件还有带.frt 文件扩展名的相关文件。报表文件指定报表中需要的字段、打印的文本以及信息在页面上的位置。若要在页面上打印所需内容中的一些信息，可以通过打印报表文件达到目的。报表文件不存储每个数据字段的值，只存储一个特定报表的位置和格式信息。每次运行报表，值可能不同，这取决于报表文件所用数据源的字段内容是否更改。常规报表布局如图 8.1 所示。

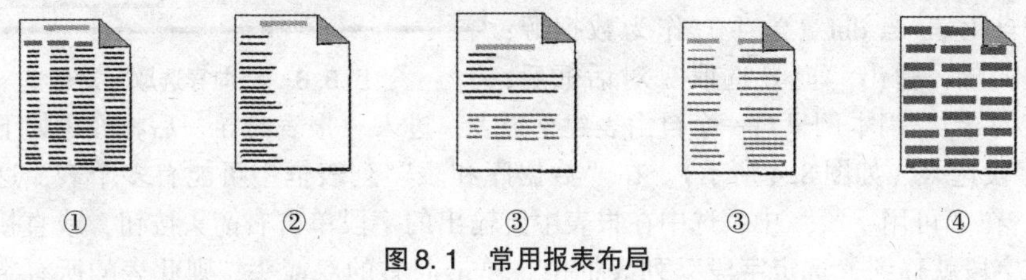

图 8.1　常用报表布局

8.1.3　用向导创建报表

Visual FoxPro 为用户提供了两种类型的报表向导：一般的报表向导和一对多报表向导。在这两种向导中，一般报表向导只能处理一个表，一对多报表向导能处理两个表。在报表向导中，如果所要建立的报表可能包含多个表内容，就需要先建立视图，然后利用视图作为数据源来建立报表。这里只对一般报表向导进行阐述，在 8.3.2 将对一对多报表如何创建进行阐述。打开报表向导的方法有：

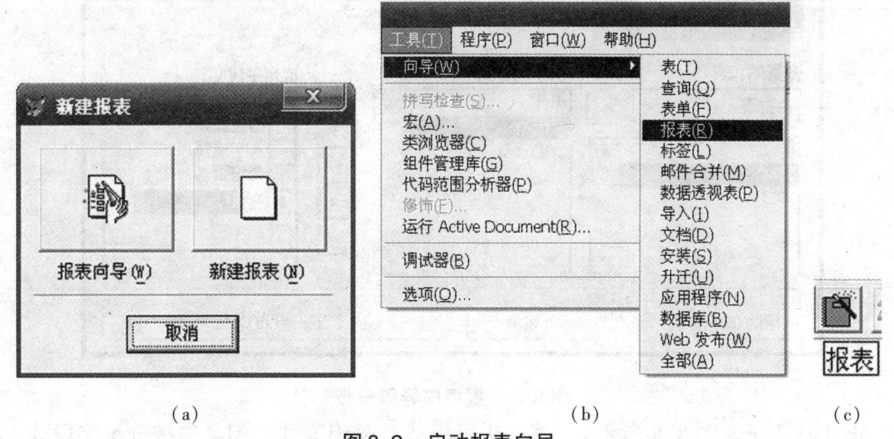

图 8.2　启动报表向导

① 打开“项目管理器”→选“文档”选项卡→再选“报表”→单击“新建”按钮，然后在图 8.2(a) 所示的界面中选“报表向导”选项。

② 打开“文件”菜单或工具栏“新建”按钮→选“新建”对话框→选“报表”按钮后，再同时选“向导”。

③ 打开“工具”→选“向导”→“报表”，如图8.2(b) 所示。

④ 直接选工具栏上的“报表”图标，可以使用报表向导，如图8.2(c) 所示。

不管使用哪一种方法，报表向导启动后，首先弹出“向导选取”对话框，如图8.3所示。如数据源只来自于一个表，应选择“报表向导”，否则应选“一对多报表向导”。

下面用实例来说明使用报表向导的过程。

【例8.1】 用报表向导为对表 xs. dbf（学生表）建立报表。

打开自由表 xs. dbf（学生）作为数据源；启动报表向导，弹出“向导选取”对话框后，选“报表向导”。因本例只对一个自由表建立报表，进入“报表向导”后将经历如下步骤：

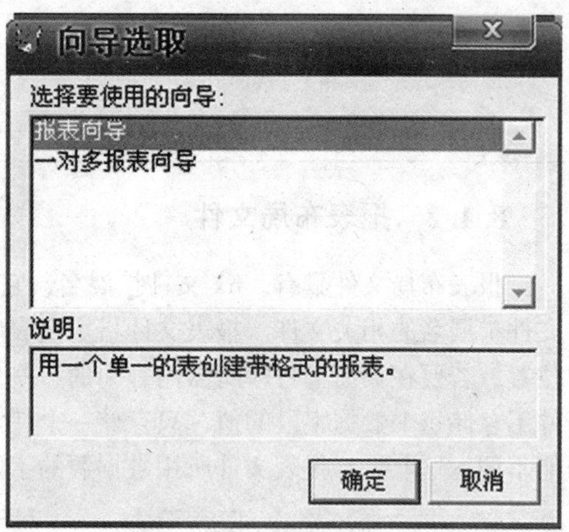

图8.3 “向导选取”对话框

① 字段选取（如图8.4所示）。在“数据库和表”列表框中可能有多个表，这里选表XS. DBF。在“可用字段”中，选中在报表中要输出的字段单击右箭头按钮，或直接双击字段名，该字段就移到“选定字段”列表框中。单击向右的双箭头，则此表的所有字段都移过去。

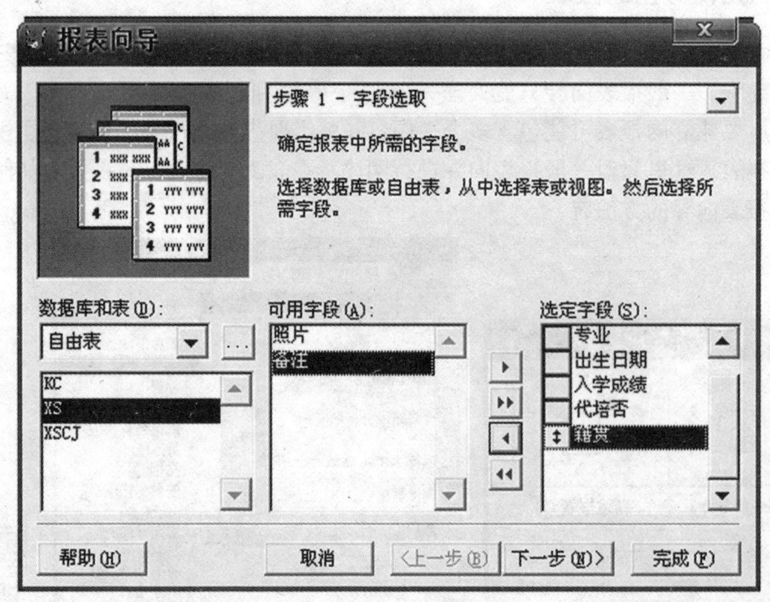

图8.4 报表向导第一步

② 分组记录（如图8.5所示）。这一步可以建立分组方式，但必须按分组字段建立索引后才能正确分组，最多可建立三层分组。本例没有建立分组。

③ 选择报表样式（如图8.6所示）。单击“样式”名称，将会在左上角即时显示样式

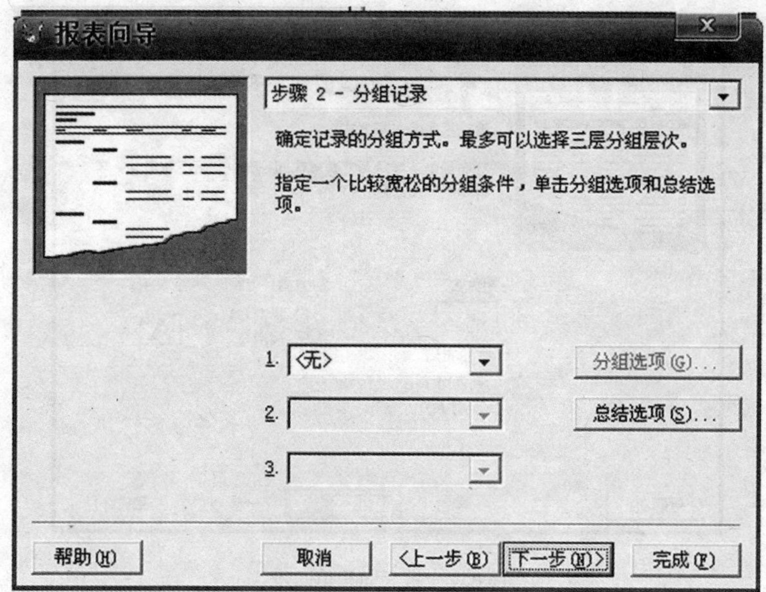

图 8.5　报表向导第二步

的效果。这里选择“经营式”。

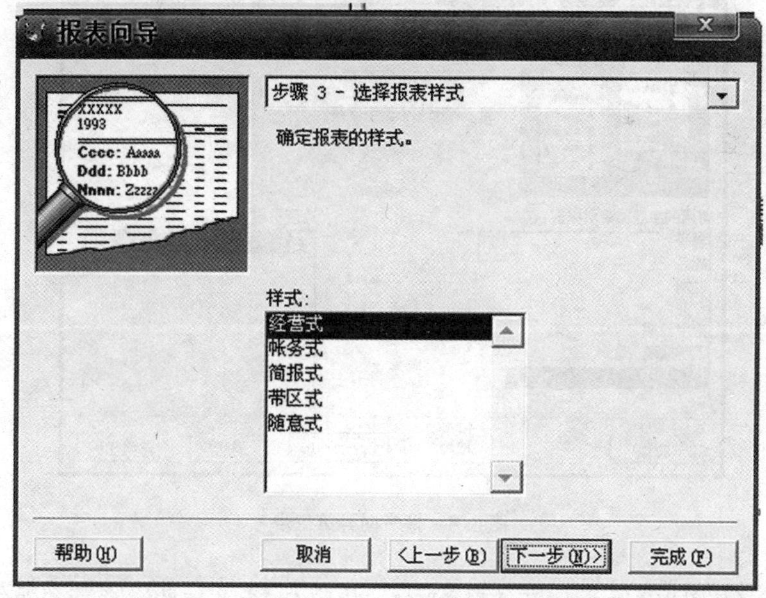

图 8.6　报表向导第三步

④ 定义报表布局（如图 8.7 所示）。通过微调按钮可以分别设置报表的列数、方向和字段布局，在左上角框内会立时显示该样式的效果。本例选择的是横向单列表布局。

⑤ 排序记录（如图 8.8 所示）。确定记录在报表中的出现顺序，排序字段必须已经建立索引。可以选 1～3 个字段在报表中出现的顺序，并可设置升序或是降序；也可以不选排序字段。“选定字段”的第一个为主排序字段，第二个次之，第三个再次之。本例选择了“籍

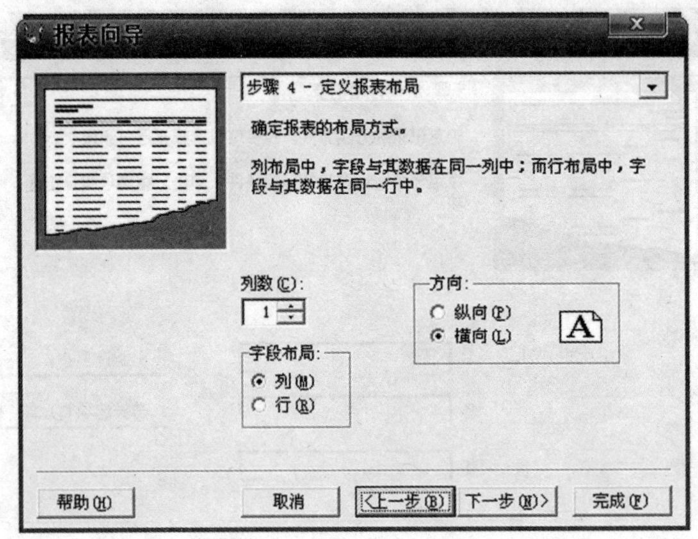

图 8.7　报表向导第四步

贯”一个字段，并选择了升序。

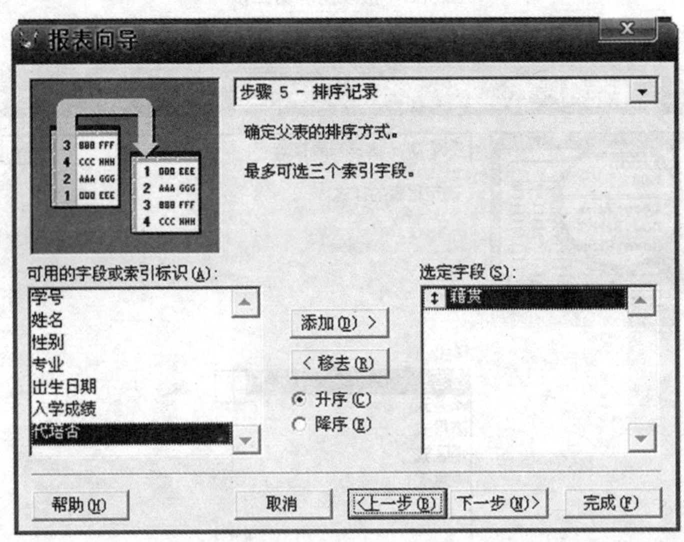

图 8.8　报表向导第五步

⑥ 完成（如图 8.9 所示）。在“报表标题”中输入“学生信息”，选择“保存报表以备将来使用”。

⑦ 为了查看所生成报表的情况，一般先单击“预览”按钮，查看一下效果。要预览报表布局，可以按以下步骤进行：

• 在“显示”菜单中选“预览”，或在“文件”菜单选“打印预览”，或在工具栏上选“打印预览”按钮，或在快捷菜单中选“预览”。本例的预览如图 8.10 所示。

• 结果报表中往往是多页，在打印快捷工具栏中，选 ▶（前一页）或 ◀（后一页）按

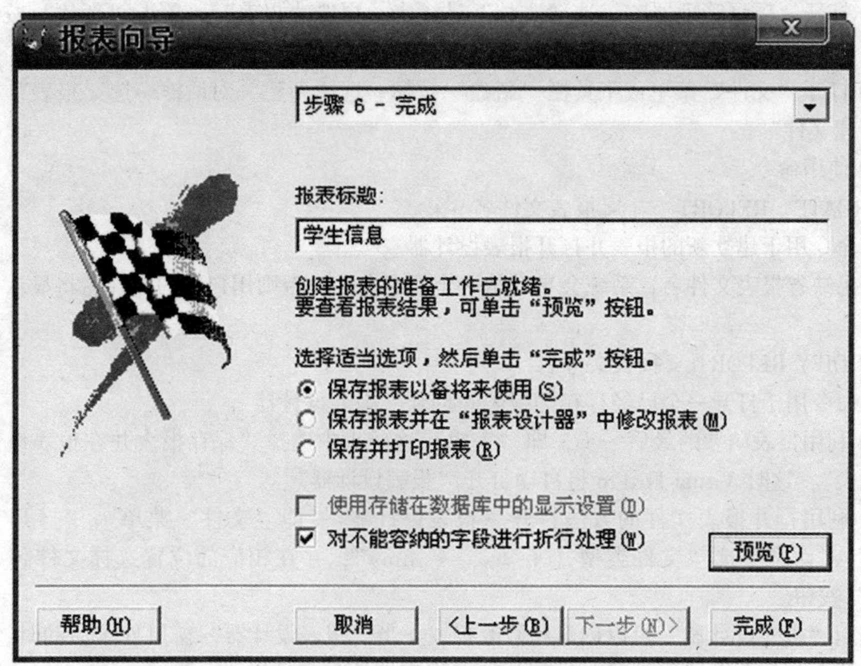

图 8.9　报表向导第六步

钮切换页面，也可以使用 (第一页) 或 (最后一页) (转到页) 按钮返回到用户指定的页面。

最后单击报表向导上的“完成”按钮，弹出“另存为”对话框，可以指定报表文件的保存位置和名称，扩展名为.frx。

报表设计器 - 报表1 - 页面 1

学生信息
04/15/14

学号	姓名	性别	专业	出生日期	入学成绩	代培否	籍贯
130601	滕秋露	女	药学	09/12/93	583.0	.F.	北京
130302	常晨	男	心理学	07/24/93	586.5	.F.	北京
130204	华淑瑞	女	口腔医学	02/13/94	601.0	.F.	哈尔滨
130501	王艺潼	女	工商管理	03/20/95	595.0	.T.	哈尔滨
130503	任德刚	男	[illegible]	[illegible]	[illegible]	.T.	佳木斯
130605	郑岩松	女	[illegible]	[illegible]	[illegible]	.F.	佳木斯
130701	徐进	男	[illegible]	[illegible]	[illegible]	.F.	齐齐哈尔
130209	郝志新	男	[illegible]	[illegible]	[illegible]	.F.	齐齐哈尔
130708	卢坤颖	女	临床医学	05/11/93	578.0	.F.	上海
130306	刘金月	女	心理学	12/05/94	580.0	.F.	上海

打印预览　100%

图 8.10　预览报表

8.1.4　打开“报表设计器”窗口

“报表设计器”窗口（如图 8.11）打开后，在 Visual FoxPro 系统菜单中将增加一个“报表”菜单（见图 8.12），并在“显示”“格式”“文件”等菜单中增加或改变一些命令的功能（例如“文件”菜单的页面设置命令）。它们与“报表设计器”窗口互相配合，组成设计与打印报表的方便工具。打开“报表设计器”的方法有：

① 打开“项目管理器”→选“文档”选项卡→再选“报表”→单击“新建”按钮，然后在图 8.2（a）所示的界面中选“新建报表”按钮。

② 打开“文件”菜单或工具栏“新建”按钮→选“新建”对话框→选“报表”按钮→选“新建文件”。

③ 使用命令：

CREATE REPORT [<报表文件名>]

该命令用于建立新的报表并打开报表设计器。

如果缺省报表文件名，系统会自动给一个暂时名称，否则用户给的文件名将显示在标题栏上。

MODIFY REPORT <报表文件名>

该命令用于打开一个已经存在的报表并打开“报表设计器”。

④ 利用报表向导的最后一步，即“完成”这一步中选择“保存报表并在报表设计器中修改报表”，这时 Visual FoxPro 将自动打开“报表设计器”。

⑤ 利用打开报表文件的方法打开“报表设计器”。即“文件”菜单→“打开”→在“打开”对话框中选“文件类型（＊.frx，＊.frm）”，并在相应的位置选择文件名→单击“确定”按钮。

使用“报表设计器”可以创建和修改报表。当“报表设计器”窗口处于活动时，Visual FoxPro 的主菜单中将显示“报表”菜单和“报表控件”工具栏。

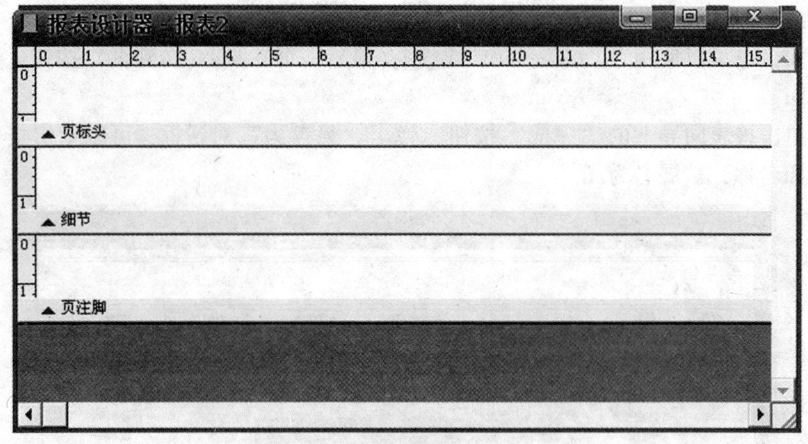

图 8.11 “报表设计器”窗口

如图 8.11 所示，“报表设计器”中分成“带区”，默认情况下，“报表设计器”显示三个带区：页标头带区、细节带区和页注脚。在每个报表中都可以添加或删除若干个带区。分隔栏位于每一带区的底部。带区名称显示在靠近蓝箭头的栏内，蓝箭头指示该带区位于栏之上，而不是栏之下。

8.1.5 用“快速报表”建立报表

除了使用报表向导比较方便设计报表之外，“快速报表”也是一种用来建立简单报表的比较有效的工具。它是一个省时的功能，它能自动创建简单报表布局。可以选择基本报表组件，然后 Visual FoxPro 根据选择自动创建简单的报表布局。用户可以通过修改这样产生的简单报表使其达到要求，这样既省时又省力。

提示：如果在已有的报表中“细节”带区是空的，就可以在其中使用“快速报表”。如果“页标头”带区已包含控件，“快速报表”将保留它们。

打开“报表设计器”后再进行“快速报表”的操作为：

①“报表”菜单→“快速报表”。

② 选定所用的表，然后选定“确定”按钮。

③ 选择想要的字段布局、标题和别名选项。

④ 如果要为报表选择字段，选择“字段”，然后完成“字段选择器”对话框。

⑤ 选择“确定”按钮。

选定的选项在报表布局中，这时可以原样保存、预览和运行报表。注意：“快速报表”不能向报表布局中添加通用字段。

【例 8.2】 利用快速报表功能为表 xs.dbf 设计一张包括姓名、学号、出生日期、入学成绩和籍贯五栏的报表。

操作步骤如下：

① 打开报表生成器窗口。在命令窗口中键入命令 MODIFY REPORT 学籍表，使屏幕上出现“报表设计器”窗口（图 8.11）。

② 设置数据源。在“报表设计器”窗口中右单击，在快捷菜单中选定“数据环境”，再右单击选其“添加”命令或选此时系统菜单中所多加的“数据环境”菜单中的“添加”命令→在数据环境中添加学籍表 xs.dbf。

③ 快速报表。在如图 8.12 的“报表设计器”中选择“快速报表”，出现如图 8.13 所示的“快速报表”对话框。

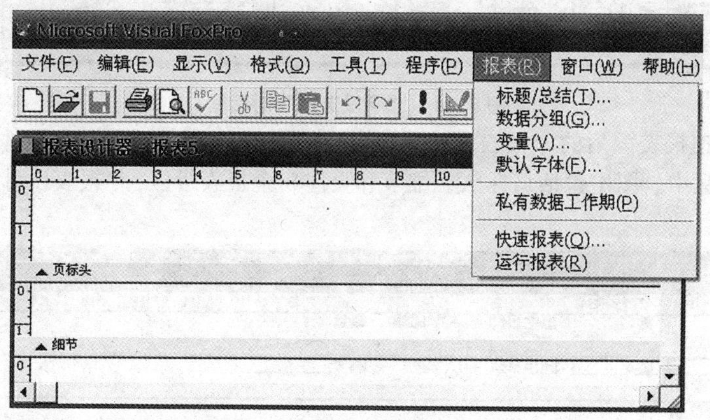

图 8.12　“报表”菜单

注意：如果事先没有选择数据源，选定“快速报表”命令后会出现打开表对话框，要求用户打开一个表。还需注意，“快速报表”仅当“报表设计器”窗口的带区是空的时候才能进行，否则报表菜单的“快速报表”命令是灰色的。

快速报表对话框简释如下：

• 两个字段布局按钮。左按钮表示按列布局，即每行放置一条记录，且字段按水平方向放置。右按钮表示按列布局，即每条记录的字段在一侧竖立放置。

• 添加别名复选框。如选定该框，则 Visual FoxPro 在某种场合（例如报表表达式对话框）显示字段名时会加上别名，例如 xs. 姓名。

• 将表添加到数据环境中复选框。一旦选定，能将当前打开的表添加到数据环境中。

通常以上三个复选框都应选定。

“快速报表”对话框的“字段”→在“字段选择器”对话框（见图 8.14）中一次选出学号、姓名、出生日期、入学成绩和籍贯五个字段→选“确定”按钮→返回“快速报表”对话框→选“确定”按钮返回“报表设计器”窗口。

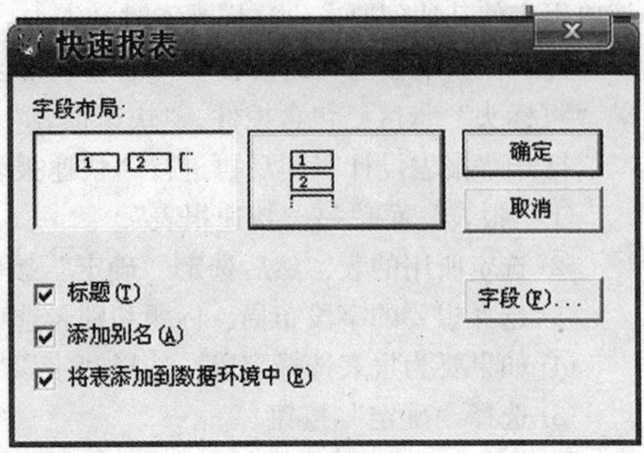

图 8.13 “快速报表”对话框

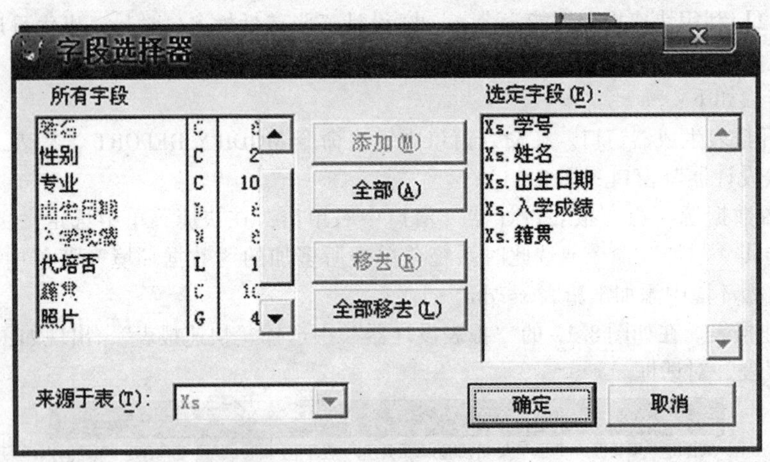

图 8.14 “字段选择”对话框

定义“快速报表”后的“报表设计器”窗口如图 8.15 所示，若干个控件已分别置于设计器的不同带区中。图中包括页标头、细节和页注 3 个报表带区，“报表设计器”最多可有 9 种带区。

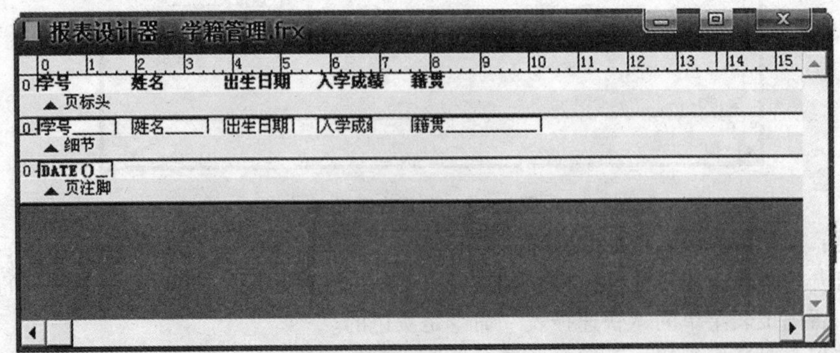

图 8.15 学籍管理报表设计器

“报表设计器”窗口的“页标头”带区中一次列出了学号、姓名、出生日期、入学成绩和籍贯五个标签控件，用来表示个字段的标题；“细节”带区对应上述 5 个字段标题一次列出 5 个域控件，用来代替不同记录的字段值；在“页注脚”带区分别显示了表示日期的

“DATE( )”域控件，作为标题的“页”标签控件，用来返回页号的“_ PAGEN ( )”域控件。关于页号的两个控件在带区的右端，可使用水平滚动条来观察。

④ 保存报表定义。选定“文件”菜单的“保存”选项，将产生报表文件学籍管理. frx 及其备注文件学籍管理. frt。备注文件与其报表文件的主名相同，扩展名为. frt。保存报表定义也有多种方法，情况与表单定义相同。

⑤“快速报表”预览方法参考例 8.1 中的⑦所述，如图 8.16 所示。

报表设计器 - 报表1 - 页面 1

学号	姓名	出生日期	入学成绩	籍贯
130701	徐进	10/16/92	582.0	齐齐哈尔
130601	滕秋露	09/12/93	583.0	北京
130204	华淑瑞	02/13/94	601.0	哈尔滨
130503	任德刚	01/26/93	612.0	佳木斯
130708	卢坤颖	05/11/93	578.0	上海
130302	常晨	07/24/93	586.5	北京
130209	郝志新	05/28/94	616.5	齐齐哈尔
130306	刘金月	12/05/94	580.0	上海
130501	王艺潼	03/20/95	595.0	哈尔滨
130605	郑岩松	09/22/94	609.0	佳木斯

图 8. 16　生成“快速报表”

8. 2　设计报表

大多数利用“报表向导”和“快速报表”所得到的报表都比较简单，不一定能满足用户的要求，往往需要反复地进行修改和校正。Visual FoxPro 提供的“报表设计器”允许用户通过直观的操作来设计报表，或者修改已有的报表。使用“报表设计器”可以设计或修改更加灵活、复杂的报表。

在 8. 1. 4 中介绍了打开“报表设计器”的各种方法，这里不再赘述。下面主要讲一下数据环境设置、报表布局设计、报表工具栏等。

8. 2. 1　设置报表数据环境

报表总是和一定的数据环境分不开的，因此在报表设计时，首先最好先确定报表数据环境。如果该报表总是使用相同的数据源，可以把数据源添加到数据环境中去。但数据环境中的数据源可以更改，而原报表文件打印报表时是新的数据内容，格式却保持不变。

8. 2. 1. 1　数据环境对象

在报表中保存的数据源信息是数据环境对象。数据环境对象是一复合容器，它包含数据源和关系。常用的数据对象属性见表 8. 2。

表 8.2　　数据环境对象常用属性

属　性	说　明
AutoOpenTables	默认值为.T.，表示当预览或打印报表时，数据环境中的表或视图会被自动打开；否则为.F.，则数据环境中的表或视图由用户去打开
AutoCloseTables	默认值为.T.，表示当报表关闭或结束打印时，数据环境中的表或视图会自动关闭。否则为.F.，则必须由用户去关闭数据源
InitalSelectedAlias	数据环境中可能包含多个数据源对象，当报表输出时，会为每个数据源对象指定分配一个工作区，该属性可指定当前工作区。在默认情况下，第一个添加到数据对象中的表或视图所在的工作区为当前工作区

在数据环境对象中添加多少个表或视图，就会产生多少个数据源对象。数据源对象的CursorSource属性记录着表或视图的名称，数据源常用属性见表8.3。

表 8.3　　数据源对象常用属性

属　性	说　明
Alias	指定数据源对象的来源表或视图打开后的别名
CursorSource	指定数据源对象的来源表或视图
Exclusive	指定是否按独占方式打开数据源对象的源表
Order	决定数据源对象的主索引
RelationlExpr	决定是否以独占方式打开数据源对象的源表或视图

在数据环境中，关系对象记录两个表或视图之间的连接信息。每当在数据环境中建立两个表的关系时，就会产生一个关系对象，见表8.4。

表 8.4　　关系对象常用属性

属　性	说　明
ChildAlias	连接子表的别名
ChildOrder	用以创建连接子表的索引
ParentAlia	连接父表的别名
RelationalExpr	连接运算表达式

8.2.1.2　设置数据环境

设计报表时需要指定数据环境，以便确定报表的数据来源。设置数据源有两种方法：一种方法是在数据环境中添加；另一种方法是在事先打开一个表（例如在命令窗口用USE <表名>命令）。报表的数据来源可以是表、视图、查询的结果或各种数据统计结果。Visual FoxPro6.0提供了“数据环境设计器”，可以用交互方式将表、视图或查询结果等添加到数据环境中。下面用实例来说明如何设置数据环境的方法。

【例8.3】 为报表设置数据环境，把“学生信息”数据库表xs.dbf（学生表）、kc.dbf（课程表）、xscj.dbf（学生成绩表）添加到此数据环境中，并建立一定的关联。

操作步骤如下：

① 在报表设计器空白处单击右键，并从弹出的对话框中选择“数据环境”或在“显示”菜单中选择“数据环境”，打开如图8.17所示的对话框。

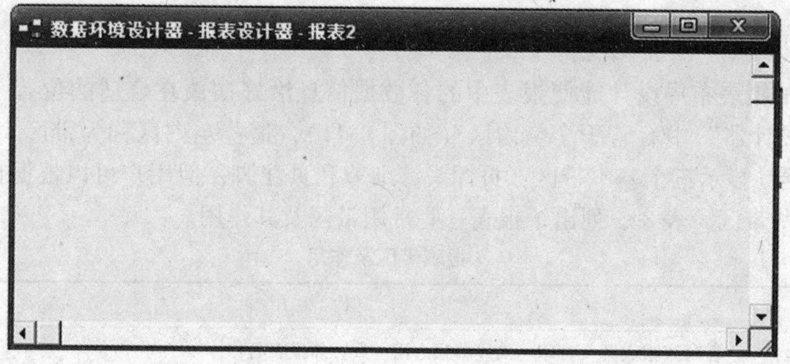

图 8.17　“数据环境”设计器

② 右键单击“数据环境设计器”的任意区域，在快捷菜单中选择“添加”命令，并在弹出的“打开”的对话框中，选中数据库“学生信息”中的一个表，将打开如图 8.18 所示的对话框。

③ 在“添加表或视图”对话框中的“数据库中的表”列表框中选中要添加的表，并单击“添加”按钮添加到此数据环境中。

④ 所需的表都添到数据环境后，选“关闭”按钮，关闭“添加表或视图”对话框。此后把 xs. dbf（学生表）中的“学号”拖到 kc. dbf（课程表）的“学号”字段上，同样把 kc. dbf（课程表）中的“课程号”拖到 xscj. dbf（学生成绩表）的“课程号”字段上，最后设置如图 8.19 所示。

如果报表使用的数据源是不固定的，则不必把数据源直接添加到报表“数据环境设计器”窗口中，这需要在使用报表时由用户先作出选择。

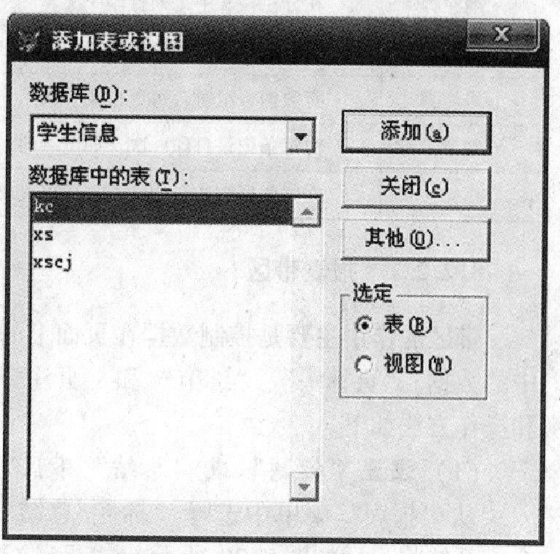

图 8.18　“添加表或视图”对话框

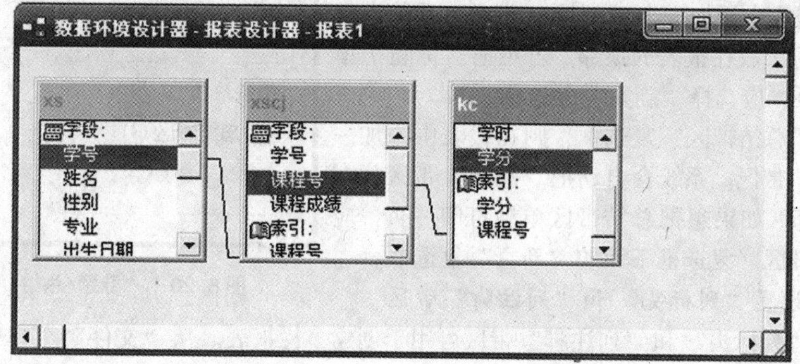

图 8.19　添加了表和关系后的数据环境设计器

8.2.2 报表布局的设计

一个好的报表布局设计能使报表中的各数据信息恰好摆放在合适的位置，使人赏心悦目。“报表设计器”中有若干个空白区（如图8.11），这些空白区称为带区。默认情况下，“报表设计器”显示三个基本带区：页标头、细节和页注脚，但用户可以根据自己的需要添加或删除一些带区。表8.5列出了报表一些常用带区及其作用。

表8.5　　报表带区及作用

带　区	作　用
标题	在每张报表开头打印一次或单独占用一页，如报表名称
页标头	在每一页上面打印一次，如字段名
列标头	在分栏报表中每列打印一次
页注脚	在每一页的下面打印一次，如页码和日期
列注脚	在分栏报表中每列打印一次
组标头	有数据分组时，每组打印一次
组注脚	有数据分组时，每组打印一次
细节	为每条记录打印一次，如记录的字段值
总结	在每张报表的最后一页打印一次或单独占用一页

8.2.2.1 报表带区

带区的作用主要是控制数据在页面上的打印位置。系统会以不同的方式来处理各个带区中的数据。“页标头”、“细节”和“页注脚”三个基本带区是系统默认的，其他带区的设置和操作方法如下。

(1) 设置“标题”或“总结”带区

从“报表”菜单中选择“标题/总结”带区命令，系统将显示如图8.20所示的“标题/总结”带区对话框。在此对话框中选择“标题带区”复选框，则在报表中添加一个“标题”带区。系统会自动把“标题”放在报表的顶部。若想把“标题”单独打印一页，应选择“新页”复选框。

选择“总结带区”复选框，则在报表中添加一个“总结”带区。系统会自动把“总结”带区放在报表的尾部。如果想把总结带区单独打印一页，应选“总结带区”复选框下面的“新页”复选框。

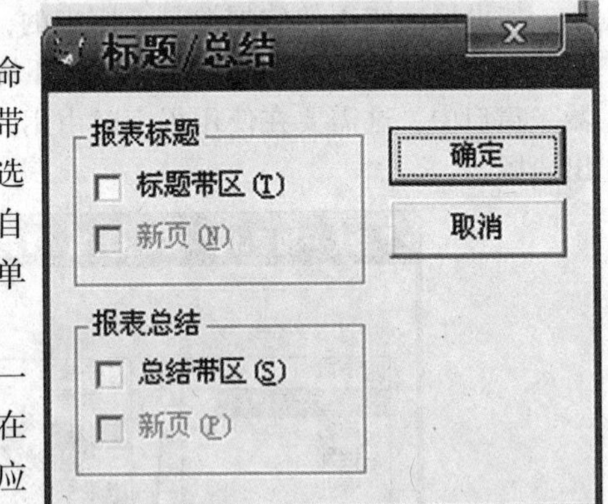

图8.20　“标题/总结”带区

(2) 设置“列标头”和“列注脚”带区

设置“列标头”和“列注脚”带区可用于创建多栏报表。从“文件”菜单中选择“页面设置”命令，弹出如图8.21所示的“页面设置”对话框。把“列数”调整为大于1（图中为3），报表添加一个“列标头”和一个“列注脚”带区。有关多栏报表的设计方法将在8.3.2中讲到。

(3) 设置“组标头”和“组注脚”带区

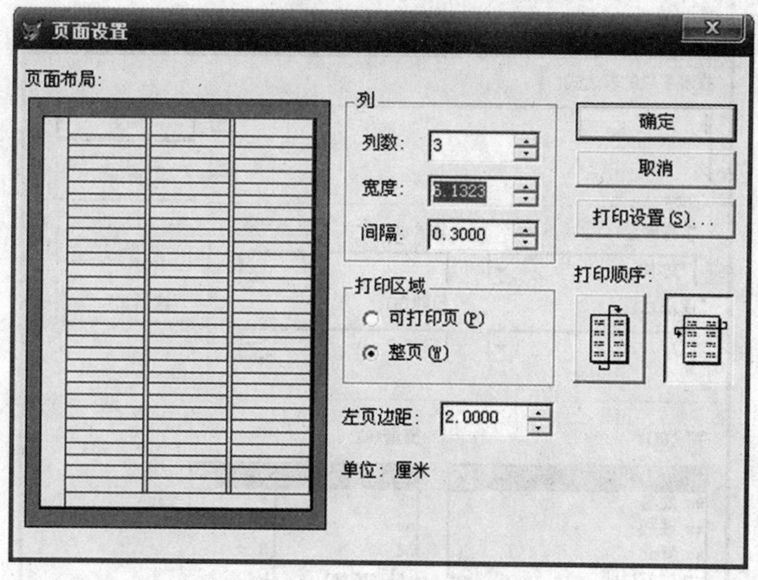

图 8.21 "页面设置"对话框

必须按表的索引字段设置分组才能得到所想要的分组效果，只有表中索引关键字相同值的记录集中起来，报表中的数据才能组织到一起。

从"报表"菜单中选择"数据分组"或单击"报表设计器"工具栏上"数据分组"按钮，弹出如图 8.22 所示的"数据分组"对话框。单击"分组表达式"右侧选择按钮，弹出"表达式生成器"（如图 8.23 所示），从中选分组表达式。在"报表设计器"中将添加一个或多个"组标头"和"组注脚"带区。"数据分组"对话框选项内容如下。

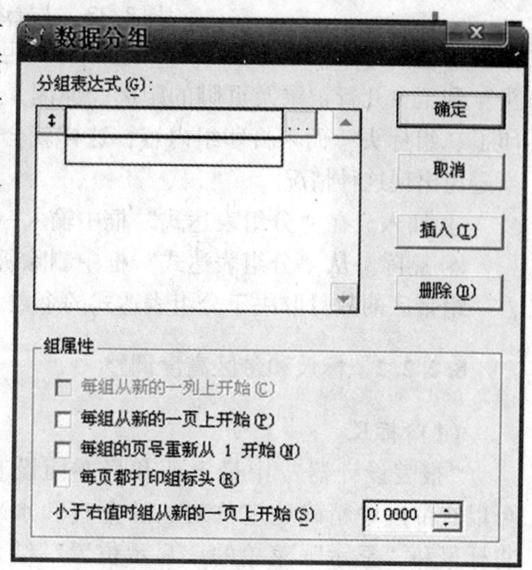

图 8.22 "数据分组"对话框

① 分组表达式。显示当前报表的分组表达式，如字段名。若想添加一个新的表达式，则允许输入新的字段名。

② 组属性。此属性用以指定如何分页。

- "每组从新的一列上开始"复选框，表示当出现新的一组数据时，是否打印（显示）到下一列上。
- "每组从新的一页上开始"复选框，表示当出现新的一组数据时，是否打印（显示）到下一页上。
- "每组的页号重新从 1 开始"复选框，表示当出现新的一组数据时，是否在新的一页开始打印（显示），并把页号重置为 1。
- "每页都打印组标头"复选框，表示打印的一组数据内容分布在多页上时，是否每页都打印组标头。
- "小于右值时组从新的一页上开始"，表示可以利用右边的微调器输入一个数值，该数

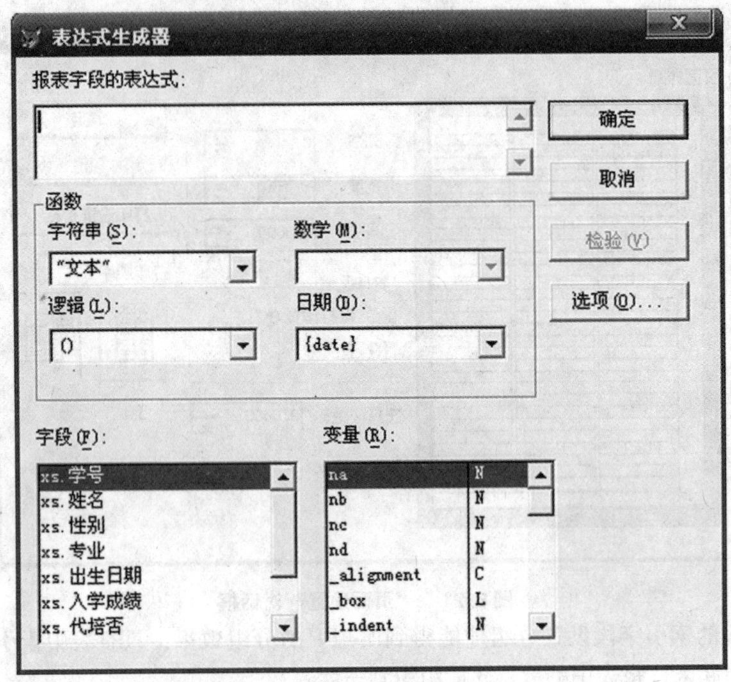

图 8.23　“表达式生成器”对话框

据值就是在打印“组标头”时“组标头”距页面底部的最小距离，应当设置成包括“组标头”和至少几行记录及页脚的距离。原因是，有时因页面剩余的行数较少而在页面上只打印了“组标头”而未打印组内容，这样就会在页面上出现孤立的组标头，在报表设计时应当避免出现这种情况。

③ 插入。在“分组表达式”框中输入一个空文本框，以便定义新的分组表达式。

④ 删除。从“分组表达式”框中删除所选定的分组表达式或空文本框。

组带区的数目取决于分组表达式的个数。有关报表分组的具体问题将在 8.3.1 中介绍。

8.2.2.2　标尺和带区高度调整

（1）标尺

“报表设计器”中最上面和最左面设有标尺，可以在带区中精确地定位对象的垂直和水平位置。将标尺和“显示”菜单的“显示位置”结合使用，可以帮助定位。

标尺刻度有“系统默认值”和“像素”两种。“系统默认值”的单位可以是英寸或厘米，它是由系统决定的。“像素”的单位为 Visual FoxPro 中的像素。选“格式”菜单的“设置网格刻度”命令，弹出如图 8.24 所示“设置网格刻度”对话框。

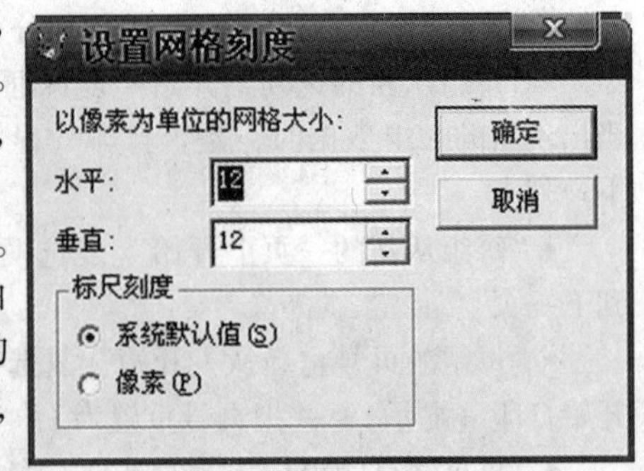

图 8.24　“设置网络刻度”对话框

如果标尺刻度设置为像素，则状态栏中的位置指示器（如果在“显示”菜单上选中了“显示位置”）也以像素为单位显示。

(2) 带区高度调整

设置了所需的带区后，就可以在带区中添加所需要的控件。如果设置的带区高度不够，可以在“报表设计器”中调整带区的高度。可以使用左侧标尺作为参照，标尺的高度仅指带区的高度，不包含页边距。

注意：不能使带区的高度小于布局中控件的高度。可把控件放在带区里，然后减少高度。

调整带区高度的方法：一是使用鼠标选中某一带区标识栏，上下拖曳该带区，直到满意；二是双击拟调整高度的带区标识栏，系统将显示一个对话框，如图 8.25 所示。

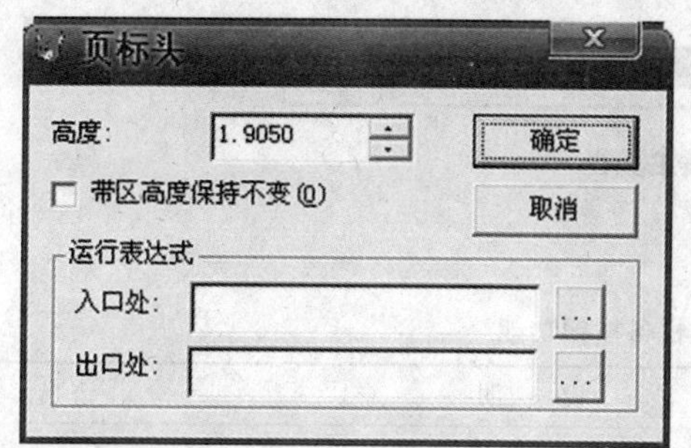

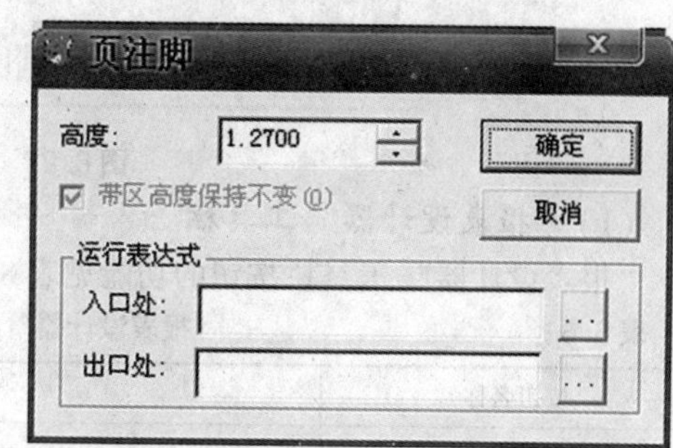

图 8.25　带区设置对话框

直接在所弹出的对话框中输入高度的数值，或用鼠标调整“高度”微调器中的数值均可。微调器下面有“带区高度保持不变”复选框，选中该复选框可防止报表带区中由于过长的数据或者从其中移去数据而移动位置。

在各个带区对话框中还可以设置两个表达式：入口处运行表达式和出口处运行表达式。如果设置入口处表达式，系统将在打印该带区内容之前计算表达式；如果设置出口处表达式，系统将在打印该带区内容之后计算表达式。

8.2.3　报表工具栏

当“报表设计器”打开时，通常会显示“报表设计器”的工具栏，如图 8.26 所示。还可以利用“报表设计器”的工具栏打开其他工具栏，如图 8.27 所示（数据分组将在后面谈到）。使用这些工具栏会使报表设计更为方便，并能使效果更理想。

图 8.26　“报有设计器”的工具栏

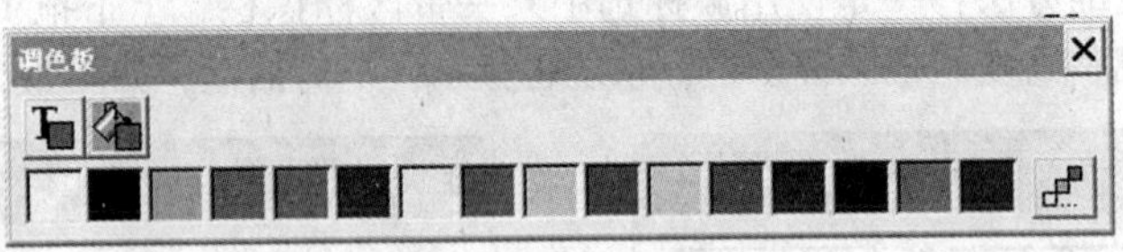

图 8.27　报表工具栏

(1)"报表设计器"工具栏

"报表设计器"工具栏按钮的功能见表 8.6。

表 8.6　"报表设计器"工具栏各按钮功能

按钮名称	说　明
数据分组	显示"数据分组"对话框，可以创建数据分组并指定其属性
数据环境	显示"数据环境"设计窗口
报表控件工具栏	显示或隐藏"报表控件"工具栏
调色板工具栏	显示或隐藏"调色板"工具栏
布局工具栏	显示或隐藏"布局"工具栏

(2)"报表控件"工具栏

使用"报表控件"工具栏在报表上创建控件，单击需要的控件按钮，把鼠标指针移到报表上，然后单击报表来放置控件或把控件拖动到适当大小。其按钮功能见表 8.7。

表 8.7　"报表控件"工具栏各按钮的功能

按钮名称	说　明
选对象	移动或更改控件的大小。在创建了一个控件后，会自动选定"选定对象"按钮，除非按下"按钮锁定"按钮
标签	创建一个标签控件，用于保存不希望用户改动的文本，如复选框上面或图形下面的标题
域控件	创建一个字段控件，用于显示字段、内存变量或其他表达式的内容

续表 8.7

按钮名称	说　明
线条	设计使用与表单上面类似的各种线条样式
矩形	用于在表单或报表上面画矩形
圆角矩形	用于在表单或报表上画椭圆和圆角矩形
图片/ActiveX 绑定控件	用于在表单或报表上显示图片或通用数据字段的内容
按钮锁定	允许添加多个同类的控件，而不需多次按此控件的按钮

在报表上设置了控件后，可以双击报表上的控件，在显示的对话框中设置、修改其属性。在 8.2.4 中将对不同的按钮使用方法作进一步说明。

(3)“布局”工具栏

使用“布局”工具栏可以在报表或标签上对齐和调整控件的位置。见表 8.8

表 8.8　“布局”工具栏各按钮功能

按钮名称	说　明
左边对齐	按最左边对齐选定控件，当选定多个控件时可用
右边对齐	按最右边对齐选定控件，当选定多个控件时可用
顶边对齐	按最上边对齐选定控件，当选定多个控件时可用
底边对齐	按最下边对齐选定控件，当选定多个控件时可用
垂直居中对齐	按照一垂直轴线对齐选定控件的中心，当选定多个控件时可用
水平居中对齐	按照一水平轴线对齐选定控件的中心，当选定多个控件时可用
相同宽度	把选定控件的宽度调整到与最宽控件的宽度相同
相同高度	把选定控件的高度调整到与最高控件的高度相同
相同大小	把选定控件的尺寸调整到最大控件的尺寸

续表 8.8

按钮名称	说　明
水平居中	按照通过带区中心的垂直轴线对齐选定控件中心
垂直居中	按照通过带区中心的水平轴线对齐选定控件中心
置前	把选定控件放置到所有其他控件的前面
置后	把选定控件放置到所有其他控件的后面

（4）“调色板”工具栏

使用“调色板”工具栏可以设定表单或报表上各控件的颜色。按钮功能见表 8.9。

表 8.9　“调色板”工具栏各按钮功能

按钮名称	说　明
前景色	设置控件的前景色
背景色	设置控件的背景色
其他颜色	显示“Windows 颜色”对话框，用户可以自己选择颜色

8.2.4　使用报表控件

在“报表设计器”中，为报表新设置的带区是空白的，通过在报表中添加控件来定义在页面上显示的数据项，可以安排要输出的内容。

为报表添加控件并非难事，只要在报表控件工具栏中用鼠标选择相应的控件，接着在放置该控件的位置上单击或者按住鼠标左键画一个方框，此时鼠标将变成一个十字形。但添加不同的控件会出现不同的情况。表 8.7 列出了“报表控件”工具栏各按钮的一些基本功能，下面讲一下不同按钮的使用方法。

8.2.4.1　域控件的使用

域控件实际上就是一个与字段、变量和计算结果链接的文本框，即用于显示这些内容。使用域控件的方法和在表单设计器中使用表单工具一样简单。在“报表设计器”工具栏单击域控件，然后在“报表设计器”中的相应带区中拖动，就可以在“报表设计器”中设置一个域控件。在完成拖动后会显示如图 8.28 所示的“报表表达式”对话框，用于设置域控件对应的字段、变量或表达式。

① 其中的“表达式”文本框用于输入表达式。如果不能准确写出表达式，可以通过单击文本框右边的…按钮进入表达式设计器进行选择。

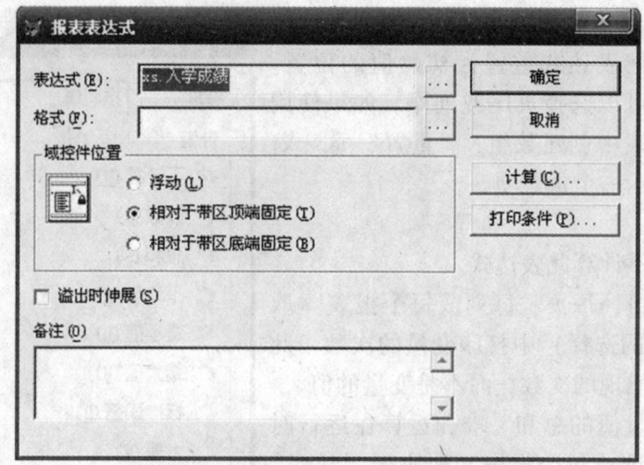

图 8.28　“报表表达式”对话框

② 其中的“格式”文本框用以设置输出格式，每个域控件都可以由用户指定输出格式，格式输出比表达式设置还要复杂，一般可通过单击右边的 … 按钮，进入如图 8.29 所示的“格式”对话框对格式进行设置。

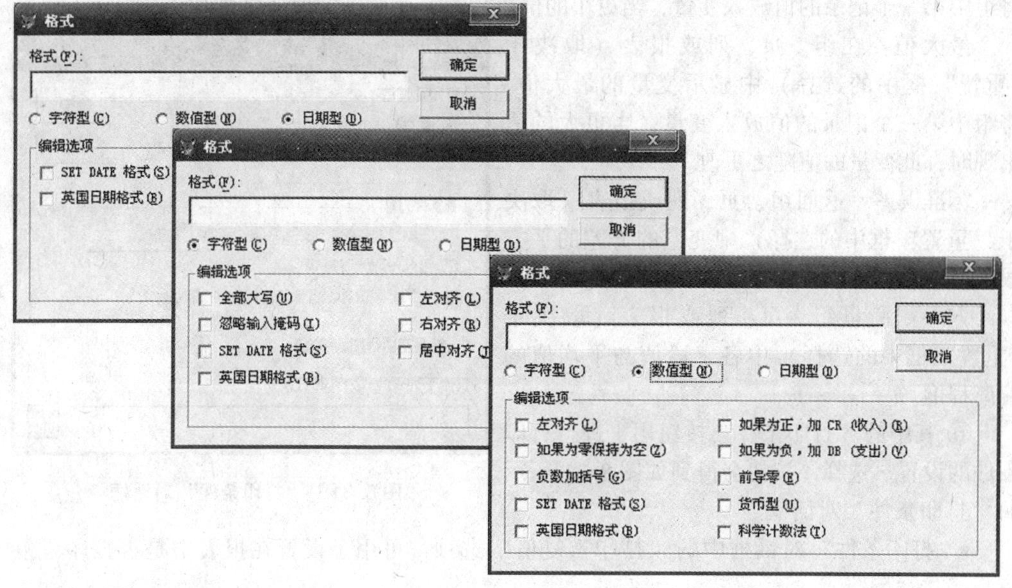

图 8.29　“格式”对话框

③ 其中的“域控件位置”选项用于设置域控件的位置，有三种选择：浮动，根据带区变化而变化；相对于带区顶端固定；相对于带区底端固定。

设置了“域控件位置”后，一旦带区的高度发生变化，控件的位置将根据设定的选项进行变化。

④ 其中的“溢出时伸展”复选框非常有用。选择了该复选框后一旦域控件显示的内容超过控件原有的长度，系统会自动伸展该控件的长度以适应现实显示需要。

⑤ 其中的“计算”按钮用于设置对域控件的计算设置，单击“计算”会显示“计算字

段”对话框，如图 8.30 所示。

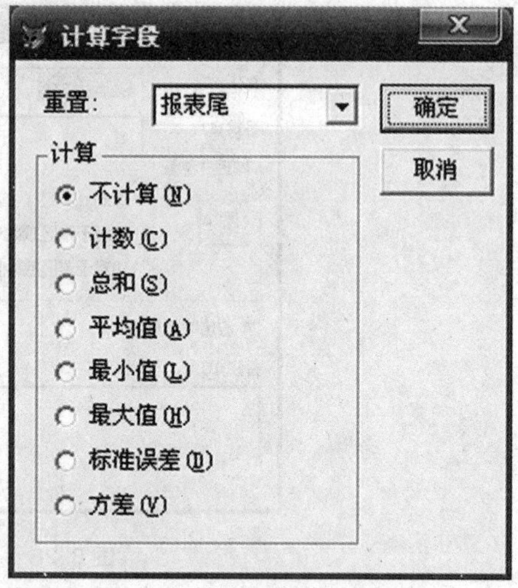

图 8.30 “计算字段”对话框

• 重置。制定把表达式重置为初始值的位置。默认是报表尾，也可以选择页尾或列尾。如果使用数据分组命令在报表中创建数组，“重置”意味着报表中的每一组显示一个重置项。

• 计算。

不计算：指定不计算此表达式。

计数：计算每组、每页、每列或每个报表（取决于“重置”框中的选择）中打印变量的次数。此计算操作基于变量出现的次数，而不是变量的值。

总和：计算变量值的总和。求和运算在运行时对每组、每页、每列或每个报表（取决于“重置”框中的选择）进行变量的求和运算。

平均值：在组、页、列或报表（取决于“重置”框中的选择）中计算变量的算术平均值。

最小值：在组、页、列或报表（取决于“重置”框中的选择）中显示变量的最小值。将组中第一个记录的值放入变量，当更小的值出现时，此变量的值随之更改。

最大值：在组、页、列或报表（取决于“重置”框中的选择）中显示变量的最大值。将组中第一个记录的值放入变量，当更大的值出现时，此变量的值随之更改。

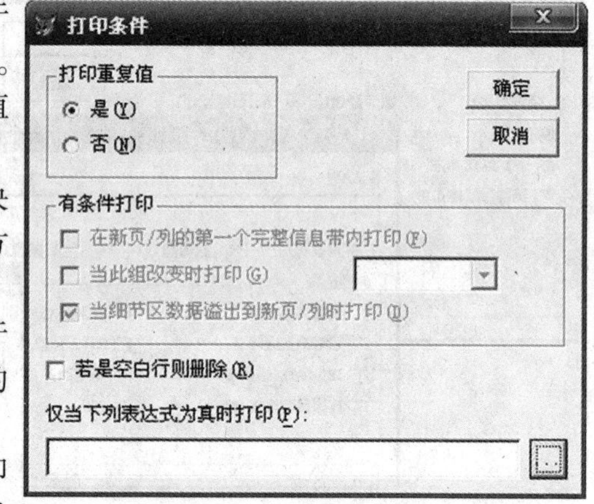

图 8.31 “打印条件”对话框

标准误差：返回组、页、列或报表（取决于“重置”框中的选择）中变量的方差的平方根。

方差：衡量组、页、列或报表（取决于“重置”框中的选择）中各字段值与平均值的偏离程度。

⑥ 其中的“打印条件”按钮用于进行打印条件的设置。选择该按钮会得到如图 8.31 所示的“打印条件”对话框。

•“打印条件”对话框中的“打印重复值”选项，可用于设置在报表中是否打印重复值。

•“打印条件”对话框中的“有条件打印”选项有三个复选框：在新页/列的第一个完整信息带内打印、当此组改变时打印、当细节区数据溢出到新页/列时打印。

•“打印条件”对话框中的“若是空白行则删除”复选框用于决定出现空白项时是否删除。

•“打印条件”对话框中的“仅当下列表达式为真时打印”文本框用于设置特定打印条件，相当于查询语句中的过滤条件。

⑦ 插入页码和当前日期。使用“报表控件”工具栏的域控件，可以在报表中插入页码和当前日期，步骤如下：

从“报表设计器”窗口中，打开要插入页码和当前日期的报表。在“报表控件”工具栏中，单击“域控件”按钮。在“报表表达式”对话框中，单击“表达式”框后的…按钮，出现“表达式生成器”对话框（如图 8.23 所示）。在“表达式生成器”对话框中选“选项”按钮之后，在弹出的对话框内选“显示系统内存变量”复选框并单击“确定”按钮，之后在“表达式生成器”对话框的“变量”下拉式列表框中双击“_ pageno”便可插入页码。若要插入日期，双击“日期”列表框中的 DATE( ) 函数。最后单击“确定”按钮即可。

8.2.4.2　标签控件的使用

报表中的标签控件的添加和使用方法与表单基本相同，只是不如表单中灵活。在报表中的标签控件具有不可编辑性，即输入的文字不可修改，只有删除此标签控件再重新设置才能实现更改。标签的字体属性可通过“格式”菜单的“字体”命令进行更改。

当标签控件添加完后双击此标签控件会弹出如图 8.32 所示的“文本”对话框。

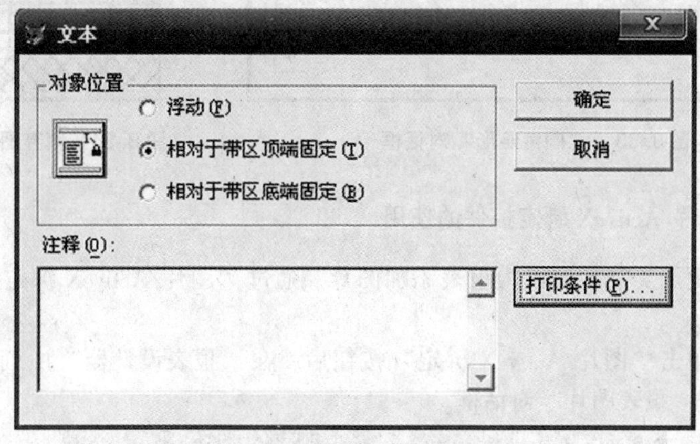

图 8.32　“文本”对话框

8.2.4.3　线、矩形和圆角矩形控件的使用

为了使报表布局更加美观、清晰、合理，经常使用一些几何图形如线、矩形和圆。下面分别说明。

① 在报表中画出线条可以使报表的内容更清晰、条理更清楚。报表中线控件的操作方式与表单基本相同，只是不能画斜线，只能画竖线和横线。

② 从“报表控件”工具栏中选“矩形”按钮，然后在报表设计器中，拖动光标调整矩形的大小。

③“圆角矩形”的操作方法与“矩形”的一样。双击已绘制好的“圆角矩形”控件，将弹出如图 8.33 所示的“圆角矩形”对话框，在“样式”区域选择所需要的样式后，单击“确定”按钮。

画出矩形或圆角矩形控件后，报表中显示的是一个空白的矩形方框，用户可以对控件进行填涂，使控件更加美观。具体做法是：“格式”菜单→“填充”命令，在填充图像子菜单（如图 8.34 所示）中选择需要的填涂样式。

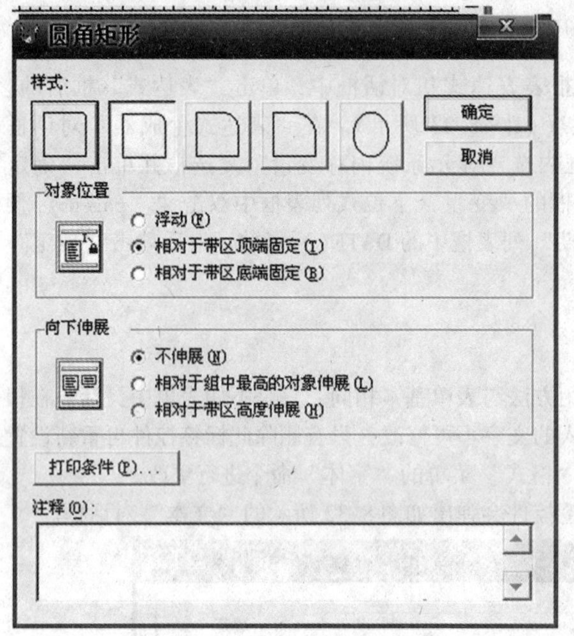

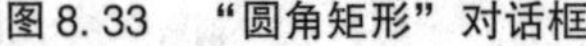

图 8.33 “圆角矩形”对话框

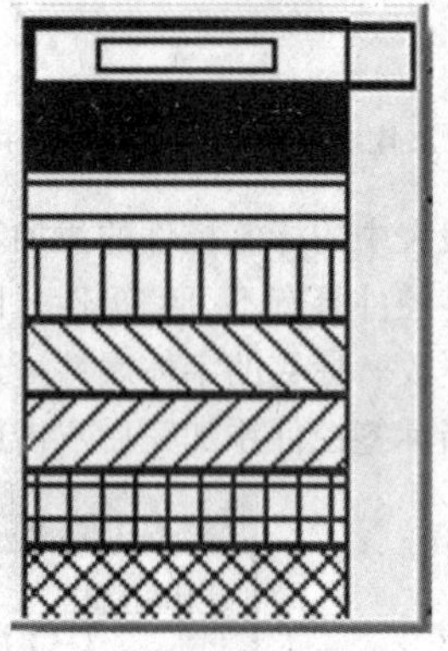

图 8.34 填弃图像子菜单

8.2.4.4 图片/ActiveX 绑定控件的使用

为了使报表更加美观，可以为报表添加图片。通过“图片/ActiveX 绑定”控件可以为报表添加图片。

在工具栏上单击“图片/ActiveX 绑定”按钮后，在“报表设计器”中画该控件时弹出如图 8.35 所示的“报表图片”对话框。

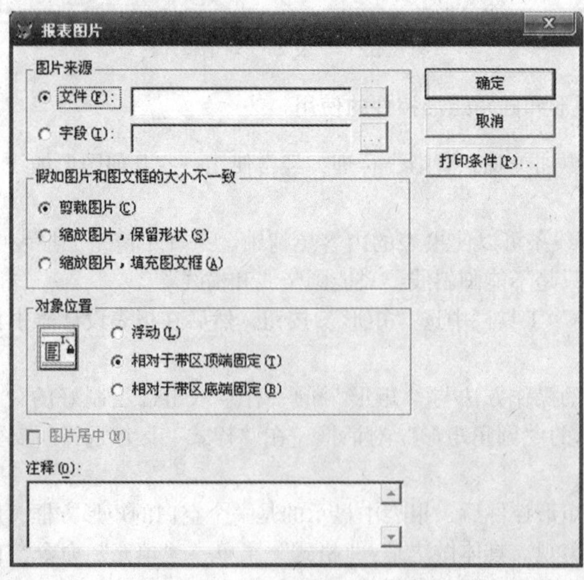

图 8.35 “报表图片”对话框

(1) 数据来源

图片来源主要有两种：一种是从计算机文件中获得的，还有一种是通过数据库表中通用字段获得的。通过单击文本框右方的…按钮可以打开“文件”对话框或“字段”对话框，进行图片或字段的选择。

(2) 假如图片和图文框的大小不一致

如果报表中的图片和需要显示的图片尺寸不一致，可以通过对这一性质的设定来解决。在该选项中共有 3 个单选按钮，分别是：

① 剪裁图片。如果图片的尺寸大于报表或标签设计器中定义的文本框的尺寸，图片将保持原有大小，显示出来的将只是图片在文本框中的部分。图片将以图文框的左上角为基准点，超出的右下部分不可见。

② 缩放图片，保留形状。显示整个图片，在保持图片的相对比例的条件下尽量填满图文框。这可以防止图片的纵向或横向变形。

③ 缩放图片，填充图文框。显示整个图片，完全填满图文框。图片通过纵向或横向变形来填满图文框。

(3) 对象位置

与其他控件一样，图片在报表中也有自己的位置。

① 浮动。指所选的图片相对于周围字段的大小移动。

② 相对于带区顶端固定。使图片保持在报表或标签设计器中指定的位置，并保持其相对于带区顶端的位置。

③ 相对于带区底端固定。使图片保持在报表设计器中指定的位置，并保持其相对于带区底端的位置。

(4) 图片居中

确保比图文框小的通用字段图片放在报表框的中央。通用字段中的图片可以有不同的形状和大小。如果没选“图片居中”，则当图片比图文框尺寸小时，图片将显示在框的左上角。

(5) 注释

报表图片对话框中的注释区允许用户为所放置的图片加一些解释。注释仅用于参考，并不输出到报表或标签中。

8.2.4.5 报表变量的使用

在计算机任何一种高级语言中变量的使用是必不可少的，同样在报表设计中使用变量会带来极大的方便。Visual FoxPro 使用变量来保存打印报表时所计算的结果。

如果用户使用自定义变量，可以在主菜单中选择“报表”，然后再选“变量”命令，这时会弹出“报表变量”对话框，如图 8.36 所示。在报表对话框中创建报表中所要使用的变量，可以添加新变量，改变或删除已有的变量或者更改变量的计算顺序。

下面介绍“报表变量”对话框中的选项。

① 变量。显示当前报表中的变量，并且为新变量提供输入位置。

② 要存储的值。显示存储在当前变量中的表达式，也可以在文本框中输入表达式。要创建一个存入变量的表达式，可以选择框后的对话框，将显示“表达式生成器”对话框，

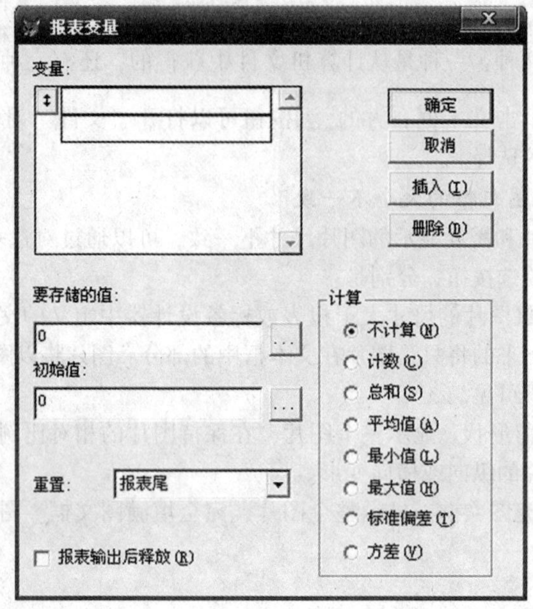

图 8.36 “报表变量”对话框

为要存储的值创建表达式。

③ 初始值。在进行任何计算之前，显示选定变量的值以及此变量的重置值。可以直接在文本框中输入一个值，或选择框后的对话框，将显示“表达式生成器”对话框，为初始值创建表达式。

④ 重置。指定变量重置为初始值的位置。“报表尾”是默认值，也可以选择“页尾”或“列尾”。如果使用数据分组命令在报表中创建组，“重置”框将为报表中的每一组显示一个重置项。

⑤ 报表输出后释放。在报表打印后从内存释放变量。如果未选定此选项，那么除非退出 Visual FoxPro 或者使用 CLEAR　ALL 或 CLEAR MEMORY 命令来释放变量，否则此变量一直保留在内存中。一般应该选择此项，以便释放计算机资源。

⑥ 插入。在“变量”框中插入一个空文本框，以便定义新的变量。

⑦ 删除。在“变量”框中删除选定的变量。

⑧ 计算。用来指定变量执行的计算操作。从其初始值开始计算，直到变量再次重置为初始值为止。

定义完报表变量后，就可以在“表达式生成器”对话框“变量”列的选框中选择它们（如图 8.23 所示）。在“变量”列的前几行显示了才定义的变量，接着才显示系统变量。

【例 8.4】 设计一张标题为“学生信息”的报表。

操作步骤如下：

① 打开报表设计器，此时只有“页标头”、“细节”和“页注脚”三个默认带区。

② 设置数据环境。右键单击报表设计器的空白处选“数据环境”，再右键单击数据环境的空白处选“添加”，之后在打开的对话框中选 xs. dbf（学生表）。

③ 添加“标题”带区和“总结”带区。从“报表”菜单中选择“标题/总结”，在弹出的“标题/总结”对话框中选择“标题带区”复选框和“总结带区”复选框，按“确定”

按钮。“标题”带区出现在报表的顶部，“总结”带区出现在报表的尾部。

④ 调整带区的高度。用鼠标选中“标题”带区标识栏（标识栏变黑），向下拖曳来扩展“标题”带区的空间。同样调整其他带区，改变原格局。

⑤ 写标题。单击“报表控件”工具栏中的“标签”按钮，在报表的“标题”带区上单击鼠标左键，出现一个闪动的文本插入点，输入“学生信息”作为标题。从“字体”对话框中选择合适的字号和字体，本文设的是“华文行楷”二号字。

⑥ 用上一步的方法在“页标头”带区适当位置添加七个标签控件，并分别写入“学号”、“姓名”、“性别”、“专业”、“出生日期”、“入学成绩”和“籍贯”。从“字体”对话框中选择合适的字号和字体，本文设的是“宋体”二号字。

⑦ 移动控件。单击报表设计器工具栏上的“布局工具栏”按钮，打开“布局”工具栏。选定标题的“标签”控件，然后单击“布局”工具栏上的“水平居中”和“垂直居中”按钮，使标题“标签”位于带区的中央位置。把“页标头”带区的七个控件都选中，然后选“布局”工具栏中的“顶边对齐”，并在“字体”对话框中选小四号字。

⑧ 添加线条。单击“报表控件”工具栏上的“线条”按钮，横贯“标题”带区下沿画出两条水平线。在“页标头”各字段的下面画出一条细线。

同时选中这三条线，单击“布局”工具栏上的“相同宽度”按钮，使它们一样长。选定第二条线，从“格式”菜单下选择“绘图笔”，从子菜单中选“4 磅”。

⑨ 添加图片。在“报表控件”工具栏中单击“图片/ActiveX 绑定控件”按钮，在报表的标题带区左端单击并拖动鼠标拉出图文框。在“报表图片”对话框的“图片来源”区域选择“文件”，单击对话按钮选定一个图片文件。为保持图片不受破坏，选择“缩放图片，保留形状”选项。对象位置选“相对于带区底端固定”。单击“确定”按钮，关闭“报表图片”对话框。

⑩ 单击常用工具栏上的“打印预览”按钮，得到如图 8.37 所示的“报表打印预览效果”。

⑪ 单击常用工具栏上的“保存”按钮，保存“xs.frx”文件。

8.3　数据分组和多栏报表

在上述各种报表设计中所制作的报表可能还不能满足用户的需要，数据分组和多栏报表就能够把一些相同的信息放在一起，使得报表更宜于阅读。例如，要将销售表中同一个人或同一型号货物信息打印在一起，就应当根据“姓名”或“型号”字段进行数据分组；而分栏报表使得数据显示更加条理清晰，阅读更为方便。

8.3.1　分组报表

在一个报表中可能有一个分组或多个分组，组的建立是基于表达式来确立的。一个表达式可以是一个字段，也可以由多个字段组成。在对报表建立分组时，报表自动就会生成“组标头”和“组注脚”带区。

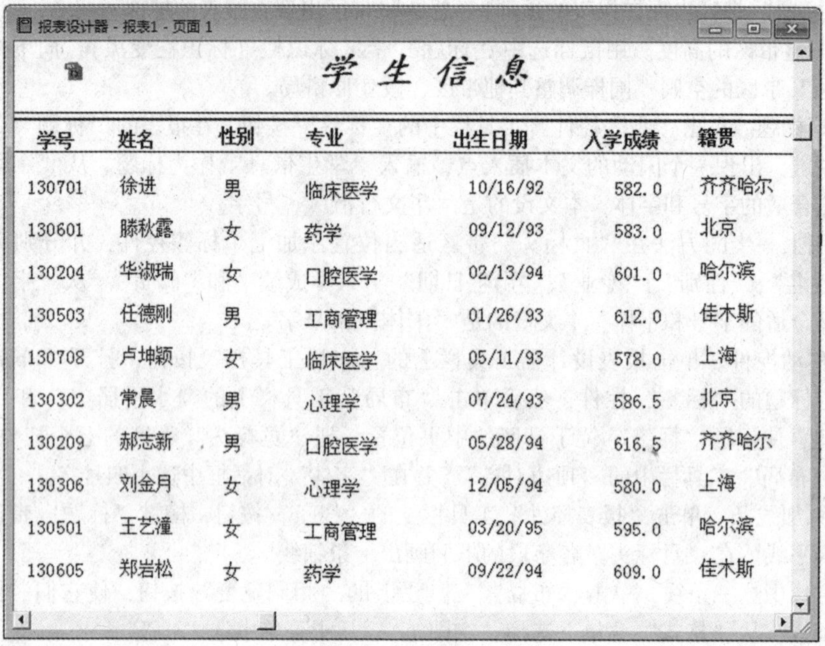

报表设计器 - 报表1 - 页面 1

学 生 信 息

学号	姓名	性别	专业	出生日期	入学成绩	籍贯
130701	徐进	男	临床医学	10/16/92	582.0	齐齐哈尔
130601	滕秋露	女	药学	09/12/93	583.0	北京
130204	华淑瑞	女	口腔医学	02/13/94	601.0	哈尔滨
130503	任德刚	男	工商管理	01/26/93	612.0	佳木斯
130708	卢坤颖	女	临床医学	05/11/93	578.0	上海
130302	常晨	男	心理学	07/24/93	586.5	北京
130209	郝志新	男	口腔医学	05/28/94	616.5	齐齐哈尔
130306	刘金月	女	心理学	12/05/94	580.0	上海
130501	王艺潼	女	工商管理	03/20/95	595.0	哈尔滨
130605	郑岩松	女	药学	09/22/94	609.0	佳木斯

图 8.37　报表打印预览效果

8.3.1.1　设置报表记录的打印（显示）顺序

如果数据源是表，记录的物理顺序可能不能用于数据分组。报表布局设计过程并不给数据排序，只是按它们在数据源存放的次序来处理数据。例如，一个组以“姓名”字段为依据进行分组，报表每遇到一个不同的人名，就会产生一个新组。报表自身不会按“姓名”字段的值从头到尾在表中对数据进行排序处理。

如果在报表中要进行数据分组显示不同要求类别方式的数据，必须对数据源进行必要的索引或排序。既可以对表建立索引，也可以在数据环境中使用视图或查询作为数据源，这些都能够满足分组操作的要求。

有关索引、排序、视图和查询的问题在前面已讲过。下面只谈在“数据环境”中如何进行主控索引的设置。

① 在“数据环境设计器”中单击右键，从快捷菜单中选择“属性”，打开“属性”窗口，如图 8.38 所示。

② 在“属性”窗口中选对象框中的“Cursor1”。

选择“数据”选项卡，选定“Order”属性，输入索引名，或者在索引列表中选定一个索引，如图 8.38 所示。

8.3.1.2　添加单个数据组

有关“数据分组”对话框的内容在“8.2.2 报表布局的设计”中已讲到。下面通过建立一个单级分组报表的实例介绍分组报表的基本操作与步骤。

【例 8.5】首先打开数据库设计器，为 xs.dbf（学生）表的“性别”建立普通索引；然后以 xs.dbf 表作为数据源，按性别创建数据分组报表，并分别统计男、女生的平均入学成绩。

操作步骤如下：

① 打开“报表设计器”。

② 设置数据环境，并把表 xs. dbf 添加到此数据环境中。打开属性窗口，把按“性别”建立的索引设为主控索引。

③ 打开“数据分组”对话框，单击第一个“分组表达式”框右侧的对话，在“表达式生成器”对话框中选择“性别”作为分组依据。按“确定”按钮，“报表设计器”中添加了“组标头 1：性别”和“组注脚 1：性别”两个带区。之后再添加一个“标题带区”。

④ 添加控件。

• 把“性别”字段从表 xs. dbf 中拖到“组标头”带区的最左边。

• 把“性别”字段从表 xs. dbf 中拖到“组注脚”带区的最左边，在“组注脚”的“性别”字段控件右边添加一个标签控件，标签的内容为“生入学成绩平均分为:”，再在此标签控件的右边添加一个域控件，并在弹出的“报表表达式”对话框→“表达式”右边的对话按钮→“表达式生成器”对话框→“字段”中的“入学成绩”→“确定”→“计算”按钮→“计算字段”中的“平均值”。除线控件之外各控件的字体、字号都为默认值，字形都加粗，前景颜色为蓝色；线控线的前景颜色为绿色，粗细为 1 磅。

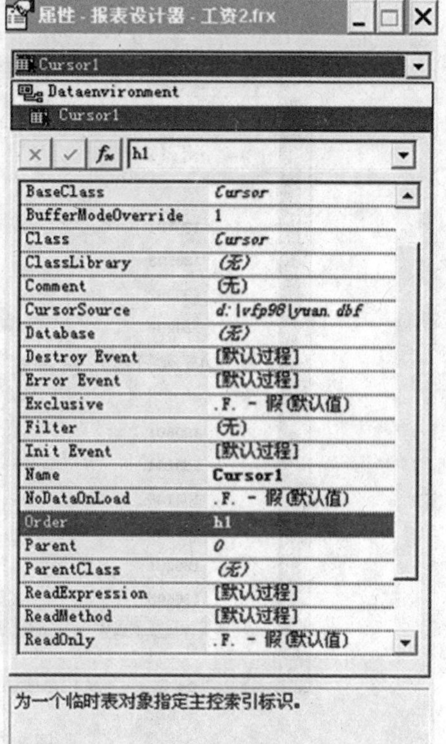

图 8. 38　“数据环境设计器”属性窗口

• 在“标题”带区添加一个标签控件，控件内容为“学生成绩分组统计表”，并在此标签控件的下方添加一条贯穿的线控件。标签控件字体为“华文中宋”、字号为“四号”、加粗、前景为红色；线控件的背景为深黄，粗细为 2 磅。

• 在“页标头”带区适当位置分别添加内容为“学号”“姓名”“入学成绩”的三个标签控件，字体、字号都为默认值，字形都加粗，前景为洋红色。

• 把“学号”“姓名”“入学成绩”三个字段从表 xs. dbf 中拖到“细节”带区的适当位置，字体、字号都为默认值，字形都加粗，前景为黑色。

用布局工具栏中的按钮调整以上各控件的位置及对齐方式。

⑤ 单击常用工具栏上的“打印预览”按钮，得到如图 8. 39 所示的预览效果。

8. 3. 1. 3　添加多个数据分组

Visual FoxPro 允许在报表中最多可达 20 级的数据分组，嵌套分组有利于组织不同层次的数据和总计表达式，但是在实际应用中往往只用到 2，3 级分组。在设计多级分组报表时，需要注意分组的级与多重索引的关系。

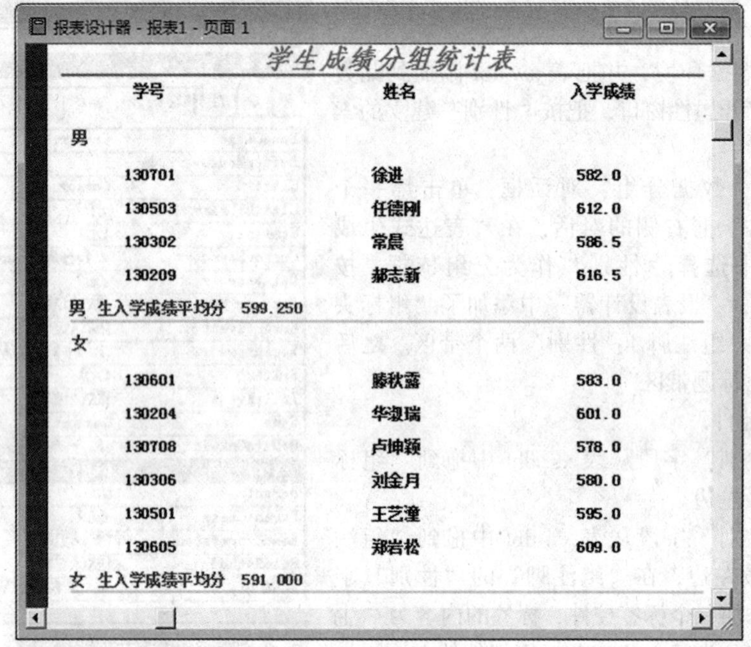

图 8.39 预览分组报表

（1）多个数据分组基于多重索引

多级数据分组报表的数据源必须可以分出级别来。例如，一个表中有“性别”和“职称”字段，要使同一职称的记录集中一起显示，只需建立以“职称”字段为关键字的索引，就可以设计单级分组的报表。如果要使同一职称中同一性别的记录也连续显示，必须建立基于关键字表达式的复合索引，即“职称” + “性别”。

又如，一个表中有“姓名”、“货物类型”和“收货单位”字段，则关键字表达式应为“姓名” +“货物类型” +“收货单位”，或者按关键字表达式“姓名+货物类型+收货单位”来建立索引，应根据具体需要来确定。

（2）分组层次

一个数据分组对应于一组“组标头”和“组注脚”带区。数据分组将按着在“报表设计器”中创建的顺序在报表中编号，编号越大的数据分组离“细节”带区越近。即分组的级别越细，分组的编号就越大。

在报表设计过程中，可以移动组的次序、重组组标头和组注脚、更改或删除组带区。

（3）设计多级数据分组报表

设计多级数据分组报表的操作方法与单级分组报表的操作方法基本相同，特别是分组表达式可以连续向下设计，并可以拖动左边的移动按钮上下调整分组表达式的次序。

系统按照分组表达式创建的顺序在“数据分组”列表中编号。在“报表设计器”内，组带区的名称包含该组的序号和一个缩短了的分组表达式。最大编号的“组标头”和“组注脚”带区出现在离“细节”带区最近的地方。

(4) 更改分组

定义好了报表中的数据分组后，可以再次打开“数据分组”对话框，在此对话框中显示原来保存的组定义。可以改变分组表达式、组打印选项、表达式的顺序、删除原有的某些分组表达式或添加新的分组表达式。

当移动组的位置而重新安排时，组带区中定义的所有控件都将自动移到新的位置上。

需要注意的是，分组表达式顺序改变后，必须重新确立主控索引才能正确地组织各组的数据。例如，定义了第一组为“姓名”，第二组为“货物类型”，第三组为“收货单位”之后，主控索引一定是以“姓名 + 货物类型 + 收货单位”为关键字表达式。如果重新安排，改为第一组为“收货单位”，第二组为“货物类型”，第三组为“姓名”，则必须指定索引关键字“收货单位 + 货物类型 + 姓名”为表达式。

组被被删除之后，该组带区随之从布局中删除。若此组中包含控件，系统自动提示同时删去其中的控件。

【例 8.6】为“瑞元电缆销售表”建立按“姓名”和“货物类型”两级数据分组的报表。要求姓名相同、货物类型也相同的总金额；每个人的销售总金额及销售的次数；并求出公司总的销售额。

操作步骤如下：

① 打开“报表设计器”。

② 设置数据环境、添加表、打开属性窗口、指定主控索引。

③ 添加带区及控件。

• 添加“标题”和“总结”带区。利用“报表”菜单中的命令添加这两带区。

在“标题”带区添加一个标签控件，内容为“北京瑞元电缆公司销售一览表”，字体为“华文仿宋”、字号为“小三”。在标题”带区右端添加一个域控件，其表达式为“STR(YEAR(DATE()), 4) + "年" + STR(MONTH(DATE()), 2) + "月" + STR(DAY(DATE()), 2) + "日"”。在上述两个控件的下面添加一条粗为 2 磅的线。

在“总结”带区左端添加一个标签控件，其内容为“瑞元电缆公司总的销售额为:”，字体、字号都采用默认值。在此标签的右边再添加一个域控件，其表达式为“数量 * 金额”，并在“计算字段”选“总和”，在上面两个控件下面添加一条细线控件。

• 在“页标头”带区中添加五个标签控件，内容分别为“职工编号”、“姓名”、“数量”和“单价”，字体、字号都采用默认值。在这些标签控件下面添加一条细线控件。

• 打开“数据分组”对话框添加分组带区。

单击第一个“分组表达式”框右边的对话按钮，在“表达式生成器”对话框中选择“姓名”，而不是职工编号，主要目的是使组标头更加清楚。在第二个“分组表达式”框中输入“货物类型”。

按“确定”按钮，“报表设计器”中添加了“组标头 1：姓名”、“组标头 2：货物类型”、“组注脚 2：货物类型”和“组注脚 1：姓名”两对组带区。

把“姓名”字段从表中拖到“组标头 1：姓名”带区的左端；把“姓名”字段从表中拖到“组注脚 1：姓名”带区最左端，此字段控件的后面添加一个标签控件，内容为“总的销售额为:”，此标签控件的后面添加一个域控件，其表达式为“数量 * 金额”，并在“计算字段”选“总和”，此控件的后面添加一个标签控件，内容为“销售次数是:”，此标签控件后面添加一个域控件，其表达式为“姓名”字段，并在“计算字段”中选“计数”。

把“货物类型”字段从表中拖到“组标头2：货物类型”带区；把“姓名”字段从表中拖到“组注脚2：姓名”带区最左端，再把“货物类型”字段从表中拖到“组注脚2：姓名”带区中“姓名”字段控件的后面，在“货物类型”字段控件的后面添加一个标签控件，其内容为“型货物销售总额为：”，在此标签控件后面添加一个域控件，其表达式为“数量＊金额”，并在“计算字段”选“总和”。

• 把“职工编号”“姓名”“数量”“金额”四个字段拖到“细节”带区适当位置，在“金额”字段控件的后面添加一个域控件，其表达式为“数量＊金额”，并在“计算字段”选“不计算”。

④ 预览结果如图8.40所示。

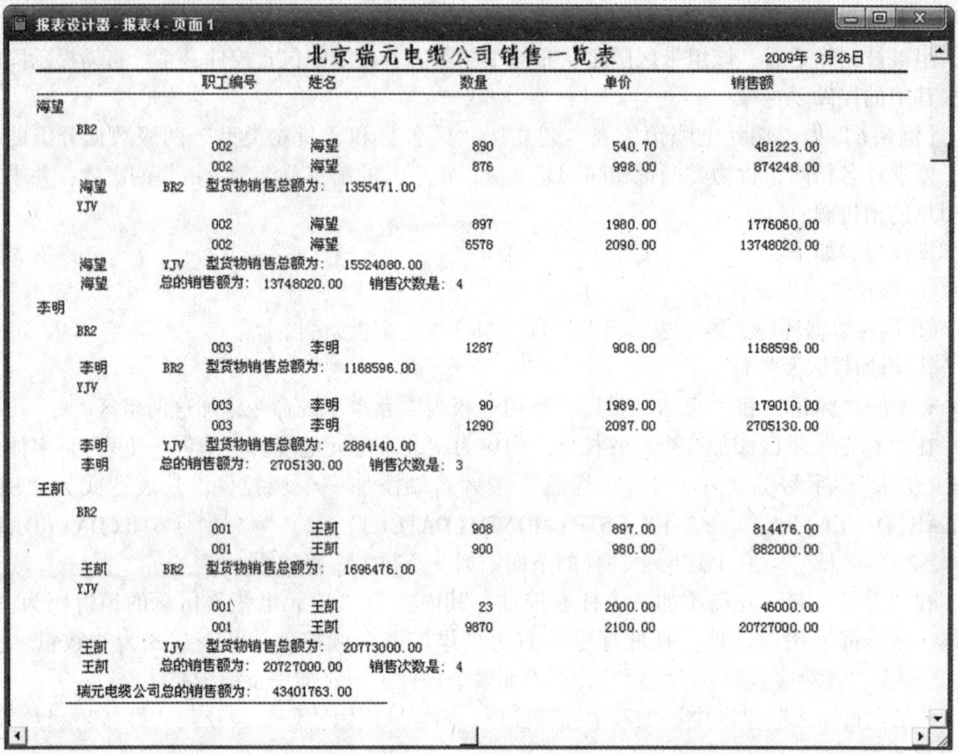

报表设计器 - 报表4 - 页面1

北京瑞元电缆公司销售一览表　　2009年 3月26日

		职工编号	姓名	数量	单价	销售额
海望						
	BR2					
		002	海望	890	540.70	481223.00
		002	海望	876	998.00	874248.00
海望	BR2	型货物销售总额为： 1355471.00				
	YJV					
		002	海望	897	1980.00	1776060.00
		002	海望	6578	2090.00	13748020.00
海望	YJV	型货物销售总额为： 15524080.00				
海望	总的销售额为： 13748020.00	销售次数是： 4				
李明						
	BR2					
		003	李明	1287	908.00	1168596.00
李明	BR2	型货物销售总额为： 1168596.00				
	YJV					
		003	李明	90	1989.00	179010.00
		003	李明	1290	2097.00	2705130.00
李明	YJV	型货物销售总额为： 2884140.00				
李明	总的销售额为： 2705130.00	销售次数是： 3				
王凯						
	BR2					
		001	王凯	908	897.00	814476.00
		001	王凯	900	980.00	882000.00
王凯	BR2	型货物销售总额为： 1696476.00				
	YJV					
		001	王凯	23	2000.00	46000.00
		001	王凯	9870	2100.00	20727000.00
王凯	YJV	型货物销售总额为： 20773000.00				
王凯	总的销售额为： 20727000.00	销售次数是： 4				
瑞元电缆公司总的销售额为： 43401763.00						

图8.40　多组报表预览

8.3.2　一对多报表

如果要想创建一对多报表，可以使用报表设计器或一对多报表向导将多个表中内容打印或显示出来。这里介绍一下如何用“报表设计器”创建一对多报表，过程如下。

① 确定要在一对多报表中输出的信息在哪些表中，打开相关的数据库。

② 打开“报表设计器”。

③ 添加数据环境，并把所需要的表添加进去，并且这些表是存在关系的。

④ 从数据环境的快捷菜单选择“属性”窗口，为父表与子表建立关系，其他表之间建立关系。

⑤ 在属性窗口的“对象”框中选择Relatuin1，并在“数据”选项卡中设置OneToMany

属性为“.T.”，即设置此属性与使用 SET SKIP TO 命令效果相同。

⑥ 在“对象”框中选 Cusor1，在“数据”选项卡中选 Order 属性，并从下拉列表框中选择一个索引以设置父表的排序索引。使用类似的方法为其他各表之间建立关系。

Xscj

学号	课程号	课程成绩
130701	105	82.0
130701	106	96.0
130601	306	80.0
130601	309	88.0
130204	107	92.0
130503	401	98.0
130503	702	76.0
130708	106	90.0
130202	601	88.0
130209	107	93.0
130306	601	85.0
130501	401	86.0
130501	702	97.0
130605	309	92.0

Kc

课程号	课程名	学时	学分
105	组织胚胎学	72	4.0
106	卫生统计学	54	3.0
107	口腔内科学	72	4.0
306	药物化学	60	3.5
318	自控原理	60	3.5
309	药剂学	72	4.0
401	会计学原理	56	3.0
601	教育心理学	36	2.0
702	大学英语	60	3.5

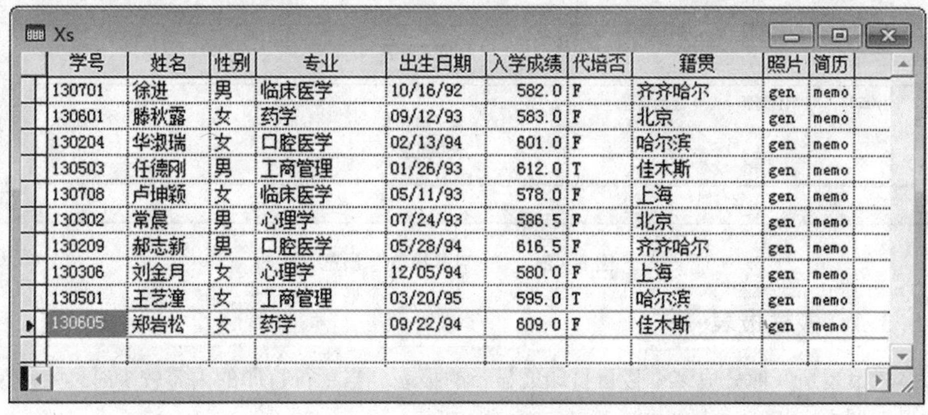

Xs

学号	姓名	性别	专业	出生日期	入学成绩	代培否	籍贯	照片	简历
130701	徐进	男	临床医学	10/16/92	582.0	F	齐齐哈尔	gen	memo
130601	滕秋露	女	药学	09/12/93	583.0	F	北京	gen	memo
130204	华淑瑞	女	口腔医学	02/13/94	601.0	F	哈尔滨	gen	memo
130503	任德刚	男	工商管理	01/26/93	612.0	T	佳木斯	gen	memo
130708	卢坤颖	女	临床医学	05/11/93	578.0	F	上海	gen	memo
130302	常晨	男	心理学	07/24/93	586.5	F	北京	gen	memo
130209	郝志新	男	口腔医学	05/28/94	616.5	F	齐齐哈尔	gen	memo
130306	刘金月	女	心理学	12/05/94	580.0	F	上海	gen	memo
130501	王艺潼	女	工商管理	03/20/95	595.0	T	哈尔滨	gen	memo
130605	郑岩松	女	药学	09/22/94	609.0	F	佳木斯	gen	memo

图 8.41　学生数据库中的三张表

⑦ 在“对象”框中选择 DataEnvironment，选定 InitialSelectedAlias 属性，然后在下拉列表框中选父表。

⑧ 在“报表设计器”中，根据关系中父表的数据向报表中添加数据分组。

⑨ 将字段添加到报表中。例如，可以将父表的某些字段添加到“组标头”带区，而子表字段添加到“细节”带区。

【**例 8.7**】有学生数据库中的 3 张表如图 8.41 所示。建立一个一对多的报表。要求：以 xs.dbf 表中的学号为分组表达式，查询出本表的每个人“学号”“姓名”“专业”以及根据 xs.dbf 表中“学号”查询出 xscj.dbf 表中的“课程号”和“课程成绩”，再根据 xscj.dbf 表中的“课程号”查询出 kc.dbf 表中的“课程名”、“学时”和“学分”。

在例 8.3 如图 8.19 的基础上作此题，并假设标题带区都已设置完，剩下的操作如下：

① 设立数据分组。在分组表达式对话框选 xs. dbf 表中“学号”。

② 在属性窗口的“对象”框中选择 Relatuin1，并在“数据”选项卡中设置 OneToMany 属性为“. T.”

③ 在“页标头”带区添加“学号”、“姓名”、“专业”、“课程号”、“课程名”、“学时”、“学分”和“课程成绩”8 个标签，并在这些控件下面添加一条“细线”控件。

④ 在“组标头”带区添加 xs. dbf 表中“学号”、“姓名”和“专业”字段控件；在“组注脚”带区添加一条“细线”控件。

⑤ 在“细节”带区添加 xscj. dbf 表中的“课程号”和“课程名”字段控件及 kc. dbf 表中的“学时”和“学分”字段控件。

⑥ 预览效果如图 8. 42 所示。

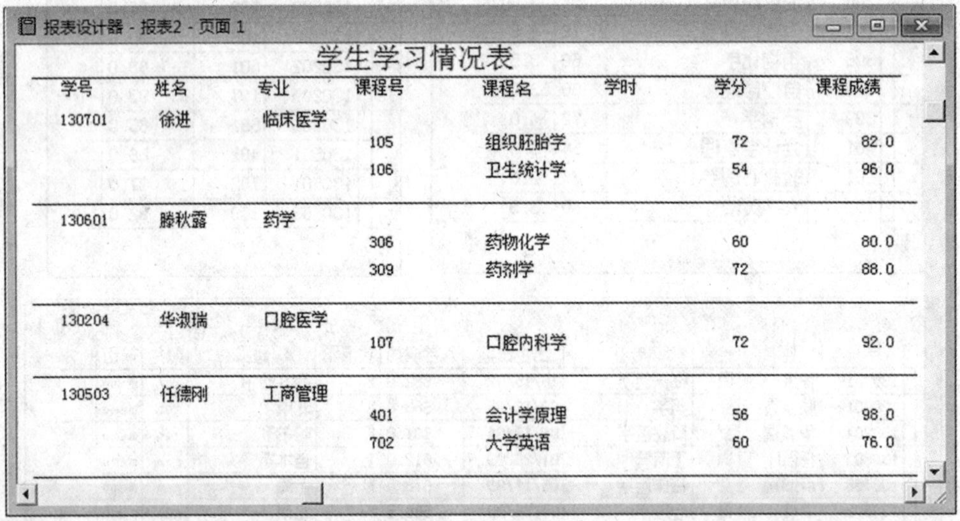

报表设计器 - 报表2 - 页面 1

学生学习情况表

学号	姓名	专业	课程号	课程名	学时	学分	课程成绩
130701	徐进	临床医学					
			105	组织胚胎学		72	82.0
			106	卫生统计学		54	96.0
130601	滕秋露	药学					
			306	药物化学		60	80.0
			309	药剂学		72	88.0
130204	华淑瑞	口腔医学					
			107	口腔内科学		72	92.0
130503	任德刚	工商管理					
			401	会计学原理		56	98.0
			702	大学英语		60	76.0

图 8. 42 “一对多报表”预览

8. 3. 3 多栏报表

多栏报表是一种分成多个栏目打印或显示的报表。当一行打印的内容较少时，一般使用这种报表形式。

8. 3. 3. 1 设置“列标头”和“列注脚”带区

有关“列标头”和“列注脚”带区设置在 8. 2. 2 中简单介绍过（如图 8. 21 所示），这里不再多谈。

但要注意的是：这里的“列”指的是横向打印或显示的记录数目，而不是指单条记录的字段个数，“报表设计器”并没有这种设置。它只显示了页边距内的区域，在默认的页面中，整条记录为一列。因此，如果报表中有多列，可以调整列的宽度和间隔。当左边距改变时，列宽将自动更改以显示出新的页边距。

8. 3. 3. 2 添加控件

在向多栏报表添加控件时，应注意不要超过“报表设计器”中带区的宽度，否则可能使显示或打印的内容相互重叠。

8.3.3.3　页面设置

报表输出时，对于“细节”带区中的内容系统默认为“自上而下”输出。这适合除多栏报表以外的其他报表。对于多栏报表而言，这种输出顺序只能靠左边打印一个栏目，页面上其他栏目则为空白。为了在页面上输出多个栏目来，需要把输出顺序设置为“自左而右”。在“页面设置”对话框中单击右面的“自左而右”打印顺序按钮就可以。

【例 8.8】 建立如图 8.42 所示的表 xs.dbf 的多栏报表。

① 打开报表设计器。

② 打开如图 8.21 所示的“页面设置”对话框。

• 列选项：列数为 3，宽度为 6.1323，间隔为 0.3。

• 打印区域为：整页。

• 左页边距为：2。

• 打印顺序选自左向右。

③ 设置数据环境并添加表 xs.dbf。

④ 添加控件。

• 标题带区内容不再讲。

• 在“列标头”带区的顶端添加“姓名”和“入学成绩”标签控件，并在这两个标签控件下面添加一条细线。

• 在“细节”带区的顶端添加“姓名”和“入学成绩”字段控件，在“姓名”字段控件的下面添加一个“性别”标签控件，在“入学成绩”字段控件下面添加一个“性别”字段控件，并在这两个“性别”控件的下面添加一条点线控件。

⑤ 预览效果如图 8.43 所示。

⑥ 保存为“多栏报表.frx”文件。

图 8.43　多栏报表预览

8.3.4 报表输出

报表设计的最终目的是要把符合要求的数据按照想要的格式输出。数据文件的扩展名为.frx，报表文件存储报表设计的详细说明。每个报表文件还带有一个扩展名为.frt的相关报表文件。报表文件不存储每个数据字段的值，只存储数据源的位置和格式信息。

报表文件按数据源中记录出现的顺序处理记录，如果直接使用表内的数据，数据就不会在布局内正确地按组排序。因此，在打印一个报表文件之前，应确认数据源中已对数据进行了正确排序。报表的数据源最好是使用视图或查询文件。

8.3.4.1 页面设置

规划报表时，一般会考虑页面的外观，例如页边距、纸张类型和所需的布局。在“页面设置”对话框中可以设置报表的左边距并为多列报表设置列宽和列间距，设置纸张的大小和方向。

① 从“文件”菜单中，选“页面设置”，出现“页面设置”对话框，与图8.21类似。

② 在“左页边距”框中输入一个边距值，页面布局将按新的页边距显示。

③ 若要选择纸张大小，可选择“打印设置”。

④ 在“打印设置”对话框中，从“大小”列表中选定纸张大小。

⑤ 如果选择纸张方向，从“方向”区域选择一种方向，再选“确定”。

⑥ 在“页面设置”对话框中，选“确定”。

在更改纸张的大小和方向设置时，需要注意该纸张大小是否可以设置所选的方向。例如，纸张定为信封，则方向必须是横向的。

8.3.4.2 预览报表

通过报表预览，可以反复调整报表的设计，使得最后能得到满意的报表效果。例如，可以检查数据列的对齐方式和间隔，或者查看是否显示所需要的数据。有两个选择：显示整个页面，或者缩小到一部分页面。

“预览”窗口有它自己的工具栏，使用其中的按钮可以逐页地进行预览。简述如下：

① 从“显示”菜单中选择“预览”命令，或在“报表设计器”中单击鼠标右键并从弹出的快捷菜单中选择“预览”命令，也可以直接单击“常用”工具栏中的“打印预览”按钮。

② 在打印预览工具栏中，选择“上一页”或“前一页”来切换页面。

③ 若要更改报表图像的大小，选择“缩放”列表。

④ 若要打印报表，选择“打印报表”按钮。

⑤ 如果想返回到设计状态，选择“关闭预览”按钮。

注意：如果得到如下提示“是否将所作更改保存到文件?”，那么，在选定关闭“预览”窗口时一定还选取了关闭布局文件。此时可以选定“取消”按钮回到“预览”，或者选定“保存”按钮保存所作更改并关闭文件。如果选择了“否”，将不保存布局所作的任何更改。

8.3.4.3 打印输出

使用“报表设计器”创建的报表布局文件只是一个外壳，它把要打印的数据组织成令人满意的格式。如果使用预览报表，在屏幕上获得最后符合设计要求的布局，就要打印出来。步骤如下：

① 从“文件”菜单选择“打印”命令，或在“报表设计器”中单击鼠标右键并从弹出的快捷菜单中选择“打印”命令，也可以直接单击“常用”工具栏中的“运行”按钮，出现“打印”对话框。

② 在“打印”对话框中，设置合适的打印机、打印范围、打印份数等项目，通过“属性”设置打印纸张的尺寸、打印精度等。

③ 选择“确定”按钮，Visual FoxPro 就会把报表发送到打印机上。

如果未设置数据环境，则会显示“打开”对话框，并在其中列出一些表，从中可以选定要进行操作的表。

在命令窗口或程序中使用“REPORT FORM ＜报表文件名＞ [PREVIEW]”命令也可以打印或预览指定的报表。其中的一些选项含义为：

① TO PINTER [PROMPT]。控制输出到打印机。PROMPT 选项指定在打印前是否提示。

② PREVIEW。指定输出到预览窗口。

③ TO FIEL Filename。指定输出到 Filename 指定的文件中。

如果不指定任何关键字，报表将输出到屏幕或活动窗口。使用 NOCONSOLE 选项将指定不输出到屏幕上。例如，在程序中执行下列命令将把 input. frx 报表输出到屏幕上预览。

```
REPORT FORM input. frx PREVIEW
```

此外，用户还可以通过 REPORT FORM 命令的 FOR 子句限制输出记录的范围。例如，使用如下命令将在报表中输出年度为 2009 的记录：

```
REPORT FORM input. frx PREVIEW FOR YEAR(include. 日期) =2009
```

案例 13　创建成绩报表

一、案例知识点

1. 掌握报表的创建方法，包括使用报表向导、报表设计器和快速报表。
2. 掌握报表设计器的使用和编辑方法。
3. 掌握分组和多栏报表的使用方法。
4. 掌握报表的打印和预览操作。

二、操作过程及参考步骤

1. 使用报表创建报表

(1) 用报表设计器设计报表的输出及显示。

操作步骤如下：

① 启动“报表设计器”。

② 添加标题和总结带区。

③ 设置数据环境，并添入成绩表。

④ 调整带区的大小。

⑤ 设置页面。本案例页面设置时，设定列数为 1 列输出。

⑥ 添加控件。用标签控件添加“学生成绩一览表”作为标题，同样用标签控件再在下面添加“学号”“姓名”“性别”“课程名称”“成绩”。还可以添加域控件，如何添加在 8.2.4 里已讲过了。

⑦ 设置页标头和页注脚。

（2）在上面的基础上设计一个报表，要求按姓名分组，计算每个学生的平均成绩。

操作步骤如下：

① 在“报表设计器”的布局中添加组标头和组注脚带区，将用于分组表示的字段添加到组标头带区内，组注脚带区内添加域控件。添加的第一个域控件的表达式为：成绩表.姓名+“的平均成绩为:”，第二个域控件为：“成绩表.成绩”，并在“计算字段”对话框中设置字段值为“计算平均值”。

② 根据需要添加其他控件，美化报表。

③ 预览报表后，如果满意，可以用“学生成绩.frx”存盘，结果如图 8.44 所示。

报表设计器 - 报表3 - 页面 1

学生成绩一览表

学号	姓名	性别	课程名称	成绩
130209	郝志新	男	口腔内科学	93.0
郝志新的平均成绩为:		93.00000		
130204	华淑瑞	女	口腔内科学	92.0
华淑瑞的平均成绩为:		92.00000		
130306	刘金月	女	教育心理学	85.0
刘金月的平均成绩为:		85.00000		
130708	卢坤颖	女	卫生统计学	90.0
卢坤颖的平均成绩为:		90.00000		
130503	任德刚	男	会计学原理	98.0
130503	任德刚	男	大学英语	76.0
任德刚的平均成绩为:		87.00000		

图 8.44　报表的运行结果

2. 创建“学生成绩管理系统”中的相关报表

（1）创建基于学生表的一个报表“学生登记报表.frx”。结果如图 8.45 所示。

（2）创建基于“学生选课”表和“课程”表的一个报表“成绩单.frx”。结果如图 8.46 所示。

报表设计器 - 报表4 - 页面 1
学生登记表
学号　130701
相片
姓名　徐进
性别　男
出生日期　10/16/92
入学成绩　582.0
籍贯　齐齐哈尔

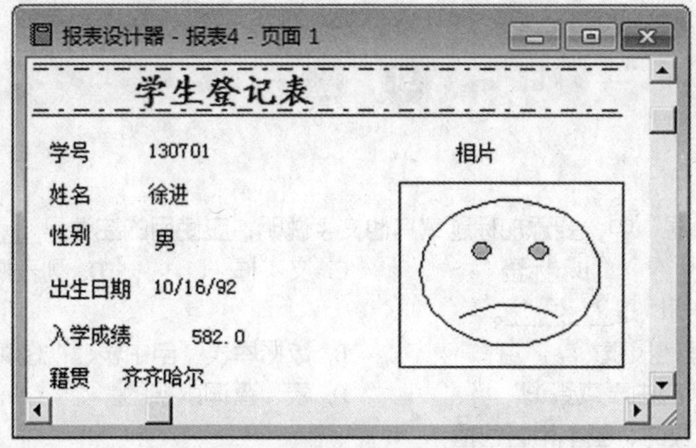

图 8.45　“学生登记表”的运行结果

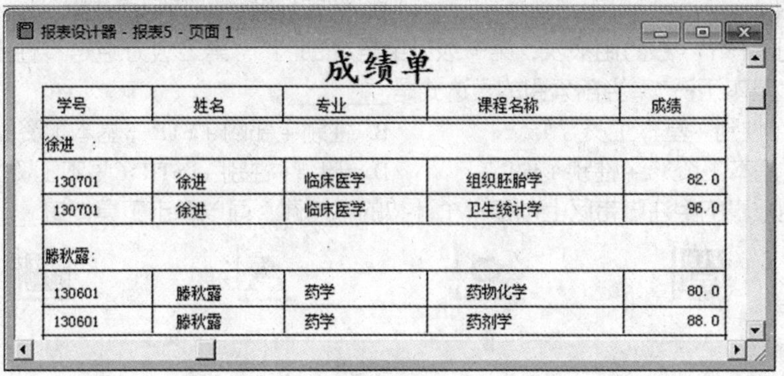

报表设计器 - 报表5 - 页面 1
成绩单
学号　姓名　专业　课程名称　成绩
徐进：
130701　徐进　临床医学　组织胚胎学　82.0
130701　徐进　临床医学　卫生统计学　96.0
滕秋露：
130601　滕秋露　药学　药物化学　80.0
130601　滕秋露　药学　药剂学　88.0

图 8.46

小结与提高

报表是数据输出的常用手段，本章重点介绍了报表布局的定义。创建报表的一般步骤是：根据需要设计布局→添加数据环境，必要时进行数据分组→加入域控件、OLE 控件的内容并设置其格式→加入线控件及颜色工具来修饰报表→对报表进行预览，根据预览效果再对报表进行修改完善→保存→打印输出。

利用报表向导或快速报表功能可以很快地生成报表布局，虽然比较简单，但在此基础上再用报表设计器进行修改完善就会方便很多。本章通过几个例子分别讲解和演示了使用报表向导、创建快速报表、使用报表设计器设计或修改报表、创建分组报表、一对多报表、多栏报表的方法和技术。读者通过上述的实例反复模仿就能够熟练地掌握系统提供的各种报表工具。

习 题

一、选择题

1. 在“报表设计器”中，要添加标题或其他文字说明，应使用的控件是________。
   A. 域控件　　B. 标签　　C. 文本框　　D. 列表框
2. 报表的数据源可以是________。
   A. 自由表或其他报表　　B. 数据库表、自由表、视图或临时表
   C. 数据库表、自由表或查询　　D. 表、查询或视图
3. 在创建快速报表时，基本带区包括________。
   A. 标题、细节和总结　　B. 页标头、细节和页注脚
   C. 组标头　　D. 报表标题、细节和页注脚
4. 如果要创建一个 3 级分组报表，第一级分组是“部门”，第二级分组是“性别”，第三级分组是“基本工资”，当前索引的表达式是________。
   A. 部门 + 性别 + 基本工资　　B. 性别 + 部门 + STR（基本工资）
   C. STR（基本工资） + 性别 + 部门　　D. 部门 + 性别 + STR（基本工资）
5. 要在分组报表的组注脚带区上创建一个计数的域控件，可以单击工具按钮________。

A.　　B.　　D.　　D.

第 5 题图

6. 要使所有选定控件的中心处在一条水平线上，应单击下面工具栏上的________。
   A. 第 2 个按钮　　B. 第 4 个按钮　　C. 第 6 个按钮　　D. 第 9 个按钮
7. 不能作为报表数据源的是________。
   A. 数据库表　　B. 查询　　C. 视图　　D. 自由表
8. 利用“报表设计器”设计报表时，域控件可以用来表示________。
   A. 变量　　B. 数据源中的字段
   C. 表达式的计算结果　　D. 以上都对
9. 多栏报表的栏目可以利用________进行设置。
   A. “文件”菜单的“页面设置”　　B. “报表设计器”工具栏
   C. “报表控件”工具栏　　D. “报表布局”工具栏

二、填空题

1. 报表中的域控件用于打印字段________和________。
2. 报表由 ________ 和 ________ 两个基本部分组成。
3. 在“报表设计器”中添加“标签”的目的是 ________。
4. 不用打印就能看到报表打印的效果，需要用到报表的 ________ 功能。
5. “图片/ActiveX”绑定控件用于显示 ________ 和 ________ 的内容。
6. 快速报表的基本带区是 ________、________ 和 ________。
7. 如果已对报表进行了数据分组，报表会自动包含 ________ 和 ________ 带区。

8. 多栏报表的打印顺序应设置为 ________。
9. 多栏报表的栏数目可以通过 ________ 设置。
10. 在“报表设计器”下创建快速报表，首先选 ________ 菜单的 ________ 命令，调出“快速报表”对话框。
11. 在分组报表中，要使域控件的内容每组打印一次，应把该控件移到 ________ 带区里。对于“细节”带区中的控件，要想不打印重复值，应在 ________ 对话框中对该控件设置打印条件。
12. 报表布局定义了 ________。
13. 在“数据环境设计器”中指定当前索引的方法是打开 ________ 对话框，对“Cursor1”的 ________ 属性输入索引名，或者在索引列表中选定索引。

三、简答题

1. 在“报表设计器”中，带区的主要作用是什么?
2. 报表的主要功能是什么?
3. 报表和表单的区别在哪里?
4. 报表包括哪几个基本组成部分?
5. 报表控件指的是什么?

四、上机操作题

1. 使用一对多报表向导建立报表，其中父表为 FU，子表为 ZI。要求：从父表中选字段“编号”，从子表中选全部字段，两个表通过“编号”建立联系，按“工资”降序排列，报表样式为“经营式”，方向为“横向”，标题为“查询”，生成名为“查询. frm”。
2. 以职工数据库为数据源，设计一个如图 8. 47 所示的工资清单报表。

报表设计器 - 报表2 - 页面 1

03/24/09　　**工资清单**

员工号	姓名	基本工资	附加工资	奖金	岗位津贴	扣款	实发工资
F80101	王凯	890.00	170.00	893.00	1000.00	876.00	2077.00
F80201	洪大	889.00	90.00	98.00	1200.00	899.00	1378.00
F80102	袁红	7889.00	890.00	987.00	12000.00	9876.00	11890.00
F80105	毕红生	2356.00	120.00	98.00	1200.00	987.00	2787.00
F80204	记一飞	9890.00	98.00	120.00	2300.00	9876.00	2532.00

图 8. 47　“工资清单”运行结果

3. 修改上题的报表，另存为“工资条”报表。